"十二五"职业教育规划教材

传感器应用技术

颜全生　主编

吴　峰　主审

化学工业出版社

·北京·

本教材是为适应教学内容和课程教学体系改革的需要而进行编写的，主要介绍各种传感器的原理、特性及应用技术、应用实例、市场上传感器的使用等，具有实际的操作性和针对性，将学生的学习与实际应用结合在一起，使学习者更能体会到传感器的魅力。

　　本教材共计11章26个实训课题，适应学习与操作的结合，按照知识是学出来的，技能是练出来的原则进行组合。电阻型检测传感器、电压型检测传感器，是在传统的传感器上增加应用的训练。光电型传感器、数字型传感器、现代检测技术的应用章节中结合现代传感器的应用训练项目进行有效的组合。检测技术应用案例分析的章节中将传感器应用在工程实例中进行编写，使学习者对工程中的传感器的作用有深刻的认识和了解。最后一章对 CSY 系统传感器检测技术实训（验）设备进行介绍。为方便教学，配套电子课件。

　　本教材适于职业院校的学生、本科院校的学生使用，对企业的技术人员学习也有一定的参考价值，特别是在技师和高级技师的学习中有较大的帮助。

图书在版编目（CIP）数据

传感器应用技术/颜全生主编．—北京：化学工业出版社，2013.1

"十二五"职业教育规划教材

ISBN 978-7-122-15820-8

Ⅰ．①传⋯　Ⅱ．①颜⋯　Ⅲ．①传感器-职业教育-教材

Ⅳ．①TP212

中国版本图书馆 CIP 数据核字（2012）第 267013 号

责任编辑：韩庆利	文字编辑：徐卿华
责任校对：徐贞珍	装帧设计：关　飞

出版发行：化学工业出版社（北京市东城区青年湖南街 13 号　邮政编码 100011）

印　　装：三河市延风印装厂

787mm×1092mm　1/16　印张 19¼　字数 489 千字　2013 年 3 月北京第 1 版第 1 次印刷

购书咨询：010-64518888（传真：010-64519686）　售后服务：010-64518899

网　　址：http://www.cip.com.cn

凡购买本书，如有缺损质量问题，本社销售中心负责调换。

定　　价：35.00 元

前 言

本教材是为了适应高职院校的课程改革，实现培养人才目标的需要，满足技能型人才既懂理论又能动手操作的要求及工学结合的理念而进行编写的。现代传感器的应用在我们的生活中时时在起着作用，温度传感器在空调、冰箱中控制着温度，手机中的触摸传感器使操作更方便。现代化的企业中更是离不开传感器。

在现有的检测技术中传感器分类有多种，有电类和非电类；有传统型、现代型、网络型；也有用功能分类的，如电阻型、电压型、超声波、光电型、数字型、视觉型等。本书是按功能进行分类编写，在功能分类上，第2章介绍电阻型检测传感器，包括阻抗式传感器、变磁阻式传感器、电容式传感器及应用举例，有6个实训项目；第3章电压型检测传感器中包括压电式传感器压电效应、温度传感器、霍尔式传感器及5个实训项目；第4章超声波流量检测传感器包括超声波传感器、差压式流量计、速度式流量计、电磁流量计、容积流量计及2个实训项目；第5章光电型传感器包括光电传感器、光纤传感器、视觉传感器及4个实训项目；第6章数字式传感器包括光栅传感器、编码器、测速传感器的应用、感应同步器及其应用、旋转变压器及实训项目；第7章其他传感器包括气敏传感器、湿敏传感器、色敏传感器、热释电红外传感器及2个实训项目；第8章现代检测技术的应用包括虚拟检测仪器、网络化传感器、无线传感器网络、无线传感器网络的特点及实训等；第9章传感器接口与检测电路包括传感器与检测电路的一般结构形式、传感器接口电路、信号处理电路、信号变换电路、噪声的抑制及4个实训项目等；第10章检测技术应用案例分析包括实例应用及实训等。通过实训项目的练习，更能掌握这些传感器原理及使用方法，达到学习后会使用的目的。其实使用是更好的学习，在使用中学习更能掌握其应用技能和精髓。这样对教师的要求会更高，同时对教学设备要求更完善、更接近实际的环境，这样才能达到培养技能型人才的要求。

本教材适于职业院校的学生、本科院校的学生使用，对企业的技术人员学习也有一定的参考价值，特别是在技师和高级技师的学习中有较大的帮助。

本书由颜全生副教授主编并统稿，参加编写的还有刘遥生、杜江、李胜明、王明忠、熊健等。全书由吴峰主审。

为方便科学，本书配套电子课件，可赠送给用本书为授课教材的院校和老师，如有需要，可发邮件至 hqlbook@126.com 索取。

书中难免有不足之处，请大家批评指正。

编 者

目　录

第1章　传感器概论 /1

第2章　电阻型检测传感器 /13

第3章　电压型检测传感器 /74

第4章　流量检测传感器 /110

第 11 章　传感器实训平台 / 289

附　录　标准热电偶分度表 / 294

第1章

传感器概论

传感器在科学技术的迅猛的发进中和生产过程高度自动化中已成为特别重要的部分。传感器应用在军事、航天行空、工业、农业、医疗和人们的生活中，成为必不可少的仪器设备。人们要了解社会、改造社会，只有从外界获取大量准确、可靠的信息后，经过一系列的科学分析、处理、加工与判断，进而认识、掌握自然界和科学技术中的各种现象与其相关变化规律。在工业生产过程的现代化面临的第一个问题是必须采用各种传感器来检测、监视和控制各种静态及动态参数，使设备或系统能正常运行并处于最佳状态，从而保证生产的高效率、高质量，所以进行信息采集的传感器技术是最重要的基础，此后才有后期的信息分析、处理、加工、控制等技术问题。当然，人们在早期是通过人体自身的感觉器官与外界保持接触，在一定程度上和一定范围内获得颇有意义与有限的重要信息，以维持与指导人类的正常生活和生产活动。例如人类的耳朵能听到声波在音频段的声音，但却听不到声波中的超低频段或超高频段的声音；又如人类的眼睛能分辨出自然光或白光中的主要光波颜色，但却无法辨别出红外光或紫外光。因而，多年来人们不仅研究出具有人类感觉器官上所具有的感觉功能的检测元件——传感器，而且努力研究开发出了人类感觉器官所不具备的感觉功能的传感器。

近三十年来快速发展的 IC 技术与电子计算机技术，为传感器的高速发展提供了非常良好与可靠的科学技术基础，同时也提出了更高的要求。在近二十年中，世界各国都将传感器技术列为尖端技术，尤其是在经济发达的国家，对传感器及其技术的发展更是倍加重视。由于现代生活中的人们已经认识到，现代信息技术的三大基础是信息的采集、传输和处理技术，即传感器技术、通信技术与计算机技术分别构成了信息技术系统的"感官"、"神经"和"大脑"，而信息采集系统的最前端就是传感器。现代通信技术与计算机技术已经达到高度发达的地步，所以，人们常说："征服了传感器，就等于征服了科学技术"。美国在 20 世纪 80 年代就称其是传感器的时代；日本把十大技术之首定位于传感器；俄罗斯国防发展中的"军事航天"计划也把传感器技术列为重点；英、德、法等国也拨出专款来发展传感器技术；我国在"八五"规划中也把传感器技术列为重点发展技术和 21 世纪发展的高科技项目之一。鉴于我国对传感器的研究与发展较晚，基础较差，为了缩小差距，必须加速与促进我国传感器技术的发展。

传感器是探索与测量自然界各种参数的检测元件。有人曾通俗称其为"探头"（Probe），英语中还有"Sensor"（敏感元件）与"Transducer"（传感器）之称，我国有"传感器"、

"换能器"与"变换器"之称，国际标准化组织（ISO）和日本工业标准"JIS-ZI30"将传感器定义为"对应于被测量、能给出易于处理的输出信号的变换器"。实际上，能够完成两种量（光、热、电、力学量、机械量等）之间的变换或转换关系，都符合于传感器的定义范围，从目前实际应用情况看，鉴于目前电学及其器件与系统的高度发展，往往是传感器配用测量电路以后的输出量都是电量，所以在一些资料与参考书中，将电量作为输出量的传感器称为电子传感器。

传感器作为检测元件进行测量各种物质已成为当今社会必不可少的仪器。在现代社会中改进测试方法和仪器创新而获得诺贝尔物理和化学奖中大约占有 1/4。国家重点工程上海宝钢的技术装备投资有 1/3 的经费用于购买仪器和自控系统。这就是传感器的科学与价值。

据美国国家标准技术研究院（NIST）的统计，美国为了质量认证和控制、自动化及流程分析，每天完成 2.5 亿个检测，占国民生产总值的 3.5%。要完成这些检测，需要大量的、种类繁多的分析和检测仪器。仪器与检测技术已成为当代促进生产的一个主流环节。美国商业部国家标准局（NBS）在 20 世纪 90 年代初评估仪器仪表工业对美国国民经济总产值的影响作出的调查报告中称，仪器仪表工业总产值只占工业总产值的 4%，但是它对国民经济的影响达到 66%。

仪器仪表在现代工业生产中是必不可少的设备，也是改造传统工业必备的手段。仪器在产品质量评估及计算等有关国家法制实施中起着技术监督的"物质法官"的作用，在国防建设和国家可持续发展战略等诸多方面，都起至关重要的作用。现代仪器已逐渐走进千家万户，与人们的日常生活、身体健康、工作和娱乐休戚相关。特别是当前建立诚信社会、诚信人格、诚信企业，仪器仪表起着必不可少的作用。

1.1 传感器的构成及分类

1.1.1 传感器的定义

关于传感器，至今尚无一个比较全面的定义。不过，对以下提法，学者们似乎不持异议。传感器（Transducer 或 Sensor）有时亦被称为换能器、变换器、变送器或探测器，主要特征是能感知和检测某一形态的信息，并将其转换成另一形态的信息。因此，传感器是指那些对被测对象的某一确定的信息具有感受（或响应）与检出功能，并使之按照一定规律转换成与之对应的有用输出信号的元器件或装置。当然这里的信息应包括电量和非电量。在不少场合，人们将传感器定义为敏感于待测非电量并可将它转换成与之对应的电信号的元件、器件或装置的总称。当然，将非电量转换为电信号并不是惟一的形式。例如，可将一种形式的非电量转换成另一种形式的非电量（如将力转换成位移等）；另外，从发展的眼光来看，将非电量转换成光信号或许更为有利。

1.1.2 传感器的组成

传感器一般是根据物理、化学、生物学的效应和规律设计而成的，大体上可分为物理型、化学型、生物型三大类组成。化学型传感器是利用电化学反应原理，把无机化学、有机化学物质的成分、浓度等转换为电信号的传感器。生物型传感器是利用生物活性物质选择性，识别和测定生物和化学物质的传感器。这两类传感器应用在化学工业、环保监测和医学诊断。物理型传感器可分为物性型传感器和结构性传感器。物性型传感器是利用其物理特性变化实现信号转换，例如热敏电阻、光敏电阻等。结构性传感器是利用其结构参数变化实现信号转换，例如变极距型电容式传感器、变气隙型电感型传感器等。传感器都是按照一定的工作原理和结构研制出来的，因此传感器的组成细节有较大差异。但是，总的来说，传感器应由敏感元件、转换元件和其他辅助部件组成，如图1-1所示。敏感元件是指传感器中能直接感受（或响应）与检出被测对象的待测信息（非电量）的部分，转换元件是指传感器中能将敏感元件所感受（或响应）出的信息直接转换成电信号的部分。例如，应变式压力传感器由弹性膜片和电阻应变片组成，其中的弹性膜片就是敏感元件，它能将压力转换成弹性膜片的应变（形变）；弹性膜片的应变施加在电阻应变片上，它能将相应的变量转换成电阻的变化量，电阻应变片就是转换元件。

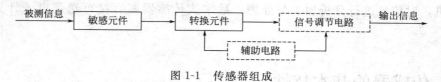

图1-1　传感器组成

应该指出的是，并不是所有的传感器都必须包括敏感元件和转换元件。如果敏感元件直接输出的是电量，它就同时兼为转换元件，因此，敏感元件和转换元件两者合一的传感器是很多的。例如，压电晶体、热电偶、热敏电阻、光电器件等都是这种形式的传感器。

信号调节电路是能把转换元件输出的电信号转换为便于显示、记录、处理和控制的有用电信号的电路。辅助电路通常包括电源，即交、直流供电系统。

1.1.3　传感器的分类

传感器技术是一门知识密集型技术，它与许多学科有关。传感器的原理各种各样，其种类繁多，分类方法也很多。

(1) 按被测量分类

根据被测量可分为加速度传感器、速度传感器、位移传感器、压力传感器、负荷传感器、扭矩传感器、温度传感器等。这种分类方法对于用户与生产单价来说是一目了然的。但是这种分类方法的弊病造成了传感器名目繁多，又把原理互不相同的同一用途的传感器归为一类，这就很难找出各种传感器在转换原理上的共性与差异，难以建立起对传感器的基本概念，不利于掌握传感器的原理与性能的分析方法。

(2) 按传感器的工作原理分类

这种分类方法是以传感器的工作原理为依据的，可分为电阻应变式、电容式、电感式、压电式、霍尔式、光电式、热敏式等。这种分类方法的优点是可以避免传感器的名目繁多，使传感器的划分类别较少，并有利于传感器专业工作者对传感器的工作原理与设计归纳性的分析研究，使设计与应用更具有合理性与灵活性。缺点是会使对传感器不够了解的用户感到使用不方便。

(3) 按能量的传递方式分类

从能量观点来看，所有的传感器可分为有源传感器与无源传感器两大类。前者可把传感器视为一台微型发电机，能将非电功率转换为电功率，它所配用的测量电路通常是信号放大器。所以，有源传感器是一种能量变换器，如压电式、热电式（热电偶）、电磁式、电动式等。在有源传感器中，有些传感器的能量转换是可逆的，另一些是不可逆的，并且有些有源传感器通常附有力学系统，只能用在接触式的测量中，如压电式加速度传感器。这类传感器不具有直流响应，只能用于动态测量中，如温度传感器中的热电偶，它是利用两种不同金属的温差所产生的电势进行测量的。无源传感器不进行能量的转换，被测的非电量仅对传感器中的能量起着控制或调节的作用。所以，它必须具有辅助能源（电源），例如电阻、电容、电感式传感器等，遥感技术中的微波、激光等传感器可以归结为此类。无源传感器本身并不是一个信号源，所以它所配用的测量放大器与有源传感器不一样，通常是电桥电路或谐振电路，并且无源传感器具有直流响应，一般不配力学系统，因而适用于静态和动态测量，有时还可以用在非接触的测量场合。

（4）按输出信号的性质分类

可分为模拟传感器与数字传感器两大类。模拟传感器要通过 A/D 变换器才能输入到电子计算机，对信号进行分析加工与处理；数字式传感器则直接可送到电子计算机进行处理。

1.2 传感器的基本特性

在测试过程中，要求传感器能感受到被测量的变化并将其不失真地转换成容易测量的量。被测量一般有两种形式：一种是稳定的，即不随时间变化或变化极其缓慢，称为静态信号；另一种是随时间变化而变化，称为动态信号。由于输入量的状态不同，传感器所呈现出来的输入与输出特性也不同，因此，传感器的基本特性一般用静态特性和动态特性来描述。

1.2.1 传感器的静态特性

传感器的静态特性是指被测量的数量值，处于稳定状态时的输入与对应的输出关系。衡量静态特性的重要指标是线性度、灵敏度、迟滞、重复性、分辨率和漂移等。

（1）线性度

传感器的线性度是指其输出量与输入量之间的实际关系曲线（即静特性曲线）偏离直线的程度，又称非线性误差。静特性曲线可通过实际测试获得。在实际使用中，大多数传感器为非线性的，为了得到线性关系，常引入各种非线性补偿环节。如采用非线性补偿电路或计算机软件进行线性化处理。如果传感器非线性的次方不高，输入量变化范围较小时，可用一条直线（切线或割线）近似地代表实际曲线的一段，如图 1-2 所示，使传感器输入对应的输出线性化。所采用的直线称为拟合直线。实际特性曲线与拟合直线之间的偏差称为传感器的非线性误差（或线性度），通常用相对误差 γ_{L} 表示，即

$$\gamma_{\mathrm{L}} = \pm \frac{\Delta L_{\max}}{Y_{\mathrm{FS}}} \times 100\% \tag{1-1}$$

式中 $\Delta L_{\max}$——最大非线性绝对误差；

Y_{FS}——满量程输出。

从图 1-2 可见，即使是同类传感器，拟合直线不同，其线性度也是不同的。选取拟合直线的方法很多，常用的有理论直线法、端点法、割线法、切线法、最小二乘法和计算机程序法等，用最小二乘法求取的拟合直线的拟合精度最高。

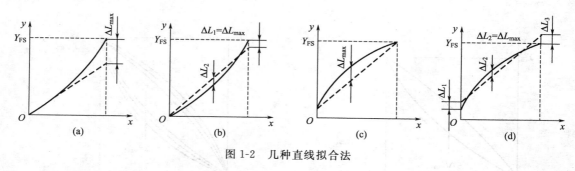

图 1-2   几种直线拟合法

（2）灵敏度

灵敏度 k 是指传感器的输出量增量 Δy 与引起输出量增量 Δy 的输入量 Δx 的比值，即

$$k = \frac{\Delta y}{\Delta x} \quad \text{或} \quad k = \frac{\mathrm{d}y}{\mathrm{d}x} \tag{1-2}$$

对于线性传感器，它的灵敏度就是它的静态特性的斜率，即 k 为常数；而非线性传感器的灵敏度为一变量，用 $k = \mathrm{d}y/\mathrm{d}x$ 表示。传感器的灵敏度如图 1-3 所示。

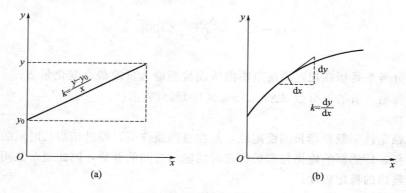

图 1-3   传感器的灵敏度

另外，有时用输出灵敏度这个性能指标来表示某些传感器的灵敏度，如应变片式压力传感器。输出灵敏度是指传感器在额定载荷作用下，测量电桥供电电压为 1V 时的输出电压。

（3）迟滞（回差滞环现象）

传感器在正向（输入量增大）行程和反向（输入量减小）行程期间，输出-输入特性曲线不重合的现象称为迟滞，如图 1-4 所示。也就是说，对于同一大小的输入信号，传感器的正、反行程输出信号大小不等。产生这种现象的主要原因是由于传感器敏感元件材料的物理性质和机械零部件的缺陷所造成的，例如，弹性敏感元件的弹性滞后、运动部件摩擦、传动机构的间隙、紧固件松动等，具有一定的随机性。

迟滞大小通常由实验确定。迟滞误差 γ_H 可由下式计算：

$$\gamma_H = \pm \frac{1}{2} \times \frac{\Delta H_{\max}}{Y_{FS}} \times 100\% \tag{1-3}$$

式中，$\Delta H_{\max}$ 是正、反行程输出值间的最大值。

（4）重复性

重复性是指传感器在输入量按同一方向作全量程多次测试时，所得特性曲线不一致性的程度，如图 1-5 所示。多次按相同条件输入进行测试，得出的输出特性曲线重合性，其重复性越好，误差越小。

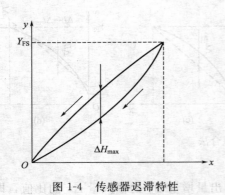

图 1-4 传感器迟滞特性

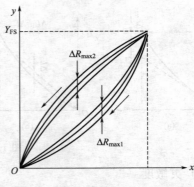

图 1-5 重复性

不重复性 γ_R 常用标准偏差 σ 表示，也可用正、反行程中的最大偏差 ΔR_{max} 表示，即

$$\gamma_R = \pm \frac{1}{2} \times \frac{(2\sim3)\sigma}{Y_{FS}} \times 100\% \tag{1-4}$$

或

$$\gamma_R = \pm \frac{1}{2} \times \frac{\Delta R_{max}}{Y_{FS}} \times 100\% \tag{1-5}$$

(5) 分辨率

传感器的分辨率是指在规定测量范围内所能检测输入量的最小变化量 Δx_{min}。有时也用该值相对满量程输入值的百分数（$\Delta x_{min}/x_{FS} \times 100\%$）表示。

(6) 稳定性

传感器的稳定性一般是指长期稳定性，是在室温条件下，经过相当长时间的间隔，如一天、一月或一年，传感器的输出与起始标定时的输出之间的差异，因此通常又用其不稳定度来表征传感器输出的稳定程度。

(7) 漂移

传感器的漂移是指在外界的干扰下，输出量发生与输入量无关的变化，包括零点漂移和灵敏度漂移等。

传感器在零输入时，输出的变化称为零点漂移。零点漂移或灵敏度漂移又可分为时间漂移和温度漂移。时间漂移是指在规定的条件下，零点或灵敏度随时间的缓慢变化。温度漂移是指当环境温度变化时，引起的零点或灵敏度漂移。漂移一般可通过串联或并联可调电阻来消除。

1.2.2 传感器的动态特性

传感器的动态特性是指其输出对随时间变化的输入量的响应特性。一个动态特性好的传感器，其输出将再现输入量的变化规律，即具有相同的时间函数。在动态的输入信号情况下，输出信号一般来说不会与输入信号具有完全相同的时间函数，这种输出与输入间的差异就是所谓的动态误差。

影响传感器的动态特性主要是传感器的固有因素，如温度传感器的热惯性等，不同的传感器，其固有因素的表现形式和作用程度不同。另外，动态特性还与传感器输入量的变化形式有关。也就是说，在研究传感器动态特性时，通常是根据不同输入变化规律来考察传感器的动态响应的。传感器的输入量随时间变化的规律有各种各样的，下面对传感器动态特性的分析，同自动控制系统分析一样，通常从时域和频域两方面采用瞬态响应法和频率响应法。

（1）瞬态响应法

研究传感器的动态特性时，在时域中对传感器的响应和过渡过程进行分析的方法，为时域分析法，这时传感器对所加激励信号的响应称为瞬态响应。常用激励信号有阶跃函数、斜坡函数、脉冲函数等。下面以最典型、最简单、最容易实现的阶跃信号，作为标准输入信号来分析评价传感器的动态性能指标。

当给传感器输入一个单位阶跃函数信号时：

$$u(t)=\begin{cases}0 & t\leqslant 0\\ 1 & t>0\end{cases} \tag{1-6}$$

其输出特性为阶跃响应特性或瞬态响应特性。瞬态响应特性曲线如图 1-6 所示。

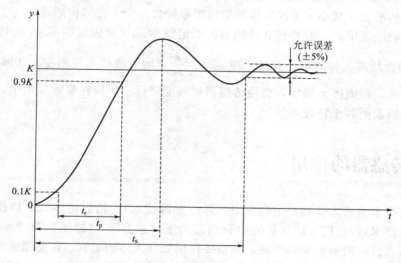

图 1-6　瞬态响应特性曲线

① 最大超调量 M_p：最大超调量就是响应曲线偏离阶跃曲线的最大值，常用百分数表示。当稳态值为 1，则最大百分比超调量为 $M_p=\dfrac{y(t_p)-y(\infty)}{y(\infty)}\times100\%$。最大超调量反映传感器的相对稳定性。

② 上升时间 t_r：根据控制理论，它有以下几种定义。

a. 响应曲线从稳态值的 10% 上升到 90% 所需要的时间。

b. 从稳态值的 5% 上升到 95% 所需要的时间。

c. 从零上升到第一次到达稳态值所需要的时间。

对有振荡的传感器常用 c 描述，对无振荡的传感器常用 a 描述。

③ 峰值时间 t_p：响应曲线从零到第一个峰值时所需的时间。

④ 响应时间 t_s：响应曲线衰减到稳态值之差不超过 ±5% 或 ±2% 时所需要的时间。有时又称为过渡过程时间。

（2）频率响应法

频率响应法是从传感器的频率特性出发研究传感器的动态特性。传感器对正弦输入信号的响应特性，称为频率响应特性。对传感器动态特性的理论研究，通常是先建立传感器的数学模型，通过拉氏变换找出传递函数表达式，再根据输入条件得到相应的频率特性。大部分传感器可简化为单自由度一阶或二阶系统，其传递函数可分别简化为

$$H(j\omega) = \frac{1}{\tau(j\omega) + 1} \tag{1-7}$$

$$H(j\omega) = \frac{1}{1 - \left(\dfrac{\omega}{\omega_n}\right)^2 + 2j\xi\dfrac{\omega}{\omega_n}} \tag{1-8}$$

因此，可以应用自动控制理论中的分析方法和结论，这里不再论证。研究传感器的频域特性时，主要用幅频特性。传感器频率响应特性指标如下。

① 频带　传感器增益，保持在一定频率范围内的值，称为传感器的频带或通频带，对应有上、下截止频率。

② 时间常数 τ　用时间常数 τ 来表征一阶传感器的动态特性。τ 越小，频带越宽。

③ 固有频率 ω_n　二阶传感器的固有频率 ω_n 表征了其动态特性。

对于一阶传感器，减小 τ 可改善传感器的频率特性。对于二阶传感器，为了减小动态误差和扩大频率响应范围，一般是提高传感器的固定频率 ω_n。而固定频率 ω_n 与传感器运动部件质量 m 和弹性敏感元件刚度 k 有关，即 $\omega_n = \sqrt{\dfrac{k}{m}}$。增大敏感元件刚度 k 和减小质量 m 可以提高固定频率，但刚度 k 增加，会使传感器灵敏度降低。所以在实际应用中，应综合各种因素来确定传感器的各个特征参数。

1.3　传感器的作用

现代信息技术的三大基础是信息采集（即传感器技术）、信息传输（通信技术）和信息处理（计算机技术），它们在信息系统中分别起到了"感官"、"神经"和"大脑"的作用。传感器属于信息技术的前沿尖端产品，其重要作用如同人体的五官。传感器是信息采集系统的首要部件，是实现现代化测量和自动控制（包括遥感、遥测、遥控）的主要环节。

传感器主要用途如下。

（1）生产过程的测量与控制

在生产过程中，对温度、压力、流量、位移、液体和气体成分等参量进行检测，从而实现对工作状态的控制。

（2）安全报警与环境保护

利用传感器可对高温、放射性污染以及粉尘弥漫等恶劣工作条件下的过程参量进行远距离测量与控制，并可实现安全生产。可用于温控、防灾、防盗等方面的报警系统。在环境保护方面可用于对大气与水质污染的监测、放射性和噪声的测量等。

（3）自动化设备和机器人

传感器可提供各种反馈信息，尤其是传感器与计算机的结合，使自动化设备的自动化程度有了很大提高。在现代机器人中大量使用了传感器，其中包括力、扭矩、位移、超声波、转速和射线等许多传感器。

（4）交通运输和资源探测

传感器可用于对交通工具、道路和桥梁的管理，以保证提高运输的效率与防止事故的发生，可用于陆地与海底资源探测以及空间环境、气象等方面的测量。

（5）医疗卫生和家用电器

利用传感器可实现对病患者的自动监测与监护，可用于微量元素的测定、食品卫生检疫等，尤其是作为离子敏感器件的各种生物电极，已成为生物工程理论研究的重要测试装置。

近年来，由于科学技术和经济的发展及生态平衡的需要，传感器的应用领域还在不断扩大。

1.4 传感器的发展方向

在当前信息时代，传感器技术被视为现代高新技术发展的关键，作为现代信息技术的三大支柱之一的传感器技术必将有较大的发展。今后我国在传感器方面的研究和开发方向，应是微电子机械系统、汽车传感器、环保传感器、工业过程控制传感器、医疗卫生和食品业检测传感器、智能化和多功能化、新型敏感材料等。传感器的发展可以概括为以下几个方面。

（1）微型传感器

为了能够与信息时代信息量的激增、要求捕获和处理信息的能力日益增强的技术发展趋势保持一致，对于传感器的性能指标（包括精确性、可靠性、灵敏性等）的要求越来越严格。与此同时，传感器系统的操作友好性亦被提到了议事日程，因此，要求传感器必须配有标准的输出模式。而传统的大体积、弱功能传感器往往很难满足上述要求，所以它们已逐步被各种不同类型的高性能微型化的传感器所取代。

一方面，计算机辅助设计（CAD）技术和微机电系统（MEMS）技术的发展，促进了传感器的微型化。在当前技术水平下，微切削加工技术已经能生产出具有不同层次的3D微型结构，从而可以生产出体积非常微小的微型传感器敏感元件，像毒气传感器、离子传感器、光电探测器，这样以硅为主要材料构成的传感探测器都装有极好的敏感元件，这一类元器件已作为微型传感器的主要敏感元件被广泛应用于不同的领域研究中。

另一方面，敏感光纤技术的发展也促进了传感器的微型化。当前，敏感光纤技术日益成为微型传感器技术的另一新的发展方向。预计随着插入技术的日趋成熟，敏感光纤技术的发展还会进一步加快。光纤传感器的工作原理是将光作为信号载体，并通过光纤来传送信号。由于光纤具有良好的传光性能，对光的损耗极低，加之光纤传输光信号的频带非常宽，而且光纤本身就是一种敏感元件，所以光纤传感器具有许多优良特征。概括来讲，光纤传感器的优良特征主要包括重量轻、体积小、敏感性高、动态测量范围大、传输频带宽、易于转向作业以及它的波形特征能够与客观情况相适应等诸多优点，因此能够较好地实现实时操作、联机检测和自动控制。光纤传感器还可以应用于3D表面的无触点测量。近年来，随着半导体激光LD、CCD、CMOS图形传感器、方位探测装置PSD等新一代探测设备的问世，光纤无触点测量技术得到了空前迅速的发展。

就当前技术发展现状来看，微型传感器已经应用于许多领域，对航空航天、远距离探测、医疗及工业自动化等领域的信号探测系统产生了深远影响。目前开发并进入实用阶段的微型传感器可以用来测量各种物理量、化学量和生物量，如位移、速度、加速度、压力、应力、应变、声、光、电、磁、热、pH值、离子浓度及生物分子浓度等。

（2）智能化传感器

将传统的传感器和微处理器及相关电路组成一体化的结构就是智能传感器。智能化传感器是20世纪80年代末出现的，它是另外一种涉及多种学科的新型传感器系统，它不但能够执行信息处理和信息存储，而且还能够进行逻辑思考和结论判断。这一类传感器就相当于微机与传感器组合为一体，其主要组成部分包括主传感器、辅助传感器及微机等硬件设备。如智能化压力传感器，主传感器为压力传感器，用来探测压力参数，辅助传感器通常为温度传感器和环境压力传感器。采用这种技术时可以很方便地调节和校正由于温度的变化而导致的测量误差，环境压力传感器测量工作环境的压力变化并对测定结果进行校正，而硬件系统除了能够对传感器的弱输出信号进行放大、处理和存储外，还执行与计算机之间的通信联络。通常情况下，一个通用的检测仪器只能用来检测一种物理量，其信号调节是由与主探测部件相连接的模拟电路来完成的，但是智能化传感器却能够实现所有的功能，而且精度更高，价格更便宜。智能传感器具有以下功能。

① 具有自校准功能。操作者输入零值或某一标准量值后，自校准软件可以自动地对传感器进行在线校准。

② 具有自补偿功能。智能传感器在工作中可以通过软件对传感器的非线性、温度漂移、响应时间等进行自动补偿。

③ 具有自诊断功能。智能传感器在接通电源后，可以对传感器进行自检，检查各部分是否正常。在内部出现操作问题时，能够立即通知系统，通过输出信号表明传感器发生故障，并可诊断发生故障的部件。

④ 具有自捕捉功能。智能传感器在接通电源后，可以对设定的目标进行锁定、跟踪、报警等功能。

⑤ 具有数据处理功能。智能传感器可以根据内部的程序自动处理数据，如进行统计处理、剔除异常数值等。

⑥ 具有双向通信功能。智能传感器与微处理器之间构成闭环系统，微处理器不但接收、处理传感器的数据，还可以将信息反馈至传感器，对测量过程进行调节和控制。

⑦ 具有数字信号输出功能。智能传感器输出数字信号，可以很方便地和计算机或接口总线相连。

图 1-7　ST-3000 智能压力变送器

目前，智能化传感器技术正处于蓬勃发展时期，具有代表意义的典型产品是美国霍尼韦尔公司的 ST-3000 系列智能变送器（见图 1-7）和德国斯特曼公司的二维加速度传感器，以及另外一些含有微处理器（MCU）的单片机集成的压力传感器、具有多维检测能力的智能传感器和固体图像传感器（SSIS）等。与此同时，基于模糊理论的新型智能传感器和神经网络技术在智能化传感器系统的研究和发展中的重要作用也日益受到相关研究人员的极大重视。

智能化传感器多用于压力、力、振动冲击加速度、流量、温度、湿度的测量。另外，智能化传感器在空间技术研究领域亦有比较成功的应用实例。在今后的发展中，智能化传感器无疑将会进一步扩展到化学、电磁、光学和核物理等研究领域。可以预见，新兴的智能化传感器将会在关系到全人类国民生计的各个领域中发挥越来越大的作用。

（3）多功能传感器

通常情况下，一个传感器只能用来测量一种物理量，但在许多应用领域中，为了能够完美而准确地反映客观事物和环境，往往需要同时测量大量的物理量。由于若干种各不相同的敏感元件组成或借助同一个传感器的不同效应或利用在不同的激励条件下用同一个敏感元件表现的不同特征构成的多功能传感器系统，可以用来同时测量多种参数。例如，可以将一个温度探测器和一个湿度探测器配置在一起（即将热敏元件和湿敏元件分别配置在同一个传感器承载体上）制造成一种新的传感器，这种新的传感器就能够同时测量温度和湿度。

随着传感器技术和微机技术的飞速发展，目前已经可以生产出将若干种敏感元件总装在同一种材料或单独一块芯片上具有一体化多功能的传感器。多功能传感器无疑是当前传感器技术发展中一个全新的研究方向，如将某些类型的传感器进行适当组合而使之成为新的传感器。又如，为了能够以较高的灵敏度和较小的粒度同时探测多种信号，微型数字式三端口传感器可以同时采用热敏元件、光敏元件和磁敏元件，这种组合方式的传感器不但能够输出模拟信号，而且还能够输出频率信号和数字信号。

从当前的发展现状来看，最热门的研究领域也许是各种类型的仿生传感器了，在感触、刺激以及视听辨别等方面已有最新研究成果问世。从实用的角度考虑，多功能传感器中应用较多的是各种类型的多功能触觉传感器，例如，人造皮肤触觉传感器就是其中之一，如图1-8所示。这种传感器系统由 PVDF 材料、无触点皮肤敏感系统以及具有压力敏感传导功能的橡胶触觉传感器等组成。据悉，美国 MERRITT 公司研制开发的无触点皮肤敏感系统获得了较大的成功，其无触点超声波传感器、红外辐射引导传感器、薄膜式电容传感器以及温度、气体传感器等在美国本土应用甚广。

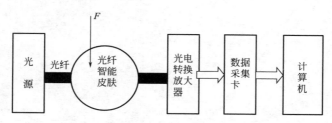

图 1-8　光纤智能皮肤触觉传感器框图

现代传感器系统正朝着微小型化、智能化和多功能化的方向发展。智能传感器按其结构分为模块式智能传感器、混合式智能传感器和集成式智能传感器三种。模块式智能传感器是初级的智能传感器，它由许多互相独立的模块组成。将微型计算机、信号处理电路模块、输出电路模块、显示电路模块和传感器装配在同一壳体内，组成模块式智能传感器。今后，随着 CAD 技术、MEMS 技术、信息理论及数据分析算法的发展，未来的传感器系统必将变得更加微型化、综合化、多功能化、智能化和系统化。在各种新兴科学技术正呈辐射状态，广泛地渗透当今的社会，作为现代科学技术前沿的传感器系统，为人们快速获取、分析和利用有效信息的基础，必将进一步得到社会各界的普遍关注和应用。

● **本章小结**

在科学技术迅速发展的今天，非电量电测技术已经成为各个领域，特别是自动测量和自动控制系统中必不可少的组成部分，而使非电量电测技术得到实现的传感器技术无疑成为这些系统的关键。传感器是利用物理、化学、生物等学科的某些效应或原理按照一定的制造工艺研制出来的，由某一原理设计的传感器可以测量多种参量，而某一参量可以用不同的传感器测量。因此，传感器的分类方法繁多，可以按被测量来分，也可按工作原理来分，各有所长。在实际应用中，传感器的命名通常用工作原理与被测量的目标合成命名，如扩散硅压力传感器。传感器的特性有静态特性和动态特性之分，静态特性主要有线性度、灵敏度、重复性、温度漂移及零度漂移等，而动态特性主要考虑它的幅频特性和相频特性，通常只给出响应时间。

● 思考与练习题

（1）什么是传感器？它由哪几部分组成？它在自动控制系统中起什么作用？

（2）传感器通常有哪几种分类方法？在实际应用中，传感器是如何命名的？

（3）什么是传感器的静态特性？它有哪些性能指标？

（4）某传感器的输入与输出特性为 $f(x)=2x^2+3x+5$，试求出该传感器的灵敏度。

（5）集成传感器有何优点？

第 2 章

电阻型检测传感器

2.1 阻抗式传感器

阻抗式传感器是一种把机械动作（如位移、力、压力、加速度、扭矩等）转换成与之有确定对应关系的电阻值，再经过测量电桥转换成便于传送和记录的电压（电流）信号的一种装置，它在非电量检测中应用十分广泛。

电阻式传感器具有结构简单、输出精度较高、线性和稳定性好等特点。电阻式传感器种类较多，主要有变阻器式、电阻应变式和固态压阻式传感器三种类型。前两种传感器一般采用的敏感元件为电位器或电阻应变片，而压阻式传感器由敏感元件和传感元件组成，是用半导体材料制造的。变阻器式传感器结构简单、价格便宜、输出信号功率大、被测量与转换量间容易实现线性或其他所需要的函数关系。

2.1.1 电位器式传感器

电位器是一种人们熟知的机电元件，广泛用于各种电气和电子设备中。在仪表与传感器中，它主要是作为一种把机械位移输入转换为与它成一定函数关系的电阻或电压输出的传感元件来使用的。

(1) 电位器基本结构及工作原理

图 2-1 所示为仪表与传感器上使用的某些线绕式电位器的结构原理图。它们是由电阻元件 1 及电刷 2（活动触点）两个基本部分组成。电阻元件是由电阻率很高的极细的绝缘导线，按照一定的规律整齐地绕在一个绝缘骨架上制成的。在它与电刷相接触的部分，将导线表面的绝缘层去掉，然后加以抛光，形成一个电刷可在其上滑动的光滑而平整的接触道。电刷通常由具有弹性的金属薄片或金属丝制成，其末端弯曲成弧形。利用电刷本身的弹性变形所产生的弹性力，使电刷与电阻元件之间有一定的接触压力，以使两者在相对滑动过程中保持可靠的接触和导电。根据要求的不同输出量，电位器既可作变阻器用，也可作分压器用，其电路图见图 2-2。

利用电位器作为传感元件可制成各种电位器式传感器，用以测定线位移或角位移，以及一切可能转换为位移的其他被测物理量的参数，如压力、加速度等。此外，在伺服式仪表中，它还可用作反馈元件及解算元件，制成各种伺服式仪表。

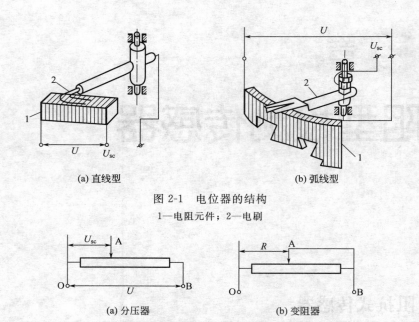

(a) 直线型   (b) 弧线型

图 2-1　电位器的结构

1—电阻元件；2—电刷

(a) 分压器   (b) 变阻器

图 2-2　电位器在不同使用方式下的电路图

电位器的优点是结构简单、尺寸小、重量轻、输出特性精度高，可达 0.1% 或更高的精度，而且稳定性好，可以实现线性函数及任意函数特性，受环境因素影响较小，输出信号较大，一般不需放大。因此，它是最早获得工业应用的传感器之一。但它也存在一些缺点，主要是存在机械摩擦和磨损。由于有摩擦，因而要求敏感元件有较大的输出功率，否则会降低传感器的精度，又因为有滑动触点及磨损，使电位器的可靠性和寿命受到影响。另外线绕电位器分辨率较低也是一个主要缺点。事物内部矛盾是推动事物发展的动力，电位器正是围绕着减小或消除摩擦、提高使用寿命和可靠性、提高精度和分辨率等而不断得到发展的。目前电位器虽然在不少应用场合已被更可靠的无接触式的传感元件所代替，但其某些独特的性能虽然不能被完全取代，在同类传感元件中仍然占有一定的地位。

电位器的种类繁多，按其结构形式不同，可分为线绕式、薄膜式、光电式、磁敏式等。在线绕电位器中，又可分为单圈式和多圈式两种。按其特性曲线不同，还可分为线性电位器和非线性（函数）电位器两种。

（2）电位器特性与灵敏度

理想电位器的特性曲线应是一条严格的直线。该电位器的骨架截面应处处相等，并且用非常均匀的导线，按相等的节距绕制而成，如图 2-3 所示。由图可知，在线性电位器的电阻上，其单位长度的电阻值是处处相等的。图中，U 为电位器端电压；U_{sc} 为输出电压；R_0 为总电阻；t 为节距；l_0 为电刷总行程；l 为电刷的行程；R 为电刷行程 l 处对应的电阻；b 为骨架宽度；h 为骨架高度；q 为导线的导电截面积。当电刷行程为 l 时，其对应的输出电阻和输出电压分别为

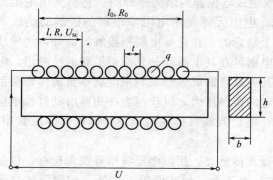

图 2-3　线性电位器构造示意图

$$R = \frac{R_0}{l_0} l \qquad (2-1)$$

$$U_{sc} = \frac{UR_0}{R_0 l_0} l = \frac{U}{l_0} l \tag{2-2}$$

电阻灵敏度和电压灵敏度则分别为

$$K_R = \frac{R}{l} = \frac{R_0}{l_0} \tag{2-3}$$

$$K_U = \frac{U_{sc}}{l} = \frac{U}{l_0} \tag{2-4}$$

公式（2-1）和公式（2-2）为线性电位器的理论特性表达式；K_R 及 K_U 分别为线性电位器的电阻灵敏度和电压灵敏度，它们说明单位电刷位移所能引起的输出电阻或输出电压。

线圈总电阻

$$R_0 = \frac{\rho}{q} 2(b+h)W \tag{2-5}$$

式中 ρ——导线的电阻率；

W——线绕匝数。

电阻灵敏度

$$K_R = \frac{R_0}{l_0} = \frac{2(b+h)\rho}{qt} \tag{2-6}$$

式中

$$l_0 = Wt$$

电压灵敏度

$$K_U = I \frac{2(b+h)\rho}{qt} \tag{2-7}$$

由公式（2-6）和公式（2-7）式可知，线性电位器的灵敏度为一常数，并且与骨架高度和宽度、导线的直径、材料的电阻率、绕线节距等结构参数有关。电压灵敏度还与电位器所通过的电流大小有关。

（3）阶梯特性、阶梯误差、分辨率

线绕电位器整体上看应是平滑而连续的直线。但实际上，电位器特性却是一条阶梯形的折线，输出电阻（电压）随着输入电刷位移变化而阶跃地变化。这是因为电刷在电阻元件上滑动时，与电阻元件的接触是一匝一匝地进行的。在图 2-4 中，设电刷宽度刚好等于一个绕距。在电刷由 0 点向 1 点移动的过程中，输出电阻（电压）并不变化，特性曲线出现一平直段；当电刷刚离开 0 点，而与 1 点相接触时，输出电阻将突然增加一匝线的电阻值，因此线绕特性曲线就出现一垂直段。每当电刷移过一个节距，输出电阻便产生一匝线的电阻值的跳跃，输出电压亦相应地产生一次阶跃。如果电位器有 W 匝导线，则特性曲线将产生 W 次的阶跃。

如设定电位器制造得很理想，而且假设电刷宽度刚好为一个绕距，因而可以认为特性曲线上每个阶梯大小都是完全相同的，则通过每个阶梯中点的直线，即为理论特性直线。阶梯特性将围绕着它上下波动，这种波动便构成电位器的阶梯误差。

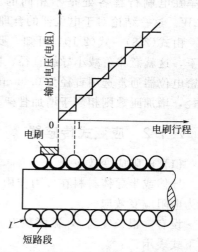

图 2-4　线绕式线性的阶梯特性电位器

电位器的阶梯误差 e_j，通常以理想阶梯特性折线对理论直线的最大偏差与最大输出电压比值的百分数来表示，即

$$e_j = \frac{\pm\left(\frac{1}{2} \times \frac{U}{W}\right)}{U} = \pm\frac{1}{2} \times \frac{1}{W} \times 100\% \tag{2-8}$$

式中　W——电位器线绕的总匝数；

　　　U——电位器的端电压。

电位器的阶梯特性，除了用阶梯误差来表示外，还可以用"分辨率"这个概念来衡量。电位器的分辨率是指电位器所能反映的输入量的最小变化值。由电位器阶梯特性决定的分辨率有两种，即行程分辨率和电压分辨率，其定义如下。

① 电位器的行程分辨率——在电刷的全部工作行程内都能使电位器产生一个可观测出的输出变化的最小电刷行程增量与整个工作行程相比的百分数。对于具有理想阶梯特性的线绕式线性电位器，其理论的行程分辨率 R_T 为

$$R_T = \frac{\frac{l_0}{W}}{l_0} = \frac{1}{W} \times 100\% \tag{2-9}$$

式中　W——电位器线绕的总匝数；

　　　l_0——电位器的总工作行程。

② 电位器的电压分辨率——在电刷工作行程内，电位器输出电压阶梯最大值与电位器端电压之百分比。对于具有理想阶梯特性线绕式电位器，其理论电压分辨率 R_U 为

$$R_U = \frac{\frac{U}{W}}{U} = \frac{1}{W} \times 100\% \tag{2-10}$$

电位器的阶梯误差和分辨率是由于电位器工作原理上而引起的，故称为原理性的误差，它限定了线绕式电位器能达到的最高精度。

以上推导都是基于假定电刷在任何时候都只能接触一个线匝。实际上，为保证电刷接触的连续可靠，电刷都做得较宽，可同时接触两匝线以上。如取电刷宽度为 1.5 个绕距，则分辨率在电刷行程各处是不相同的。在行程首末两端分辨率为 $1/W$，而在行程中部则为 $1/2W$。这一结论对于电位器的合理使用是很重要的。

由式(2-8)～式(2-10)可知，要提高电位器的分辨率，就要增加总匝数，在一定骨架长度下，这就意味着减小导线直径，因此为了得到较高的分辨率，应当选用小直径导线。小型精密电位器通常选用直径为 0.05mm 或更细的导线，其分辨率可达 0.1%。对于一定的导线直径，增加匝数则相当于增加骨架长度，多圈螺旋电位器正是根据这一原理来设计的。

2.1.2　应变式传感器

(1) 电阻应变效应

导体或半导体材料在外力作用下产生机械形变时，其电阻值也相应发生变化的物理现象称为电阻应变效应。

设有一根长度为 l，截面积为 A，电阻率为 ρ 的金属丝，如图 2-5 所示，它的电阻 R 可用下式表示：

$$R = \rho \frac{l}{A} \tag{2-11}$$

当金属丝受轴向力 F 作用被拉伸时，由于应变效应其电阻值将发生变化。当金属丝长度伸长了 Δl，截面积变化 ΔA，电阻率变化 $\Delta \rho$，其电阻相对变化可表示为

$$\frac{\Delta R}{R} = \frac{\Delta \rho}{\rho} + \frac{\Delta l}{l} - \frac{\Delta A}{A} \tag{2-12}$$

对于直径为 d 的圆形截面的金属丝，因为 $A = \pi d^2$，所以有

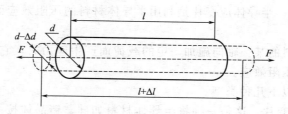

图 2-5　金属电阻丝受拉变形

$$\frac{\Delta A}{A} = 2\frac{\Delta d}{d} \tag{2-13}$$

由力学中可知横向收缩和纵向伸长的关系可用泊松比 μ 表示：

$$\mu = -\frac{\Delta d}{d} \Big/ \frac{\Delta l}{l} \tag{2-14}$$

$$\frac{\Delta A}{A} = -2\mu\frac{\Delta l}{l} = -2\mu\varepsilon, \quad \varepsilon = \frac{\Delta l}{l}$$

电阻相对变化 $$\frac{\Delta R}{R} = \frac{\Delta l}{l}(1+2\mu) + \frac{\Delta \rho}{\rho} = \left[(1+2\mu) + \frac{\Delta\rho/\rho}{\Delta l/l}\right]\frac{\Delta l}{l} = K_0\varepsilon \tag{2-15}$$

式中，K_0 为金属丝的电阻应变灵敏度系数，它表示单位应变所引起的电阻相对变化。公式（2-15）表明，K_0 的大小受两个因素影响：$(1+2\mu)$ 表示由几何尺寸的改变所引起；$\dfrac{\Delta\rho/\rho}{\Delta l/l}$ 表示材料的电阻率 ρ 随应变所引起的变化。对于金属材料而言，以前者为主；而对于半导体材料，K_0 值主要由后者即电阻率相对变化所决定。

（2）电阻应变片的结构

常用的电阻应变片有两大类即金属电阻应变片和半导体应变片。

1）金属电阻应变片　金属电阻应变片有丝式、箔式及薄膜式等结构形式。

丝式电阻应变片如图 2-6（a）所示，它是将金属丝按图所示的形状弯曲后用黏合剂贴在衬底上而成，基底可分为纸基、胶基和纸浸胶基等。电阻丝两端焊有引出线，使用时只要将应变片贴于弹性体上就可构成应变式传感器。

箔式电阻应变片的敏感栅是通过光刻、腐蚀等工艺制成。箔栅厚度一般在 $0.003\sim0.01mm$ 之间，它的结构如图 2-6（b）所示。箔式电阻应变片与丝式电阻应变片相比较，表面的面积大，散热性好，允许通过较大的电流，由于它的厚度薄，因此具有较好的可挠性，灵敏度系数较高。箔式电阻应变片还可以根据需要制成任意形状，适合批量生产。

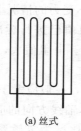
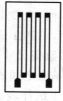

(a) 丝式　　　　　　　　　(b) 箔式

图 2-6　金属电阻应变片结构

金属薄膜应变片是采用真空蒸镀或溅射式阴极扩散等方法，在较薄的基底材料上制成一层金属电阻材料的薄膜形成的应变片。这种应变片有较高的灵敏度系数，允许电流密度大，工作温度范围较广。

2）半导体应变片　半导体应变片是利用半导体材料的压阻效应而制成的一种纯电阻性元件。

对一块半导体材料的某一轴向施加一定的载荷而产生应力时，它的电阻率会发生变化，这种物理现象称之为压阻效应。

半导体应变片有以下几种类型。

① 体型半导体应变片　这是一种将半导体材料如硅、锗晶体按一定方向切割成的片状小条，经腐蚀压焊粘贴在基片上而成的应变片，其结构如图 2-7 所示。

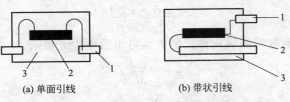

(a) 单面引线　　　　　　(b) 带状引线

图 2-7　体型半导体应变片

1—引线；2—Si 片；3—基片

② 薄膜型半导体应变片　这种应变片是利用真空沉积技术将半导体材料沉积在带有绝缘层的工件上而制成，其结构示意图如图 2-8 所示。

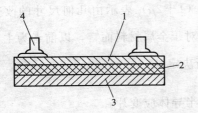
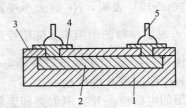

图 2-8　薄膜型半导体应变片

1—锗膜；2—绝缘层；3—金属箔
基底；4—引线

图 2-9　扩散型半导体应变片

1—N 型硅；2—P 型硅扩散层；3—二氧化
硅绝缘层；4—铝电极；5—引线

③ 扩散型半导体应变片　将 P 型杂质扩散到 N 型硅的基底上，形成一层极薄的 P 型导电层，再通过超声波和热压焊法接上引出线就形成了扩散型半导体应变片。图 2-9 为扩散型半导体应变片示意图。这是一种应用很广泛的半导体应变片。

(3) 电阻应变片的主要参数

要正确选用电阻应变片，必须了解电阻应变片的工作特性及一些主要的参数。

① 应变片的电阻值（R_0）　这是应变片在未安装和不受力的情况下，在室温条件下测定的电阻值，也称原始阻值，单位以 Ω 计。应变片的电阻值已进行标准化，有 60Ω、120Ω、350Ω、600Ω 和 1000Ω 各种阻值，其中，120Ω 最常使用。电阻值大，可以加大应变片承受的电压，从而可以提高输出信号，但敏感栅尺寸也要随之增大。

② 绝缘电阻（R）　这是敏感栅与基底之间的电阻值，一般应大于 10^{10} Ω。

③ 灵敏系数（K）　当应变片安装于试件表面，在其轴线方向的应力作用下，应变片阻值的相对变化与试件表面上安装应变片区域轴向应变之比称为灵敏系数。K 值的准确性直接影响测量精度，其误差大小是衡量应变片质量优劣的主要标志。要求 K 值尽量大而稳定。当金属丝材做成电阻应变片后，电阻应变特性与金属单丝时是不同的，因此，必须重新用实验来测定它。测定时规定，将电阻应变片贴在一维应力作用下工件上。

④ 机械滞后　这是指应变片在一定温度下受到增（加载）、减（卸载）循环机械应变时，

同一应变量下应变指示值的最大差值，如图 2-10 所示。

机械滞后的产生主要是敏感栅基底和黏结剂在承受机械应变之后留下的残余变形所致。机械滞后的大小与应变片所承受的应变量有关，加载时的机械应变量大，卸载过程中是减小应变量，第一次承受应变载荷时常常发生较大的机械滞后，经历几次加卸载循环之后，机械滞后性就明显减少。通常，在正式使用之前都预先加卸载若干次，以减少机械滞后对测量数据的影响。

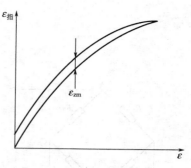

图 2-10　机械滞后

⑤ 允许电流　这是指应变片不因电流产生的热量而影响测量精度所允许通过的最大电流。它与应变片本身、黏结剂和环境等有关，要根据应变片的阻值和具体电路进行计算。为了保证测量精度，在静态测量时，允许电流一般为 25mA，在动态测量时，可达 $75\sim100\text{mA}$，箔式应变片的允许电流较大。

⑥ 应变极限　应变片的应变极限是指在一定温度下，指示应变值与真实应变值的相对差值不超过规定值（一般为 10%）时的最大真实应变值。简单地说，当指示应变值大于真实应变值 10% 时，应变值即为应变片的应变极限值。

⑦ 零漂和蠕变　对于已安装好的应变片，在一定温度下不承受机械应变时，其指示应变值随时间变化的特性称为应变片的零漂。

如果在一定温度下使应变片承受一恒定的机械应变，这时指示值应变随时间而变化的特性称为应变片的蠕变。

可以看出，这两项指标都是用来衡量应变片特性对时间的稳定性，对于长时间测量应变片才有意义。实际上，无论是标定或用于测量，蠕变值中已包含零漂，因为零漂是不加载的情况，它是加载情况的特例。应变片在制造过程中产生的内应力、丝材、黏结剂和基底在温度和载荷情况下其内部结构的变化是造成应变片零漂和蠕变的因素。

（4）电阻应变式传感器测量电路

应变片测量应变，是通过敏感栅的电阻相对变化而得到的。通常金属电阻应变片灵敏系数 K 值很小，机械应变数值小，一般在 $10\times10^{-6}\sim3000\times10^{-6}$ 之间，可见电阻相对变化是很小的。例如某传感器弹性元件在额定载荷下产生应变 $\varepsilon=1000\times10^{-6}$，应变片的电阻值为 120Ω，灵敏系数 $K=2$，则电阻的相对变化量为 $\frac{\Delta R}{R}=K$，$K\times\varepsilon=2\times1000\times10^{-6}=0.002$，电阻变化率只有 0.2%。这样小的电阻变化，用一般测量电阻的仪表很难直接测出来，必须用专门电路来测量这种微弱的电阻变化。最常用的电路为电桥电路。

1）直流电桥　图 2-11 所示，电桥四个臂的电阻分别为 R_1、R_2、R_3、R_4，U 为电桥的直流电源电压。当四臂电阻 $R_1=R_2=R_3=R_4=R$ 时称为等臂电桥；当 $R_1=R_2=R$，$R_3=R_4=R'(R\neq R')$ 时，称为输出对称电桥；当 $R_1=R_4=R$，$R_2=R_3=R'(R\neq R')$ 时，称为对称电桥。

电阻应变片接入电桥电路通常有以下几种接法：如果电桥一个臂接入应变片，其他三个电桥臂用固定电阻，称为单臂工作电桥；如果电桥两个电桥臂接入应变片，称为双臂工作电桥，又称半桥形式；如果四个臂都接入应变片，称为全桥形式。

① 直流电桥的电流输出　当电桥的输出信号较大，输出端又接负载电阻值较小（如检流计或光线示波器）进行测量时，电桥将以电流形式输出，如图 2-12(a) 所示，负载电阻为 R_g。由图中可以看出：

$$U_{AC}=\frac{R_2}{R_1+R_2}U$$

$$U_{BC}=\frac{R_3}{R_3+R_4}U$$

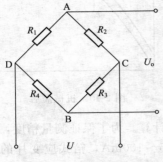

图 2-11 电桥电路

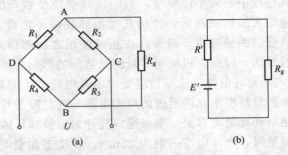

图 2-12 电桥的电流输出形式

所以电桥输出端的开路电压 U_{AB} 为

$$U_{AB}=U_{AC}-U_{BC}=\frac{R_2R_4-R_1R_3}{(R_1+R_2)(R_3+R_4)}U \tag{2-16}$$

用有源一端口网络定理，电流输出电桥可以简化成图 2-12(b) 所示的电路。图中，E' 相当于电桥输出端开路电压 U_{AB}，R' 为网络入口端电阻。

$$R'=\frac{R_1R_2}{R_1+R_2}+\frac{R_3R_4}{R_3+R_4}$$

由图 2-12(b) 可以知道，流过负载 R_g 的电流为

$$I_g=\frac{U_{AB}}{R'+R_g}=\frac{R_2R_4-R_1R_3}{R_g(R_1+R_2)(R_3+R_4)+R_1R_2(R_3+R_4)+R_3R_4(R_1+R_2)}U_{AB} \tag{2-17}$$

当 $I_g=0$ 时，电桥平衡。

$$R_1R_3=R_2R_4$$

当电桥负载电阻 R_g 等于电桥输出电阻时，阻抗匹配时，有

$$R_g=R'=\frac{R_1R_2}{R_1+R_2}+\frac{R_3R_4}{R_3+R_4}$$

这时电桥输出功率最大，电桥输出电流为

$$I_g=\frac{U}{2}\times\frac{R_2R_4-R_1R_3}{R_1R_2(R_3+R_4)+R_3R_4(R_1+R_2)} \tag{2-18}$$

电桥输出电压为

$$U_g=I_gR_g=\frac{U}{2}\times\frac{R_2R_4-R_1R_3}{(R_1+R_2)(R_3+R_4)} \tag{2-19}$$

当桥臂 R_1 为电阻应变片并且有电阻增量 ΔR 时，略去分母中的 ΔR 项，则对于输出对称电桥，$R_1=R_2=R$，$R_3=R_4=R'(R\neq R')$，则有

$$\Delta I_g=\frac{U}{4}\times\frac{1}{R+R'}\left(\frac{\Delta R}{R}\right)=\frac{U}{4}\times\frac{K\varepsilon}{R+R'}$$

对于电源对称电桥，$R_1=R_4=R$，$R_2=R_3=R'$ $(R\neq R')$，则有

$$\Delta I_g=\frac{U}{4}\times\frac{1}{R+R'}\left(\frac{\Delta R}{R}\right)=\frac{U}{4}\times\frac{K\varepsilon}{R+R'}$$

对于等臂电桥，$R_1=R_2=R_3=R_4=R$，则有

$$\Delta I_g = \frac{U}{8R}\left(\frac{\Delta R}{R}\right) = \frac{U}{8R}K\varepsilon$$

由以上结果可以看出，三种形式的电桥，当 $\Delta R < R$ 时，其输出电流都与应变片的电阻变化率即应变成正比，它们之间呈线性关系。

② 直流电桥的电压输出　当电桥输出端接有放大器时，由于放大器的输入阻抗很高，所以可以认为电桥的负载电阻为无穷大，这时电桥以电压的形式输出。输出电压即为电桥输出端的开路电压，其表达式为

$$U_0 = \frac{R_1 R_3 - R_2 R_4}{(R_1 + R_2)(R_3 + R_4)}U \tag{2-20}$$

设电桥为单臂工作状态，即 R_1 为应变片，其余桥臂均为固定电阻。当 R_1 感受应变产生增量 ΔR_1 时，由初始平衡条件 $R_1 R_3 = R_2 R_4$ 得 $\dfrac{R_1}{R_2} = \dfrac{R_4}{R_3}$，代入式(2-20)，则电桥由于 ΔR_1 产生不平衡引起的输出电压为

$$U_0 = \frac{R_2}{(R_1 + R_2)^2}\Delta R_1 U = \frac{R_1 R_2}{(R_1 + R_2)^2}\left(\frac{\Delta R_1}{R_1}\right)U \tag{2-21}$$

对于输出对称电桥，此时 $R_1 = R_2 = R$，$R_3 = R_4 = R'$，当 R_1 臂的电阻产生变化 $\Delta R_1 = \Delta R$，根据式(2-21)可得到

$$U_0 = U\frac{RR}{(R+R)^2}\left(\frac{\Delta R}{R}\right) = \frac{U}{4}\left(\frac{\Delta R}{R}\right) = \frac{U}{4}K\varepsilon \tag{2-22}$$

对于电源对称电桥，$R_1 = R_4 = R$，$R_2 = R_3 = R'$，当 R_1 臂上产生电阻增量 $\Delta R_1 = \Delta R$ 时，由式(2-21)可得

$$U_0 = U\frac{RR'}{(R+R')^2}\left(\frac{\Delta R}{R}\right) = U\frac{RR'}{(R+R')^2}K\varepsilon \tag{2-23}$$

对于等臂电桥，$R_1 = R_2 = R_3 = R_4 = R$，当 R_1 的电阻增量 $\Delta R_1 = \Delta R$ 时，由式(2-21)可得输出电压为

$$U_0 = U\frac{RR}{(R+R)^2}\left(\frac{\Delta R}{R}\right) = \frac{U}{4}\left(\frac{\Delta R}{R}\right) = \frac{U}{4}K\varepsilon \tag{2-24}$$

由上面三种结果可以看出，当桥臂上的应变片电阻发生变化时，电桥的输出电压也随着变化。当 $\Delta R \ll R$ 时，电桥的输出电压与应变电阻成线性关系。还可以看出，在桥臂上的电阻产生相同变化的情况下，等臂电桥以及输出对称电桥的输出电压要比电源对称电桥的输出电压大，即它们的灵敏度要高。因此在使用中多采用等臂电桥或输出对称电桥。

在实际使用中为了进一步提高灵敏度，常采用等臂电桥，四个应变片接成两个差动对的全桥工作形式。如图 2-13 可见，$R_1 = R + \Delta R$，$R_2 = R - \Delta R$，$R_3 = R + \Delta R$，$R_4 = R - \Delta R$，将上述条件带入式(2-21)得

$$U_0 = 4\left[\frac{U}{4}\left(\frac{\Delta R}{R}\right)\right] = 4\left(\frac{U}{4}K\varepsilon\right) = UK\varepsilon \tag{2-25}$$

由式(2-25)看出，由于充分利用了双差动的作用，它的输出电压为单臂工作时的 4 倍，所以大大提高了测量的灵敏度。

2) 交流电桥　交流电桥通常是采用正弦交流电压供电，在频率较高的情况下需要考虑分布电感和分布电容的影响。

① 交流电桥的平衡条件　设交流电桥的电源电压为

$$u = U_m \sin\omega t \tag{2-26}$$

$$\omega = 2\pi f$$

式中　U_m——电源电压的幅值；

　　　ω——电源电压的角频率；

　　　f——电源电压的频率，一般取被测应变最高频率的 5～10 倍。

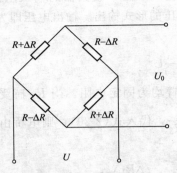

图 2-13　等臂电桥全桥

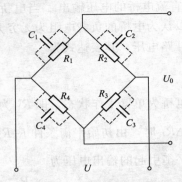

图 2-14　交流电桥

在测量中，电桥中的桥臂是由应变片或固定无感精密电阻组成。由于分布电容的影响，当四个桥臂均为应变片的电桥时，如图 2-14 所示，此时交流电桥的输出电压为

$$U_0 = \frac{Z_1 Z_3 - Z_2 Z_4}{(Z_1 + Z_2)(Z_3 + Z_4)} U = \frac{Z_1 Z_3 - Z_2 Z_4}{(Z_1 + Z_2)(Z_3 + Z_4)} U_m \sin\omega t \qquad (2\text{-}27)$$

式中　$Z_1 = \dfrac{1}{\dfrac{1}{R_1} + \mathrm{j}\omega C_1}$，$Z_2 = \dfrac{1}{\dfrac{1}{R_2} + \mathrm{j}\omega C_2}$，$Z_3 = \dfrac{1}{\dfrac{1}{R_3} + \mathrm{j}\omega C_3}$，$Z_4 = \dfrac{1}{\dfrac{1}{R_4} + \mathrm{j}\omega C_4}$

电桥平衡的条件则为

$$Z_1 Z_3 = Z_2 Z_4 \qquad (2\text{-}28)$$

② 交流电桥的输出电压　由于电桥电源是交流电压，因此它的输出电压也是交流电压，电压的幅值和应变的大小成正比。可以通过电桥输出电压的幅值来测量应变的大小，但无法通过输出电压来判断应变的方向。

例如一个单臂接入应变片的等臂电桥，即 $Z_1 = Z_2 = Z_3 = Z_4 = Z$，$Z_1 = Z + \Delta Z$，当 $\Delta Z \ll Z$ 时，忽略分母中 ΔZ 的影响，根据公式（2-27）可以得到

$$U_0 = \frac{1}{4} \times \frac{\Delta Z}{Z} U = \frac{1}{4} K \varepsilon U_m \sin\omega t \qquad (2\text{-}29)$$

对于一个相邻两个桥臂在接入差动变化的应变片等臂电桥，即 $Z_1 = Z_2 = Z_3 = Z_4 = Z$，$Z_1 = Z + \Delta Z$，$Z_2 = Z - \Delta Z$ 时，根据公式（2-27）得

$$U = \frac{1}{2} \times \frac{\Delta Z}{Z} U = \frac{1}{2} K \varepsilon U_m \sin\omega t \qquad (2\text{-}30)$$

公式（2-30）与公式（2-29）比较，灵敏度提高了一倍，即双臂差动比单臂差动工作效率提高一倍。

3）电桥的线路补偿　要保持传感器长期稳定、精确地工作，需要进行电路补偿。

① 不平衡线路补偿　在应变片的测量电桥中，满足 $R_1 R_4 = R_2 R_3$ 时，电桥才会平衡。但因 $R_1 \sim R_4$ 阻值分散性不可避免，所以初始平衡状态下就有输出电压存在，通常这个数值有 $\pm 0.3\mathrm{mV/V}$ 左右。为使电桥在初始平衡时输出为零或尽可能小，可在桥路中串联电阻进行补偿，如图 2-15 所示。

对串联电阻材料的要求是电阻率、电阻温度系数和应变灵敏系数都要低，一般用锰铜或

康铜丝。串联电阻为

$$R_z = \frac{4\Delta UR}{1000U} \tag{2-31}$$

式中　ΔU——电桥初始不平衡输出，mV；

U——桥压，V；

$R_1 = R_2 = R$，$R_3 = R_4 = R$，R 为桥臂名称电阻（Ω）。

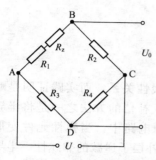
图 2-15　零点平衡补偿

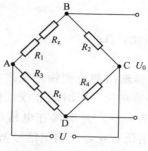
图 2-16　零漂补偿（串联 R_t）

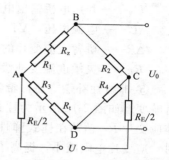
图 2-17　输出灵敏度漂移补偿

② 零点漂移补偿　零点漂移是指不受载荷时，当温度变化时，电桥就有输出。影响零漂的因素很多，主要有温度发生变化、应变片的电阻温度系数变化、应变片和弹性元件的线胀系数不同以及应变性能的不均匀等原因造成的。可在电阻温度系数小的桥臂上串联对温度敏感的电阻 R_t 进行补偿，如图 2-16 所示，通过切断箔栅来调整补偿值。

$$R_t = \frac{4\Delta UR}{1000U(\alpha_m - \alpha_g)\Delta t} \tag{2-32}$$

式中　ΔU——温度变化 Δt 时产生的零漂，mV；

U——桥压，V；

α_m，α_g——电阻应变片和补偿电阻材料的电阻温度系数。

③ 输出灵敏度漂移的补偿　当电桥有负载时，电桥的输出灵敏度随温度变化而变化，称为输出灵敏度漂移（简称动漂）。主要是由于弹性元件材料的弹性模量 E 及应变片的灵敏系数随温度改变而产生的。通常是温度升高，弹性模量降低，如外力不变，则应变要增加，传感器灵敏度变大。可在电桥的电源电路中接入一可调补偿电阻 R_E 进行补偿，如图 2-17 所示。由于 R_E 随温度升高而变大，这就降低了桥压，因此起到了对灵敏度补偿的作用，R_E 的大小可通过切断丝栅的方法来加以调整，为使电桥对称，一般用两个 $\frac{R_E}{2}$ 加在电源的两端。表 2-1 中给出了几种弹性元件材料采用铜、镍、巴氏合金三种补偿电阻材料 R_E 的大致数据。

表 2-1　R_E 的参考数值　　　　　　　　　　　　　　　　　　单位：Ω

补偿电阻材料	弹性元件材料		
	结构合金钢	不锈钢	铍青铜
铜	9.3	8.3	8
镍	13.3	12	11.8
巴氏合金	10.5	9.5	9

④ 输出灵敏度调整　对于成批生产的传感器，总是希望输出灵敏度相同，是一个特定值。这时在电桥的电源电路中串接一个调整电阻 R_s，采用电阻温度系数较小的材料制成。

通常做成可剔式箔栅电阻，切断箔栅就能实现输出灵敏度相同的要求。

$$R_0 = \frac{RS_1}{S_0} - (R + R_E) \tag{2-33}$$

式中　R——应变片电阻（四个臂电阻相同）；

S_1——电桥输出灵敏度，$S_1 = \frac{U_0}{U} = \frac{\Delta R}{R}$；

U_0——开路电桥输出电压，V；

U——电源电压，V；

ΔR——桥臂上应变片的电阻变化，Ω；

R_E——灵敏度温度补偿电阻，Ω。

⑤ 非线性补偿　通常希望传感器输出与待测物理量之间呈线性关系，而实践证明是略有畸变，如图 2-18 所示为柱式传感器在拉、压时的非线性曲线。补偿的方法之一是将半导体应变片 R_L 粘贴在柱式弹性元件的径向，并串接在电桥的电源电路中，当弹性元件变形时，应变片电阻减小，提高了电桥电压 U_{AC}，使输出信号增大，补偿了递减的非线性。半导体应变片电阻可用下式计算。

$$R_L = \frac{\gamma_L (R + R_S + R_E)}{k_L \varepsilon_L} \tag{2-34}$$

式中　γ_L——传感器的非线性误差，即传感器额定载荷时，图 2-18 中 P-ε 曲线与 T-T 直线的偏差；

k_L、ε_L——半导体应变片的灵敏系数与承载时的应变值；

R——电桥的组合电阻，Ω；

R_S——灵敏度调整电阻，Ω。

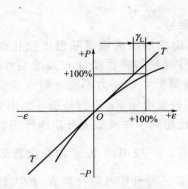

图 2-18　柱式传感器拉、压时的非线性曲线

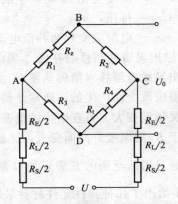

图 2-19　典型传感器电路

图 2-19 是典型的传感器电路。通常 R_z 为 1Ω 左右，R_t 也是 1Ω 左右，R_E 可按表 2-1 的参考值，R_S、R_L 为几千欧。

2.1.3　压阻式传感器

利用硅材料的压阻效应和微电子技术制成的压阻式传感器，具有灵敏度高、动态响应好、精度高、易于微型化和集成化等特点，获得广泛应用，压敏电阻与硅膜片一体化的扩散型压阻传感器，易于批量生产，能够很方便地实现微型化，在一块半导体硅上将传感器和计算处理电路集成在一起，制成"智能型传感器"，使压阻式的压力传感器更为引人瞩目。

(1) 压阻效应及压阻系数

当在半导体材料上施加一个作用力时，其电阻率将发生显著的变化，这种现象称为压阻效应。能产生明显的压阻效应的半导体材料很多，其中以半导体单晶硅的性能为最优良。通过扩散杂质使其形成四个 P 型电阻，并组成电桥。当膜片受力后，由于半导体的压阻效应，阻值发生变化，使电桥有相应的输出。

从公式所得半导体的应变效应 $\dfrac{\mathrm{d}R}{R} \approx \pi E\varepsilon$ 及弹性元件的虎克定律 $\sigma = E\varepsilon$ 得到

$$\frac{\Delta R}{R} = \pi E\varepsilon = \pi\sigma \tag{2-35}$$

因半导体材料的各向异性，对不同的晶轴方向其压阻系数不同，则有

$$\frac{\Delta R}{R} = \pi_r \sigma_r + \pi_t \sigma_t \tag{2-36}$$

式中　π_r，π_t——纵向压阻系数和横向压阻系数，大小由所扩散电阻的晶向来决定；

　　　σ_r，σ_t——纵向应力和横向应力（切向应力），其状态由扩散电阻所处位置决定。

对扩散硅压力传感器，敏感元件通常都是周边固定的圆膜片。如果膜片下部所受的压力均匀，由图 2-20 所示膜片的应力分布曲线可得知以下结论。

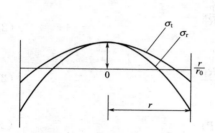

图 2-20　膜片应力分布曲线

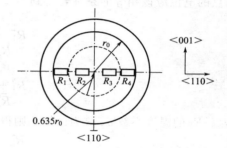

图 2-21　硅杯膜片上电阻布置

① 在膜片的中心处，$r=0$，具有最大的正应力（拉应力），而且 $\sigma_r = \sigma_t$；在膜片的边缘处，$r=r_0$，纵向应力 σ_r 为最大的负应力（压应力）。

② 当 $r=0.635r_0$ 时，纵向应力 $\sigma_r = 0$。

$r>0.635r_0$ 时，纵向应力 $\sigma_r < 0$，为负应力（压应力）；

$r<0.635r_0$ 时，纵向应力 $\sigma_r > 0$，为正应力（拉应力）。

③ 当 $r=0.812r_0$ 时，横向应力 $\sigma_t = 0$，但纵向应力 $\sigma_r < 0$。

根据以上分析，在膜片上扩散电阻时，4 个电阻都利用纵向应力 σ_r，如图 2-21 所示，只要其中两个电阻 R_2、R_3 处于中心位置（$r<0.635r_0$），使其受拉应力；而另外两个电阻 R_1、R_4 处于边缘位置（$r>0.635r_0$），使其受压应力。4 个应变电阻排成直线，沿硅杯的 [110] 晶向扩散而成，只要位置合适，可满足

$$\frac{\Delta R_2}{R_2} = \frac{\Delta R_3}{R_3} = -\frac{\Delta R_1}{R_1} = -\frac{\Delta R_4}{R_4}$$

这样就可以组成差动效果，通过测量电路，获得最大的电压输出灵敏度。

(2) 压阻温度补偿

压阻器件本身受到温度影响后，要产生零点温度漂移和灵敏度温度漂移，因此必须采取温度补偿措施。

① 零点温度补偿　零点温度漂移是由于 4 个扩散电阻的阻值及其温度系数不一致造成

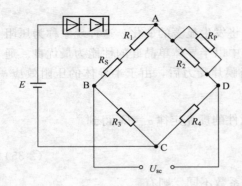

图 2-22 零点温度漂移的补偿

的。一般用串、并联电阻法补偿，如图 2-22 所示。

其中，R_S 是串联电阻；R_P 是并联电阻。串联电阻主要是调零作用；并联电阻主要是补偿作用。补偿原理如下。

由于零点漂移，导致 B、D 两点电位不等。例如，当温度升高时，R_2 的增加比较大，使 D 点电位低于 B 点，B、D 两点的电位差即为零点漂移。要消除 B、D 两点的电位差，最简单的办法是在 R_2 上并联一个温度系数为负、阻值较大的电阻 R_P，用来约束 R_2 的变化。这样，当温度变化时，可减小 B、D 点之间的电位差，以达到补偿目的。当然，如在 R_4 上并联一个温度系数为正、阻值较大的电阻进行补偿，作用是一样的。

下面给出计算 R_S、R_P 的方法。

设 R_1'、R_2'、R_3'、R_4'，与 R_1''、R_2''、R_3''、R_4'' 为电桥上的四个桥臂电阻在低温和高温下的实测数值。R_S'、R_P' 与 $R_S''R_P''$ 分别为 R_S、R_P 在低温和高温下得到数值，根据低温和高温下 B、D 两点的电位应该相等的条件，得到

$$\frac{R_1'+R_S'}{R_3'}=\frac{\dfrac{R_2'R_P'}{R_2''+R_P'}}{R_4'} \tag{2-37}$$

$$\frac{R_1''+R_S''}{R_3''}=\frac{\dfrac{R_2''R_P''}{R_2''+R_P''}}{R_4''} \tag{2-38}$$

设 R_S、R_P 的温度系数 α、β 为已知，则得

$$R_S''=R_S'(1+\alpha\Delta T) \tag{2-39}$$

$$R_P''=R_P'(1+\beta\Delta T) \tag{2-40}$$

根据以上四式可以计算出 R_S'、R_P'、R_S''、R_P''。实际上只需将式(2-39)、式(2-40) 二式代入式(2-37)、式(2-38) 中，计算出 R_S'、R_P'，就可计算出常温下 R_S、R_P 的数值。

计算出 R_S、R_P 后，选择该温度系数的电阻接入电桥线路中，就起到温度补偿的作用。

② 灵敏度的温度补偿　灵敏度在温度漂移是由于压阻系数随温度变化而引起的。温度升高时，压阻系数变小；温度降低时，压阻系数变大。说明传感器的灵敏系数为负值。

补偿灵敏度的温度漂移时，可以采用在电源回路中串联二极管的方法。温度升高时，因为灵敏度低，这时提高电桥的电源电压，使电桥的输出适当增大，就可以达到补偿目的。反之，温度降低时，灵敏度升高，如果电源电压降低，电桥的输出适当减小，同样可达到补偿目的。因为二极管 PN 结的温度特性为负值，温度每升高 1℃时，正向压降约减少 $1.9\sim2.4\text{mV}$。将适当数量的二极管串联在电桥的电源回路中，如图 2-22 所示。在电源采用恒压源时，当温度升高时，而二极管的正向压降减小，于是电桥的电压增加，使输出增大。只要计算出所需二极管的个数，将其串联在电桥电源回路中，就可达到补偿目的。

(3) 压阻式传感器的应用

1) 固态压阻式压力传感器组成

① 结构　它是以半导体材料（通常选用 N 型硅片）作为弹性敏感元件，在其上扩散制成 P 型电阻（其压阻系数大，灵敏度高，温度系数小），成为硅杯（有圆形、方形和矩形），

其结构如图 2-23(a) 所示，图中硅杯是沿 [110] 晶向进行切割，N 型硅片上扩散四只沿 [110] 晶向的电阻。其他形式电阻排列和方形硅杯电阻排列如图 2-23(b) 所示。从制造工艺考虑，一般选取 [100] 或 [110] 晶向的硅膜片，将硅杯周边固定，四只电阻连接成电桥，并加以引线，构成压阻式压力传感器，如图 2-23(d)、(e) 所示。

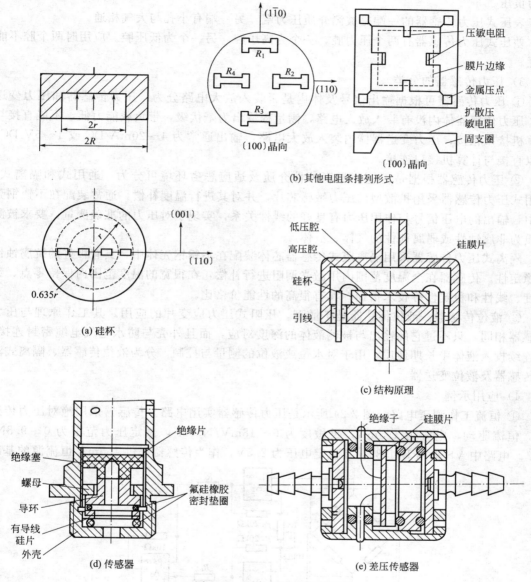

图 2-23　固态压阻式传感器

② 特点　特点是体积小、重量轻，可微型化，已有直径为 0.8mm 的微型压力传感器；频率响应范围宽，目前固有频率达 1.5MHz 以上，适合动态测量；精度高，可达 0.5% ～ 0.05%；灵敏度高；抗干扰能力强，可在恶劣环境下工作。

③ 固态压阻式传感器的补偿　对扩散型半导体传感器，可利用激光调阻方法进行补偿，在很宽的温度范围内保持零点、灵敏度、线性和稳定性等技术指标。传感器生产厂商在制造时已做好补偿，只要选择合适的传感器使用就可以了。

2）压阻式压力传感器的三种测量方式　压阻式压力传感器可以测量绝对压力、表压力及差动压力。

绝对压力传感器有一个密封的近似真空的参考真空室，也就是说在未测量时，膜片上已用一个大气压的压力了。若施加的压力大于大气压，则是正压；若施加的压力小于大气压，则为负压。

表压式压力传感器的一端是被测介质压力端，另一端有小孔与大气相通。

差压式压力传感器有两个压力腔，一个为高压腔，另一个为低压腔。应用时两个腔不能倒置。

3）压力传感器的分类

① 压力传感器可根据输出信号及体内是否装入放大电路分为：压力传感器和压力变送器。压力传感器体内没有装入放大电路，满量程输出为毫伏级，带负载能力低，不能直接与计算机接口相接；压力变送器体内装入放大电路，输出通常为 4～20mA DC 或 1～5V DC，可以直接与计算机接口连接。

② 压力传感器根据是否能测量腐蚀性介质及适应恶劣环境可分为：通用式和隔离式。通用式压力传感器采用扩散型硅压力敏感芯片，并对其进行温度补偿，通常装配在不锈钢壳体中，输出的电压信号与作用压力有良好的线性关系，实现了对压力的准确测量，要求被测介质为非腐蚀性或弱腐蚀性的气体、液体。

隔离式压力传感器采用隔离膜式传感器芯体装配在不锈钢壳体中，具有极好的抗腐蚀性和稳定性。传感器在全温度范围内用激光调阻进行补偿，在很宽的温度范围内保持零点、灵敏度、线性和稳定性等技术指标，具有很高的性能价格比。

③ 液位传感器。液位传感器是扩散型、压阻式压力应变片的应用。其工作原理与压力传感器相同，只不过它的输出与被测液体的深度对应，而且外壳与防水电气电缆密封连接，可连续投入液体中长期使用，用于对水位或液位的测量与控制。分为液位传感器、隔离式液位传感器及液位变送器。

4）应用示例

① 恒流工作测压电路　图 2-24 所示是压力传感器实用电路。传感器采用绝对压力传感器，恒流驱动，电流为 1.5mA，灵敏度为 6～18mV/N/cm²，额定压力范围为 0～9.8N/cm²。电路中 VS 采用 LM385，其稳定电压为 2.5V，作为传感器提供 1.5mA 恒流源的基准

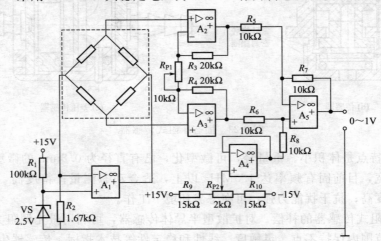

图 2-24　压力传感器实用电路

电压。因为电源电压为 +15V，所以电阻 R_1 压降为 12.5V。则流过 R_1 及 VS 的电流为 12.5μA。

电阻 R_2 上的电压与 VS 电压相同，也为 2.5V，所以恒流源传感器的运放 A_1 的输出电流为（2.5V/1.67kΩ）1.5mA。

压力传感器的应变电阻为桥式连接，从传感器输出端取出的电流要变换为差动电压输出。因此，要采用输入阻抗高，放大倍数大的差动电压放大电路（A_2 和 A_3）。但是传感器输出电压很低，为 60～180mV，因此，如果要求测量精度很高时，必须选用失调电压极小的运放。

因为压力传感器输出为 60～180mV，如果要求放大电路输出电压为 1V，则要求放大电路增益为 5.5～17 倍可调，此时电路增益 A_V 可表示为

$$A_V = \left(1 + \frac{R_3 + R_4}{R_{P1}}\right)\frac{R_7}{R_5} \tag{2-41}$$

可以算出 A_V 满足要求。A_5 为差动输入、单端输出的放大电路，把电压差信号变换成对地输出信号，此处 A_5 的放大倍数为 1。

当压力为 0 时，传感器输出应为 0。但实际上，压力为 0 时，传感器桥路不平衡，有 ±5mV 电压，如果 A_2 和 A_3 差动放大器的增益为 5 倍，则输出就有 ±25mV 的电压，因此要进行补偿。为补偿传感器桥路不平衡所产生的电压，将电位器 R_{P2} 所形成的电压经 A_4 进行阻抗变换，再通过 R_8 加到 A_5 的同相输入端，就可起到补偿作用。A_4 接成电压跟随器，用流经 R_8 的电流转换成电压对电桥线路不平衡的电压进行补偿。

② 恒压工作测量电路　图 2-25 所示是恒压源压力传感器的应用电路，所用压力传感器的量程为 0～20kPa，满量程输出为 100mV，电源电压为 7.5V，要求输出为 0.5V。

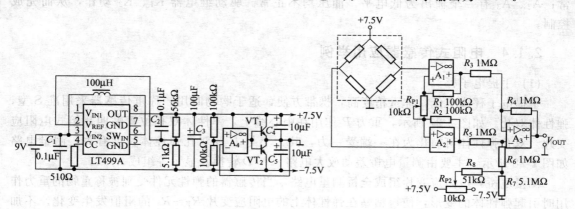

图 2-25　恒压工作电路

电源采用 9V 电池，用 TL499A 将 9V 电压升到 15V，再经运放 A_4 变为 ±7.5V，+7.5V 作为电桥恒压源；±7.5V 为 R_{P2} 供电。

如果满量程输出为 5V，则放大倍数应为 5V/0.1V=50，可以看出

$A_V = \left(1 + \frac{R_1 + R_2}{R_{P1}}\right)\frac{R_4}{R_3}$，最小为 $\left(1 + \frac{100 + 100}{10}\right) \times \frac{1}{1} = 21$。

设 $R_{P1} = 1kΩ$，则为 $\left(1 + \frac{200}{1}\right) \times \frac{1}{1} = 201$ 倍。

所以，只要适当调整 R_{P1}，就可使 0～20kPa 压力时，输出为 0～5V。

失调电压可用 R_{P2} 调整。

③ 压力控制电路 有一数控铣床，其主轴箱的重力由液压柱塞缸平衡。柱塞缸由液压站供油，要求供给柱塞缸的液压油压力在 4.0～5.0MPa 范围内，当超出此范围时，给出报警信号，使控制运动停止，并停止液压站工作，其原理如图 2-26 所示。

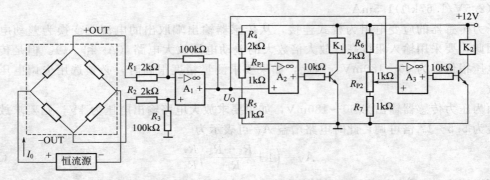

图 2-26 压力控制原理

图中的压力传感器可选择量程为 0～6MPa 的压力传感器，满量程输出为 100mV，装在液压站主回路中。A_1 为差动放大器，放大倍数为 50，把 0～100mV 放大到 0～5V 输出。

可以算出，当压力为 4.0MPa 时，A_1 的输出为 3.33V，当压力为 5.0MPa 时，A_1 的输出为 4.17V，这样 4.0～5.0MPa 对应的输出电压为 3.33～4.17V。

A_2、A_3 为电瓶比较器，对 A_2 来说，对 A_2 来说，当 $U_o > 3.33V$ 时，A_2 输出为高电平，当 $U_o < 3.33V$ 时，A_2 的输出为低电平。对 A_3 来说，当 $U_o < 4.17V$ 时，A_3 的输出为高电平，当 $U_o > 4.17V$ 时，A_3 输出为低电平。只有 A_2、A_3 输出都为高电平时，油压才正常；A_2、A_3 有一个输出为低电平，油压均不正常。驱动继电器 K_1、K_2 动作，从而完成控制。

2.1.4 电阻式传感器应用举例

(1) 手提电子秤

手提电子秤成本低，称重精度高，携带方便，适于购物时用。称重传感器采用准 S 型，弹性体双孔。如图 2-27 所示，重力 P 作用在中心线上。弹性体双孔位置贴四片箔式电阻应变片。双孔弹性体可简化为在一端受一力，其大小与 P 及双孔弹性体长度有关。测量电路如图 2-28 所示，主要由测量电桥差动放大电路、A/D 转换及显示等组成。

测量电桥：电阻应变片组成全桥测量电路。当传感器的弹性元件受到被称重物的重力作用时引起弹性体的变形，使得粘贴在弹性体上的电阻应变片 $R_1 \sim R_4$ 的阻值发生变化。不加载荷时电桥处于平衡，加载荷时，电桥将产生输出。选择 $R_1 \sim R_4$ 为特性相同的应变片，其输出为

$$U_0 = \frac{E}{4}\left(\frac{\Delta R_1}{R_1} - \frac{\Delta R_2}{R_2} + \frac{\Delta R_3}{R} - \frac{\Delta R_4}{R_4}\right)$$

由于 R_1、R_3 受拉，R_2、R_4 受压，所以 ΔR_1、ΔR_3 为正值，ΔR_2、ΔR_4 为负值，由于四个应变片的特性相同，电桥的输出为

$$U_0 = 4 \times \frac{E}{4} \times \frac{\Delta R}{R} = EK\varepsilon$$

差动电压放大电路：由 A_1 和 A_2 组成一个电桥差动放大电路，其放大倍数为

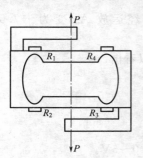

图 2-27 准 S 型称重传感器

$$A_V = 1 + \frac{R_8 + R_9}{R_7} = 1 + \frac{30 + 30}{5.1} \approx 13$$

A/D 转换器及显示：显示器选用 $3\frac{1}{2}$ 位，A/D 转换器选用 ICL7106，其接线如图 2-28(b) 所示。手提电子秤的称重量程为 5kg，测量电桥的输出电压为 4.6mV，输入到 A/D 转换器的电压约为 60mV。因此用量程为 200mV 的数字电压表电路测量显示重量较为合适。小数点选择百位，即用 DP2，小数点的显示电路如图 2-28(a) 所示。

液晶显示器的驱动电源不能使用直流，若用直流驱动显示，液晶介质易被极化，使寿命大大缩短，因此，驱动液晶的电源均用交流电，本电路使用交流方波电源。7106 的 BP 端 (21 脚) 输出一系列方波。液晶显示的八段电极和背电极（公共电极）间加上两个反相的方波电压时，该八段显示。如图 2-28(a) 所示，4069B 的一个反相器将 BP 方波反相加到小数点 DP2，这样 DP2 即显示。4069B 的 V_{SS} 端接 7106 的数字地为 TEST（37 脚）。

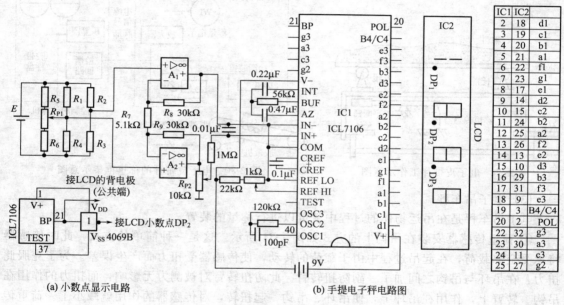

(a) 小数点显示电路   (b) 手提电子秤电路图

图 2-28　测量电路

电路中 RP1 调零用，RP2 调节运放的输出幅度。A/D 转换器电路中的 1kΩ 电位器可调节电子秤的满度，当电子秤称准确为 5kg 重物时，调节 1kΩ 电位器，使液晶显示为 5kg 即可。

(2) 电子皮带秤

电子皮带秤与一般秤不同，它属于动态称重计量方式，用以测量皮带机在单位时间输送的物料质量，其称重原理可用下式表示为

$$Q = \int_{t_1}^{t_2} q \mathrm{d}t$$
$$q = Wv$$

式中　Q——一段时间内（$t_1 \sim t_2$）的物料输送量，kg/s；

q——单位时间内的物料输送量（瞬时物料输送量），kg/s；

W——单位皮带长度上物料的质量，kg；

v——皮带输送速度，m/s。

这样，只要测得单位皮带长度上物料的质量 W 和皮带速度 v，便能得到单位时间内物

料输送量（瞬时物料输送量）q。通过计时得到一段时间内（$t_1 \sim t_2$）的物料输送量 Q。电子皮带秤由机械杠杆系统（称重机本体）和电子仪表两大部分组成。其称重装置设置在现场。称重机本体中的称重台架设置在胶带机上，称重部分装在胶带机上面的称重小房内。

电子皮带秤的工作示意图如图 2-29 所示，称重传感器将质量信号变换成电信号，脉冲速度发讯器将速度信号变换成脉冲信号。两个信号同时分别送入称重部放大器中的前置放大模块和脉冲放大模块，前者将电压信号变换为直流 4～20mA 电流信号输出，后者输出放大后的脉冲信号。与质量成比例的电流信号和与速度成比例的脉冲信号同时送至输送量的积算器。另外，电流信号还送至负荷指示器。

为了能称量皮带上的物料，需用称量框架把物料产生的力传送给称重传感器，并且要求它仅传递物料对皮带的垂直力，而不使任何水平力传递给传感器。如图 2-30 所示为电子皮带秤重框架示意图。

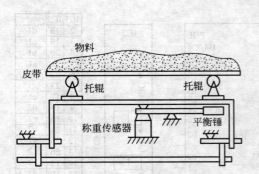

图 2-29　电子皮带秤工作示意图

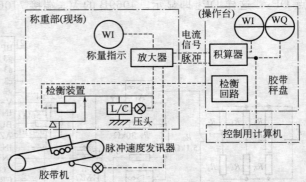

图 2-30　电子皮带秤的称重框架示意图

(3) 电子吊车秤

电子吊车秤是在吊运物体的过程中就可以进行称量的装置。

① 荷重传感器安装在吊钩上的方式如图 2-31 所示。这是一种简单的方式，此时传感器将承受全部载荷，在起吊过程中由于载荷的转动，使传感器受扭力而产生误差。为了克服此扭力，在吊环与吊钩之间加了一副防扭转臂。此防扭转臂对被测力无影响，而扭力的作用在吊钩、转臂上，作用在吊环上，使吊环、吊钩一起扭转，对传感器的作用就减小了。荷重传感器安装在吊钩上，使得连接传感器的信号线也要随吊钩上下运动，需要设计一套电缆收放装置。同时，这种安装方式在被测物料是高温物料时（如钢水）是不能采用的。

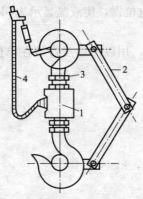

图 2-31　荷重传感器安装在吊钩上的方式

1—传感器；2—防扭转臂；3—限位螺钉；4—信号电缆

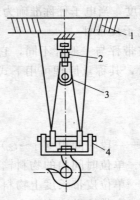

图 2-32　荷重传感器安装在钢丝绳固定端的方式

1—卷扬筒；2—传感器；3—定滑轮；4—动滑轮

② 荷重传感器安装在钢丝绳固定端的方式如图 2-32 所示。这种安装方式也比较简单，而且传感器远离被吊物体，这对吊装炽热物体尤为有利。但这种方式传感器受力大小与起吊高度和摩擦力有关。

实训1　电阻应变式传感器

（1）实训目的

① 了解电阻应变片的特性，掌握传感器的工作原理。

② 掌握应变片在直流电桥中的不同接法，分析每种接法的输入/输出特性，比较对应的灵敏度和线性度。

（2）实训装置

① 金属强度实训架一台，如图 2-33 所示；

② 直流电桥接线板一块，如图 2-34 所示；

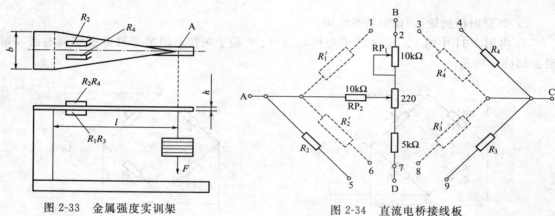

图 2-33　金属强度实训架　　　　图 2-34　直流电桥接线板

③ 型号、规格相同的电阻应变片四只（初始电阻值为 120Ω）；

④ 数字电压表一块；

⑤ 可调直流稳压电源一台（可调范围 0～5V）；

⑥ 0.1kg 的黄铜砝码 5 块。

（3）实训原理

电阻应变式传感器的核心为如图 2-33 所示的悬臂梁。四只应变片按图粘贴在梁的正、反面，组成测量桥路。若在悬臂梁的自由端加载，使梁产生弯曲变形，粘贴的应变片的阻值就发生变化，R_1、R_3 阻值减小 ΔR，R_2、R_4 阻值增大 ΔR。电桥的输出电压与所加载荷的关系就是应变特性。图 2-34 中的 R_2'、R_3'、R_4' 为固定电阻，阻值都是 120Ω。

组成单臂电桥的输出表达式为

$$U_0 = U\Delta R/(4R) = K\varepsilon U/4$$

组成半桥的输出表达式为

$$U_0 = U\Delta R/(2R) = K\varepsilon U/2$$

组成全桥的输出表达式为

$$U_0 = U\Delta R/R = K\varepsilon U$$

（4）实训内容及步骤

1）单臂电桥的输入/输出特性实训

① 将图 2-34 中的 1、2、3 端子短接，6、7、8 端子短接，组成单臂电桥实训电路，如图 2-35(a) 所示。

② 将电压信号源和数字电压表分别接入直流电桥接线板的 A、C 端和 B、D 端。

③ 接通电源。

④ 调节粗调电位器 RP_1 与细调电位器 RP_2，使电桥处于初始平衡状态。电压表指示为 0。

⑤ 在砝码盘上加上 5 块砝码，调节线路板上的增益电位器，使电压表指示为 25mV。

⑥ 取下全部砝码，进行加载与卸载（每次一块），观察电压表的指示值，将数据填入表 2-2。

表 2-2 单臂电桥的测量数据

砝码数		0	1	2	3	4	5
电压/mV	加载						
	卸载						

2) 邻臂电桥的输入/输出特性实训

① 将图 2-34 中的 1、2、3 端子短接，5、7、8 端子短接，组成邻臂电桥实训电路，如图 2-35(b) 所示。

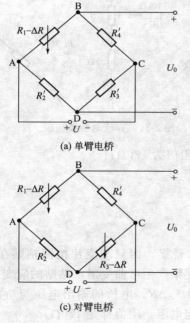
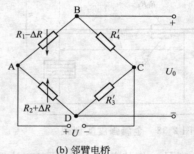

(a) 单臂电桥　　　　　　　　　　(b) 邻臂电桥

(c) 对臂电桥　　　　　　　　　　(d) 全桥

图 2-35　电阻应变电桥

② 在砝码盘上加上 5 块砝码，调节线路板上的增益电位器，使电压表指示为 50mV。

③ 取下全部砝码，进行加载与卸载（每次一块），观察电压表的指示值，将数据填表 2-3。

表 2-3 邻臂电桥测量数据

砝码数		0	1	2	3	4	5
电压/mV	加载						
	卸载						

3）对臂电桥的输入/输出特性实训

① 将图 2-34 中的 1、2、3 端子短接，6、7、9 端子短接，组成如图 2-35（c）所示的对臂电桥实训电路。

② 在砝码盘上加上 5 块砝码，调节线路板上的增益电位器，使电压表指示为 50mV。

③ 取下全部砝码，进行加载与卸载（每次一块），观察电压表的指示值，将数据填入表 2-4。

表 2-4　对臂电桥测量数据

砝码数		0	1	2	3	4	5
电压/mV	加载						
	卸载						

4）全桥的输入/输出特性实训

① 将图 2-34 中的 1、2、4 端子短接，5、7、9 端子短接，组成如图 2-35（d）所示的全桥实训电路。

② 在砝码盘上加上 5 块砝码，调节线路板上的增益电位器，使电压表指示为 100mV。

③ 取下全部砝码，进行加载与卸载（每次一块），观察电压表的指示值，将数据填入表 2-5。

表 2-5　全桥测量数据

砝码数		0	1	2	3	4	5
电压/mV	加载						
	卸载						

（5）实训报告

① 目的及要求；

② 画出实训装置及原理连接图；

③ 原始记录于表格中，进行数据处理得出实训结果；

④ 绘出相应的特性曲线 $U_0 = f(F)$；

⑤ 计算并分析灵敏度。

（6）思考题

① 分析特性产生误差的原因。

② 传感器的灵敏度与哪些因素有关？

实训2　拉压力式传感器

这里以拉力式称重 MCL-S 型/MCL-Z 型传感器为实训对象。

（1）实训目的

① 了解拉力式称重 MCL-S 型/MCL-Z 型传感器的工作原理。

② 熟悉拉力式称重传感器的使用方法。

（2）实训装置

① 传感器和变送器一台；

② 智能显示控制仪一台；

③ 工业微型打印机一台。

(3) 实训内容及步骤

① 系统连接示意图如图 2-36 所示。

② 将不同重量的物体挂在传感器下，测量变送输出电流和显示的重量。

③ 将不同重量测量的电流和重量数据进行分析总结。

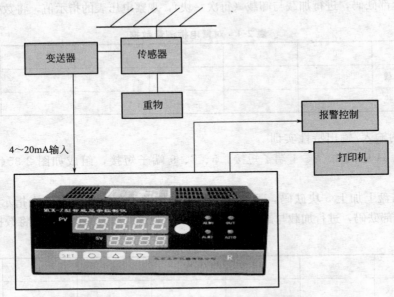

图 2-36 拉力式称重传感器的应用

(4) 实训报告

① 分析测量的电流和重量数据量的关系。

② 传感器的灵敏度与哪些因素有关系？如何解决？

2.2 变磁阻式传感器

变磁阻式传感器是一种机电转换装置，在现代工业生产和科学技术上，尤其在自动控制系统中应用十分广泛，是非电量测量的重要传感器之一。

变磁阻式传感器是利用线圈电感或互感的改变来实现非电量电测的。它可以把输入的各种机械物理量，如位移、振动、压力、应变、流量、相对密度等参数转换成电能量输出，因此能满足信息的远距离传输、记录、显示和控制等方面的要求。

变磁阻式传感器与其他传感器相比较有如下几个特点。

① 结构简单。工作中没有活动的电接触点，因而比电位器工作更可靠，寿命更长。

② 灵敏度高，分辨力大。能测出 $0.01\mu m$ 甚至更小的机械位移变化，能感受小至 $0.1''$ 微小角度变化。传感器的输出信号更强，电压灵敏度一般每毫米可达数百毫伏，因此有利于信号的传输与放大。

③ 重复性好，线性度优良。在一定位移范围（最小几十微米，最大达数十甚至数百毫米）内，输出特性的线性度好，并且比较稳定，高精度的变磁阻式传感器，非线性误差仅 0.1%。以下分别讨论电感式传感器、变压器式传感器、电涡流式传感器等几种变磁阻式传感器。

2.2.1 电感式传感器

(1) 变磁路气隙式传感器

电感式传感器的结构如图 2-37 所示。它由线圈、铁芯和衔铁三部分组成。铁芯和衔铁是用导磁材料如硅钢片或坡莫合金制成，在铁芯和衔铁之间有一定气隙，气隙厚度为 δ。传感器的运动部分与衔铁相连。当衔铁移动时，气隙厚度发生改变，引起磁路中磁阻变化，从而导致电感线圈的电感值变化，因此只要测出这种电感量的变化，就能确定衔铁位移量的大小和方向，这就是电感式传感器的基本原理。

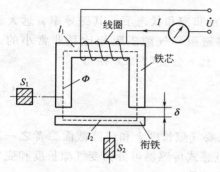

图 2-37 电感式传感器的结构

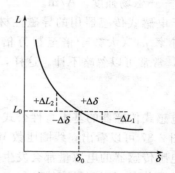

图 2-38 电感式传感器特性曲线

要测定线圈电感的变化，必须把电感式传感器接在一个测量线路中，使电感量的变化进一步转换为电压、电流或频率的变化，然后再通过各种电气显示设备把它显示出来或记录下来，人们根据这些指示判断机械位移量的大小，所以电感式传感器在使用时必须带有测量线路。

电感式传感器的特性，是指电感量输出与衔铁位移量之间的关系。

$$L=\frac{W\Phi}{I} \tag{2-42}$$

式中　W——电感线圈匝数；

　　　I——线圈中的电流，A；

　　　Φ——磁通，Wb。

磁通可由下式计算：

$$\Phi=\frac{IW}{R}=\frac{IW}{R_F+R_\delta} \tag{2-43}$$

式中　R_F——铁芯磁阻；

　　　R_δ——空气隙磁阻。

$$R_F=\frac{l_1}{\mu_1 S_1}+\frac{l_2}{\mu_2 S_2} \tag{2-44}$$

$$R_\delta=\frac{2\delta}{\mu_0 S} \tag{2-45}$$

式中　l_1——磁通通过铁芯的长度，m；

　　　l_2——磁通通过衔铁的长度，m；

　　　S_1——铁芯横截面积，mm^2；

　　　S_2——衔铁横截面积，mm^2；

　　　S——气隙截面积，mm^2；

μ_1——铁芯的磁导率，H/m；

μ_2——衔铁的磁导率，H/m；

μ_0——空气的磁导率，$4\pi\times10^{-7}$H/m。

δ——气隙长度，mm。

μ_1、μ_2的值可由磁化曲线或$B=f(H)$表格查得，或者按下列公式求出：

$$\mu=\frac{B}{H}4\pi\times10^{-7}\quad(\text{H/m}) \tag{2-46}$$

式中　B——磁感应强度，T；

　　　H——磁场强度，A/m。

由于电感式传感器用的导磁性材料一般都工作在非饱和状态下，其磁导率μ远大于空气的磁导率μ_0（大数千倍至数万倍），因此，铁芯磁阻和气隙磁阻相比是非常小的，即$R_F\ll R_\delta$，常常可以忽略不计。这样，把公式(2-43)，代入公式(2-42)便得

$$L=\frac{W^2}{R_\delta}=\frac{W^2\mu_0 S}{2\delta} \tag{2-47}$$

上式为电感式传感器的基本特性公式。

从图2-37可以看出，线圈匝数W确定之后，只要气隙长度δ和气隙截面二者之一发生变化，电感传感器的电感量都会发生变化。因此，电感式传感器可分为变气隙长度和变气隙截面两种，前者用于测量直线位移，后者用于测量角位移。

下面分析变气隙长度电感式传感器的特性曲线，因为电感量与气隙长度成反比，用图线表达如图2-38所示。

假设电感式传感器初始气隙为δ_0，衔铁的位移量即气隙的变化量为$\Delta\delta$，则由图2-38可以看出，当气隙长度δ_0增加$\Delta\delta$时，电感变化为$-\Delta L_1$，当气隙长度减小$\Delta\delta$时，电感变化为$+\Delta L_2$，虽然$\Delta\delta$的数值相同，但电感变化数值不相等。$\Delta\delta$越大，ΔL_1与ΔL_2在数值上相差也越大，这意味着非线性越严重。因此，为了得到较好的线性特性，必须把衔铁的工作位移限制在较小的范围内，一般取$\Delta\delta=(0.1\sim0.2)\delta_0$，这时$L=f(\delta)$可近似看作一条直线。

(2) 变磁路截面积式传感器

气隙长度δ保持不变，而改变铁芯与衔铁之间的相对遮盖面积的电感式传感器，称作变面积式电感传感器。其结构示意如图2-39所示。

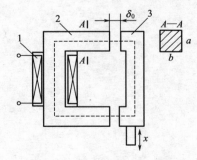

图2-39　变气隙磁路截面积传感器

1—线圈；2—铁芯；3—衔铁

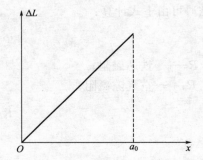

图2-40　变气隙磁路截面积传感器的 ΔL-x 关系

变面积式电感传感器的电感量计算用公式：

$$\Delta L=L_0-L=\frac{W^2\mu_0 A}{2\delta}-\frac{W^2\mu_0 b(a-x)}{2\delta}=\frac{W^2\mu_0 bx}{2\delta}=L_0\frac{x}{a} \tag{2-48}$$

其电感的相对变化量为
$$\frac{\Delta L}{L_0}=\frac{x}{a}$$
(2-49)

上面式(2-48)、式(2-49)说明，变面积式电感传感器的电感变化量与位移量有线性关系。图2-40所示为变面积式电感传感器的 ΔL-x 的关系，是一条直线。实际上，这条直线是有范围的，当 $x>a$ 时就不存在直线关系了，同时，由于漏磁阻的影响，其线性范围也是有限的。

这种传感器的电感灵敏度为
$$k_L=\frac{\Delta L}{x}=\frac{L_0}{a}$$
(2-50)

(3) 螺管插铁型电感传感器

一个螺管线圈内套入一个活动的柱形衔铁，就构成了螺管型电感传感器。如图2-41所示，螺管型电感传感器的工作原理是基于线圈激励的磁通路经，因活动的柱形衔铁的插入深度不同，其磁阻发生变化，从而使线圈电感量发生变化。在一定范围内，线圈电感量与衔铁位移量有对应关系。

设螺管线圈内磁场强度是均匀的，而且衔铁插入深度 l_c 小于螺管长度 l，则单个线圈的电感量和衔铁进入长度的关系为
$$L=\frac{4\pi^2W^2}{l^2}\left[lr^2+(\mu_m-1)l_cr_c^2\right]$$
(2-51)

式中　　L——单个线圈的电感量，H；

　　　　W——单个线圈的匝数，匝；

　　　　r——线圈的平均半径，mm；

　　　　r_c——柱形衔铁的半径，mm；

　　　　l——单个螺管线圈长度，mm；

　　　　l_c——柱形衔铁插入到单个螺管内的长度，mm；

　　　　μ_m——铁芯的有效磁导率，H/m。

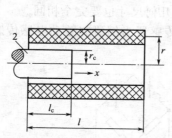

图2-41　螺管插铁型电感传感器结构示意图
1—螺管线圈；2—衔铁

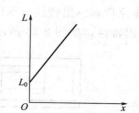

图2-42　螺管插铁型电感
传感器 L-x 关系

在公式(2-51)中，当螺管结构确定后，螺管插铁型电感传感器的电感量 L 与位移量 $x(l_c)$ 有线性关系。图2-42所示为螺管插铁型电感传感器 L-x 的关系。如衔铁上输入一个位移 x，则螺管线圈电感的变化量为
$$\Delta L=L-L_0=L_0(\mu_m-1)\frac{x}{l}\left(\frac{r_c}{r}\right)^2$$
(2-52)

式中　L_0——空心螺管线圈电感，H。

公式(2-52)表明，螺管插铁型电感传感器的电感量与输入位移量成正比，由于螺管内的磁场沿轴向并非均匀，因此螺管插铁型传感器的 L-x 的关系并非线性。

这种电感传感器的电感灵敏度为

$$k_L = \frac{\Delta L}{x} = \frac{L_0}{l}(\mu_m - 1)\left(\frac{r_c}{r}\right)^2 \tag{2-53}$$

由于螺管插铁型结构的电感传感器的量程大，灵敏度低，而且结构简单便于制作，故应用比较广泛。

（4）差动电感传感器

上面所述的三种类型的传感器都是单个线圈工作，在起始时均通以激励电流，电流将流过外接负载，因此在没有输入信号（如衔铁的位移）时，仍然有输出，因而不适宜于精密测量。对于单个线圈工作，如变气隙式传感器的非线性误差就比较大。另外，外界的干扰如电源电压频率的变化与温度的变化，都会使输出产生误差。这些问题的存在限制了它们的应用，为此发展了差动电感传感器，差动电感传感器不仅可以克服零位输出信号的问题，同时还可以提高电感传感器的灵敏度，以及减小测试误差等优点。

图 2-43 所示为变气隙型、螺管插铁型、变面积式三种类型的差动形式。

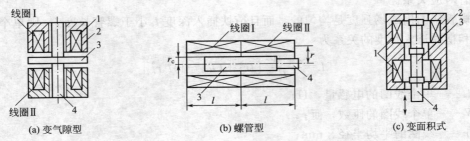

图 2-43　差动式电感传感器结构示意图
1—线圈；2—铁芯；3—衔铁；4—导杆

1）结构特点　两个完全相同的单个线圈电感传感器共用一个活动衔铁就构成了差动电感传感器。差动电感传感器的结构要求两个导磁体的几何尺寸和材料性能都要完全相同，同时两个线圈的电气参数（如电感、匝数、铜电阻等）和几何尺寸也要完全相同。

2）工作原理和输出特性　现以变气隙型差动电感传感器为例研究差动电感传感器的工作原理和输出特性，如图 2-44 所示。

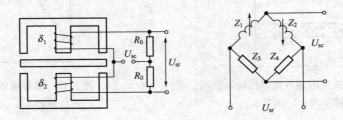

图 2-44　差动电感传感器的工作原理

在初始位置（传感器没有输入信号）时，衔铁处于中间位置，$\delta_1 = \delta_2 = \delta_0$，$L_1 = L_2 = L_0$，即 $Z_1 = Z_2$，$Z_3 = Z_4$ 是电桥的固定臂。于是电桥处于平衡，输出电压 $U_{sc} = 0$。

当传感器工作（衔铁输入一个位移）时，活动衔铁偏离中间位置 $\Delta\delta$，两个线圈的电感量（或阻抗）一个增加而另一个减少。根据结构对称的关系，其增加量与减少量相等（即 $\Delta L_1 = \Delta L_2$）。此时电桥失去平衡，即有电压信号输出。根据前面所述交流电桥的工作原理，输出电压为

$$U_{sc} = \frac{Z_1 Z_4 - Z_2 Z_3}{(Z_1 + Z_2)(Z_3 + Z_4)} U_{sr} \tag{2-54}$$

设初始时 $Z_1 = Z_2 = Z_0 = R_0 + j\omega L_0$，并且已知 $Z_3 = Z_4 = R$；当传感器工作时，$Z_1 = Z_0 + \Delta Z_1 = R_0 + j\omega(L_0 + \Delta L_1)$，$Z_2 = Z_0 - \Delta Z_2 = R_0 + j\omega(L_0 - \Delta L_2)$。将以上参数代入上式后，可得

$$U_{sc} = \frac{\Delta Z_1 + \Delta Z_2}{2(2Z_0 + \Delta Z_1 - \Delta Z_2)} U_{sr} \tag{2-55}$$

因 $\Delta Z_1 = j\omega\Delta L_1$，$\Delta Z_2 = j\omega\Delta L_2$，所以 $\Delta L_1 = \Delta L_2 = \Delta L$，故上式可变换为

$$U_{sc} = \frac{U_{sr}}{2} \times \frac{j\omega\Delta L}{R_0 + j\omega L_0} \tag{2-56}$$

由于传感器的线圈电感 $\omega L_0 \gg R_0$，即线圈品质因数 $Q(\omega L_0 / R_0)$ 很高，故又可得

$$U_{sc} = \frac{U_{sr}}{2} \times \frac{\Delta L}{L_0} \tag{2-57}$$

将 $\frac{\Delta L}{L_0} = \frac{\Delta\delta}{\delta_0}$ 代入后，得

$$U_{sc} = \frac{U_{sr}}{2\delta_0} \Delta\delta \tag{2-58}$$

式中　　Z_0——单个线圈初始时的阻抗，Ω；

　　　　R_0——单个线圈的铜电阻，Ω；

ΔL_1，ΔL_2——两个线圈电感的变化量，H；

　　　　δ_0——衔铁在中间位置（起始位置）时的初始间隙，mm；

　　　　$\Delta\delta$——衔铁位移量（也就是输入的位移量），mm。

由式(2-58)可知，输出电压 U_{sc}（即差动电感传感器输出信号）的大小与衔铁的位移量 $\Delta\delta$ 成正比；其相位与衔铁运动方向有关，若设衔铁向上运动 $\Delta\delta$ 为正，而且输出电压 U_{sc} 为正，则衔铁向下运动的 U_{sc} 反相 $180°$，为负值。理想的输出特性曲线如图 2-45 所示。

由于差动电感传感器采用了对称的两个线圈，衔铁共用，而且用交流电桥作为测量转换电路，因此它与单个线圈的电感传感器相比较，具有如下优点。

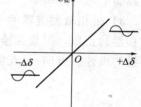

图 2-45　差动电感传感器的理想输出特性

① 从理论上讲，消除了起始零位输出信号。

② 灵敏度较高，在相同的位移情况下，电感的变化（$\Delta L_1 + \Delta L_2 = 2\Delta L$）成倍增加，输出增大。

③ 由于两个线圈电感变化量中高次项（非线性项）能够部分相互抵消，所以线性度得到改善。

④ 差动形式的结构还可以进行温度补偿，从而得以减弱或消除温度变化、电源频率变化以及外界干扰的影响。

(5) 电感式传感器的测量电路

电感式传感器所采用的测量电路一般为交流电桥，常用的交流电桥的形式有电阻平衡交流电桥、相敏整流交流电桥和变压器电桥。

1）电阻平衡交流电桥　电阻平衡交流电桥，它的特点是平衡臂（Z_3 和 Z_4）均为纯电阻，故得其名。其工作原理已作过介绍。

2）变压器交流电桥　变压器交流电桥原理电路如图2-46所示。

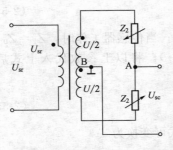

图 2-46　变压器交流电桥原理电路

电桥的工作臂为相邻的 Z_1 与 Z_2，它们是差动电感传感器的两个线圈的阻抗；另两个臂为变压器的次级线圈的两半部分（每半电压为 $U/2$），输出电压取自 A 和 B 两点，B 点为变压器的次级线圈中心抽头。假定 B 点为零电位，而且传感器线圈为高 Q 值（Q 为线圈的品质因数，$Q=\dfrac{\omega L}{r}$），这时线圈电阻远远小于其感抗，即 $r \ll \omega L$，那么 Z_1 与 Z_2 为纯电抗，由电桥电路可得

$$U_{sc}=U_A-U_B=\frac{Z_1}{Z_1+Z_2}U-\frac{1}{2}U \tag{2-59}$$

在初始时（即衔铁位于中间位置）由于线圈完全对称，$Z_1=Z_2=Z_0=j\omega L_0$，电桥处于平衡状态，$U_{sc}=0$。

当传感器工作（衔铁偏离中间位置有一位置 $\Delta\delta$）时，两个线圈的电感量发生变化，设 $Z_1=Z_0+\Delta Z_1=j\omega(L_0+\Delta L_1)$，$Z_2=Z_0-\Delta Z_2=j\omega(L_0-\Delta L_2)$，且 $\Delta L_1=\Delta L_2=\Delta L$，那么可得

$$U_{sc}=\frac{U}{2L_0}\Delta L \tag{2-60}$$

若假定衔铁向上移为正，此时输出电压如式(2-60) 表示时，U_{sc} 为正，衔铁向下移为负，则输出电压表示式为

$$U_{sc}=\pm\frac{U}{2L_0}\Delta L \tag{2-61}$$

由式(2-61) 可知，变压器式交流电桥同样可以达到上面介绍的电阻平衡交流电桥所具有的特点，也可以反映出输入量的变化大小和极性（方向），并且此种电桥结构简单，还可以减弱电源的影响等。

3) 带相敏整流器的电桥　电阻平衡式和变压器式交流电桥虽然输出电压 U_{sc} 可以反映位移量的正负，但是在输出端接电压表时，不论是直流还是交流的电压表都无法判别输入位移量的极性（方向）。在使用交流电压表时，输出特性曲线如图 2-47 所示。

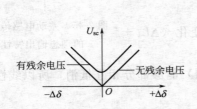

图 2-47　一般交流电桥的输出特性

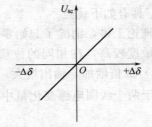

图 2-48　带相敏整流器交流电桥的输出特性

为了正确判别衔铁的位移大小和方向，可以采用带相敏整流器的交流电桥，图 2-48 为这种电桥的输出特性图示。此特征正确地反映了衔铁位移的大小和极性。

图 2-49 所示为带相敏整流器的交流电桥的电路原理和实际电路。在电路中，差动电感传感器的两个线圈 L_1 和 L_2 阻抗分别为 Z_1 与 Z_2，它们作为交流电桥相邻的两个工作臂；两个阻抗相同的 Z_3 与 Z_4（也可为纯电阻）作为交流电桥的另外两个桥臂；VD_1、VD_2、VD_3、VD_4 四只型号特性相同的二极管构成相敏整流器，插入电桥中间；输入电压加在 A、B 两点；输出电压从 C、D 两点输出；指示仪表为零刻度居中的直流电压表或直流数字电压

表。在实际电路中，L_1 与 L_2 间串接电位器 R_{P1} 以作调节零位用；二极管中串联四个线绕电阻 R_1、R_2、R_3、R_4，以减少温度变化引起相敏整流器特性变化而造成的误差；C_3 为滤波电容；R_{P2} 是平衡电位器；SD 为电源指示灯；电桥输入电压由变压器次级供给；初级采用磁饱和稳压器 R_5 和 C_4。

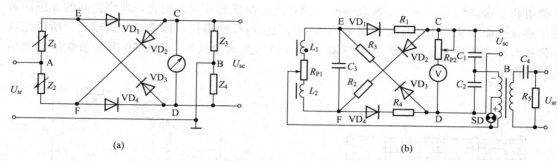

(a)   (b)

图 2-49　带相敏整流器交流电桥的原理电路和实际电路

现以电路原理来说明此种电桥的工作原理，传感器为差动电感传感器。开始时，当衔铁处于中间位置，即传感器未作测量前，$Z_1 = Z_2 = Z$，电桥理论上处于平衡，C 点电位等于 D 点电位，即 $U_{sc} = 0$；当传感器作测量时，设衔铁向上位移，使两个线圈的阻抗发生变化，$Z_1 = Z + \Delta Z$，$Z_2 = Z - \Delta Z$。

如果输入交流电压为正半周，即 A 点电压为正，B 点电压为负时，二极管 VD_1、VD_4 导通，VD_2、VD_3 截止，则在 A→E→C→B 支路中，C 点电位由于 Z_1 的增大而比平衡时降低；而在 A→F→D→B 支路中，D 点的电位由于 Z_2 的减小而比平衡时增高，所以得到 D 点的电位高于 C 点的电位。这时直流电压表指针向左（正向）偏转。

如果输入交流电压为负半周，即 A 点电压为负，B 点为电压正时，二极管 VD_2、VD_3 导通，VD_1、VD_4 截止，则在 B→C→F→A 支路中，C 点的电位由于 Z_2 的减小而比平衡时降低（因为平衡时，输入电压若为负半周，即 B 点为正，A 点为负，则 C 点相对于 B 点为负电位，Z_2 的减少，使 C 点电位减小）；而 B→D→E→A 支路中，D 点的相位由于 Z_1 的增加而比平衡时增高。所以仍然是 D 点的电位高于 C 点的电位，直流电压表指针仍然向左（正向）偏转。

这就是说，只要是衔铁向上位移，不论输入电压是正半周还是负半周，直流电压表总是正向偏转，设此时输出电压为正。

同理可以分析得出：当衔铁向下位移时，不论输入电压是正半周还是负半周，直流电压表总是反向偏转（向右），输出电压总是负的。

从上述分析可知，这种桥式电路中二极管 VD_1、VD_4 和 VD_2、VD_3 的导通和截止是由输入电压（即 A、B 间的电压）所决定的。此种接法是，输入电压正半周时 VD_1、VD_4 导通，VD_2、VD_3 截止；输入电压负半周时 VD_1、VD_4 截止，VD_2、VD_3 导通。这就是相敏整流，即四只整流二极管的导通和截止是受输入电压的极性（相位）来控制的。由 VD_1、VD_2、VD_3、VD_4 四只二极管组成的全波整流电路即为相敏整流器。

由此可见，采用带相敏整流器的交流电桥，所得到的输出信号既能反映位移大小（电压数值），也能反映位移的方向（电压的极性），因此可得到如图 2-48 所示的输出特性；并且还可以看到，带相敏整流器的交流电桥能更好地消除零位输出信号（因为输出信号从负到正总要通过零点）。

2.2.2　差动变压器式传感器

(1) 差动变压器的工作原理

差动变压器的工作原理类似变压器的工作原理。这种类型的传感器主要包括有衔铁、一次绕组和二次绕组等。一、二次绕组间的耦合能随衔铁的移动而变化，即绕组间的互感随被测位移改变而变化。由于在使用时采用两个二次绕组反向串接，以差动方式输出，所以把这种传感器称为差动变压器式电感传感器，通常简称差动变压器。图 2-50 为差动变压器的结构示意图。

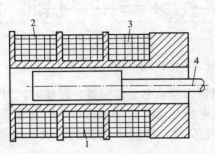

图 2-50　差动变压器的结构示意图
1——次绕组；2,3—二次绕组；4—衔铁

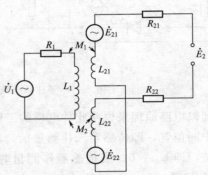

图 2-51　差动变压器的等效电路

差动变压器工作在理想情况下（忽略涡流损耗、磁滞损耗和分布电容等影响），它的等效电路如图 2-51 所示。图中，U_1 为一次绕组激励电压；M_1、M_2 分别为一次绕组与两个二次绕组间的互感；L_1、R_1 分别为一次绕组的电感和有效电阻；L_{21}、L_{22} 分别为两个二次绕组的电感；R_{21}、R_{22} 分别为两个二次绕组的有效电阻。

对于差动变压器，当衔铁处于中间位置时，两个二次绕组互感相同，因为一次侧激励引起的感应电动势相同。于是两个二次绕组反向串接，所以差动输出电动势为零。

当衔铁移向二次绕组 L_{21} 一边，这时互感 M_1 大，M_2 小，因而二次绕组 L_{21} 内感应电动势大于二次绕组 L_{22} 内感应电动势，这时差动输出电动势不为零。在传感器的量程内，衔铁移动越大，差动输出电动势就越大。

同样道理，当衔铁向二次绕组 L_{22} 一边移动时，差动输出电动势仍不为零，但由于移动方向改变，所以输出电动势反相。

因此通过差动变压器输出电动势的大小和相位可以知道衔铁位移量的大小和方向。由图 2-51 可以看出一次绕组的电流为

$$I_1 = \frac{U_1}{R_1 + j\omega L_1} \tag{2-62}$$

二次绕组的感应电动势为

$$E_{21} = -j\omega M_1 I_1$$

$$E_{22} = -j\omega M_2 I_1$$

由于二次绕组反向串接，所以输出总电动势为

$$E_2 = -j\omega (M_1 - M_2) \frac{U_1}{R_1 + j\omega L_1} \tag{2-63}$$

其有效值为

$$E_2 = \frac{\omega(M_1 - M_2)U_1}{\sqrt{R_1^2 + (\omega L_1)^2}} \tag{2-64}$$

差动变压器的输出特性曲线如图 2-52 所示。图中，$\dot{E}_{21}$、$\dot{E}_{22}$ 分别为两个二次绕组的输出感应电动势；$\dot{E}_2$ 为差动输出电动势；x 表示衔铁偏离中心位置的距离。其中 $\dot{E}_2$ 的实线部分表示理想的输出特性，而虚线部分表示实际的输出特性。$\dot{E}_0$ 为零点残余电动势，这是由于差动变压器制作上的不对称以及铁芯位置等因素所造成的。

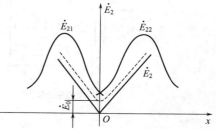

图 2-52　差动变压器输出特性

零点残余电动势的存在，使得传感器的输出特性在零点附近不灵敏，给测量带来误差，此值的大小是衡量差动变压器性能好坏的重要指标。

为了减小零点残余电动势可采取以下方法。

① 尽可能保证传感器几何尺寸、线圈电气参数和磁路的对称。磁性材料要经过处理，消除内部的残余应力，使其性能均匀稳定。

② 选用合适的测量电路，如采用相敏整流电路，既可判别衔铁移动方向，又可改善输出特性，减小零点残余电动势。

③ 采用补偿线路减小零点残余电动势。图 2-53 所示为几种减小零点残余电动势的补偿电路。在差动变压器二次侧串、并联适当数值的电阻、电容元件，当调整这些元件时，可使零点残余电动势减小。

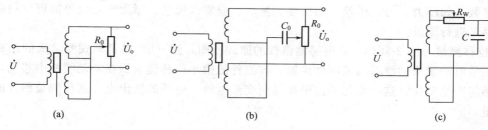

图 2-53　减小零点残余电动势的补偿电路

（2）差动变压器的测量电路

差动变压器的输出电压幅值是受衔铁位移调制的交流信号影响，若直接用普通电压表来测量和指示，则总有零位电压输出，因而零位附近的小位移测量起来很困难，并且交流电压表无法判别衔铁移动方向，因而需用专门的测量电路。

差动变压器配用的测量电路有相敏检波电路和差动整流电路，常用的而且性能较好者为相敏检波电路，这里作以详细介绍。

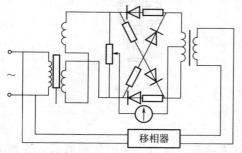

图 2-54　差动相敏检波电路

1）差动相敏检波电路　图 2-54 所示是差动相敏检波电路的一种形式。相敏检波电路要求比较电压与差动变压器二次侧输出电压的频率相同，相位相同或相反。另外还要求比较电压的幅值尽可能大，一般情况下，其幅值应为信号电压的 3~5 倍。

2）差动整流电路　差动整流电路也是差动变压器常用的测量电路。它把次级线圈的感应电动势分别进行整流，然后将两个整流后的电流或电压串接成通路，合成后输出。几种典型电路如图 2-55 所示。其中图 2-55（b）和图 2-55（d）用在连接低阻抗负载的场合，属于电流输出型；图 2-55（a）和图 2-55（c）用在连接高阻抗负载的场合，属于电压型输出。图中的可调电阻是调整零点输出电压用的。

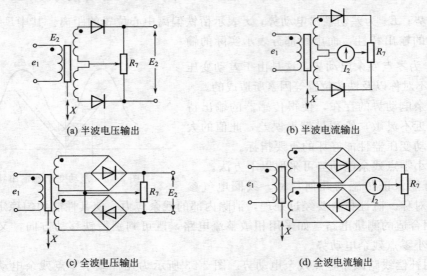

(a) 半波电压输出　　　　　　　　　　(b) 半波电流输出

(c) 全波电压输出　　　　　　　　　　(d) 全波电流输出

图 2-55　差动整流电路

3）电感式传感器的应用　电感式传感器主要用于测量微位移量，凡是能转换成位移量变化的参数，如压力、力、压差、加速度、振动、应变、流量、厚度、液位等都可以用电感式传感器来进行测量。

① 位移测量　图 2-56(a) 是电感测微仪的原理框图，图（b）是轴向式测量头的结构示意图。测量时测量头的测端与被测件接触，被测件的微小位移使衔铁在差动线圈中移动，线圈的电感将产生变化，这一变化通过引线接到交流电桥，电桥的输出电压就反映被测件的位移变化量。

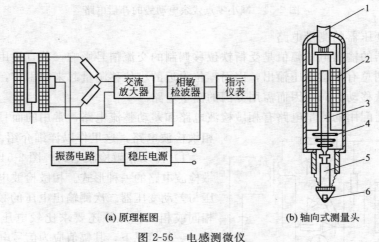

(a) 原理框图　　　　　　　　　(b) 轴向式测量头

图 2-56　电感测微仪

1—引线；2—线圈；3—衔铁；4—测力弹簧；5—导杆；6—测端

② 力和压力的测量　图 2-57 是差动变压器式力传感器。当力作用于传感器时，弹性元件产生变形，从而导致衔铁相对线圈移动。线圈电感的变化通过测量电路转换为输出电压，

其大小反映了受力的大小。

差动变压器和膜片、膜盒、弹簧管等相结合，可以组成压力传感器。图 2-58 是微压力传感器的结构示意图。在无压力作用时，膜盒在初始状态，膜盒连接的衔铁位于差动变压器线圈的中心。当压力输入膜盒后，膜盒的自由端产生位移并带动衔铁移动，差动变压器产生正比于压力的输出电压。

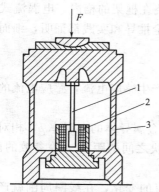

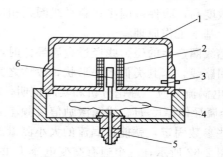

图 2-57　差动变压器式力传感器　　　　　　图 2-58　微压力传感器
1—衔铁；2—线圈；3—插座传感器　　　　　1—罩壳；2—线圈；3—弹性体；4—膜盒；5—接头；6—衔铁

③ 振动和加速度的测量　图 2-59 为测量振动与加速度的电感传感器结构。衔铁受振动和加速度的作用，使弹簧受力变形，与弹簧连接的衔铁的位移大小反映了振动的幅度和频率以及加速度的大小。

④ 液位测量　图 2-60 是采用了差动变压器式传感器的沉筒式液位计。由于液位的变化，沉筒所受浮力也将产生变化，这一变化转变成衔铁的位移量，从而改变了差动变压器的输出电压，这个输出值反映了液位的变化值。

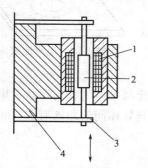

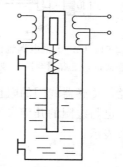

图 2-59　振动与加速度传感器　　　　　　图 2-60　沉筒式液位计
1—差动变压器；2—衔铁；3—弹簧；4—壳体

2.2.3　电涡流式传感器

电涡流式传感器是一种建立在电涡流效应原理上的传感器。它具有结构简单、频率响应宽、灵敏度高、测量线性范围大、抗干扰能力强以及体积较小等一系列优点。电涡流式传感器最大的特点是可以对物体表面为金属导体的多种物理量实现非接触测量。可以测量振动、位移、厚度、转速、温度和硬度等参数，并且还可以进行无损探伤。

电涡流式传感器所具有的特点和广泛的应用范围，已使它在传感检测技术中成为一种日益得到重视和有发展前途的传感器。

(1) 基本组成形式

电涡流式传感器的基本结构包括探头和变换器两个部分。变换器由测量电路组成；探头主要是由一个固定在框架上的扁平线圈组成，线圈用多股漆包线或银线绕制而成，一般放在端部（线圈可绕制在框架的槽内，也可用黏结剂黏结在端部）。图2-61所示为国产CZF-1型电涡流传感器探头的结构示意图。

CZF-1型电涡流传感器的框架用聚四氟乙烯制成。线圈绕在框架的槽内。电涡流式传感器的线圈外径越大，线性范围也越大，但灵敏度也越低。理论推导和实践都证明，细而长的线圈灵敏度高，线性范围小；扁平线圈则相反。

(2) 基本工作原理

电感线圈产生的磁力线经过金属导体时，金属导体就会产生感应电流，感应电流的流线呈闭合回路线，因其类似水涡形状，故称之为电涡流。

① 电涡流效应 理论分析和实践证明，电涡流的大小是金属导体的电阻率 ρ、相对磁导率 μ、金属导体厚度 H、线圈激励信号频率 ω、线圈与金属块之间的距离 x 等参数的函数。若将某些参数固定，就能按涡流的大小测量出另外某一参数。

如图2-62所示，一个通有交变电流 I_1 的线圈，由于电流的变化，在线圈周围就产生一个交变的磁场 H_1。当金属导体置于该磁场范围内时，导体内即感生电涡流 I_2。此电涡流也将产生一个磁场 H_2，由于 H_2 与 H_1 方向相反，因而减弱原磁场，从而导致线圈的电感量、阻抗和品质因数发生改变，这种现象称为电涡流效应。

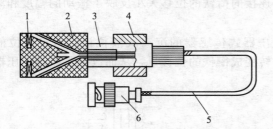

图 2-61 CZF-1 型电涡流传感器探头

1—线圈；2—框架；3—框架衬套；4—支架；5—电缆；6—插头

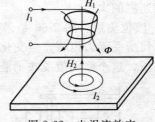

图 2-62 电涡流效应

一般地说，传感器线圈的阻抗、电感和品质因数的变化与导体的几何形状、电导率以及磁导率有关，也与线圈的几何参数、电流的频率以及线圈到导体间的距离有关，可以用一个函数表达式来表示：

$$Z = F(\mu, \rho, r, I, \omega, x) \tag{2-65}$$

式中　　Z——线圈的阻抗；

μ——导体材料的磁导率；

ρ——导体材料的电阻率；

r——线圈和导体的尺寸因子；

I——线圈中电流的强度；

ω——线圈激励电源的角频率；

x——线圈与导体间的距离。

由金属导体和通电线圈组成的电涡流系统又称为线圈，导体系统中，线圈的阻抗是一个多元函数。若线圈和导体材料确定后，可使 μ、ρ、r、I 以及 ω 等参数不变，则此时线圈阻抗就成为距离的单值函数，即

$$Z = f(x) \tag{2-66}$$

② 等效电路　线圈在导体系统中的电涡流效应，可以用等效电路的形式进行分析。线圈是一个回路，R_1 为线圈电阻，L_1 为线圈电感，I_1 为激励电流，U_1 为激励电压；导体中的电涡流构成另一回路，相当于一个短路环，R_2 为环路的电阻，L_2 为环路的电感，I_2 就是感应的电涡流。图 2-63(a) 中 M 为 L_1 和 L_2 的互感量，M 可以看成为只受到线圈和导体间的距离影响。由图 2-63(b) 所示的等效电路，根据基尔霍夫定律，可列出电路方程组为

$$R_1 I_1 + j\omega L_1 I_1 - j\omega M I_2 = U_1$$
$$-j\omega M I_1 + R_2 I_2 + j\omega L_2 I_2 = 0$$

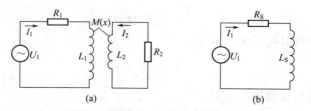

图 2-63　电涡流效应等效电路

解方程可得传感器由于受电涡流效应影响的复阻抗为

$$Z = \frac{U_1}{I_1} = R_S + j\omega L_S \tag{2-67}$$

公式(2-67) 用等效电路表示，即

$$R_S = R_1 + R_2' \tag{2-68}$$
$$L_S = L_1 - L_2' \tag{2-69}$$

式中　R_S——考虑了电涡流效应后，传感器线圈的等效电阻；

L_S——考虑了电涡流效应后，传感器线圈的等效电感；

R_2'——电涡流环路反射到线圈内的等效电阻；

L_2'——电涡流环路反射到线圈内的等效电感。

由等效电路可作如下分析。

a. 线圈等效电阻 $R_S = R_1 + R_2'$。无论金属导体为何种材料，只要有电涡流产生就有 R_2'。同时随着导体与线圈间的距离减小，R_2' 会越大，因此，$R_S > R_1$。

b. 线圈等效电感 $L_S = L_1 - L_2'$。由于线圈自身电感 L_1 要受磁性材料的影响，若金属导体为磁性材料，L_1 略有增加，若为非磁性材料，L_1 不变。但 L_2' 却是由金属导体的电涡流强弱来决定的。线圈和导体间距离越小，L_2' 则越大，故从总的结果来看 $L_S < L_1$；

c. 线圈原有的品质因数 $Q_0 = \omega L_1 / R_1$。当产生电涡流影响后，线圈的品质因数 $Q_S = \omega L_S / R_S$，显然 $Q_S < Q_0$。

(3) 测量电路

① 电桥电路　电桥法是将传感器线圈的阻抗变化转换为电压或电流的变化。图 2-64 是电桥法的电原理图，图中，线圈 A 和 B 为传感器线圈。传感器线圈的阻抗作为电桥的桥臂，起始状态时电桥平衡。在进行测量时，由于传感器线圈的阻抗发生变化，使电桥失去平衡，将电桥不平衡造成的输出信号进行放大并检波，就可得到与被测量成正比的电压或电流输出。电桥法主要用于两个电涡流线圈组成的差动式传感器。

② 谐振法　谐振法是将传感器线圈的等效电感的变化转换为电压或电流的变化。传感器线圈与电容并联组成 LC 并联谐振回路。并联谐振回路的谐振频率为

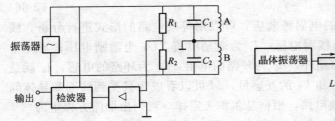

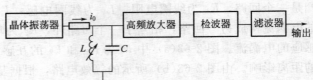

图 2-64　电桥法原理图　　　　　　　　图 2-65　调幅式测量电路原理框图

$$f_0 = \frac{1}{2\pi \sqrt{LC}} \qquad (2\text{-}70)$$

并且谐振时回路的等效阻抗最大，等于

$$Z_0 = \frac{L}{R'C} \qquad (2\text{-}71)$$

式中，R' 为回路的等效损耗电阻。

当电感 L 发生变化时，回路的等效阻抗和谐振频率都将随 L 的变化而变化，因此可以利用测量回路阻抗的方法或测量回路谐振频率的方法间接测出传感器的被测值。

谐振法主要有调幅式电路和调频式电路两种基本形式。调幅式电路主要采用了石英晶体振荡器，因此稳定性较高，而调频式结构简单，便于遥测和数字显示。图 2-65 为调幅式测量电路原理框图。

由图中可以看出 LC 谐振回路由一个频率及幅值稳定的晶体振荡器，提供一个高频信号激励谐振回路。LC 回路的输出电压为

$$u = i_0 F(Z) \qquad (2\text{-}72)$$

式中，i_0 为高频激励电流；Z 为 LC 回路的阻抗。可以看出 LC 回路的阻抗 Z 越大，回路的输出电压越大。

调频式测量电路原理：当测量变化引起传感器线圈电感变化，而电感的变化导致振荡频率发生变化。频率变化间接反映了被测量的变化。这里电涡流传感器的线圈是作为一个电感元件接入振荡器中的。图 2-66 是调频式测量电路的原理图，它包括电容三点式振荡器和射极输出器两个部分。

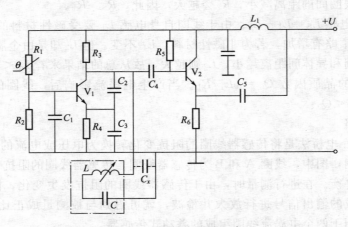

图 2-66　调频式测量电路

为了减小传感器输出电缆的分布电容 C_x 的影响，通常把传感器线圈 L 和调整电容 C 都

封装在传感器中，这样电缆分布电容并联到大电容 C_2、C_3 上，因而对谐振频率的影响大大减小了。

（4）电涡流传感器的应用

① 测量位移　电涡流传感器可用于测量各种形状金属零件的静态、动态与位移量。采用此种传感器可以做成测量范围为 $0\sim15\mu m$，分辨率为 $0.05\mu m$ 的位移计，也可以做成测量范围为 $0\sim500mm$，分辨率为 0.1% 的位移计。凡是可以变换位移量的参数，都可用电涡流传感器来测量。这种传感器可用于测量汽轮机主轴的轴向窜动、金属件的热膨胀系数、钢水液位、纱线张力、流体压力等，如图 2-67 所示。

② 电涡流式转速表　电涡流式转速表的工作原理如图 2-68 所示，在轴 1 上开一键槽，靠近轴表面安装电涡流传感器。2 在轴转动时便能检出传感器与轴表面的间隙变化，从而得到跟转速成正比的脉冲信号，经放大和整形后，即可由频率计指示，频率数值即转速。

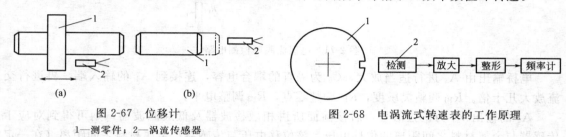

图 2-67　位移计
1—测零件；2—涡流传感器

图 2-68　电涡流式转速表的工作原理

放大器的输出如图 2-69(a) 所示。整形电路可由施密特触发器来完成，整形后的波形如图 2-69(b) 所示。

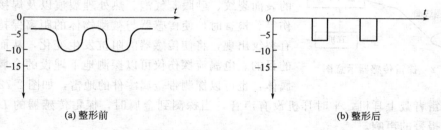

(a) 整形前

(b) 整形后

图 2-69　整形前后波形

③ 涡流膜厚检测　如图 2-70 所示为电涡流膜厚检测法，在某金属材料表面形成腐蚀膜，传感器和金属材料表面的距离为 D，设在同一金属材料表面没有膜时传感器与金属表面的距离为 L，L 和 D 之差即为膜厚 d。

电涡流法能够检测金属表面的氧化膜、漆膜和电镀膜等各种膜厚，其膜厚检测电路如图 2-71 所示。

A_1、A_2 运算放大器构成正弦波振荡器，由于 $R_1=R_2=R_3=$ $1k\Omega$，$C_1=C_2=C_3=0.053\mu F$，则振荡器产生的正弦波频率为

$$f=\frac{1}{2\pi RC}=\frac{1}{2\times3.14\times1\times10^3\times0.053\times10^{-6}}=3kHz$$

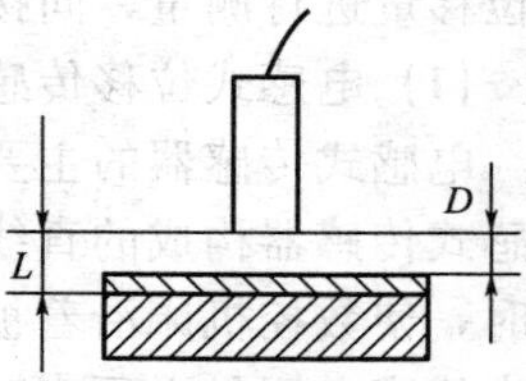

图 2-70　电涡流膜厚检测法

该正弦波加到变压器 T_1 上，输出正弦波加到桥路上，并由该桥路获得涡流变化。

VS_1、VS_2 为稳压二极管，其作用是稳幅限幅。L_1 为电涡流传感器线圈，L_2 为平衡线圈，且 $L_1=L_2=50mH$，$C_4=C_5=0.1\mu F$，$R_4=R_5=360\Omega$，设 L_1、L_2 的感抗为 X_{L_1}、X_{L_2}，C_4、C_5 的容抗为 X_{C_4}、X_{C_5}，令 $Z_1=X_{L_1}/\!/X_{C_4}$，$Z_2=X_{L_2}/\!/X_{C_5}$，则 Z_1、Z_2、R_4、

R_5 组成电桥，非平衡状态下电桥输出为

$$U_o = \frac{Z_1 R_5 - Z_2 R_4}{(Z_1 + Z_2)(R_4 + R_5)} U_i$$

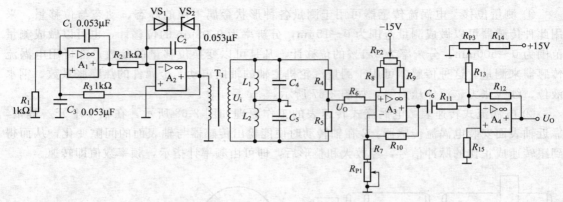

图 2-71 电涡流膜厚检测电路

电桥输出由 A_3 进行适当放大，C_6 为隔直的耦合电容，连接到 A_4 的输入端，再进行交流放大几十倍。R_{P1} 调整灵敏度，R_{P2} 调整零点，R_{P3} 调整电平。

A_4 的输出 V_o 为正弦信号，后接前面所讲相敏检波器及低通滤波器，则可得到对应于传感器与金属材料之间距离的位移电压，该位移电压与传感器、金属材料之间距离（在一定范围内）成线性关系，测量精度在 5% 左右。

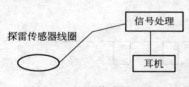

图 2-72 探雷传感器示意图

④ 电涡流探伤仪 电涡流探伤仪常用来测试金属材料的表面裂纹、砂眼、气泡、热处理裂痕以及焊接部位的探伤等。检查时，使传感器与被测物体的距离保持不变，如有裂纹出现，将使传感器的阻抗发生变化，从而达到探伤的目的。电涡流探伤仪可以探测地下埋设的金属管道或金属体，也可以探测带金属零件的地雷，如图 2-72 所示。探雷时，探雷者戴上耳机，平时耳机没有声音，当探测到金属时，探雷传感器的 L 变化，耳机就发出报警的声响。

2.2.4 变磁阻电感式传感器应用举例

电感式传感器的应用可分为直接应用和间接应用。直接应用就是根据衔铁的移动量直接对位移量进行测量，间接应用就是用电感式传感器构成测量装置或设备。

(1) 电感式位移传感器的应用

电感式传感器的主要应用是作为位移传感器，对位移进行测量。如图 2-73 所示为利用电感式传感器构成的直线度及平面度测量系统。传感器固定在数控铣床的主轴上，测量直线度时，使数控机床沿着被测直线运动，按指定距离对直线上进行定点采样，从而计算出直线的直线度；测量平面度时，让数控机床沿着一定的网格进行运动，并在网格点上进行采样，通过计算可得被测平面的平面度，测量电路如图 2-74 所示。

工作原理：差动电感式位移传感器是通过改变导磁体的位置而改变输出信号，经过交流信号放大、相敏检波、直流放大、A/D 送入计算机处理，得到最后的检测结果。

(2) 差动变压器测速

差动变压器测速的工作原理如图 2-75 所示。差动变压器的原边励磁电流由交、直流同

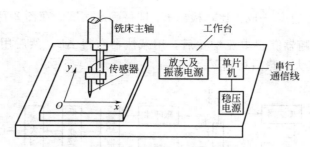

图 2-73　直线度及平面度测量系统

图 2-74　直线度及平面度测量电路方框

时供给，故励磁电流为

$$i(t) = I_0 + I_A \sin\omega t \qquad (2\text{-}73)$$

式中　I_0——直流电流；

I_A——交流电流。

若差动变压器磁芯以一定速度 $\mathrm{d}x/\mathrm{d}t$ 移动，则差动变压器的副边感应电势

$$E = -\frac{\mathrm{d}[M(x)i(t)]}{\mathrm{d}t} \qquad (2\text{-}74)$$

式中，$M(x)$ 是原、副边的互感系数。两个次级线圈和原边的互感系数分别为

$$M_1(x) = M_0 - \Delta M(x)$$
$$M_2(x) = M_0 + \Delta M(x) \qquad (2\text{-}75)$$

式中　M_0——$x=0$（磁芯处于差动变压器中间位置）时的互感系数；

$\Delta M(x)$——互感系数的增量，其随磁芯位移量 x 的增减而变化。

因此

$$\Delta M(x) = kx \qquad (2\text{-}76)$$

式中，k 是比例系数，将此式代入式（2-75）得

$$M_1(x) = M_0 - kx$$
$$M_2(x) = M_0 + kx \qquad (2\text{-}77)$$

将此式代入式（2-74）则可分别得到副边的两个线圈感应出电势

$$E_1 = kI_0\frac{\mathrm{d}x}{\mathrm{d}t} + kI_A\frac{\mathrm{d}x}{\mathrm{d}t}\sin\omega t - (M_0 - kx)I_A\omega\cos\omega t \qquad (2\text{-}78)$$

$$E_2 = -kI_0\frac{\mathrm{d}x}{\mathrm{d}t} - kI_A\frac{\mathrm{d}x}{\mathrm{d}t}\sin\omega t - (M_0 + kx)I_A\omega\cos\omega t \qquad (2\text{-}79)$$

将式（2-78）减式（2-79）可得

$$\Delta E = 2kI_0\frac{\mathrm{d}x}{\mathrm{d}t} + 2kI_A\frac{\mathrm{d}x}{\mathrm{d}t}\sin\omega t + 2\omega kI_A x\cos\omega t \qquad (2\text{-}80)$$

式中，ω 是励磁高频角频率。若用低通滤波器滤除 ω，则可得到相应于速度的电压幅值。

$$E_V = 2kI_0\frac{\mathrm{d}x}{\mathrm{d}t}$$

上式说明，E_V 与速度 $\dfrac{\mathrm{d}x}{\mathrm{d}t}$ 成正比，检出 E_V 即可确定速度。在图 2-75 中，差动变压器的副边绕组是由电压跟随器获得电流增益后，用减法器获得 ΔE，然后用低通滤波器滤掉 ω，即得到 E_V，将 E_V 放大，最后得到 $V_\circ$。

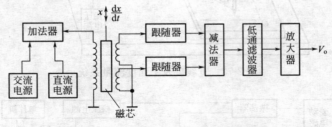

图 2-75　差动变压器测速装置的原理

在原边，励磁交流频率为 $5\sim10\mathrm{kHz}$。为了有较好的线性度，交流电源应有较稳定的频率及稳定幅值。

（3）加工连续表面主动测量仪

磨削加工时连续表面主动测量仪的原理如图 2-76 所示。上、下测量杠杆 3 和 8 上的两个测量端 2 和 1，在弹簧 4 作用下同时在工件孔的直径方向进行测量，将测量的尺寸变化传递给传感器 6，油缸 5 通过活塞顶住支块 7 使测量端 2 和 1 产生收拢和张开动作，防止测量装置在测量时测量端与工件相碰。

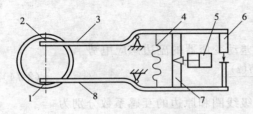

图 2-76　测量原理

1,2—测量端；3,8—测量杠杆；4—弹簧；
5—油缸；6—传感器；7—支块

在实际的测量仪中，测量杠杆 3、8 之间的距离是可调的，从而适应不同尺寸的测量。测量杠杆与测量电路组成在一个系统中，就可以得到相应位移所对应的电压，从而驱动显示仪表。再配

以后处理电路，可以发出粗磨、精磨、光磨的具体尺寸得到四个控制信号，从而对内圆或外圆连续表面磨削加工，进行主动测量和自动控制，适应于大批量生产。

实训3　差动变压器式传感器

（1）差动变压器式传感器

1）实训目的

① 了解差动变压器的基本结构；

② 掌握差动变压器的调试方法；

③ 掌握差动变压器及其差动整流电路的工作原理。

2）实训装置

① 差动变压器式位移传感器（如 WY-5D 位移传感器）一个；

② 螺旋测微仪一台；

③ 正弦信号发生器（$U_0=0\sim5\mathrm{V}$，$f=1\mathrm{kHz}$）一台；

④ 差动整流电路板一块；

⑤ 数字式电压表一块。

3）实训原理　差动变压器的线圈结构示意如图 2-77 所示。差动变压器的原边、副边之

间的互感随铁芯的移动而变化，当铁芯处于中间位置时，副边线圈的互感系数相等。因副边两线圈的绕向相反，所以输出电压为零。当铁芯移动时，副边两线圈感应电压不同，输出就不为零。通过测量输出电压的大小就可以反映铁芯位移的大小。

如图 2-78 所示，传感器的两个二次侧线圈（N_1、N_2）电压分别由两组桥式整流电路变换成直流电压后相减。采用这种差动整流电路，零点没有残余电压，性能较好。R_1、R_2 为限流电阻，RP 为电气调零电位器，R_L 为负载电阻，R_3、C 组成滤波器。

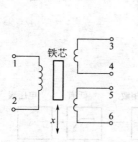

图 2-77　差动变压器实验原理图

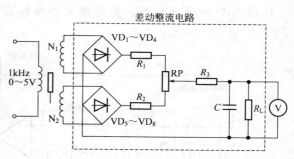

图 2-78　差动变压器的线圈

4）实训内容及步骤

① 将螺旋测微仪用两只螺母固定在如图 2-79 所示的支架上并将铁芯插入传感器螺线管内。

② 按图 2-78 所示接线。

③ 进行系统零位、满度调节。

a. 系统调零：调 RP 基本位于中间位置。旋动测微仪，使铁芯基本位于机械零点（两线圈中间），调 RP 使输出电压为零。

b. 系统调满度：旋动测微仪，使铁芯上移（或下移）5mm（满量程值），调信号发生器输出电压，使表头指示 200mV（相当于 200mV 挡的满量程值）。

c. 微调：重复步骤 a、b。

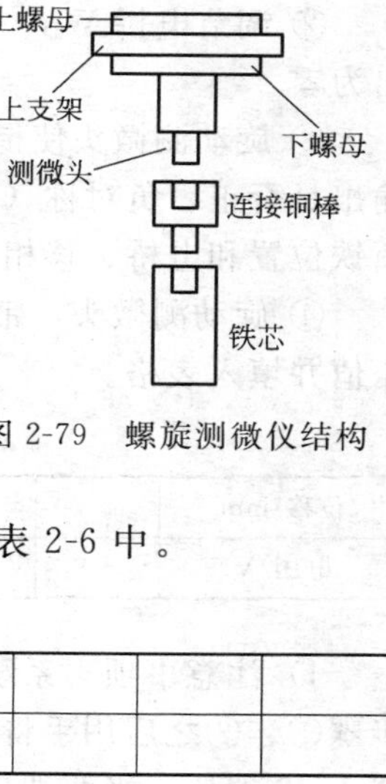

④ 表头读数为零时作为起点，分别上旋、下旋测微仪各

图 2-79　螺旋测微仪结构

5mm，每次移动 1mm，分别将位移量 x 和对应的输出电压 U_o 填入表 2-6 中。

表 2-6　实训数据（一）

x/mm					0				
U_o/mm					0				

⑤ 将正弦信号发生器输出电压提高到 5V，重复步骤④，并将数据填入表 2-7 中。

表 2-7　实训数据（二）

x/mm					0				
U_o/mm					0				

5）实训报告

① 画出实训装置及原理连接图；

② 原始记录于表格中，进行数据处理得出实训结果；

③ 绘出相应的特性曲线 $U_o = f(x)$，计算并分析灵敏度；

④ 总结实训中出现的现象并分析。

（2）差动变压器零残电的标定

1）实验目的　说明差动变压器测试系统的组成和标定方法。

2）实验所需部件　差动变压器、音频振荡器、电桥、差动放大器、移相器、相敏检波器、低通滤波器、电压表、示波器、测微头。

3）实验步骤

① 按图 2-80 所示接线，差动放大器增益适度，音频振荡器 LV 端输出 5kHz，V_{P-P} 值 2V。

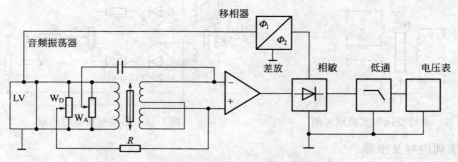

图 2-80　差动变压器测试系统

② 调节电桥 W_D、W_A 电位器，调节测微头带动衔铁改变其在线圈中的位置，使系统输出为零。

③ 旋动测微头使衔铁在线圈中上、下有一个较大的位移，用电压表和示波器观察系统输出是否正、负对称（如有削波现象则应减小差动放大器增益）。如不对称则需要反复调节衔铁位置和电桥、移相器，做到正、负输出对称。

④ 旋动测微头，带动衔铁向上 5mm，向下 5mm 位移，每旋一周（0.5mm）记录一电压值并填入表格。

表 2-8　实训数据（三）

位移/mm																				
电压/V																				

4）注意事项　系统标定需调节电桥、移相器、衔铁三者位置，正确的调节方法是：在步骤①、②之后用手将衔铁压至线圈最底部，调节移相器，用示波器两个通道观察相敏检波器 1、2 端口，当两端口波形正好为同相或反相时恢复衔铁位置，这样才能做到系统输出灵敏度最高并正负对称。

5）实训报告

① 画出实训装置的原理连接图；

② 原始记录于表格中，进行数据处理得出实训结果；

③ 对实训中出现的现象进行分析。计算并分析灵敏度。

实训4　电涡流式传感器

（1）实训目的

了解电涡流传感器的结构、原理、工作特性。

（2）实训原理

电涡流式传感器由平面线圈和金属涡流片组成，当线圈中通以高频交变电流后，与其平行的金属片上感应产生电涡流，电涡流的大小影响线圈的阻抗 Z，而涡流的大小与金属涡流片的电阻率、磁导率、厚度、温度以及与线圈的距离 x 有关。当平面线圈、被测体（涡流片）、激励源已确定，并保持环境温度不变，阻抗 Z 只与 x 距离有关。将阻抗变化经涡流变换器变换成电压输出，则输出电压是距离 x 的单值函数。

（3）实训所需部件

电涡流线圈、金属涡流片、电涡流变换器、测微头、示波器、电压表。

（4）实训步骤

① 安装好电涡流线圈和金属涡流片，注意两者必须保持平行（必要时可稍许调整探头角度）。安装好测微头，将电涡流线圈接入涡流变换器输入端，涡流变换器输出端接电压表20V 挡。

② 开启仪器电源，将电涡流线圈与涡流片分开一定距离，此时输出端有一电压值输出。用示波器接涡流变换器输入端观察电涡流传感器的高频波形，信号频率约为 1MHz。

③ 用测微头带动的振动平台使平面线圈贴紧金属涡流片，此时涡流变换器的输出电压为零。涡流变换器中的振荡电路停振。

④ 旋动测微头，使平面线圈离开金属涡流片，从电压表开始有读数，每次移 0.25mm记录一个读数，并用示波器观察变换器的高频振荡波形。将数据填入下表，作出特性曲线，指出线性范围，求出灵敏度。

表 2-9　实训数据（四）

位移/mm												
电压/V												

（5）注意事项

当涡流变换器接入电涡流线圈处于工作状态时，接入示波器会影响线圈的阻抗，使变换器的输出电压减小（如果示波器探头阻抗太小，甚至会使变换器电路停振而无输出），或是使传感器在初始状态有一死区。

（6）实训报告

① 画出实训装置的原理连接图；

② 原始记录于表格中，进行数据处理得出实训结果；

③ 对实训中出现的现象进行分析。计算并分析灵敏度。

2.3 电容式传感器

电容式传感器是把被测量转换为电容量变化的一种传感器。它具有结构简单、灵敏度高、动态响应特性好、适应性强、抗过载能力强及价格便宜等特点，因此，可以用来测量压力、力、位移、振动、液位等参数。但电容式传感器的泄漏电阻和非线性等缺点也给它的应用带来一定的局限。随着电子技术的发展，特别是集成电路的应用，这些缺点逐渐得到了克服，促进了电容式传感器的广泛应用。

2.3.1 工作原理

电容式传感器的基本工作原理可以用图 2-81 所示的平板电容器来说明。设两极板相互覆盖的有效面积为 A，两极板间的距离为 d，极板间介质的介电常数为 ε，在忽略极板边缘影响的条件下，平板电容器的电容 C 为

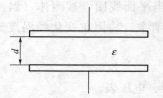

图 2-81 平板电容器

$$C = \frac{\varepsilon A}{d} \tag{2-81}$$

由公式 (2-81) 可以看出，ε、A、d 三个参数都直接影响着电容 C 的大小。如果保持其中两个参数不变，而使另外一个参数改变，则电容就将产生变化。如果变化的参数与被测量之间存在一定函数关系，被测量的变化就可以直接由电容的变化反映出来。所以电容式传感器可以分成三种类型：改变极板面积的变面积式；改变极板距离的变间隙式；改变介电常数的变介电常数式。

2.3.2 电容式传感器的类型

(1) 变面积式电容传感器

图 2-82 是一直线位移型电容式传感器的示意图。当动极板移动 Δx 后，覆盖面积就发生了变化，电容也随之改变，其值为

$$C = \frac{\varepsilon b(a - \Delta x)}{d} = C_0 - \frac{\varepsilon b}{d} \Delta x \tag{2-82}$$

电容因位移而产生的变化量为

$$\Delta C = C - C_0 = -\frac{\varepsilon b}{d} \Delta x = -C_0 \frac{\Delta x}{a} \tag{2-83}$$

其灵敏度为

$$K = \frac{\Delta C}{\Delta x} = -\frac{\varepsilon b}{d} \tag{2-84}$$

可见增加 b 或减小 d 均可提高传感器的灵敏度。

图 2-82 直线位移型电容式传感器

图 2-83 所示为变面积式电容传感器的派生形式。

图 2-83(a) 是角位移型电容式传感器。当动片有一个角度位移时，两极板间覆盖面积就发生变化，从而导致电容的变化，此时电容为

$$C_\theta = \frac{\varepsilon A \left(1 - \dfrac{\theta}{\pi}\right)}{d} = C_0 - C_0 \frac{\theta}{\pi} \tag{2-85}$$

图 2-83(b) 中极板采用了齿形板，其目的是为了增加遮盖面积，提高灵敏度。当齿形极板的齿数为 n，移动 Δx 后，其电容为

$$\Delta C = C \frac{n \varepsilon b(a - \Delta x)}{d} = n \left(C_0 - \frac{\varepsilon b}{d} \Delta x\right) \tag{2-86}$$

$$\Delta C = C - nC_0 = -n \frac{\varepsilon b}{d} \Delta x$$

其灵敏度为

$$K = \frac{\Delta C}{\Delta x} = -n \frac{\varepsilon b}{d} \tag{2-87}$$

由前面的分析可得出结论，变面积式电容传感器的灵敏度为常数，即输出与输入呈线性关系。

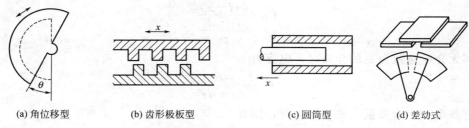

| (a) 角位移型 | (b) 齿形极板型 | (c) 圆筒型 | (d) 差动式 |

图 2-83　变面积式电容传感器的派生形式

（2）变间隙式电容传感器

图 2-84 所示为变间隙式电容传感器的原理图。图中，1 为固定极板，2 为与被测对象相连的活动极板。当活动极板因被测参数的改变而引起移动时，两极板间的距离 d 发生变化，从而改变了两极板之间的电容 C。

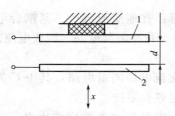

图 2-84　变间隙式电容传感器

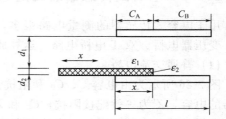

图 2-85　变介质面积式电容传感器

设极板面积为 A，其静态电容为 $C_0 = \dfrac{\varepsilon A}{d}$，当活动极板移动 x 后，其电容量为

$$C = \frac{\varepsilon A}{d-x} = C_0 \frac{1 + \dfrac{x}{d}}{1 - \dfrac{x^2}{d^2}} \tag{2-88}$$

当 $x \ll d$ 时，则

$$1 - \frac{x^2}{d^2} \approx 1$$

$$C = C_0 \left(1 + \frac{x}{d}\right) \tag{2-89}$$

由式（2-88）可以看出电容 C 与 x 不是线性关系，只有当 $x \ll d$ 时，才可认为是近似线性关系。同时还可看出，要提高灵敏度，应减小起始间隙 d。但当 d 过小时，又容易引起击穿，同时加工精度要求也高了。为此，一般是在极板间放置云母、塑料膜等介电常数高的物质来改善这种情况。在实际应用中，为了提高灵敏度，减小非线性，可采用差动式结构。

（3）变介电常数式电容传感器

当电容式传感器中的电介质改变时，其介电常数变化，从而引起了电容量发生变化。此类传感器的结构形式有很多种，图 2-85 为变介质面积式电容传感器，这种传感器可用来测量物位或液位，也可测量位移。由图中可以看出，此时传感器的电容量为

$$C = C_A + C_B$$

其中

$$C_A = \frac{bx}{\dfrac{d_1}{\varepsilon_1} + \dfrac{d_2}{\varepsilon_2}} \tag{2-90}$$

$$C_B = \frac{b(l-x)}{\dfrac{d_1+d_2}{\varepsilon_1}} \qquad (2\text{-}91)$$

设极板间无介电常数为 ε_2 的介质时，电容为

$$C_0 = \frac{\varepsilon_1 bl}{d_1+d_2} \qquad (2\text{-}92)$$

当介电常数为 ε_2 的介质插入两极板间时，则有

$$C = C_A + C_B = \frac{bx}{\dfrac{d_1}{\varepsilon_1}+\dfrac{d_2}{\varepsilon_2}} + \frac{b(l-x)}{\dfrac{d_1+d_2}{\varepsilon_1}} = C_0 + C_0\frac{x}{l} \times \frac{1-\dfrac{\varepsilon_1}{\varepsilon_2}}{\dfrac{d_1}{d_2}+\dfrac{\varepsilon_1}{\varepsilon_2}} \qquad (2\text{-}93)$$

式(2-93) 表明，电容 C 与位移呈线性关系。

2.3.3　电容式传感器的测量电路

用于电容式传感器的测量电路很多，常见的电路有：普通交流电桥、紧耦合电感臂电桥、变压器电桥、双 T 电桥电路、运算放大器测量电路、脉冲调制电路、调频电路。

(1) 普通交流电桥

图 2-86 所示为由电容 C、C_0 和阻抗 Z、Z' 组成的交流电桥测量电路，其中 C 为电容传感器的电容，Z' 为等效配接阻抗，C_0 和 Z 分别为固定电容和阻抗。

电桥初始状态调至平衡，当传感器电容 C 变化时，电桥失去平衡而输出电压，此交流电压的幅值随 C 而变化。电桥的输出电压为

$$U_o = \frac{\Delta Z}{Z}U\frac{1}{1+\dfrac{1}{2}\left(\dfrac{Z'}{Z}+\dfrac{Z}{Z'}\right)+\dfrac{Z+Z'}{Z_1}} \qquad (2\text{-}94)$$

式中　Z——电容臂阻抗；

ΔZ——传感器电容变化时对应的阻抗增量；

Z_1——电桥输出端放大器的输入阻抗。

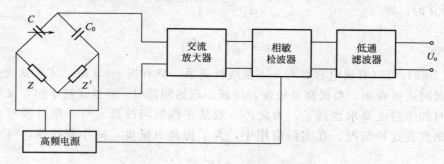

图 2-86　普通交流电桥测量电路

这种交流电桥测量电路要求提供幅度和频率很稳定的交流电源，并要求电桥放大器的输入阻抗 Z_1 很高。为了改善电路的动态响应特性，一般要求交流电源的频率为被测信号最高频率的 5～10 倍。

(2) 紧耦合电感臂电桥

图 2-87 所示是用于电容传感器测量的紧耦合电感臂电桥。该电路的特点是两个电感臂相互为紧耦合，它的优点是抗干扰能力强，稳定性高。电桥的输出电压表达式为

$$U_o = \frac{\Delta Z}{Z} \times \frac{\left[1 + \frac{Z_{12}(1-K)}{Z}\right] \Big/ \left[1 + \frac{Z_{12}(1+K)}{Z}\right]}{1 + \frac{1}{2}\left[\frac{Z_{12}(1-K)}{Z} + \frac{Z}{Z_{12}(1-K)}\right] + \frac{Z + Z_{12}(1-K)}{Z_L}} U \tag{2-95}$$

$$Z = \frac{1}{j\omega C}; \quad \Delta Z = \frac{\Delta C}{j\omega C^2}; \quad Z_{12} = j\omega L; \quad K = 1 - \frac{j\omega(L+M)}{j\omega L};$$

式中，Z_L 为电桥负载阻抗。

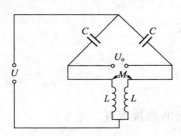

图 2-87　紧耦合电感臂电桥

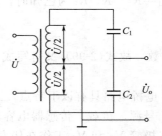

图 2-88　变压器电桥原理图

(3) 变压器电桥

电容式传感器所用的变压器电桥如图 2-88 所示。当负载阻抗为无穷大时，电桥的输出电压为

$$U_o = \frac{U}{2} \times \frac{Z_2 - Z_1}{Z_1 + Z_2} \tag{2-96}$$

以 $Z_1 = \frac{1}{j\omega C_1}$，$Z_2 = \frac{1}{j\omega C_2}$ 代入上式得

$$U_o = \frac{U}{2} \times \frac{C_1 - C_2}{C_1 + C_2} \tag{2-97}$$

式中，C_1、C_2 为差动电容式传感器的电容量。

设 C_1 和 C_2 为变间隙式电容传感器，则有 $C_1 = \frac{\varepsilon A}{d - \Delta d}$，$C_2 = \frac{\varepsilon A}{d + \Delta d}$，根据式（2-97）可得

$$U_o = \frac{U}{2} \times \frac{\Delta d}{d} \tag{2-98}$$

可以看出，在放大器输入阻抗极大的情况下，输出电压与位移呈线性关系。

(4) 双 T 电桥电路

这种测量电路如图 2-89 所示。图中，C_1、C_2 为差动电容式传感器的电容，对于单电容工作的情况，可以使其中一个为固定电容，另一个为传感器电容。R_L 为负载电阻，V_1、V_2 为理想二极管，R_1、R_2 为固定电阻。

电路的工作原理如下：当电源电压 U 为正半周时，V_1 导通，V_2 截止，对 C_1 充电；当电源为负半周时，V_1 截止，V_2 导通，这时对电容 C_2 充电，而电容 C_1 则放电。电容 C_1 的放电回路由图中可以看出，一路通过 R_1、R_L；另一路通过 R_1、R_2、V_2，这时流过 R_L 的电流为 i_1。到了下一个正半周，V_1 导通，V_2 截止，C_1 又被充电，而 C_2 则要放电。放电回路一路通过 R_L、R_2，另一路通过 V_1、R_1、R_2，这时流过 R_L 的电流为 i_2。

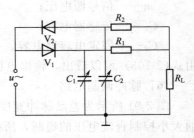

图 2-89　双 T 电桥电路

如果选择特性相同的二极管，并且 $R_1=R_2$，$C_1=C_2$，则流过 R_L 的电流 i_1 和 i_2 的平均值大小相等，方向相反，在一个周期内流过负载电阻 R_L 的平均电流为零，R_L 上无电压输出。若 C_1 或 C_2 变化时，在负载电阻 R_L 上产生的平均电流将不为零，因而有信号输出。此时输出电压值为

$$U_o \approx \frac{R(R+2R_L)}{(R+R_L)^2}R_L U f(C_1-C_2) \tag{2-99}$$

当 $R_1=R_2=R$，R_L 为已知时，则

$$\frac{R(R+2R_L)}{(R+R_L)^2}R_L = K \tag{2-100}$$

K 为一常数，故式（2-99）又可写成

$$U_o = KUf(C_1-C_2) \tag{2-101}$$

双 T 电桥电路具有以下特点。

① 信号源、负载、传感器电容和平衡电容有一个公共的接地点。

② 二极管 V_1 和 V_2 工作在伏安特性的线性段。

③ 输出电压较高。

④ 电路的灵敏度与电源频率有关，因此电源频率需要稳定。

⑤ 可以用作动态测量。

（5）运算放大器测量电路

电路的原理图如图 2-90 所示。电容式传感器跨接在高增益运算放大器的输入端与输出端之间。运算放大器的输入阻抗很高，因此可认为它是一个理想运算放大器，其输出电压为

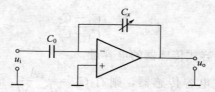

图 2-90　运算放大器测量电路

$$u_o = -u_i \frac{C_0}{C_x} \tag{2-102}$$

以 $C_x = \frac{\varepsilon A}{d}$ 代入上式，则有

$$u_o = -u_i \frac{C_0}{\varepsilon A}d \tag{2-103}$$

式中　u_o——运算放大器输出电压；

　　　u_i——信号源电压；

　　　C_x——传感器电容；

　　　C_0——固定电容器电容。

由式（2-103）可以看出，输出电压 u_o 与动极片机械位移 d 呈线性关系。

（6）脉冲调制电路

图 2-91 所示为差动脉冲宽度调制电路。这种电路根据差动电容式传感器电容 C_1 和 C_2 的大小控制直流电压的通断，所得方波与 C_1 和 C_2 有确定的函数关系。线路的输出端就是双稳态触发器的两个输出端。

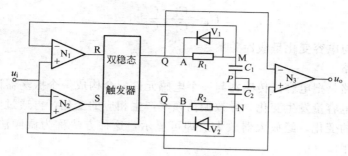

图 2-91　差动脉冲宽度调制电路

当双稳态触发器的 Q 端输出高电平时，则通过 R_1 对 C_1 充电。直到 M 点的电位等于参考电压 U_r 时，比较器 N_1 产生一个脉冲，使双稳态触发器翻转，Q 端（A）为低电平，$\overline{Q}$ 端（B）为高电平。这时二极管 V_1 导通，C_1 放电至零，而同时 $\overline{Q}$ 端通过 R_2 向 C_2 充电。当 N 点电位等于参考电压 U_r 时，比较器 N_2 产生一个脉冲，使双稳态触发器又翻转一次。这时 Q 端为高电平，C_1 处于充电状态，同时二极管 V_2 导通，电容 C_2 放电至零。以上过程周而复始，在双稳态触发器的两个输出端产生一宽度受 C_1、C_2 调制的脉冲方波。图 2-92 为电路上各点的波形。

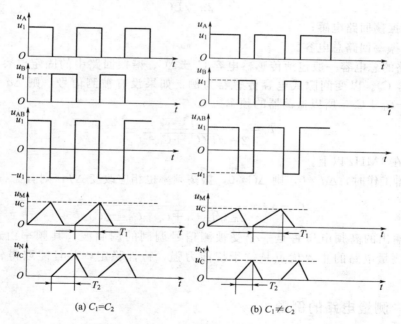

(a) $C_1 = C_2$　　　　　　　　　(b) $C_1 \neq C_2$

图 2-92　电压波形图

由图 2-92 看出，当 $C_1 = C_2$ 时，两个电容充电时间常数相等，两个输出脉冲宽度相等，输出电压的平均值为零。当差动电容传感器处于工作状态，即 $C_1 \neq C_2$ 时，两个电容的充电时间常数发生变化，T_1 正比于 C_1，而 T_2 正比于 C_2，这时输出电压的平均值不为零。输出电压为

$$U_o = \frac{T_1}{T_1 + T_2} U_1 - \frac{T_2}{T_1 + T_2} U_1 = \frac{T_1 - T_2}{T_1 + T_2} U_1 \tag{2-104}$$

当电阻 $R_1 = R_2 = R$ 时，则有

$$U_o = \frac{C_1 - C_2}{C_1 + C_2} U_1 \qquad (2\text{-}105)$$

可见，输出电压与电容变化呈线性关系。

(7) 调频电路

这种测量电路是把电容式传感器与一个电感元件配合构成一个振荡器谐振电路。当电容传感器工作时，电容量发生变化，导致振荡频率产生相应的变化，再通过鉴频电路将频率的变化转换为振幅的变化，经放大器放大后即可显示，这种方法称为调频法。图 2-93 就是调频-鉴频电路原理图。

图 2-93　调频-鉴频电路原理图

调频振荡器的振荡频率由下式决定：

$$f = \frac{1}{2\pi \sqrt{LC}} \qquad (2\text{-}106)$$

式中　L——振荡回路电感；

　　　C——振荡回路总电容。

振荡回路的总电容一般包括传感器电容 $C_0 \pm \Delta C$、谐振回路中的固定电容 C_1 和传感器电缆分布电容 C_c。以变间隙式电容传感器为例，如果没有被测信号，则 $\Delta d = 0$，$\Delta C = 0$。这时 $C = C_1 + C_0 + C_c$，所以振荡器的频率为

$$f_0 = \frac{1}{2\pi \sqrt{L(C_1 + C_0 + C_c)}} \qquad (2\text{-}107)$$

f_0 一般应选在 1MHz 以上。

当传感器工作时，$\Delta d \neq 0$，则 $\Delta C \neq 0$，振荡频率也相应改变 Δf，则有

$$f_0 \pm \Delta f = \frac{1}{2\pi \sqrt{L(C_1 + C_c + C_0 \pm \Delta C)}} \qquad (2\text{-}108)$$

振荡器输出的高频电压将是一个受被测信号调制的调制波，其频率由式（2-107）决定。调频型测量电路的主要优点是抗干扰能力强，特性稳定，并且能取得较高的直流输出信号。

2.3.4　测量电路的例题

(1) 变极间距离差动电容传感器

有一变极间距离的差动电容传感器，其结构如图 2-94 所示，选用变压器交流电桥作测量电路。差动电容器参数：$r = 12\text{mm}$，$d_1 = d_2 = d_0 = 0.6\text{mm}$，空气介质，即

$$\varepsilon = \varepsilon_0 = 8.85 \times 10^{-12} \text{F/m}$$

测量电路参数：$u_{sr} = u = u_{sc} = 3\sin\omega t$（V）。试求当动极板上输入位移（设向上位移）$\Delta r = 0.05\text{mm}$ 时，电桥输出端电压 u_{sr}？

解　按给定条件，起始时 $C_1 = C_2 = C_0$，已知

$$C_0 = \frac{\varepsilon A}{d} = \frac{\varepsilon_0 \pi r^2}{d_0} = \frac{8.85 \times 10^{-12} \text{F}/10^3 \text{mm} \times \pi \times 12^2 \text{mm}^2}{0.6\text{mm}} = \frac{8.85\pi \times 10^{-14} \times 4 \times 6^2}{6} \text{F} = 6.67\text{pF}$$

由于 $\Delta x \ll d_0$ 则
$$\frac{\Delta C}{C_0} \approx \frac{\Delta x}{d_0} = \frac{0.05}{0.6} = \frac{1}{12}$$

由变压器交流电桥，可得
$$u_{sc} = \frac{Z_{C_2}}{Z_{C_1}+Z_{C_2}}2u_{sr} - u_{sr} = \frac{Z_{C_2}-Z_{C_1}}{Z_{C_1}+Z_{C_2}}u_{sr}$$

式中　Z_{C_1}——电容 C_1 的阻抗，$Z_{C_1} = \dfrac{1}{j\omega(C_0+\Delta C_1)}$；

　　　Z_{C_2}——电容 C_2 的阻抗，$Z_{C_2} = \dfrac{1}{j\omega(C_0+\Delta C_2)}$。

代入输出电压表示式后可得

$$u_{sc} = \frac{\dfrac{1}{j\omega(C_0-\Delta C_2)} - \dfrac{1}{j\omega(C_0+\Delta C_1)}}{\dfrac{1}{j\omega(C_0+\Delta C_1)} + \dfrac{1}{j\omega(C_0-\Delta C_2)}}u$$

因 $\Delta x \ll d_0$，则可认为 $\Delta C_1 = \Delta C_2 = \Delta C$，通过化简后得

$$u_{sc} = \frac{\Delta C}{C_0}u_{sr} \approx \frac{\Delta x}{d_0}u_{sr} = \frac{3}{12}\sin\omega t\,(V) = 250\sin\omega t\,(mV)$$

当电容传感器的动极板输入位移 $\Delta x = 0.05$mm 时，可得输出电压为
$$u_{sr} = u_{sc} = 250\sin\omega t \quad (mV)$$

从解题过程可得出变极距类电容传感器的一些特性如下。

① 当满足 $\Delta x \ll d_0$ 时，可以直接应用电桥输出公式：$u_{sc} = \dfrac{\Delta x}{d_0}u_{sr}$。

② 可以不必求出 C_0 和 ΔC，因此题中参数 r 是多余的。

③ 此题中变压器电桥输出式 $u_{sc} = (\Delta x/d_0)u_{sr}$ 与前面所讲公式 $u_{sc} = (\Delta x/2d_0)$ 不同。原因是变压器次级电压与初级电压关系不同，此题 $u = u_{sr}$，而前述 $u = \dfrac{1}{2}u_{sr}$。

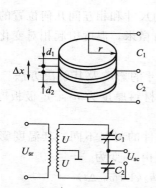

图 2-94　变极间距离式差动电容传感器

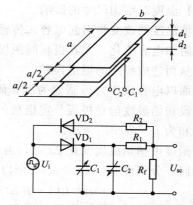

图 2-95　变面积式差动电容传感器

(2) 变面积式差动电容传感器

如图 2-95 所示的一个变面积式差动电容传感器，选用双 T 二极管交流电桥为测量电路。差动电容器参数为：$a = 40$mm，$b = 20$mm，$d_1 = d_2 = d_0 = 1$mm，起始时动极板处于中间位置，$C_1 = C_2 = C_0$，介质为空气，$\varepsilon = \varepsilon_0$。电路参数：两个二极管 VD_1 和 VD_2 为理想二极管，$R_1 = R_2 = R = 10$kΩ；$R_f = 1$MΩ，激励电压 $U_i = 36$V，变化频率 $f = 1$MHz。试求当动极板向右位移 $\Delta x = 10$mm 时电桥输出端电压 U_{sc}。

解 起始时电容传感器的电容为

$$C_0 = \frac{\varepsilon A}{d} = \frac{\varepsilon_0 \times \frac{a}{2} \times b}{d_0} = \frac{\frac{8.85 \times 10^{-12} \text{F}}{10^3 \text{mm}} \times 20^2 \text{mm}^2}{1\text{mm}} = 3.54\text{pF}$$

当动极板向右位移 $\Delta x = 10\text{mm}$ 时，单个电容变化量为

$$\Delta C = \frac{\Delta x}{\frac{a}{2}} C_0 = \frac{1}{2} C_0 = 1.77\text{pF}$$

则 $C_1 = C_0 + \Delta C$，$C_2 = C_0 - \Delta C$，根据双 T 二极管交流电桥输出电压表示式为

$$U_{\text{sc}} \approx kU_i f(C_1 - C_2)$$

式中

$$k = \frac{R(R+2R_f)}{(R+R_f)^2} R_f = \frac{10^4 \times (10^4 + 2 \times 10^6)}{(10^4 + 10^6)^2} \times 10^6 \approx 2 \times 10^4$$

故可得

$$U_{\text{sc}} = 2 \times 10^4 \times 36 \times 10^6 \times 3.54 \times 10^{-12} \approx 2.55\text{V}$$

该差动电容传感器当在动极板上输入位移 $\Delta x = 10\text{mm}$ 时，电桥输出的直流电压为 2.55V。

从上例分析可知，差动电容传感器选用双 T 二极管交流电桥作为测量电路时，电桥的输出大小与电容变化量成正比。但欲得到较大输出，还需合理选择 R、R_f、U_i 和 f 的数值，若 R_f、f 和 U_i 数值太低（如 $R_f = 10\text{k}\Omega$，$f = 10\text{kHz}$，$U_i = 5\text{V}$）时，输出电压是比较小的。

2.3.5 应用中应注意的问题

前面对各类电容传感器的原理分析，均是在理想条件下进行的。实际上由于温度、电场边缘效应、寄生电容等因素的存在，可能使电容传感器的特性不稳定，严重时甚至无法工作。特性不稳定问题曾经长期阻碍了电容传感器的应用和发展。随着电子技术、材料及工艺的发展，上述问题已逐步地得到了解决。下面分别进行简单的介绍。

(1) 温度对结构尺寸的影响

环境温度的改变将引起电容式传感器各部分零件几何尺寸和相互间几何位置的变化，从而产生附加电容变化。尤其极板间距仅为几十微米至几百微米，温度引起相对变化就可能相当大，从而造成很大的温度误差。

下面以电容式压力传感器为例，研究温度对结构尺寸的影响及其解决方法。如图 2-96 所示，设初始温度的动极板与定极板的间隙为 d_0，绝缘材料厚度为 h_1，定极板厚度为 h_2，三者之和为 $L = d_0 + h_1 + h_2$。

当温度由初始温度变化 Δt 时，由于传感器中的各零件的材料不同，其温度膨胀系数也各不相同，分别设 α_L、α_{h_1}、α_{h_2}，所以导致两极板的间距由 d_0 变为

$$d_t = L(1 + \alpha_L \Delta t) - h_1(1 + \alpha_{h_1} \Delta t) - h_2(1 + \alpha_{h_2} \Delta t)$$

相对引起的传感器输出电容的相对误差为

$$\delta_t = \frac{C_t - C_0}{C_t} = \frac{d_0 - d_t}{d_t} = -\frac{(L \cdot \alpha_L - h_1 \cdot \alpha_{h_1} - h_2 \cdot \alpha_{h_2})\Delta t}{d_0 + (L \cdot \alpha_L - h_1 \cdot \alpha_{h_1} - h_2 \cdot \alpha_{h_2})\Delta t}$$

要消除温度误差，即使 $\delta_t = 0$，必须

$$L\alpha_L - h_1\alpha_{h_1} - h_2\alpha_{h_2} = 0$$

整理可得

$$h_1\left(\frac{\alpha_{h_1}}{\alpha_L} - 1\right) + h_2\left(\frac{\alpha_{h_2}}{\alpha_L} - 1\right) - d_0 = 0 \tag{2-109}$$

由此可见，在设计电容传感器时，应首先根据合理的电容量决定间隙 d_0，然后根据材料的线胀系数 α_L、α_{h_1}、α_{h_2}，适当地选择 h_1 和 h_2，以尽量满足公式（2-109）温度补偿条件。

此外，在制造电容传感器时，一般要选用温度膨胀系数小、几何尺寸稳定的材料。例如，电极的支架选用陶瓷材料要比塑料或有机玻璃好；电极材料以选用铁镍合金为好；近年来用在陶瓷或石英上喷镀一层金属薄膜来代替电极，效果更好。

减小温度误差的另一常用措施是采用差动对称结构，在测量电路中加以补偿。

（2）电容电场的边缘效应

理想条件下，平行板电容器的电场均匀分布于两极板相互覆盖的空间，但实际上，在极板的边缘附近，电场分布是不均匀的，从而使电容的实际计算公式变得相当复杂。这种电场的边缘效应相当于传感器并联了一个附加电容，其结果使传感器的灵敏度下降和非线性增加。

为了尽量减少边缘效应，首先应增大电容器的初始电容量，即增大极板面积和减小极板间距。此外，加装等位环是一个有效方法。以圆形平板电容器为例，如图 2-97 所示在极板 A 的同一平面内加一个同心环面 G。A 和 G 在电气上相互绝缘，二者之间的间隙越小越好。使用时必须始终保持 A 和 G 等电位，故称 G 为等位环。这样就可使 A、B 间的电场接近理想的均匀分布了。

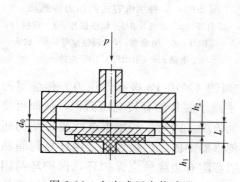

图 2-96　电容式压力传感器

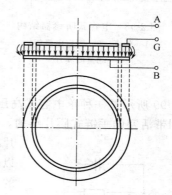

图 2-97　带等位环的圆形

加装等位环的电容器有三个端子 A、B、G。应该说明的是，它虽然有效地抑制了边缘效应，但也增加了加工工艺难度。另外，为了保持 A 与 G 的等电位，一般尽量使二者同为等电位。但有时难以实现，这时就必须加入适当的电子线路。

（3）寄生电容的影响

大家知道，任何两个导体之间均可构成电容联系。电容式传感器除了极板间的电容外，极板还可能与周围物体（包括仪器中的各种元件甚至人体）之间产生电容联系，这种电容称为寄生电容，由于传感器本身电容很小，所以寄生电容可能使传感器电容量发生明显改变；而且寄生电容极不稳定，从而导致传感器特性的不稳定，对传感器产生严重干扰。

为了克服上述寄生电容的影响，必须对传感器进行静电屏蔽，即将电容器极板放置在金属壳内，并将壳体良好接地。出于同样原因，其电极引出线也必须用屏蔽线，而且屏蔽线外套也必须同样良好接地。此外，屏蔽线本身的电容量较大，由于放置位置和形状不同也会有较大变化，也会造成传感器的灵敏度下降和特性不稳定。目前解决这一问题的有效方法是采用驱动电缆技术，也称双层屏蔽等电位传输技术。这一技术的基本思路是将电极引出线进行内外双层屏蔽，使内层屏蔽与引出线的电位相同，从而消除了引出线对内层屏蔽容性漏电，外层线的屏蔽仍接地而起屏蔽作用。

2.3.6 应用举例

(1) 单电容式压力传感器

图 2-98 所示为一种生物医学上应用的电容式听诊器结构。它是单电容式压力传感器，绷紧的膜片受到声压的作用，使间隙发生变化，从而改变了极板间的电容。电容的变化与声压的大小在一定的范围内有线性关系。

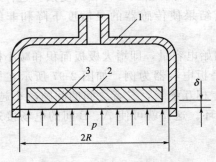

图 2-98　电容式听诊器结构
1—外壳；2—固定电极板；
3—绷紧的膜片

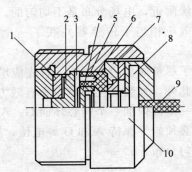

图 2-99　一种单电容式高压力传感器
1—导向环；2—动极片；3—钛酸钡片；4—定极片；
5—保护环；6—绝缘套；7—调整螺母；8—放大
电路；9—引出线；10—壳体

图 2-99 所示是一种单电容式高压力传感器，它可测 $4 \times 10^8 \, \text{Pa}$ 极高的压力。传感器的动极片采用带活塞的垂链式膜片结构，采用活塞是为了减小膜片的直接受压面积，从而可使膜片减薄，以提高灵敏度。同时，利用垂链式膜片结构还可以改善线性度。传感器的固定极板表面是用环氧树脂粘贴的钛酸钡片。传感器附有边缘效应保护环，保护环与固定电极等电位，用聚四氟乙烯绝缘。测量电路采用运算放大器电路与传感器封装。图 2-100 所示为运算放大器式电路原理图。

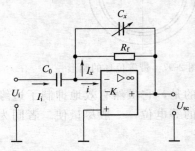

图 2-100　运算放大器式测量电路

运算放大器式电路的最大优点是能克服变间隙式电容传感器的非线性。图中，C_x 为电容传感器的等效电容，它跨接在一个高增益的运算放大器的输入端与输出端之间。放大器的输入阻抗很高（$Z_i \to \infty$），因此当电容传感器进入工作状态后，电容量 C_x 发生变化，相应产生了不平衡电流 I_x。由于运算放大器设为理想运算放大器，$Z_i \to \infty$、$K \to \infty$，故输入运算放大器的电流 $i \approx 0$，$I_i = -I_x$。此时，运算放大器输出端电压为：

$$U_{sc} = -U_i \frac{C_0}{C_x} \qquad (2\text{-}110)$$

此电容式高压力传感器的等效电容为 $C_x = \dfrac{\varepsilon A}{\delta}$，代入上式后，可得

$$U_{sc} = -U_i \frac{C_0}{\varepsilon_0 A} \delta \qquad (2\text{-}111)$$

式中　　U_i——信号源电压；

　　　　C_x——传感器等电容；

　　　　C_0——固定电容器电容；

　　　　ε_0——空气介电常数；

　　　　A——极板相互覆盖面积；

　　　　δ——动、定极板间距离。

由式（2-111）可知，输出电压 U_{sc} 与极间距离 δ 呈线性关系时，必须采取措施使 U_i、ε_0、A、C_0 保持恒定。

图 2-101 为差动电容压力传感器的结构示意图，这种电容式压力传感器用两个电容变化量来测量压力的，能够测量压力高、固定频率高、线性好、灵敏度高的特点。同时，传感器还采取了加速度及温度补偿措施，可用于动态压力高及具有加速度飞行体的高压的遥测。

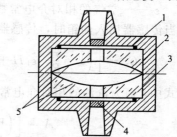

图 2-101　差动电容压力传感器
1—O形密封圈；2—金属膜片；3—玻璃；
4—多轧金属过滤器；5—电镀金属表面

（2）电容式汽车油箱油位计

汽车油箱油位指示，能及时告诉驾驶员根据行程去加油。现采用电容式油位传感器组成测量电路设计的油位计。

① 油位传感器结构　电容式汽车油箱油位传感器结构如图 2-102 所示。其电极材料为氧化铝陶瓷管，管外层镀有两个半圆柱形电极，构成电容传感器。由于氧化铝陶瓷具有机械强度高、电极涂敷性好、热膨胀系数小、抗振动性强等优点，所以用于汽车油箱油位测量比较适宜。

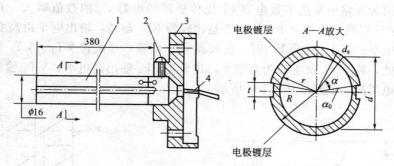

图 2-102　油位传感器结构
1—电极；2—紧固螺钉；3—法兰线盒；4—引线

设陶瓷管的外径为 R，内径为 r，两电极端面的初始角为 $2\alpha_0$，并设电极长为 H，陶瓷管和空气的复合介电常数为 ε_Σ，则有

$$d_c = \frac{\varepsilon_0 \varepsilon_\Sigma d_s}{d} \tag{2-112}$$

油位传感器中无油的初始电容 C_0 为

$$C_0 = \int_{\alpha_0}^{\pi - \alpha_0} d_c = \int_{\alpha_0}^{\pi - \alpha_0} \frac{\varepsilon_0 \varepsilon_\Sigma R d\alpha H}{2R\sin\alpha} = \varepsilon_0 \varepsilon_\Sigma H \ln \operatorname{ctan} \frac{\alpha_0}{2} \tag{2-113}$$

式中　$\alpha_0 = \arcsin \dfrac{t}{2R}$

由 C_0 式可知，当传感器结构尺寸确定后，其电容量与复合介电常数 ε_Σ 成正比。

复合介电常数通常可用下式计算：

$$\varepsilon_\Sigma = \frac{V_1}{V_0}\varepsilon_1 + \frac{V_2}{V_0}\varepsilon_2 \tag{2-114}$$

式中　V_0——陶瓷管电极间的总体积；

　　　V_1——陶瓷管体积；

　　　V_2——电极间空气柱体积；

　　　ε_1——陶瓷的相对介电常数；

　　　ε_2——空气的相对介电常数。

当传感器插入油箱时，传感器浸入油面的高度为 H，则传感器电容量 C_s 为

$$C_s = \left[\left(1-\frac{r^2}{R^2}\right)\varepsilon_1 H + \frac{r^2}{R^2}\varepsilon_2 H + \frac{r^2}{R^2}(\varepsilon_3-\varepsilon_2)h\right]\varepsilon_0 \ln\mathrm{ctan}\frac{\alpha_0}{2} = A + Bh \tag{2-115}$$

式中，ε_3 为汽油的相对介电常数。

$$A = \left[\left(1-\frac{r^2}{R^2}\right)\varepsilon_1 H + \frac{r^2}{R^2}\varepsilon_2 H\right]\varepsilon_0 \ln\mathrm{ctan}\frac{\alpha_0}{2} \tag{2-116}$$

$$B = \frac{r^2}{R^2}(\varepsilon_3-\varepsilon_2)\varepsilon_0 \ln\mathrm{ctan}\frac{\alpha_0}{2} \tag{2-117}$$

因此，传感器结构确定后，其电容 C_s 与浸入油面的高度 h 呈线性关系。

② 测量电路　图 2-103 为单电容脉冲宽度调制测量电路，该电路具有许多特点：结构简单，使用灵活，调整方便，对单电容变化具有线性输出等。在图 2-103 中，C_s 为传感器电容，C_r 为参考电容，分别与 R_1、R_2、VT_1、VT_2 构成充放电电路。C_r、R_2 和比较器基准电平 V_{ref} 决定电路的振荡频率。当接通电源时，C_s、C_r 通过 R_1，R_2 充电，电平 V_1、V_2 按指数减小。因为线路中所选参数电容 C_r 比传感器的电容 C_s 的数值略大，并且 R_1 与 R_2 相等，所以 V_1 首先到达比较电平 V_{ref}，于是比较器 CP_1 翻转，输出电平由高变低，经 VT_3 反相后输出高电平；当 V_2 达到 V_{ref} 时，比较器 CP_2 翻转，开关管 VT_1、VT_2 导通，C_s、C_r 迅速放电，因此，V_1、V_2 又上升为高电平，比较器 CP_1 输出高电平，VT_3 输出低电平，完成了一次充放电周期。波形如图 2-104 所示。

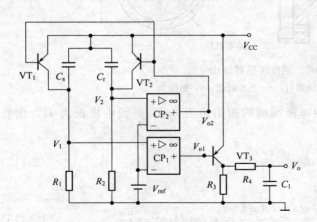

图 2-103　单电容脉冲宽度调制测量电路

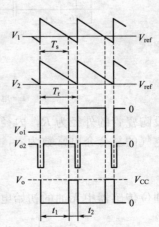

图 2-104　波形图

设电容的初始电荷为零，接通电源的瞬间（$t=0$），V_1 为高电平（等于电源电压 V_{CC}），随后 V_1 逐渐下降，即

$$V_1(t)=V_{CC}e^{-\frac{t}{R_1C_s}}\tag{2-118}$$

当 $V_1(t)$ 达到参比电平 V_{ref} 时，$t=t_1=T_s$，比较器 CP$_1$ 状态翻转，这时：

$$V_{CC}e^{-\frac{t_1}{R_1C_s}}=V_{ref}，则有 t_1=T_s=R_1C_s\ln k$$

同理，$t_1+t_2=T_r=R_2C_r\ln k$

式中

$$k=\frac{V_{CC}}{V_{ref}}$$

于是，VT$_3$ 输出的平均直流电压 $\overline{V}_o$ 为

$$\overline{V}_o=\frac{t_2}{t_1+t_2}V_{CC}=\left(1-\frac{C_s}{C_r}\right)V_{CC}$$

将 $C_s=A+Bh$ 代入上式，得

$$\overline{V}_o=\left(1-\frac{A+Bh}{C_r}\right)V_{CC}\tag{2-119}$$

由此可见，该电路实现了油位的线性变换。不仅如此，该电路由于选用匹配性能良好的配对元件 VT$_1$/VT$_2$、R_1/R_2、比较器 CP$_1$/CP$_2$ 等，所以具有较好的温度补偿作用。

实训5 差动平行变面积电容式传感器实训

（1）实训目的

掌握电容式传感器的工作原理和测量方法。

（2）实训原理

电容式传感器有多种形式，本仪器中是差动平行变面积式。传感器由两组定片和一组动片组成。当安装于振动台上的动片上、下改变位置，与两组静片之间的相对面积发生变化，极间电容也发生相应变化，成为差动电容。如将上层定片与动片形成的电容定为 C_{X1}，下层定片与动片形成的电容定为 C_{X2}，当将 C_{X1} 和 C_{X2} 接入双 T 形桥路作为相邻两臂时，桥路的输出电压与电容量的变化有关，即与振动台的位移有关。

（3）实训所需部件

包括电容传感器、电容变换器、差动放大器、低通滤波器、低频振荡器、测微头。

（4）实验步骤

① 按图 2-105 所示接线，电容变换器和差动放大器的增益适度。

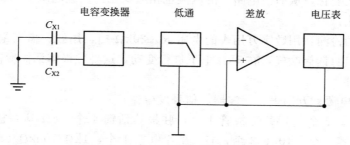

图 2-105　差动平行变面积式实训图

② 装上测微头，带动振动台位移，使电容动片位于两个静片中，此时差动放大器输出应为零。

③ 以此为起点，向上和向下位移电容动片，每次移动 0.5mm，直至动片与一组静片全部重合为止。记录数据于表 2-10 中，并作出 V-x 曲线，求得灵敏度。

④ 低频振荡器输出接"激振 I"端，移开测微头，适当调节频率和振幅，使差动放大器输出波形较大但不失真，用示波器观察波形。

表 2-10　实训数据

x/mm					0					
V/V										

（5）注意事项

① 电容动片与两定片之间的片与片之间的距离必须相等，必要时可稍作调整。位移和振动时均应避免片与片之间的摩擦现象，否则会造成输出信号突变。

② 如果差动放大器输出端用示波器观察到波形中有杂波，应将电容变换器增益进一步减小。

③ 由于悬臂梁弹性恢复的滞后，进行反相采集时测微仪虽然回到起始位置，但系统输出电压可能并不回到零，此时可反向位移悬臂梁使输出电压过零后再回到起始位置，等待系统输出为零，再进行反方向的采集。

（6）实训报告

① 画出实训装置的原理连接图；

② 原始记录于表格中，进行数据处理得出实训结果；

③ 对实训中出现的现象进行分析。计算并分析灵敏度。

实训6　电容式助听器电路实训

（1）实训目的

① 了解电动式耳机原理结构；

② 熟悉音频放大和功率放大电路；

③ 了解驻极体电容传声器原理。

（2）实训原理

驻极体话筒又称电容式微音器，是一种电声换能器。由振动膜片、刚性极板、电源、负载电阻等组成。当膜片受到声波的压力，进行振动，膜片极板之间的电容量就发生变化，极板之间的电荷随之变化，从而使电路中的电流也相应变化，负载电阻上也就有相应的电压输出，完成声电转化。

驻极体话筒的检测：用数字万用表的电阻 $R \times 20\text{k}\Omega$ 挡，用红、黑表笔测量驻极体话筒的正、负端，用口对话筒吹气，在 $1\text{k}\Omega$ 上下进行变动，这种驻极体话筒应能正常使用。

（3）实训元件

① 直流稳压电源、万用表、示波器、信号发生器；

② 9014 三极管 2 个，3AX 三极管 1 个，驻极体话筒 1 个，8Ω 耳塞机 1 个，线路板 1 块，$47\mu\text{F}$ 电解电容 1 个，$10\mu\text{F}$ 2 个，473 瓷片电容 1 个，$1\text{k}\Omega/100\text{k}\Omega/68\text{k}\Omega$ 电阻各 1 个，$10\text{k}\Omega$ 电阻 1 个，$1\text{k}\Omega$ 电阻 2 个。

（4）实验步骤

① 按图 2-106 电路进行正确焊接。

② 按图进行调试：通过调整 R_2，使 VT_1 集电极电流在 1.5mA；通过调整 R_4，使耳塞机总静态电流在 10mA，使耳塞机声音最清楚。

③ 用示波器观看 VT_1 集电极、VT_2 集电极、VT_3 发射极各点的波形。

（5）写出实训报告。

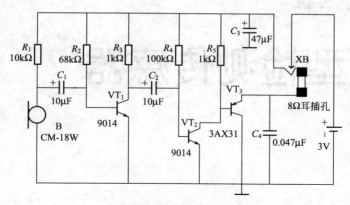

图 2-106　助听器电路

第 3 章

电压型检测传感器

3.1 压电式传感器

压电式传感器是以某些晶体受力后在其表面产生电荷，当外力去掉后又重新恢复到不带电状态的压电效应，这就是压电式传感器转换原理。压电式传感器可以测量各种物理量，例如力、压力、加速度等。

压电式传感器具有体积小、重量轻、频带宽、灵敏度高等优点。近年来压电测试技术发展迅速，特别是电子技术的迅速发展，使压电式传感器的应用越来越广泛。

3.1.1 压电效应

具有压电效应的物质很多，如石英晶体、压电陶瓷、压电半导体等。它们都是用机械量经压电式传感器检测、放大后变为电量信号输出，图3-1所示是压电式传感器工作示意图。

机械量 —— 压电元件 —— 电量

图 3-1　压电式传感器工作示意图

（1）石英晶体的压电效应

石英晶体是一种应用广泛的压电晶体。它是二氧化硅单晶，属于六角晶系。图 3-2 是天然石英晶体的外形图，它为规则的六角棱柱体。石英晶体有三个晶轴：Z 轴又称光轴，它与晶体的纵轴线方向一致；X 轴又称电轴，它通过六面体相对的两个棱线并垂直于光轴；Y 轴又称机械轴，它垂直于两个相对的晶柱棱面。

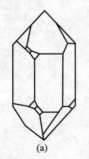
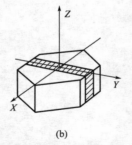
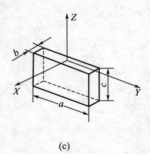

(a)　　　　　(b)　　　　　(c)

图 3-2　石英晶体的外形、坐标轴及切片

从晶体上沿 XYZ 轴线切下的一片平行六面体的薄片称为晶体切片。当沿着 X 轴对晶片施加力时，将在垂直于 X 轴的表面上产生电荷，这种现象称为纵向压电效应。沿着 Y 轴施加力的作用时，电荷仍出现在与 X 轴垂直的表面上，这称之为横向压电效应。当沿着 Z 轴方向受力时不产生压电效应。

纵向压电效应产生的电荷为
$$q_{xx} = d_{xx}F_x \tag{3-1}$$

式中　q_{xx}——在垂直于 X 轴平面上的电荷；

　　　　d_{xx}——压电系数，下标的意义为生产电荷面的轴向及施加作用力的轴向；

　　　　F_x——沿晶轴 X 方向施加的力。

由上看出，当晶片受到 X 向的压力作用时，q_{xx} 与作用力 F_x 成正比，而与晶片的几何尺寸无关。

如果作用力 F_x 改为拉力时，则在垂直于 X 轴平面上出现等量电荷，但极性相反。

横向压电产生的电荷为

$$q_{xy} = d_{xy}\frac{a}{b}F_y \tag{3-2}$$

式中　q_{xy}——Y 轴向施加的压力，在垂直于 X 轴平面上产生电荷时的压电系数；

　　　　F_y——沿晶轴 Y 方向施加的压力。

根据石英晶体的对称条件 $d_{xy} = -d_{xx}$，得

$$q_{xy} = -d_{xx}\frac{a}{b}F_y \tag{3-3}$$

由上式可以看出，沿机械轴方向的晶片施加压力时，产生的电荷与几何尺寸有关，式中的负号表示沿 Y 轴的压力产生的电荷与沿 X 轴施加压力所产生的电荷极性是相反的。石英晶片受压力或拉力时电荷极性如图 3-3 所示。

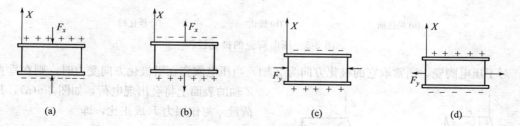

图 3-3　晶片受力方向与电荷极性的关系

石英晶体在机械力的作用下为什么会在其表面产生电荷呢？解释如下。

石英晶体的每一个晶体单元中，有三个硅离子和六个氧离子，正负离子分布在正六边形的顶角上，如图 3-4（a）所示。当作用力为零时，正负电荷相互平衡，所以外部没有带电现象。

如果在 X 轴方向施加压力，如图 3-4（b）所示，则氧离子挤入硅离子 2 和 6 间，而硅离子 4 挤入氧离子 3 和 5 之间，结果在表面 A 上出现正电荷，而在 B 表面上出现负电荷。如果所受的力为拉力时，在表面 A 和 B 上的电荷极性就与前面的情况正好相反。

如果沿 Y 轴方向施加压力时，则在表面 A 和 B 上呈现的极性如图 3-4（c）所示。施加拉力时，电荷的极性与它相反。

若沿 Z 轴方向施加力的作用时，由于硅离子和氧离子是对称的平移，故在表面没有电荷出现，因而不产生压电效应。

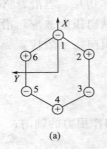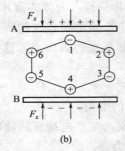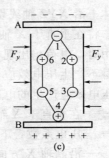

(a)   (b)   (c)

图 3-4   石英晶体压电效应

(2) 压电陶瓷的压电效应

压电陶瓷是一种人工多晶铁电体，它是具有电畴结构的压电材料。电畴是分子自发形成的区域，它有一定的极化方向。在无外电场作用时，各个电畴在晶体中无规则排列，它们的极化效应互相抵消。因此，在原始状态，压电陶瓷呈现中性，不具有压电效应。

当在一定的温度条件下，对压电陶瓷进行极化处理，即以强电场使电畴规则排列，这时压电陶瓷就具有了压电性。在极化电场去除后，电畴基本上保持不变，留下了很强的剩余极化，如图 3-5 所示。

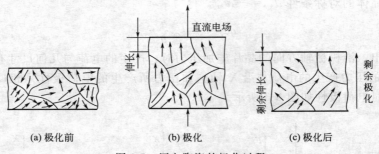

(a) 极化前   (b) 极化   (c) 极化后

图 3-5   压电陶瓷的极化过程

对于压电陶瓷，通常取它的极化方向为 Z 轴。当压电陶瓷在沿极化方向受力时，则在垂直于 Z 轴的表面上将会出现电荷，如图 3-6(a)，其电荷量 q 与作用力 F 成正比，即

$$q = d_{zz}F \tag{3-4}$$

式中，d_{zz} 为纵向压电系数。压电陶瓷在受到如图 3-6(b) 所示的作用力 F 时，在垂直于 Z 轴的上下平面上分别出现正、负电荷，即

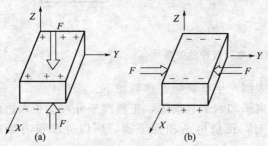

图 3-6   压电陶瓷的压电原理

$$q_a = d_{zx}F\frac{A_x}{A_y}, \quad q_b = -d_{zy}F\frac{A_z}{A_y} \tag{3-5}$$

式中，A_x 为极化面的面积；A_y 为受力面的面积。

3.1.2 压电材料

目前，在测压传感器中常用的压电材料有压电晶体、压电陶瓷和压电半导体等，它们各自有着自己的特点。选取合适的压电材料是压电式传感器的关键，一般应考虑以下主要特性进行选择。

（1）压电材料的特性选择

① 具有较大的压电系数。

② 压电元件的机械强度高、刚度大、具有较高的固有振动频率。

③ 具有较高的电阻率和较大的介电常数，用以减少电荷的泄漏以及外部分布电容的影响，获得良好的低频特性。

④ 具有较高的居里点。所谓居里点是指压电性能破坏时的温度转变点。居里点高可以得到较宽的工作温度范围。

⑤ 压电材料的压电特性不随时间蜕变，有较好的时间稳定性。

（2）压电材料的选择

1）压电晶体

① 石英晶体　石英晶体即二氧化硅（SiO_2），有天然和人工合成两种类型。人工合成的石英晶体的物理、化学性质与天然石英晶体基本相同，因此目前广泛应用成本较低的人工合成石英晶体。它在几百摄氏度的温度范围内，压电系数不随温度而变化。石英晶体的居里点为 573℃，即到 573℃时，它将完全丧失压电性质。它有很大的机械强度和稳定的力学性能，没有热释电效应，但灵敏度很低，介电常数小，因此逐渐被其他压电材料所代替。

② 水溶性压电晶体　这类压电晶体有酒石酸钾钠、硫酸锂、磷酸二氢钾等。水溶性压电晶体具有较高的压电灵敏度和介电常数，但易于受潮，机械强度也较低，只适用于室温和湿度低的环境下。

③ 铌酸锂晶体　铌酸锂是一种透明单晶体，熔点为 1250℃，居里点为 1210℃。它具有良好的压电性能和时间稳定性，在耐高温传感器上有广泛的前途。

2）压电陶瓷　这是一种应用最普遍的人工合成压电材料，压电陶瓷具有烧制方便、耐湿、耐高温、易于成形等特点。压电陶瓷种类很多，钛酸钡和锆钛酸铅应用最为广泛。

① 钛酸钡压电陶瓷　钛酸钡（$BaTiO_3$）是由 $BaCO_3$ 和 TiO_2 二者在高温下合成的，它的居里点较低，为 120℃，此外机械强度不如石英。但它具有较高的压电系数和介电常数，因而在传感器中得到广泛的应用。

② 锆钛酸铅系压电陶瓷（PZT）　锆钛酸铅是 $PbTiO_3$ 和 $PbZrO_3$ 组成的固溶体 $Pb(Zr \cdot Ti)O_3$。它具有较高的压电系数和居里点（300℃以上）。各项机电参数随温度、时间等外部条件的变化较小，是目前常用的一种压电材料。

③ 铌酸盐系压电陶瓷　如铌酸铅具有很高的居里点和较低的介电常数。铌酸钾的居里点为 435℃，特别适用于 10～40MHz 的高频换能器，常用于水声传感器中。

④ 铌镁酸铅压电陶瓷（PMN）　这是一种由 $Pb(Mg_{1/3}Nb_{2/3})O_3$、$PbTiO_3$、$PbZrO_3$ 组成的三元系陶瓷。它具有较高的压电系数和居里点，能够在较高的压力下工作，适合作为高温下的测力传感器。

3）压电半导体　有些晶体既具有半导体特性又同时具有压电性能，如 ZnS、CaS、GaAs 等，因此既可利用它的压电特性研制传感器，又可利用半导体特性以微电子技术制成电子器件。两者结合起来，就出现了集转换元件和电子线路为一体的新型传感器，它的应用前途是非常远大的。

3.1.3　压电式传感器测量电路

（1）压电式传感器的等效电路

压电传感器在受外力作用时，在两个电极表面将要聚集电荷，且电荷量相等，极性相

反。这时它相当于一个以压电材料为电介质的电容器，其电容量为

$$C_a = \frac{\varepsilon_0 \varepsilon A}{h} \qquad\qquad (3\text{-}6)$$

式中　ε_0——真空介电常数；

　　　ε——压电材料的相对介电常数；

　　　h——压电元件的厚度；

　　　A——压电元件极板面积。

因此可以把压电式传感器等效成一个与电容相并联的电荷源，如图 3-7（a）所示，也可以等效为一个电压源，如图 3-7（b）所示。

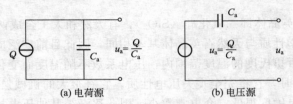

(a) 电荷源　　　　　　(b) 电压源

图 3-7　压电传感器的等效电路

压电传感器与测量仪表连接时，还必须考虑电缆电容 C_C、放大器的输入电阻 R_i 和输入电容 C_i 以及传感器的泄漏电阻 R_0。图 3-8 所示为压电传感器完整的等效电路。

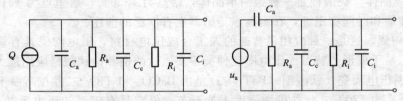

图 3-8　压电传感器完整的等效电路

（2）压电式传感器的测量电路

压电传感器的内阻抗很高，而输出的信号微弱，因此一般不能直接显示和记录。压电传感器要求测量电路的前级输入端要有足够高的阻抗，这样才能防止电荷迅速泄漏而使测量误差减小。

压电传感器的前置放大器有两个作用：一是把传感器的高阻抗输出变换为低阻抗输出；二是把传感器的微弱信号进行放大。

① 电压放大器　压电传感器接电压放大器的等效电路如图 3-9（a）所示。图（b）是简化后的等效电路，其中，u_i 为放大器输入电压；

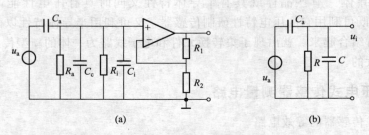

(a)　　　　　　　　　　　　(b)

图 3-9　压电传感器接电压放大器的等效电路

$$C = C_c + C_i; \quad R = \frac{R_a R_i}{R_a + R_i}; \quad u_o = \frac{Q}{C_a}$$

如果压电传感器受力为

$$F = F_m \sin\omega t \qquad\qquad (3\text{-}7)$$

则在压电元件上产生的电压为

$$u_a = \frac{d F_m}{C_a} \sin\omega t \qquad\qquad (3\text{-}8)$$

而在放大器输入端形成的电压为

$$u_i = \frac{\dfrac{R\,\dfrac{1}{j\omega C}}{R + \dfrac{1}{j\omega C}}}{\dfrac{1}{j\omega C_a} + \dfrac{R\,\dfrac{1}{j\omega C}}{R + \dfrac{1}{j\omega C}}} u_a = \frac{j\omega R}{1 + j\omega R(C + C_a)} dF \qquad\qquad (3\text{-}9)$$

当 $\omega R(C_i + C_c + C_a) \gg 1$ 时，放大器的输入电压为

$$u_i \approx \frac{d}{C_i + C_c + C_a} F \qquad\qquad (3\text{-}10)$$

由上式可以看出，放大器输入电压幅度与被测频率无关，当改变连接传感器与前置放大器的电缆长度时，C_c 将改变，从而引起放大器的输出电压也发生变化。在设计时，通常把电缆长度定为一常数，使用时如要改变电缆长度，则必须重新校正电压灵敏度值。

　　② 电荷放大器　电荷放大器是一种输出电压与输入电荷量成正比的前置放大器。它实际上是一个具有反馈电容的高增益运算放大器。图 3-10 是压电传感器与电荷放大器连接的等效电路。图中，C_f 为放大器的反馈电容，其余符号的意义与电压放大器相同。如果忽略电阻 R_0、R_i 及 R_f 的影响，则输入到放大器的 $Q_i = Q - Q_f$。

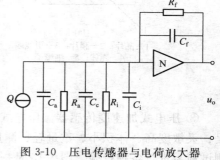

图 3-10　压电传感器与电荷放大器
连接的等效电路

$$Q_f = (U_i - U_o)C_f = \left(-\frac{U_o}{A} - U_o\right)C_f = -(1 + A)\frac{U_o}{A}C_f$$

$$Q_i = U_i(C_i + C_c + C_a) = -\frac{U_o}{A}(C_i + C_c + C_a)$$

　　式中，A 为开环放大系数。所以放大器的输出电压为

$$U_o = \frac{-AQ}{C_i + C_c + C_a + (1 + A)C_f} \qquad\qquad (3\text{-}11)$$

当以 $A \gg 1$，而 $(1 + A)C_f \gg C_i + C_a + C_c$ 时，放大器输出电压可以表示为

$$U_o = -\frac{Q}{C_f} \qquad\qquad (3\text{-}12)$$

由式中可以看出，由于引入了电容负反馈，电荷放大器的输出电压仅与传感器产生的电荷量及放大器的反馈电容有关，电缆电容与其他因素对灵敏度的影响可以忽略不计。

　　电荷放大器的灵敏度为

$$K = \frac{U_o}{Q} = \frac{1}{C_f} \qquad\qquad (3\text{-}13)$$

放大器的输出灵敏度取决于 C_f。在实际电路中，是采用切换运算放大器负反馈电容 C_f 的办法来调节灵敏度。C_f 越小则放大器的灵敏度越高。

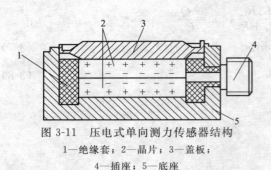

图 3-11 压电式单向测力传感器结构
1—绝缘套；2—晶片；3—盖板；
4—插座；5—底座

为了放大器的工作稳定，减小零漂，在反馈电容 C_f 两端并联了一个反馈电阻，形成直流负反馈，用以稳定放大器的直流工作点。

3.1.4 压电式传感器的应用

(1) 压电式传感器的结构

① 压电式测力传感器 压电式测力传感器常用形式为荷重垫圈式，它由基座、盖板、石英晶片、电极以及引出插座等组成，如图 3-11 所示。这种传感器可用来测量机床动态切削力以及用于测量各种机械设备所受的冲击力。

② 压电式压力传感器 图 3-12 是两种膜片式压电传感器，它可以测量动态压力，如发动机内部的燃烧压力。

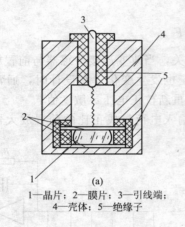

(a)

1—晶片；2—膜片；3—引线端；
4—壳体；5—绝缘子

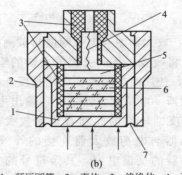

(b)

1—预压圆筒；2—壳体；3—绝缘体；4—引线；
5—电极；6—压电片堆；7—膜片弹簧

图 3-12 压电式传感器

③ 压电式加速度传感器 压电式加速度传感器是一种常用的加速度计。它的主要优点是：灵敏度高、体积小、重量轻、测量频率上限较高、动态范围大。但它易受外界干扰，在测试前需进行各种校验。图 3-13 是一种压缩型的压电式加速度计。

(2) 压电式传感器应用举例

① 压电式金属加工切削力测量 图 3-14 是利用压电陶瓷传感器测量刀具切削力的示意图。由于压电陶瓷元件的自振频率高，特别适合测量变化剧烈的载荷。图中压电传感器位于车刀前部的下方，当进行切削加工时，切削力通过刀具传给压电传感器，压电传感器将切削力转换为电信号输出，记录下电信号的变化，就可以得出切削力的变化。

② 压电式玻璃破碎报警器 BS-D2 压电式传感器是专门用于检测玻璃破碎的一种传感器，它利用压电元件对振动敏感的特性来感知玻璃受撞击和破碎时产生的振动波。传感器把振动波转换成电压输出，输出电压经放大、滤波、比较等处理后提供给报警系统。

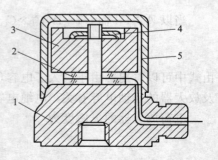

图 3-13 压电式加速度计
1—基座；2—压电片；3—质量块；
4—压簧；5—壳体

BS-D2 压电式玻璃破碎传感器的外形及内部电路如图 3-15 所示。传感器的最小输出电压为 100mV，最大输出电压为 100V，内阻抗为 15～20kΩ。

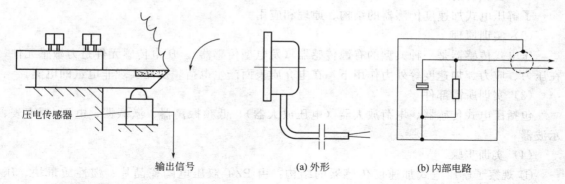

图 3-14　压电式刀具切削力测量示意图　　　　图 3-15　BS-D2 压电式玻璃破碎传感器

报警器的电路框图如图 3-16 所示。使用时传感器用胶粘贴在玻璃上，然后通过电缆和报警电路相连。为了提高报警器的灵敏度，信号经放大后，需经带通滤波器进行滤波，要求它对选定的频谱通带衰减要小，而带外衰减要尽量大。由于玻璃振动的波长在音频和超声波的范围内，这就使滤波器成为电路中的关键。当传感器输出信号高于设定的阈值时输出报警信号，驱动报警执行机构工作。玻璃破碎报警器可广泛用于文物保管、贵重商品保管及其他商品柜台等场合。

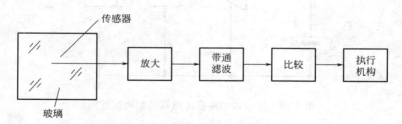

图 3-16　压电式玻璃破碎报警器电路框图

③ 煤气灶电子点火装置　煤气灶电子点火装置如图 3-17 所示，是让高压点火来点燃煤气。当使用者将开关往里压时，把气阀打开，将开关旋转，则使弹簧往左压。此时，弹簧有一很大的力撞击压电晶体，则产生高压放电导致燃烧盘点火。

在工程和机械加工中，压电力传感器可用于测量各种机械设备及部件所受的冲击力。例如锻造工作中的锻锤、打夯机、打桩机、振动给料机的激振器、地质钻机钻探冲击器、船舶、车辆碰撞等机械设备冲击力的测量均可采用压电力传感器。

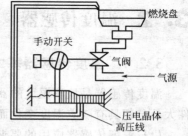

图 3-17　煤气灶电子点火装置

微振动测试仪还可用于各种大型构件、桥梁、水坝、高层建筑、海流等晃动测量；精密机械制造和超大规模集成电路的生产，为了保证成品的精度，要求生产环境的振动位移限制在几微米到几百微米之间（振动频率在 $1～10Hz$），也就是说它的加速度 a 值在几微米每二次方秒到几百微米每二次方秒之间，相当于 $10^{-6}g$ 级的振动，这对环境也需要用微振测试仪进行监测，即进行微振动的检测。

实训7　压电式加速度传感器

（1）实训目的

了解压电式加速度传感器的结构、原理和应用。

（2）实训原理

压电式传感器是一种典型的有源传感器（发电型传感器）。压电传感元件是力敏感元件，在压力、应力、加速度等外力作用下，在电介质表面产生电荷，从而实现非电量的电测。

（3）实训所需部件

包括压电式传感器、电荷放大器（电压放大器）、低频振荡器、激振器、电压/频率表、示波器。

（4）实训步骤

① 观察了解压电式加速度传感器的结构：由 PZT 双压电陶瓷晶片、惯性质量块、压簧、引出电极组装于塑料外壳中。

② 按图 3-18 接线，低频振荡器输出接"激振Ⅱ"端，开启电源，调节振动频率与振幅，用示波器观察低通滤波器输出波形。

③ 当悬臂梁处于谐振状态时振幅最大，此时示波器所观察到的波形 V_{P-P} 也最大，由此可以得出结论：压电加速度传感器，是一种对外力作用变化敏感的传感器。

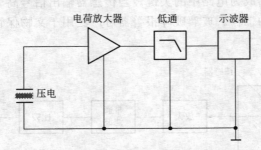

图 3-18　压电式加速度传感器的结构原理图

（5）注意事项

做此实训时，悬臂梁振动频率不能过低（1～3Hz），否则电荷放大器将无输出。

3.2　温度传感器

3.2.1　温度传感器基本知识

温度传感器是检测温度的器件，其种类最多，应用最广，发展最快。日常使用的电子元件大部分都具有随着温度变化而变化的特征，但是作为实用传感器必须满足如下一些条件。

（1）温度传感器应用的要求

① 在使用温度测量范围内的温度特性曲线，要求达到的精度能符合要求，在较宽的温度范围内进行检测。温度系数不宜过大，过大了就难以使用，但对于狭窄的温度范围或仅仅定点的检测，其温度系数越大，检测电路也就越简单。

② 温度传感器用于电子电路的检测装置，要具有检测便捷和易于处理的特性及一定的物理量。随着半导体器件和信号处理技术的进步，对温度传感器所要求的输出特性应能满足要求。

③ 温度传感器的要求具有一致性，要求偏移和蠕变越小越好，具有互换性，便于应用。

④ 对于温度以外的物理量不敏感。

⑤ 要有较好的机械、化学及热性能。这对于使用在振动和有害气体的环境中特别重要。

温度传感器一般分为接触式和非接触式两大类。接触式是指传感器直接与被测物体接触从而进行温度测量，这是温度测量的基本形式。这种方式的特点是通过接触方式把被测物热量传递给传感器，从而降低了被测物体的温度，特别是被测物体热量较小时，测量精度低。因此，采用这种方式测得物体真实的温度，它的前提条件是被测物体热容量要足够大并且要大于温度传感器。而非接触式方式是测量物体热辐射发出的红外线，从而测量物体的温度，可以进行遥测，这是接触式所做不到的。

（2）测量温度的标准

为了保证温度测量值的统一，必须建立一个用来衡量温度标准尺度，这个标准尺度称为温标。温度的高低必须用数字来说明，温标就是温度的一种数值表示方法，并给出了温度数值化的一套规则和方法，同时明确了温度的测量单位。人们一般是借助于随温度变化而变化的物理量来定义温度数值、建立温标和制造各种各样的温度检测仪表。下面对常用温标作简单的介绍。

1）经验温标　借助于某一种物质的物理量与温度变化的关系，用实验的方法或经验公式所确定的温标称为经验温标。常用的有摄氏温标、华氏温标和列氏温标。

① 摄氏温标　摄氏温标是把在标准大气压下水的冰点定为零摄氏度，把水的沸点定为100 摄氏度的一种温标。在零摄氏度到 100 摄氏度之间进行 100 等分，每一等份为 1 摄氏度，单位符号为℃。这也是常用的温度测量单位。

② 华氏温标　华氏温标是以当地的最低温度为零华氏度（起点），人体温度为 100 华氏度，等分为 100 等份，每一等份为 1 华氏度。后来，人们规定标准大气压下的纯水的冰点温度为 32 华氏度，水的沸点定为 212 华氏度，中间划分 180 等份，每一等份称为 1 华氏度，单位符号为℉。

③ 列氏温标　列氏温标规定标准大气压下纯水的冰点为 0 列氏度，水沸点为 80 列氏度。中间等分为 80 等份，每一等份为 1 列氏度。单位符号为°R。

摄氏、华氏、列氏温度之间的换算关系为

$$C=\frac{5}{9}(F-32)=\frac{5}{4}R \tag{3-14}$$

式中　C——摄氏温度值；

F——华氏温度值；

R——列氏温度值。

摄氏温标、华氏温标都是用水银作为温度计的测温介质，而列氏温标则是用水和酒精的混合物作为测温物质的。但它们均是依据液体受热膨胀的原理建立温标和制造温度计的。由于不同物质的性质不同，它们受热膨胀的情况也不同，故上述三种温标难以完全统一。

2）热力学温标　1848 年威廉·汤姆首先提出以热力学第二定律为基础，建立温度仅与热量有关而与物质无关的热力学温标。因此为开尔文总结出来的，故又称为开尔文温标，用符号 K 表示。由于热力学中的卡诺热机是一种理想的机器，实际上能够实现卡诺循环的可逆热机是没有的，所以能够实现的是温标。

3）国际实用温标　为了解决国际上温度标准的统一及实用问题，国际上协商决定，建立一种既能体现热力学温度（即能保证一定的准确度），又使用方便、容易实现的温标，这就是国际实用温标，又称国际温标。

1968 年国际实用温标规定热力学温度是基本温度，用符号 T 表示，其单位为开尔文，符号为 K。1K 定义为水的三相点热力学温度的 1/273.16，水的三相点是指化学纯水在固态、液态及气态三项平衡时的温度，热力学温标规定三相点温度为 273.16K。

另外，可使用摄氏温度，用符号 t 表示：

$$t = T - T_0 \qquad\qquad (3\text{-}15)$$

这里摄氏温度的分度值与开氏温度分度值相同，即温度间隔 1K 等于 1℃。T_0 是在标准大气压下冰的融化温度，$T_0 = 273.15K$。即水的三相点的温度比冰点高出 0.01K，由于水的三相点温度易于复现，复现精度高，而且保存方便，这是冰点不能比拟的，所以国际实用温度规定，建立温标的唯一基准点为水的三相点。

(3) 测量温度的特性

温度传感器一般分为两大类，即接触式和非接触式的。接触式的温度传感器有热电偶、热敏电阻等，利用其产生的热电动势或电阻随温度变化的特性来测量物体的温度，一般还采用与开关组合的双金属片或磁电继电器开关进行控制。热电偶是铜-康铜、镍铬-镍铝、铂-铂铑等不同金属或合金的接合界面上出现温度差而产生热电动势，测量其热电动势从而测量物体温度的传感器。热敏电阻是一种如氧化半导体陶瓷那样的电阻体，其阻值随温度变化非常显著，热敏电阻有正温度系数 PTC，负温度系数 NTC，还有达到一定温度时阻值急剧变化的 CTR。利用阻值随温度变化的热敏电阻传感器是将测温电阻构成桥路对温度进行测量，这样可消除由于环境温度变化引起的温漂，并能减小测量值的偏移及噪声。这种传感器简便、小型、坚固，并且设计简单，除广泛应用于微波炉、电热毯、冷库、空调等家用电器以外，还广泛应用于汽车、船舶、控制设备、工业测量等。

非接触式传感器通过检测光传感器中的红外线来测量物体的温度，有利用半导体吸收光而使电子迁移的量子型与吸收光而引起温度变化的传感器之分。非接触式传感器广泛应用于非接触温度传感器、辐射温度计、报警装置、自动门、气体分析仪、分光光度仪等。

3.2.2 热电偶温度传感器

热电偶是目前应用最广泛的温度传感器。热电偶的特点是结构简单，仅由两根不同的导体或半导体材料焊接或绞接而成，测温的精确度和灵敏度足够高，稳定性和复现性较好，动态响应快，测温范围广，电动势信号便于传送。

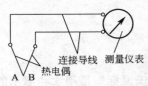

连接导线　测量仪表
热电偶
A B

图 3-19　最简单的
热电偶测温系统

最简单的热电偶测温系统如图 3-19 所示。热电偶是由两种不同材料的导体（或半导体）A、B 焊接而成。焊接的一端为工作端（或热端），与导线连接的另一端为自由端（或冷端），导体 A、B 称为电极，总称热电偶。测量时将其工作端与被测介质相接触，测量仪表常为动圈仪表或电位差计，用来测出热电偶的热电势，连接导线为补偿导线及铜导线。

(1) 热电偶的工作原理

1) 热电效应　如图 3-20 所示，把两种不同的金属 A、B 组成闭合回路，两个接点温度分别为 t 和 t_0，则在回路中产生一个电动势。这个物理现象就是塞贝克效应，此电动势称为热电势。

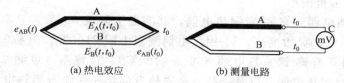

図 3-20　热电偶电路的构成

热电势的产生是由接触电势与温差电势两部分组成。

接触电势是两种不同的导体，因为自由电子密度不同而在接触处形成的电动势，又称帕尔帖电势。此电势与材质、温度有关，表示为 $e_{AB}(t)$、$e_{AB}(t_0)$，A 为正极，B 为负极。

温差电势是同一材质导体因为两端温度不同而产生的电动势，又称汤姆逊电势。此电势与材质、温度有关，表示为 $E_A(t, t_0)$、$E_B(t, t_0)$。

一般情况下，热电偶的接触电势远大于温差电势，故其热电势的极性取决于接触电势的极性。因此，在两个电极中，电子密度大的导体 A 是正极，电子密度小的导体 B 为负极。热电势的大小以 $E_{AB}(t, t_0) = e_{AB}(t) - e_{AB}(t_0)$。热电偶所产生的热电势大小与电极的长度和直径无关，只与电极的材料和两端温度有关。

为了测得热电势的大小，必须在测量回路中插入各种仪表、连接导线等。在热电偶回路中只要保证热电偶断开点的两端温度相同，插入第三种导体 C 不影响原来热电偶回路的热电势。利用此性质可在回路中接入各种仪表和连接导线，如图 3-20(b) 所示。

把热电偶的热电势与工作端温度之间的关系制成表格，称为热电偶的分度表。热电偶是在自由端温度为 0℃ 时进行分度的，若自由端的温度不为 0℃，而为 t_0 时，则热电势与温度之间的关系可用下式进行计算：

$$E_{AB}(t, t_0) = E_{AB}(t, 0) - E_{AB}(t_0, 0) \tag{3-16}$$

式中，$E_{AB}(t, 0)$ 和 $E_{AB}(t_0, 0)$ 分别相当于该热电偶的工作端温度为 t 和 t_0 而自由端温度为 0℃ 时的热电势。

2）常用热电偶的种类　根据热电偶测温的基本原理，理论上任意两种不同材料的导体或半导体均可作为电极组成热电偶，但实际上为保证可靠地进行温度测量，要具有足够精度，对热电极材料必须进行严格选择。一般有以下要求：在测温范围内，物理、化学稳定性要高，电阻温度系数小，电导率高，组成热电偶后产生的热电势要大，热电势与温度要有线性关系或简单的函数关系，重复性好，便于加工等。

目前我国广泛使用的热电偶已经标准化，按 IEC（国际电工委员会）于 1977 年制定的常用 8 种标准型热电偶的国际标准进行生产，并制定了相应的国家标准，分度表见附录。

热电偶种类很多，这里按标准化和非标准进行化简，可以按温度、材料、用途结构等进行分类。

① 标准化热电偶　铂铑-铂铑热电偶（WRLB）的正极为铂铑合金，负极为铂，熔点高，可用于较高温度的测量，误差小，一般适用于较为精密的温度测量。但是它的热电势较小，并且不能用于金属蒸气和还原性气氛中。

铂铑-铂铑热电偶（WRLL）可长期测量 1600℃ 高温，性能稳定，精度高，适于在氧化性或中性介质中测量，室温下热电势比较小，因此一般不需要参考补偿和修正，可作标准热电偶。

镍铬-镍硅或镍铬-镍铅（WREU）、镍铬-考铜（WREA）、铜-康铜等热电偶的热电势较大，易测温，但测温范围小。

② 非标准化热电偶　有铁-康铜热电偶，其测温上限仅600℃，且易生锈，但温度与热电势的线性关系好，灵敏度高；钨-钼热电偶测温上限2100℃，但易氧化，使用时要加石墨保护管；另外还有钨-铼系热电偶（可测2400℃）、铱铑系（可测2100℃）、镍铬-金铁热电偶、镍钴-镍铝热电偶，以及一些非金属热电偶，如热解石墨热电偶、二硅化钨-二硅化钼热电偶等，但非金属热电偶重复性差，没有统一的分度表，应用受到了很大的限制。

（2）热电偶的结构

热电偶通常由电极、绝缘子、保护管、接线盒四部分组成，其结构如图3-21所示。制作电极的材料应满足前面提到的要求，还与电极的直径大小、材料价格、机械强度、电导率以及热电偶的用途、测温范围等因素有关。贵金属电极丝的直径一般为0.3～0.65mm，普通金属电极丝的直径一般为0.5～3.2mm，其长度由安装条件及测温时插入深度而定，一般为350～2000mm。

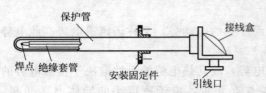

图3-21　热电偶的结构

通常以电极的材料类别来确定热电偶的名称，写在前面的电极为正，后者为负。绝缘子用来防止两根电极短路。保护管套在电极和绝缘子外边，其作用是将电极与被测介质隔离，使电极免受化学作用和机械损伤，从而得到较长的使用寿命和测温的准确性。接线盒供连接热电偶和补偿导线用，必须密封良好，以防灰尘、水分及有害气体侵入保护管内。接线盒内的接线端子上要注明电极的正、负极，以便正确接线。它通常用铝合金制成，并分为普通型和密封型两种。

热电偶的结构形式可根据其用途和安装位置具体情况而定。除上述带保护管的形式外，还有薄膜式和套管式（或称铠装）热电偶。

铠装热电偶是由电极、绝缘材料和金属套管经拉伸加工而成的组合体，它可以做得很长、很细，在使用中可以随测量需要进行弯曲。套管材料为铜、不锈钢或镍基高温合金等。电极和套管之间填满了绝缘材料的粉末，常用的绝缘材料有氧化镁、氧化铝等。目前生产的铠装热电偶外径为0.25～12mm，有多种规格。它的长短根据需要来定，最长的可达100m以上。

铠装热电偶的主要优点是：测量端热容量小，动态响应快，机械强度高，挠性好，耐高压，耐强烈的振动和冲击，可安装在结构复杂的装置上，因此已被广泛用在许多工业部门中。

薄膜热电偶是由两种金属薄膜连接而成的一种特殊结构的热电偶。薄膜热电偶的测量端既小又薄，热容量很小，可用于微小面积上的温度测量；动态响应快，可测量瞬间变化的表面温度。其中片状结构的薄膜热电偶是采用真空蒸镀法，将两种电极材料蒸镀到绝缘基板上，上面再蒸镀一层二氧化硅薄膜作为绝缘和保护层。

应用时薄膜状热电偶用胶黏剂紧贴在被测物表面，所以热量损失极小，测量精度能大大提高。使用温度受到胶黏剂和衬垫材料的限制，这类产品只能用于-200～+300℃范围，其时间常数小于0.01s。

（3）热电偶的温度补偿

1）导线补偿　利用热电偶测温，必须保证自由端温度恒定。但在实际工作中，由于热电偶的自由端靠近设备或管道，使得自由端温度会受到环境温度及设备或管道中介质温度的影响。因此，自由端温度难以保持恒定。为了准确测量温度，必须设法使自由端延伸到远离被测对象并且温度又比较稳定的地方。如果把热电偶做得很长，则安装使用不方便，因电极多为贵金属，所以成本高。人们从实践中发现，某些便宜金属组成的热电偶在 0～100℃ 范围内的热电特性与已经标准化的热电偶的热电特性非常接近。因此，可以用这些导线来代替原有热电极，将热电偶的自由端延伸出来，这种方法称为补偿导线法。不同的热电偶要求配用不同的补偿导线，使用补偿导线时，补偿导线的正、负极必须与热电偶的正、负极同名端对应相接。正、负两极的接点温度 t_0 应保持相同，延伸后自由端的温度应当是恒定的，这样应用的补偿导线才有意义。

2）热电偶的自由端温度补偿　利用热电偶测温，其温度与热电势关系曲线是在自由端温度为 0℃ 时分度的，利用补偿导线仅仅使自由端延伸到了温度较低或比较稳定的操作室，并没有保证自由端温度为 0℃，因此，测量结果就会有误差存在。为了消除这种误差，必须进行自由端的温度补偿。常采用以下几种补偿方法。

① 自由端的温度校正法（公式修正法）　若自由端的温度不为 0℃，而是某一恒定温度 t_0，则测得热电势为 $E_{AB}(t, t_0)$，由公式求得实际温度所对应的热电势为

$$E_{AB}(t, 0)=E_{AB}(t, t_0)+E_{AB}(t_0, 0) \tag{3-17}$$

② 0℃ 恒温法（冰浴法）　如图 3-22 所示，将热电偶的自由端放入盛有绝缘油的试管中，该试管则置于装有冰水混合物的恒温器内，使自由端的温度保持 0℃，然后用铜导线引出。此法多用于实验室中。

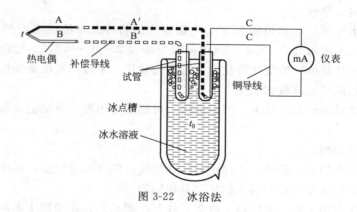

图 3-22　冰浴法

③ 校正仪表零点法　一般仪表未工作时，指针指在零位上（机械零点）。在自由端的温度比较稳定情况下，可预先将仪表的机械零点调整到相当于自由端的温度（一般是室温）的数值上来补偿测量时仪表指示值偏低。由于室温是变的，因此这种方法有一定的误差，但由于方法简单，故在工业上经常用。

④ 补偿电桥（自由端的温度补偿器）法　它是利用不平衡电桥产生的不平衡电压来补偿热电偶，因自由端温度变化而引起热电势的变化值，线路如图 3-23 所示。补偿电桥中的三个桥臂的电阻分别为 R_1、R_2、R_3，是由锰铜丝制成，另一桥臂电阻为 R_{Cu}，由铜丝制成。一般用补偿导线将热电偶的自由端进行延伸至补偿电桥处，使补偿电桥与热电偶自由端具有相同的温度。电桥通常在 20℃ 时平衡（$R_1=R_2=R_3=R_{Cu20}$），此时 $U_{ab}=0$，电桥对仪表的读数无影响。当周围环境温度大于 20℃ 时，热电偶因自由端的温度升高使热电势减少，电桥由于 R_{Cu} 阻值的增加而使 b 点电位高于 a 点电位，在 b、a 对角线之间有一不平衡电压 $U_{ba}>0$ 输出，它与热电偶的热电势叠加送入测量仪表。若选择的桥臂之间的电阻和电流数值

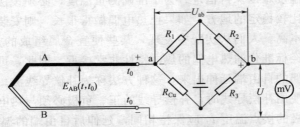

图 3-23　具有补偿电桥的热电偶测温电路

适当，可使电桥产生不平衡电压 U_{ba} 正好补偿由于自由端的温度变化而引起热电势的值变化，使仪表指示出正确的温度。

由于电桥是在 20℃时平衡的，所以采用此种方法需把仪表的机械零点调到 20℃处。测量仪表为动圈仪表时应使用补偿电桥，若测量仪表为电位差计则不需要补偿电桥。

3.2.3　电阻式温度传感器

如果应用热电偶测 500℃以下的中、低温度时，则会存在以下两个问题：第一，热电偶输出的热电势很小，这对电子电位差计的放大器和抗干扰措施要求都很高，仪表维修也困难；第二，由于自由端温度变化而引起相对误差突出，不易得到全补偿。因此，工业上广泛应用热电阻温度计来测量 -200～+500℃范围的温度。

(1) 电阻的测温原理

利用导体或半导体的电阻值随温度变化而变化的特性，来测量温度的感温元件叫热电阻。大多数金属在温度每升高 1℃时，其电阻值要增加 0.4%～0.6%。电阻温度计就是利用热电阻这一感温元件将温度的变化转化为电阻值的变化，通过测量桥路转换成电压信号，然后送至显示仪表指示或记录被测温度。

热电阻温度计具有输出信号大、测量准确、可远距离传输、自动记录和实现多点测量等优点。

(2) 热电阻的结构

热电阻通常由电阻体、绝缘子、保护套管和接线盒四个部分组成，其中绝缘子、保护套管及接线盒部分的结构和形状与热电偶部分是相同的。

将电阻丝绕在支架上就是电阻体。电阻元件制作要精巧，在使用中不能因金属膨胀引起附加应力。为了避免热电阻通过交流时存在电抗，热电阻在绕制时采用双线无感绕制法。热电阻作为反映电阻和温度关系的感温元件，要有尽可能大而且稳定的电阻温度系数、稳定的化学和物理特性，电阻率要大，电阻值随温度变化的关系最好呈线性。目前常用的是铂热电阻和铜热电阻。

(3) 铂热电阻和铜热电阻的性能及适用范围

① 铂热电阻（WZP 型号）　铂是比较理想的热电阻材料，易于提纯，在氧化性介质中，甚至在高温下，其物理和化学性质都很稳定，且在较宽的温度范围内可保持良好的特性。但在还原性介质中，特别是在高温下易被沾污，使铂丝变脆，并改变其电阻与温度间的关系。铂电阻的电阻体是用直径为 0.02～0.07mm 的铂丝，按一定规律绕在云母、石英或陶瓷支架上而制成的。铂丝绕组的端头与银线相焊，并套以瓷管加以绝缘保护。铂电阻丝是目前公认的制造热电阻的最好材料，它性能稳定，重复性好，测量精度高，其电阻值与温度之间有很近似的线性关系。缺点是电阻温度系数小，铂的电阻温度系数在 0～100℃之间的平均值

为 $3.9 \times 10^{-1} \Omega/℃$，价格较高。铂电阻主要用于制成标准电阻温度计，其测量范围一般在 $-200 \sim 650℃$。

当温度 t 为 $0 \sim 650℃$ 时

$$R_t = R_0(1 + At + Bt^2) \tag{3-18}$$

当温度 t 为 $-200 \sim 0℃$ 范围内时

$$R_t = R_0[1 + At + Bt^2 + Ct^3(t + 100)] \tag{3-19}$$

式中　A——常数（$A = 3.96847 \times 10^{-3} \Omega/℃$）；

　　　B——常数（$B = -5.847 \times 10^{-7} \Omega/℃$）；

　　　C——常数（$C = -4.22 \times 10^{-12} \Omega/℃$）；

　　　R_t——温度为 t 时的电阻值，Ω；

　　　R_0——温度为 $0℃$ 时的电阻值，Ω。

铂电阻的纯度通常以 $W_{100} = R_{100}/R_0$ 来表示，其中 R_{100} 和 R_0 分别为铂电阻在 $100℃$ 和 $0℃$ 时的电阻值。国际电工委员会标准规定 $W_{100} = 1.3850$，R_0 值分为 10Ω 和 100Ω 两种（其中 100Ω 为优选值）。

目前我国常用的铂电阻有两种：一种是 $R_0 = 10\Omega$，对应的型号 Pt10；另一种是 $R_0 = 100\Omega$，对应的型号 Pt100。

② 铜热电阻（WZC 型号）　铜的电阻温度系数大，易加工提纯，其电阻值与温度呈线性关系，价格便宜，在 $-50 \sim 150℃$ 内有很好的稳定性。但温度超过 $150℃$ 后易被氧化，而失去线性特性，因此它的工作温度不超过 $150℃$。铜的电阻率小，要具有一定的电阻值，铜电阻丝必须较细且长，则热电阻体积较大，机械强度低。在 $-50 \sim +150℃$ 之间，有如下关系：

$$R_t = R_0(1 + \alpha t) \tag{3-20}$$

式中，R_t 为铜电阻在 $t℃$ 时的电阻值；R_0 为铜电阻在 $0℃$ 时的电阻值；α 为铜电阻的温度系数，$\alpha = 0.00428℃^{-1}$。

工业上应用的铜电阻有两种：一种是 $R_0 = 50\Omega$，其对应的分度号为 Cu50；另一种是 $R_0 = 100\Omega$，其对应的分度号为 Cu100。电阻比 $R_{100}/R_0 = 1.428$。

工业应用的热电阻安装在生产现场，而其指示或记录的仪表安装在控制室，其引线很长，如果仅用两根导线接在热电阻两端，连接热电阻的两根导线本身的阻值势必和热电阻的阻值串联在一起，造成测量误差。这个误差很难修正，因为导线的阻值随环境温度的变化而变化，环境温度并非处处相同，而且又变化莫测。所以，两线制的连接方式不宜在工业热电阻上普遍应用。

为避免或减少导线电阻对测温的影响，工业应用的热电阻多采用三线制接法，如图 3-24 所示。即从热电阻引出三根导线，这三根导线粗细相同，长度相等，阻值都是 r。当热电阻与电桥配合时，其中一根串联在电桥的电源上，另外两根分别串联在电桥的相邻两臂中。使相邻两臂的阻值变化同样的阻值 r，这样把连接导线随温度变化的电阻值加在相邻的两个桥臂上，则其变化对测量的影响就可抵消。

（4）半导体热敏电阻

半导体热敏电阻的特点是灵敏度高、体积小、反应快，它是利用半导体的电阻值随温度显著变化的特性制成。它是在某些金属氧化物按不同的配方比例烧结而成的。在一定的范围内根据测量热敏电阻的阻值变化，便可知被测介质的温度变化。

半导体热敏电阻基本可分为三种类型，其特性如图 3-25 所示。

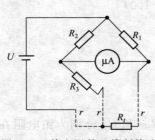

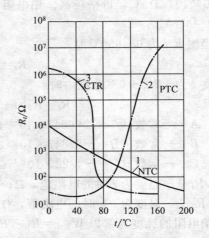

图 3-24　热电阻的三线制接法　　　　　图 3-25　半导体热敏电阻特性

① NTC 型热敏电阻　大多数半导体热敏电阻具有负温度系数，称为 NTC 型热敏电阻。NTC 型热敏电阻主要由 Mn、Co、Ni、Fe 等金属的氧化物烧结而成，通过不同的材质组合，能得到不同的温度特性。根据需要可制成片状、柱状或珠状，如图 3-26 所示，直径或厚度约 1mm，长度往往不到 3mm，NTC 型热敏电阻以 MF 为其型号。NTC 型热敏电阻适合制造连续工作的传感器。

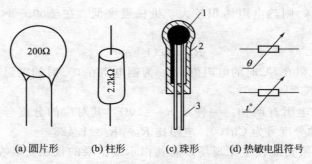

(a) 圆片形　　(b) 柱形　　(c) 珠形　　(d) 热敏电阻符号

图 3-26　NTC 型热敏电阻的结构外形与符号
1—热敏电阻；2—玻璃外壳；3—引出线

② CTR 型热敏电阻　用 V、Ge、W、P 等元素的氧化物在弱还原气氛中形成烧结体，制成临界型即 CTR 型热敏电阻。它也是负温度系数类型，但在某个温度范围内阻值急剧下降，曲线斜率在此区段特别陡峭，灵敏度极高，可作开关元件。

③ PTC 型热敏电阻　PTC 型热敏电阻是以钛酸钡掺入稀土元素烧结而成的半导体陶瓷元件，具有正温度系数。其特性曲线随温度升高而阻值增大，且有斜率最大的区段。通过成分配比和添加剂的改变，可使其斜率最大的区段处于不同的温度范围内，PTC 型热敏电阻适合于制造正温度系数传感器。

大多数热敏电阻用于 −100～300℃ 之间。但是要特别注意的是，并非每个热敏电阻都能在这整个范围里工作。从图 3-25 可以看出，PTC 和 CTR 型的特性曲线只有不大的区段是陡峭的，NTC 型也只有低温段斜率比较大。所以，热敏电阻不宜在宽阔温度范围里工作，但可以由多个适用于不同温度区间的热敏电阻分段切换，以达到 −100～300℃ 的范围。PTC 热敏电阻以 MZ 为其型号。

3.2.4 热电式传感器应用举例

(1) 液位报警器

图 3-27 为具有音乐报警的液位报警器电路，适用于电池电压为 6V 的摩托车。图中，G 为 KD930 型的音乐信号集成块；A 为 TWH8778 型功率放大集成块，在本电路中用作脉冲放大器；RT_1 和 RT_2 构成旁热式 PTC 热敏电阻液位传感器。当传感器处于汽油中时，G 的 2 端触发电压低于 2V，电路截止，扬声器 BL 不发声。当传感器露出液面后，RT_2 的阻值剧增，G 触发导通输出音乐信号，并经 A 放大后推动 BL 发出足够的音乐报警声，为驾驶员提供加油信息。

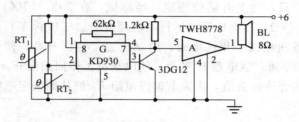

图 3-27 带音乐报警的液位报警器电路

(2) 啤酒杀菌机的温度自控装置

温度自控是采用铠装铂热电阻 STB-38S 型智能调节器和气动薄膜调节阀组成的啤酒杀菌机自控装置。杀菌机的温度控制系统由检测、调节、执行机构三大部分组成，可分为 6 个回路，对杀菌机的 8 个温区喷淋水温度进行定值控制。

如图 3-28 所示，用蒸汽作为调节介质的回路采用气开式的调节法。当喷淋水温度高于（或低于）给定值时，调节器根据给定值与测量值的偏差情况，输出相应的 4～20mA 标准信号，电气转换器把 4～20mA 电流信号转换成 0.02～0.1MPa 的标准气压信号推动气动薄膜调节阀，使蒸汽阀门关小（或开大），以达到把喷淋水温度控制在给定值的目的。系统的组成及其特点如下。

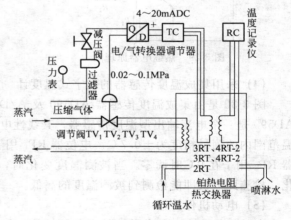

图 3-28 啤酒杀菌机温度自控装置

① 检测部分采用铠装铂热电阻测温。测量精度高，稳定性能好，密封性好。信号传送采用三线制接线方法，以补偿远距离传送误差，提高测量精度。

② 调节部分用 DDZ-S 系列中 STB-138S 型智能调节器。该调节器是智能控制仪表，它采用 8031A-P 单片机作控制主机，输入隔离、交直流开关电源供电，最大限度地减少接插件，有完善的受扰后自动复位电路，无死机现象，有效地提高了仪表的抗干扰能力，大大增加了可靠性。

③ 执行机构可选用国产各种型号的 4～20mA 电气转换器（注意其各项参数要与整个系统要求相符），选用 0.02～0.1MPa 气动薄膜调节阀作为执行机构，薄膜阀为 ZMAP-16K 型直线式，最好用双座阀，因为泄漏量低，控制平稳。气动阀具有结构简单、动作可靠、性能稳定、价格低廉、维修方便等优点。

选用气开式阀门的原因是：当压缩空气压力不足或停机时，阀门会自动关闭，阻止蒸汽继续进入加热器。

④ 本系统设有温度记录功能，用于对杀菌区喷淋水的温度实时记录。

（3）电阻用于继电保护

热敏电阻用于继电保护，将突变型热敏电阻埋设在被测物中，并与继电器串联，给电路加上恒定电压。当周围介质温度升到某一定数值时，电路中的电流可以由十分之几毫安突变为几十毫安，因此继电器动作，从而实现温度控制或过热保护。如图 3-29 所示；用热敏电阻作为对电动机过热保护的热继电器。把三只特性相同的热敏电阻放在电动机绕组中，紧靠绕组处每相各放一只，滴上万能胶固定。经测试，在 $20℃$ 时其阻值为 $10kΩ$，$100℃$ 时为 $1kΩ$，$110℃$ 时为 $0.6kΩ$。当电机正常运行时温度较低，三极管 VT 截止，继电器 K 不动作。当电动机过负荷或断相或一相接地时，电动机温度急剧升高，使热敏电阻阻值急剧减小，到一定值后，VT 导通，继电器 K 吸合，使电动机工作回路断开，实现保护作用。根据电动机各种绝缘等级的允许温升值，来调节偏流电阻 R_2 值从而确定三极管 VT 的动作点。

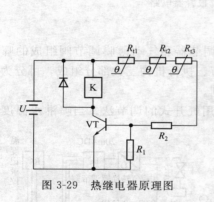

图 3-29　热继电器原理图

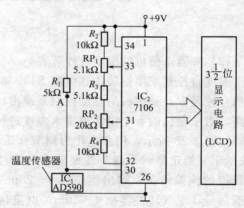

图 3-30　数字式温度计电路

（4）采用集成温度传感器的数字式温度计

图 3-30 是由集成温度传感器 AD590 及 A/D 转换器 7106 等组成的数字式温度计电路。AD590 是一个电流输出型温度传感器，其线性电流输出为 $1μA/℃$。该温度计在 $0～100℃$ 测温范围内的测量精度为 $±0.7℃$。电位器 RP_1 用于调整基准电压，以达到满刻度调节，电位器 RP_2 用于在 $0℃$ 时调零。当被测温度变化时，流过 R_1 的电流不同，使 A 点电位发生变化，检测此电位即能检测到被测温度的高低。

（5）电动机保护器

电动机往往由于超负荷、缺相及机械传动部分发生故障等原因造成绕组发热，当温度升高到超过电动机允许的最高温度时，将会使电动机烧坏。利用 PTR 热敏电阻具有正温度系数这一特性可实现电动机的过热保护。如图 3-31 所示是电动机保护器电路。图中，RT_1、RT_2、RT_3 为三只特性相同的 PTR 开关型热敏电阻，为了保护的可靠性，热敏电阻应埋设在电动机绕组的端部。三个热敏电阻分别和 R_1、R_2、R_3 组成分压器，并通过 VD_1、VD_2、VD_3 和单结晶体管 VT_1 相连接。当某一绕组过热时，绕组端部的热敏电阻的阻值将会急剧增大，使分压点的电压达到单结半导体的峰值电压时 VT_1 导通，产生的脉冲触发晶闸管 VT_2 导通，继电器 K 工作，常闭触点 K_1 断开，切断接触器 KM 的供电电源，从而使电动机断电，电动机得到保护。

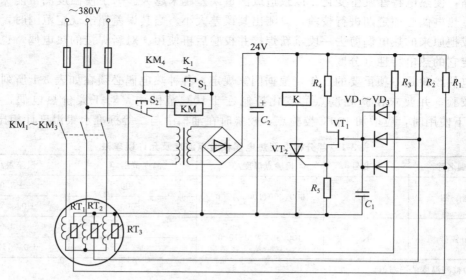

图 3-31　电动机保护器电路

热电偶的安装、使用及校验

（1）实训目的

① 了解热电偶的测温原理及其构造；

② 掌握热电偶的安装使用；

③ 熟悉热电偶的校验方法；

④ 掌握热电偶校验结果的计算。

（2）实训装置

① 二等标准铂铑$_{10}$-铂热电偶（或标准镍铬-镍硅热电偶）一支；

② 校正后的热电偶一支；

③ 冰浴槽一个，水银温度计一支，管式电炉一台，试管四支；

④ 切换开关一只；

⑤ 直流电位差计一台；

⑥ 调压变压器一台。

（3）实训原理

① **热电偶的安装使用**　热电偶如果安装不当，易引起较大的测量误差，严重时会造成质量事故。安装使用时热电偶的插入深度应大于或等于热电偶保护管外径的 8～10 倍，以减小传热误差；热电偶应避免与火焰直接接触或离发热体过近，否则测量温度偏高；接线盒与炉壁之间留有一段距离（约 200mm），以避免冷端温度超过规定值；热电偶热端的位置尽可能避开测温介质中的强磁场和强电场，以免引入干扰；连接导线与补偿导线应尽量避免高温、潮湿、腐蚀性及爆炸性气体与灰尘的作用，禁止敷设在炉壁烟道及热管道上；为保护连接导线与补偿导线不受外来机械损伤，同时减少外界磁场的干扰，导线应单独穿入钢管加以保护和屏蔽，不得和强电的电线并排敷设；为避免地电位干扰的引入，钢管不应有两个或两个以上的接地点。

② **热电偶的校验**　由于热电偶在使用过程中热端受氧化、腐蚀作用和高温下热电偶材

料再结晶，使热电特性发生变化，以致造成测量误差越来越大。为了使温度测量能保证一定的精度，热电偶必须定期进行校验，以测出其误差大小。当其误差超出规定范围时，要更换热电偶或把原来的热电偶剪去一段重新焊接并校验后再使用。对新焊接的热电偶，也要通过实验确定它的热电特性（分度）。

热电偶校验是一项重要的工作，根据国家规定，各种热电偶必须在如表 3-1 所列的温度点进行校验，并要求校验温度点的变化控制在 ±10℃ 范围内。对于廉价热电偶，如果在 300℃ 以下使用时，应增加 100℃ 校验点，校验时在油槽中与二等标准水银温度计相比较。

表 3-1　部分标准型热电偶校验点温度及允许误差限

热电偶名称	分度号	检验点温度/℃	温度范围/℃	误差限/℃
铂铑$_{10}$-铂	S	600、800、1000、1200	≤600	±3.0
			>600	±0.5%t①
镍铬-镍硅	K	400、600、800、1000	≤400	±3.0
			>400	±0.75%t①

① t 为被测温度的绝对值。

一般检定温度在 300~1200℃ 的热电偶校验系统如图 3-32 所示。管式炉是用电阻丝加热的，应有 100mm 左右的恒温区。读数时要求恒温区的温度变化每分钟不得超过 0.2℃，否则不能读数。电位差计的精度等级不得低于 0.03 级。

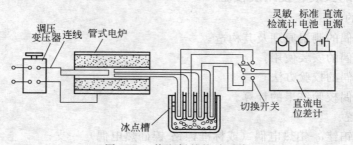

图 3-32　热电偶的校验系统

校验时，把被校热电偶与标准铂铑$_{10}$-铂热电偶的热端放到恒温区中测量温度，比较两者的测量结果，确定被校热电偶的误差。

校验铂铑$_{10}$-铂热电偶时，用铂丝将被校热电偶与标准热电偶的热端（都除去保护管）绑扎在一起，插到炉内的恒温区中。校验镍铬-镍硅、镍铬-康铜热电偶时，为了避免校验热电偶时对标准铂铑$_{10}$-铂热电偶产生有害影响，应将标准铂铑$_{10}$-铂热电偶套上石英套管，再用镍铬丝把被校热电偶和标准热电偶的热端绑扎在一起，插炉内的恒温区中。

热电偶放入炉中后，用石棉将炉口堵严。热电偶插入炉中的深度一般为 300mm，最小不得小于 150mm。热电偶的冷端置于冰点槽中以保持 0℃。用调压器调节炉温，当炉温达到校验温度点 ±10℃ 范围内，而且每分钟变化不超过 0.2℃ 时，就可用电位差计测量热电偶的热电势。在每一个校验温度点上对标准和被校热电偶热电势的读数都不得少于 4 次，然后求取热电势读数的平均值，查分度表，通过比较得出被校热电偶在各校验点上的温度误差。计算时标准热电偶热电势误差也需计入。

（4）实训内容及步骤

1）热电偶的安装使用

① 按图 3-33 接线

② 用电位差计测 3 次热电势，并且用计算法进行冷端温度补偿后，查表得出被测温度值。

2）热电偶的校验

① 按图 3-33 接线。

② 在每一校验点处，可在升温情况下连续测量两次、在降温情况下连续测量两次的数据来计算平均值。

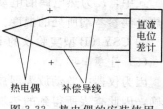

图 3-33　热电偶的安装使用

（5）实训报告

① 实训的目的及要求；

② 实训装置连接图；

③ 将原始记录记于表 3-2 中，进行数据处理得出实训结果；

表 3-2　实训记录

热电偶的种类	400℃校准点读数/mV			600℃校准点读数/mV		
	升温	降温	平均	升温	降温	平均
标准热电偶						
校准热电偶						

④ 实训中出现的现象及分析。

（6）思考题

① 本实训为什么不用补偿导线？

② 直流电源电压变化对测量有无影响？

实训9　热电偶温度传感器

（1）实训目的

观察了解热电偶温度传感器的结构，熟悉热电偶的工作特性，学会查阅热电偶分度表。

（2）实训原理

热电偶的基本工作原理是热电效应，当其热端和冷端的温度不同时，即产生热电动势。通过测量电动势即可知道两端温差。如固定某一端温度（一般固定冷端为室温或 0℃），则另一端的温度就可知，从而实现温度的测量。CSY、CSY10、CSY10A 型实验仪中热电偶为铜-康铜（T 分度），CSY10B 型为镍铬-镍硅（K 分度）。

（3）实训所需部件

包括热电偶、加热器、差动放大器、电压表、温度计（自备）。

（4）实训步骤

① 打开电源，差动放大器增益为 100 倍，调节调零电位器，使差动放大器输出为零。

② 差动放大器双端输入接入热电偶，打开加热开关，迅速将差动放大器输出调零。

③ 随加热器温度上升，观察差动放大器的输出电压的变化，待加热温度不再上升时（达到相对的热稳定状态），记录电压表读数。

④ 本仪器上热电偶是由两支铜-康铜热电偶串接而成，（CSY10B 型实验仪为一支 K 分度热电偶），热电偶的冷端温度为室温，放大器的增益为 100 倍，计算热电势时均应考虑进去。用温度计读出热电偶参考端所处的室温 t_1。

$$E(t, t_0) = E(t, t_1) + E(t_1, t_0)$$
实际电动势　　测量所得电势　　温度修正电动势

式中，E 为热电偶的电动势，t 为热电偶热端温度，t_0 为热电偶参考端温度为 0℃，t_1 为热电偶参考端所处的温度。查阅铜-康铜热电偶分度表，求出加热端温度 t。

⑤ CSY10B 型实验仪的 K 分度热电偶如插入数字式温度表端口，则直接显示温度值。

（5）注意事项

因为仪器中差动放大器放大倍数约 100 倍，所以用差动放大器放大后的热电势并非十分精确，因此查表所得到的热端温度也为近似值。

K 分度热电偶分度表如表 3-3 所示。

表 3-3　铜-康铜热电偶分度表（自由端温度 0℃）

工作端温度	0	1	2	3	4	5	6	7	8	9	$de/dt/vu$
0	0.000	0.039	0.078	0.116	0.155	0.194	0.234	0.273	0.312	0.352	38.6
10	0.391	0.431	0.471	0.510	0.550	0.590	0.630	0.671	0.711	0.751	39.5
20	0.792	0.832	0.873	0.914	0.954	0.995	1.036	1.077	1.118	1.159	40.4
30	1.201	1.242	1.284	1.325	1.367	1.408	1.450	1.492	1.534	1.576	41.3
40	1.618	1.661	1.703	1.745	1.788	1.830	1.873	1.916	1.958	2.001	42.4
50	2.044	2.087	2.130	2.174	2.217	2.260	2.304	2.347	2.391	2.435	43.0
60	2.478	2.522	2.566	2.610	2.654	2.698	2.743	2.787	2.831	2.876	49.8
70	3.920	2.965	3.010	3.054	3.099	3.144	3.189	3.234	3.279	3.325	44.5
80	3.370	3.415	3.491	3.506	3.552	3.597	3.643	3.689	3.735	3.781	45.3
90	3.827	3.873	3.919	3.965	4.012	4.058	4.105	4.151	4.198	4.244	46.0
100	4.291	4.338	4.385	4.432	4.479	4.529	4.573	4.621	4.668	4.715	46.8

3.3　霍尔式传感器

霍尔式传感器是利用半导体材料的霍尔效应进行测量的一种传感器。根据霍尔效应制成的霍尔元件是其核心，因而霍尔式传感器是由霍尔元件及相关测量电路共同构成的一种测量装置。它可以直接测量磁场及微位移量，也可以间接测量液位高低、压力大小等工业生产过程参数。

3.3.1　霍尔元件的基本工作原理

霍尔元件也可以称为霍尔式传感器，是利用霍尔效应原理将被测量（如电流、磁场、位移及压力等）转换成电动势的一种传感器。

（1）霍尔效应

若将金属或半导体薄片垂直置于磁感应强度为 B 的磁场中，如图 3-34 所示，当垂直磁场方向上有电流流过时，在垂直于电流和磁场的方向上将产生电动势 U_H，这种物理现象称为霍尔效应。

霍尔效应的产生，是由于运动电荷受洛伦兹力作用的结果。如在 N 型半导体薄片的控制电流端通以电流 I，那么半导体中的载流子（电子）将沿着和电流相反的方向运动。若在垂直于半导体薄片平面的方向上加以磁场 B，则由于洛伦兹力 F_L 的作用，电子向一边偏转

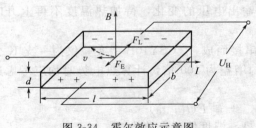

图 3-34　霍尔效应示意图

（见图中虚线方向），并使该边形成电子积累；而另一边则积累正电荷，于是产生电场。该电场阻止运动电子的继续偏转。当电场作用在运动电子上的力 F_E 与洛仑兹力 F_L 相等时，电子的积累便达到动态平衡。这时，在薄片两横端面之间建立的电场称为霍尔电场 E_H，相应的电势就称为霍尔电势 U_H，其大小可用下式表示：

$$U_H = \frac{R_H IB}{d}(V) \tag{3-21}$$

式中 R_H——霍尔常数，m^3/C；

$\quad\quad I$——控制电流，A；

$\quad\quad B$——磁感应强度，T；

$\quad\quad d$——霍尔元件的厚度，m。

设

$$K_H = \frac{R_H}{d} \tag{3-22}$$

将上式代入式(3-21)，则得到

$$U_H = K_H IB \tag{3-23}$$

由上式可知，霍尔电势的大小正比于控制电流 I 和磁感应强度 B。K_H 称为霍尔元件的灵敏度。它是表征在单位磁感应强度和单位控制电流时输出霍尔电压大小的一个重要参数。一般要求它越大越好。霍尔元件的灵敏度与元件材料的性质和几何尺寸有关。由于半导体（尤其是 N 型半导体）的霍尔常数 R_H 要比金属大得多，所以在实际应用中，一般都采用 N 型半导体材料做霍尔元件。此外，元件的厚度 d 对灵敏度的影响也很大，元件的厚度越薄，灵敏度就越高，所以霍尔元件的厚度一般都比较薄，比较薄的霍尔元件只有 $1\mu m$ 左右。

式(3-23)还说明，当控制电流的方向或磁场的方向改变时，输出电势的方向也将改变。但当磁场和电流同时改变方向时，霍尔电势并不改变原来的方向。

当外磁场为零时，通以一定的控制电流，霍尔元件便有输出，这是不等位电势，是霍尔元件的零位误差，可以采用图 3-35 所示的补偿线路进行补偿。

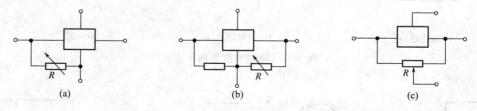

(a)　　　　　　　　(b)　　　　　　　　(c)

图 3-35　不等位电势的几种补偿线路

（2）霍尔元件

霍尔元件一般采用具有 N 型的锗、锑化铟和砷化铟等半导体单晶材料制成。锑化铟元件的输出较大，但受温度的影响也较大。锗元件的输出虽小，但它的温度性能和线性度却比较好。砷化铟元件的输出信号没有锑化铟元件大，但是受温度的影响却比锑化铟要小，而且线性度也较好，因此，采用砷化铟做霍尔元件的材料受到普遍重视。

霍尔元件的结构很简单，它由霍尔片、引线和壳体组成。霍尔片是一块矩形半导体薄片，如图 3-36 所示。在长边的两个端面上焊上两根控制电流端引线（见图中 1-1)，在元件短边的中间以焊点的形式焊上两根霍尔输

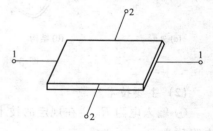

图 3-36　霍尔元件示意图

出端引线（见图中 2-2），在焊接处要求接触电阻小，而且呈纯电阻性质的霍尔片用非磁性金属、陶瓷或环氧树脂封装。

3.3.2　霍尔元件的基本结构和主要技术指标

（1）霍尔元件的基本结构

基于霍尔效应原理工作的半导体器件称为霍尔元件。按照结构可以分为体型和薄膜型两种，如图 3-37 所示。由于 GaAs、InAs 材料的禁带宽度 E_g 较大，性能稳定，且迁移率 μ 较大的特点，使得灵敏度系数较大，加之离子注入技术的发展，可将 Si 注入 GaAs 中，制成 N 型 GaAs，采用低温沉积 SiO_2 包封，经光刻、腐蚀及焊引线即可。一般加工出几何结构长宽比为 2∶1 的材料，做四个电极，a、b 为输入端，c、d 为输出端，如图 3-37（a）所示。为了克服 a、b 电极的短路中和作用，加工为图 3-37（b）结构。另外依据前面理论得知，元件的厚度越小，灵敏度越大，所以制备成薄膜型器件，如图 3-37（c）所示。一般采用蒸发法制备半导体硅薄膜时，多数产品为多晶硅而不是单晶硅，其原因是单晶硅 μ 很小，因此这种工艺不适合制备霍尔元件，通常采用外延法生长单晶硅来制备薄膜型霍尔元件，目前也能制备出熔点低、μ 大的 InAs 薄膜型高灵敏器件。它的外形、结构和符号如图 3-38 所示，它由霍尔片、四根引线和壳体组成。霍尔片是一块矩形半导体单晶薄片（一般为 4mm×2mm×0.1mm），在它的长度方向两个端面上有两根引线（图中 a、b 线），称为控制电流端引线，通常用红色导线，在薄片的另两个端面的中间，以点的形式对称焊接两根霍尔输出引线（图中 c、d 线），通常用绿色导线。霍尔元件的壳体是用非导磁金属、陶瓷或环氧树脂封装。霍尔元件在电路中可用图 3-38（c）的两种符号表示。

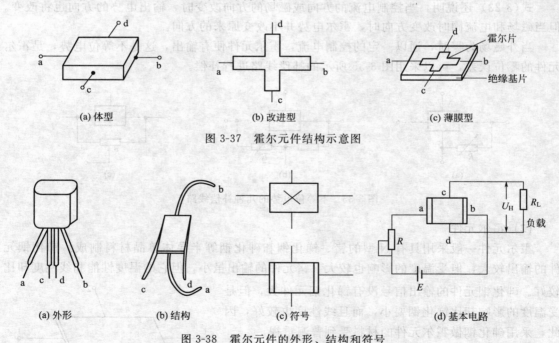

(a) 体型　　　　　　　(b) 改进型　　　　　　　(c) 薄膜型

图 3-37　霍尔元件结构示意图

(a) 外形　　　　(b) 结构　　　　(c) 符号　　　　(d) 基本电路

图 3-38　霍尔元件的外形、结构和符号

（2）主要技术参数

① 输入电阻 R_{in}　在规定的技术条件（如室温、零磁场）下，控制电流电极端子之间的电阻称为 R_{in}。

② 输出电阻 R_{out}　在规定的技术条件（如室温、零磁场）下，在无负载情况下，霍尔输出电极端子之间的电阻称为 R_{out}。

③ 额定控制电流 I_C　在磁感应强度 $B=0$ 时，静止空气中环境温度为 25℃ 条件下，焦耳热产生的允许温升 $\Delta T=10℃$ 时从霍尔器件电流输入的电流称额定控制电流 I_C。最大允许控制电流受元件的最高允许使用温度值（T_j）的限制，可以通过最高温度时电损耗等于散热的条件计算出最大允许控制电流 I_{CM}。一般锗元件 T_j 小于 80℃，硅元件 T_j 小于 175℃，砷化镓 T_j 小于 250℃，依据霍尔元件的尺寸（l、b、d）和电阻率 ρ，散热系数 α_S，$\Delta T=T_j-T_{室温}$，得

$$I_{CM}=b\sqrt{2\alpha_S d\Delta T/\rho} \tag{3-24}$$

④ 乘积灵敏度 K_H　在单位控制电流 I_C 和单位磁感应强度 B 的作用下，霍尔器件输出端开路时测得霍尔电压，称为乘积灵敏度 K_H，其单位为 $V/(A\cdot T)$。其表达式为

$$K_H=\frac{R_H}{d} \tag{3-25}$$

由此可见，半导体材料的载流子迁移率 μ 越大，或者半导体片厚度 d 越小，则乘积灵敏度 K_H 就越高。

⑤ 磁灵敏度 S_B　在额定控制电流 I_C 和单位磁感应强度 B 的作用下，霍尔器件输出端开路时的霍尔电压 U_H 称为磁灵敏度，表示为 $S_B=U_H/B$（其单位为 V/T）。

⑥ 不等位电势 U_M　当输入额定的控制电流 I_C 时，即使不加外磁场（$B=0$），由于在生产中材料厚度不均匀或输出电极焊接不良等，造成两个输出电压电极不在同一等位面上，在输出电压电极之间仍有一定的电位差。这种电位差称为不等位电势（U_M），其测量电路如图 3-39 所示。由图可以看出，U_M 电势有方向性，是随着控制电流方向改变而改变的，但是数值不变。

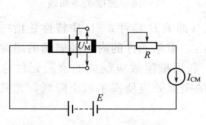

图 3-39　不等位电势测量电路

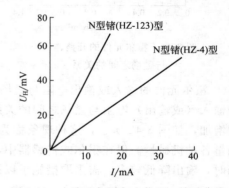

图 3-40　电流 I 与霍尔电势 U_H 关系曲线

⑦ 霍尔电压温度系数 β　在一定的磁感应强度 B 和控制电流 I_C 的作用下，温度每变化 1℃ 时霍尔电压 U_H 的相对变化率用 β 表示，其单位是 %/℃。

（3）霍尔元件的电磁特性

① 霍尔输出电势与控制电流之间的关系（U_H-I 特性）　若磁场恒定，在一定的环境温度下，控制电流 I 与霍尔输出电势 U_H 之间呈线性关系，如图 3-40 所示。直线的斜率称为控制电流灵敏度（用 K_j 表示），说明 $K_j U_H/I$ 是恒定的，同时 $K_j=K_H B$。由此可见，霍尔元件的灵敏系数 K_H 越大，其 K_j 也越大。但 K_H 大的霍尔元件，其 U_H 并不一定比 K_H 小的元件大，因 K_H 低的元件可在较大的电流 I 下工作，同样能得到较大的霍尔输出。当控制电流采用交流时，由于建立霍尔电势所需时间极短（约 $10^{-12}\sim10^{-14}$ s），因此交流电频率可高达几千兆赫，且信噪比较大。

② 霍尔输出电势与直流控制电压之间的关系（即 U_H-U 特性）　若给霍尔元件两端加上一个电压源 U，此时元件上流过的电流为

$$I = \frac{U}{R} = \frac{Ubd}{\rho l} \tag{3-26}$$

霍尔输出电压为
$$U_H = K_H I B f\left(\frac{1}{b}\right) = \mu\left(\frac{b}{l}\right) B U f\left(\frac{1}{b}\right) \tag{3-27}$$

上式说明，U_H 与外加电压 U 成正比，而且元件的几何宽长比 b/l 越大，U_H 越大。实际中应选择适当尺寸，一般选择长宽比为 2∶1。

③ 霍尔输出与磁场（恒定或交变）之间的关系（即 U_H-B 特性）　在控制电流为恒定时，霍尔元件的开路使输出随磁感应强度增加，并不完全呈线性关系，见图 3-41。只有当 $B < 0.5T$（即 $500Gs$）时，U_H-B 才呈较好的线性。当磁场为交变，电流是直流时，由于交变磁场在导体内产生涡流而输出附加霍尔电势，因此霍尔元件不能在高频下工作，交变磁场频率应限制在几千赫兹之内。

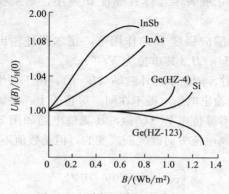

图 3-41　霍尔元件的开路输出
与磁场之间的关系

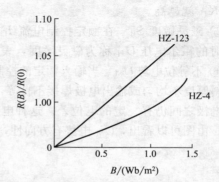

图 3-42　霍尔元件的输入（或输出）电阻
与磁感应强度关系曲线

④ 霍尔元件的输入或输出电阻与磁场之间的关系（即 R-B 特性）　R-B 特性是指霍尔元件的输入（或输出）电阻与磁场之间的关系。实验得出，霍尔元件的内阻随磁场的绝对值增加而增加，如图 3-42 所示，这种现象称为磁阻效应。利用磁阻效应制成的磁阻元件也可用来测量各种机械量。但在霍尔式传感器中，霍尔元件的磁阻效应使霍尔输出降低，尤其在强磁场时，输出降低较多，需采取措施予以补偿。

3.3.3　霍尔元件的检测电路

(1) 基本电路的测量

霍尔元件的基本测量电路如图 3-43 所示，控制电流 I 由电源 E 提供，R 是调节电阻，用以根据要求改变电流 I 的大小。霍尔电势输出端的负载电阻 R_L，可以是放大器的输入电阻或表头内阻等。所施加的外磁场 B，一般与霍尔元件的平面垂直。

在实际测量中，可以把 I 或者 B 单独作为输入信号，也可以把二者的乘积作为输入信号，通过霍尔电势输出得到测量结果。

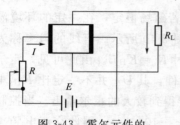

图 3-43　霍尔元件的
基本测量电路

(2) 温度误差的补偿

霍尔元件与一般半导体器件一样，对温度的变化是很敏

感的，这是因为半导体材料的电阻率、载流子浓度等都随温度而变化。因此，霍尔元件的输入电阻、输出电阻、乘积灵敏度等也将受到温度变化的影响，从而给测量带来较大的误差。为了减小测量中的温度误差，除了选用温度系数小的霍尔元件，或采取一些恒温措施外，也可使用一些温度补偿方法。

1) 采用恒流源控制电流　设温度由 T 增加到 $T+\Delta T$，则一方面引起霍尔元件的电子浓度 n 增加，从而使霍尔元件的乘积灵敏度由 K_H 减小到 K_H $(1-\alpha\Delta T)$，其中 α 是 K_H 的温度系数，实际上也就是霍尔电势的温度系数。另一方面引起霍尔元件输入电阻由 R_{in} 减小到 R_{in} $(1-\beta T)$，其中 β 是 R_{in} 的温度系数，输入电阻的变化将使控制电流由 I_C 变为 $I_C+\Delta I_C$，因此霍尔电势将由 $U_H=K_H I_C B$ 变为 $U_H+\Delta U_H=K_H(1-\alpha\Delta T)(I_C+\Delta I_C)B$。要使 $U_H=U_H+\Delta U$，必须使

$$I_C=(1-\alpha\Delta T)(I_C+\Delta I_C) \tag{3-28}$$

要满足式(3-28) 条件，必须使 I_C 的增大恰好抵消 K_H 的减小对 U_H 的影响。若采用图 3-43 的基本测量电路，虽然 $R_{in} I_C$ 增大了，但是难以恰好满足式(3-28) 条件，为此可采用图 3-44 所示的电源为恒流源的测量电路，电路中并联了一个起分流作用的补偿电阻 R。根据电路可得

$$I_C=I\frac{R}{R+R_j} \tag{3-29}$$

$$I_C+\Delta I_C=I\frac{R(1-\gamma\Delta T)}{R_j(1-\beta\Delta T)+R(1-\gamma\Delta T)} \tag{3-30}$$

式中　γ——补偿电阻 R 的温度系数。

将式(3-29) 和式(3-30) 代入式(3-28) 得

$$I\frac{R}{R+R_j}=(1-\alpha\Delta T)I\frac{R(1-\gamma\Delta T)}{R_j(1-\beta\Delta T)+R(1-\gamma\Delta T)}$$

对上式进行整理，并忽略 $(\Delta T)^2$ 项可得

$$R=R_j\frac{\beta-\alpha-\gamma}{\alpha} \tag{3-31}$$

对于一个确定的霍尔元件 α 和 β 值，可由元件参数表中查到 R_j，可在无外磁场和室温条件下直接测得。因此只要选择适当的补偿电阻，使其 R 和 γ 满足式(3-31)，就可在输入回路中得到温度误差的补偿。

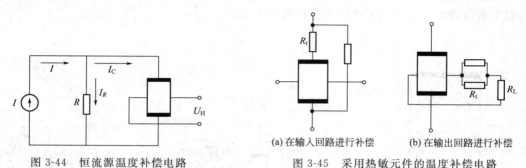

图 3-44　恒流源温度补偿电路

(a) 在输入回路进行补偿　　(b) 在输出回路进行补偿

图 3-45　采用热敏元件的温度补偿电路

2) 合理选择负载电阻　图 3-45 所示电路中，若霍尔电势输出端接负载电阻 R_L，则当温度为 T 时 R_L 上的电压可表示为

$$U_L=U_H\frac{R_L}{R_L+R_0} \tag{3-32}$$

式中　R_0——霍尔元件的输出电阻。

当温度由 T 变为 $T+\Delta T$ 时，则 R_L 上的电压变为

$$U_L + \Delta U_L = U_H(1+\alpha\Delta T)\frac{R_L}{R_L+R_0(1+\beta\Delta T)} \tag{3-33}$$

式中　α——霍尔电势的温度系数；

　　　　β——霍尔元件输出电阻的温度系数。

要使 U_L 不受温度变化的影响，即 $U_L=U_L+\Delta U_L$，由式(3-32) 和式(3-33) 可知

$$U_H\frac{R_L}{R_L+R_0} = U_H(1+\alpha\Delta T)\frac{R_L}{R_L+R_0(1+\beta\Delta T)} \tag{3-34}$$

对上式进行整理可得

$$R_L = R_0\frac{\beta-\alpha}{\alpha} \tag{3-35}$$

对于一个确定的霍尔元件，可以方便地获得 α、β 和 R_0 的值，因此只要使负载电阻 R_L 满足式(3-35)，就可在输出回路实现对温度误差的补偿了。虽然 R_L 通常是放大器的输入电阻或表头内阻，其值是一定的，但可通过串、并联电阻来调整 R_L 的值。

3) 采用热敏元件　对于用温度系数较大的半导体材料（如锑化铟）制成的霍尔元件，常采用图 3-45 所示的温度补偿电路，图中，R_t 是热敏元件的电阻。图 3-45(a) 是在输入回路进行温度补偿的电路，即当温度变化时，用 R_t 的变化来抵消霍尔元件的乘积灵敏度 K_H 和输入电阻 R_{in} 变化对霍尔输出电势 U_H 的影响；图 3-45(b) 则是在输出回路进行温度补偿的电路，即当温度变化时，用 R_t 的变化来抵消霍尔电势 U_H 和输出电阻 R_0 变化对负载电阻 R_L 上的电压 U_L 的影响。

在安装测量电路时，热敏元件最好和霍尔元件封装在一起或尽量靠近，以使二者的温度变化一致。

(3) 不等位电势的补偿

在分析不等位电势时，可将霍尔元件等效为一个电桥，如图 3-46 所示。控制电极 A、B 和霍尔电极 C、D 可看作电桥的电阻连接点，它们之间的分布电阻 R_1、R_2、R_3、R_4 构成四个桥臂，控制电压可视为电桥的工作电压。理想情况下不等位电势 $U_M=0$，对应于电桥的平衡状态，此时，$R_1=R_2=R_3=R_4$。如果霍尔元件因某种结构原因造成电势 $U_M\neq0$，则电桥就处于不平衡状态，此时 R_1、R_2、R_3、R_4 的阻值有差异，U_M 就是电桥的不平衡输出电压。既然产生 U_M 的原因可归结为等效电桥四个桥臂上的电阻不相等，那么任何能够使电桥达到平衡的方法都可作为不等位电势的补偿方法。

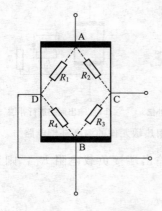

图 3-46　霍尔元件等效

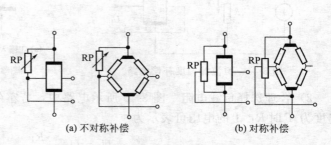

(a) 不对称补偿　　　　　(b) 对称补偿

图 3-47　不等位电势的基本补偿电路

1) 基本补偿电路 霍尔元件的不等位电势补偿电路有多种形式，图 3-47 为两种常见电路，其中 RP 是调节电阻。图 3-47(a) 是在电桥不平衡的电阻值较大的一个桥臂上并联 RP，通过调节 RP 使电桥达到平衡状态，称为不对称补偿电路；图 3-47(b) 则相当于在两个电桥臂上并联调节电阻，称为对称补偿电路。

基本补偿电路中没有考虑温度变化的影响。实际上，由于调节电阻 RP 与霍尔元件的等效桥臂上的电阻温度系数一般都不相同，所以在某一温度下通过调节 RP 使 $U_M=0$，当温度发生变化时平衡又被破坏了，这时又需重新进行平衡调节。事实上，图 3-47(b) 电路的温度稳定性比图 3-47(a) 电路要好一些。

2) 具有温度补偿的电路 图 3-48 是一种常见的具有温度补偿的不等位电势补偿电路，该补偿电路本身也接成桥式电路，其工作电压由霍尔元件的控制电压提供，其中一个桥臂是热敏电阻 R_t，并且 R_t 与霍尔元件的等效电阻的温度特性相同。在该电桥的负载电阻 RP₂ 上取出电桥的部分输出电压（补偿电压），与霍尔元件的输出电压串联。在磁感应强度 B 为零时，调节 RP₁ 和 RP₂，使补偿电压抵消霍尔元件此时输出的不等位电势，从而使 $B=0$ 时的总输出电压为零。

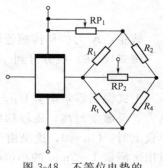

图 3-48　不等位电势的
桥式补偿电路

在霍尔元件的工作温度下限 T_1 时，热敏电阻的阻值为 R_t (T_1)。电位器 RP₂ 保持在某一确定位置，通过调节电位器 RP₁ 来调节补偿电桥的工作电压，使补偿电压抵消此时的不等位电势 U_{ML}，此时的补偿电压称为恒定补偿电压。

当工作温度由 T_1 升高到 $T_1+\Delta T$ 时，热敏电阻的阻值为 $R_t(T_1+\Delta T)$。RP₁ 保持不变，通过调节 RP₂，使补偿电压抵消此时的不等位电势 $U_{ML}+\Delta U_{ML}$。此时的补偿电压实际上包含了两个分量，一个是抵消工作温度为 T_1 时的不等位电势 U_{ML} 的恒定补偿电压分量，另一个是抵消工作温度升高 ΔT 时不等位电势变化量 ΔU_{ML} 变化补偿电压分量。

根据上述讨论可知，采用桥式补偿电路，可以在霍尔元件整个工作温度范围内对不等位电势进行良好的补偿，并且对不等位电势的恒定部分和变化部分的补偿可相互独立地进行调节，所以能达到相当高的补偿精度。

3.3.4　霍尔传感器的应用

霍尔元件既可以测量磁物理量及电量，还可以通过转换测量其他非电量，依据它的磁电特性分，可分为三个方面，即磁场比例性、电流比例性和乘法作用。按其输出信号的形式可分为线性型和开关型两种。

具体的应用产品有高斯计、霍尔罗盘、大电流计、功率计、调制器、位移传感器、微波功率计、频率倍增器、磁带或磁鼓读出器、霍尔电机、霍尔压力计等。

(1) 位移、转速的测量

① 位移的测量 在图 3-49(a) 所示，磁场强度相同而极性相反的两个磁铁气隙中放置一个霍尔元件。当元件的控制电流 I 恒定不变时，霍尔电势 U_M 与磁感应强度 B 成正比。若磁场在一定范围内沿 x 方向的变化梯度 dB/dx 为一个常数，如图 3-49(b) 所示。则当霍尔元件沿 x 方向移动时，则有

$$\frac{dU_H}{dx}=R_H I \frac{dB}{dx}=K$$

(3-36)

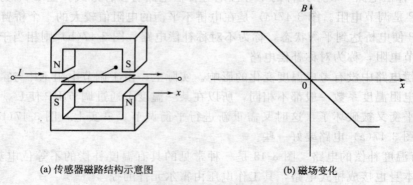

(a) 传感器磁路结构示意图   (b) 磁场变化

图 3-49 霍尔效应测量位移电路

式中，K 为位移传感器输出灵敏度。

将式（3-36）积分得到

$$U_H = Kx \tag{3-37}$$

上式说明霍尔电势 U_H 与位移量成线性关系，其极性反映了元件位移的方向。磁场梯度越大，灵敏度越高，磁场梯度越均匀，输出线性度越好。当 $x=0$ 时，即元件位于磁场中间位置上时，$U_H=0$，这是由于元件在此位置受到大小相等、方向相反的磁通作用的结果。一般用来测量 $1\sim 2\text{mm}$ 的小位移，其特点是惯性小，响应速度快，非接触测量。利用这一原理还可以测量其他非电量，如力、压力、压差、液位、加速度等。

② 转速的测量　利用霍尔效应测量转速的工作原理非常简单，将永磁体按适当的方式固定在被测轴上，霍尔元件置于磁铁的气隙中，当轴转动时霍尔元件输出的电压则包含有转速的信息，将元件输出电压经过电路处理，就可得到转速的数据。图 3-50 和图 3-51 是两种测量转速方法的示意图。

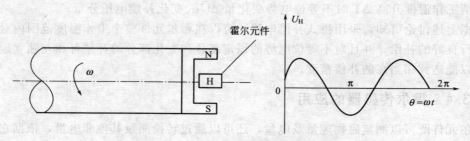

图 3-50 霍尔效应测量转速电路（一）

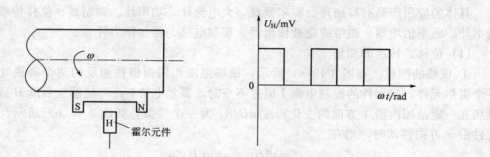

图 3-51 霍尔效应测量转速电路（二）

③ 纱线定长和自动停止装置电路　图 3-52 所示是利用霍尔开关的纱线定长和自动停止装置电路。图中，霍尔元件 H_1 和 H_2 分别作为断线和定长的检测元件。它们实际安装位置如图 3-53 中所示。该装置同样适用于毛线、制线、化纤、丝线等线状生产机械的定长或断头自停装置。

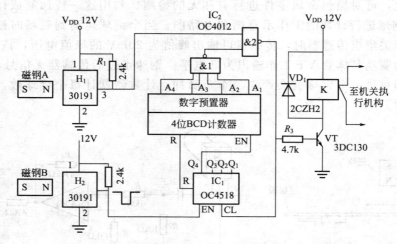

图 3-52　纱线定长和自停装置电路

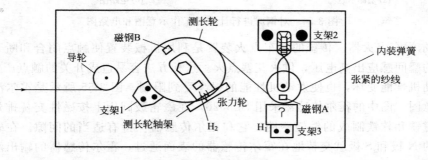

图 3-53　安装示意图

　　其控制原理为：当被测纱线由机械带动运行时，测长轮随之转动，黏合在测长轮上的磁钢 B 每掠过霍尔元件一次，H_2 就导通一次，输出一个低电平。随着纱线和测长轮之间没有滑移现象，被测纱线的长度就等于测长轮边缘的线位移，测长轮每转一圈，即 H_2 就输出一个脉冲，所对应的纱线长度就是 $2\pi R$（R 为测长轮半径）。H_2 输出的脉冲被送至计数器 EN 端，然后由 4 位 BCD 计数器进行计数。当计到预先设定的纱线长度值时，A_1、A_2 均为高电平，于是控制门打开，输出为低电平，使控制门 2 的输出为高电平，三极管 VT 导通，继电器吸合，推动执行机构将机器停下，完成定长控制过程。如果纱线在运行中突然断裂，张力轮因失去纱线的张力而下落，轮上的磁钢 A 紧靠霍尔元件 H_1 使 H_2 由平时的关断状态转为接通状态，引脚 3 输出低电平。该低电平作用于控制门 2 后，同样会使继电器及关机执行机构动作，机器关停后等待操作人员处理断线。电路中，控制门 2 的输出端与 IC_1 的 CL 端连接，这样一旦发生断线，门 2 输出的高电平立即将 IC_1 封住，不让计数器计数，从而避免了因测长轮惯性转动而产生的误差计数现象。

　　霍尔传感器的用途还有许多，例如可利用廉价的霍尔元件制作电子打字机和电子琴的按键；可利用低温漂移的霍尔集成电路制作霍尔式电压传感器、霍尔式电流传感器、霍尔式电度表、霍尔式高斯计、霍尔式液位计、霍尔式加速度计等。

（2）计数及其他应用

① 霍尔计数装置　由于SL3051霍尔开关集成传感器具有较高的灵敏度，能感受到很小的磁场变化，可对黑色金属零件进行有和无的检测。利用这一特性制成计数装置，图3-54给出对钢球进行计数的工作示意图和电路图。当个钢球运动到磁场时被磁化，其后运动到霍尔开关集成传感器时，传感器可输出峰值为 20mV 的峰值电压，该电压经 IC 放大器放大后，驱动晶体管 VT 工作输出为低电平；钢球走过后传感器无信号，VT 截止输出高电平，即每过一个钢球就会产生一个负脉冲，计数器就计每个钢球数，并加显示器进行数量显示。

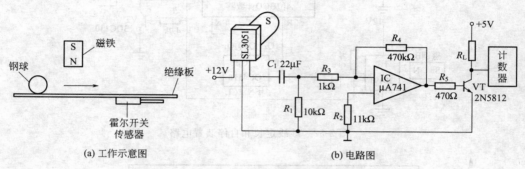

图 3-54　对钢球进行计数的工作示意图和电路图

② 霍尔汽车点火器　传统的汽车点火装置是利用机械装置使触点闭合和断开，在点火线圈断开的瞬间感应出高电压，供火花塞点火。这种方法容易造成开关的触点产生磨损、氧化，使发动机性能变坏，也使发动机性能的提高受到限制。图 3-55 所示是霍尔汽车点火器的结构示意图。图中的霍尔传感器采用 SL3020，在磁轮鼓圆周上按磁性交替排列并等分嵌入永久性磁铁和软铁制成的铁轭磁路，它和霍尔传感器保持有适当的间隙。在磁轮鼓转动时，磁铁的 N 极和 S 极就交替地在霍尔传感器的表面通过，霍尔传感器的输出端就输出一串脉冲信号，用这些脉冲信号被积分后触发功率开关管，使它导通或截止，在点火线圈中便产生 15kV 的感应高电压，以点燃汽缸中的燃油随之发动机就转动。采用霍尔传感器制成的汽车点火器和传统的汽车点火器相比具有很多优点，由于无触点，因此无需维护，使用寿命长。由于点火能量大，汽缸中气体燃烧充分，排出的废气对大气的污染明显减少，由于点火时间准确，可提高发动机的性能。

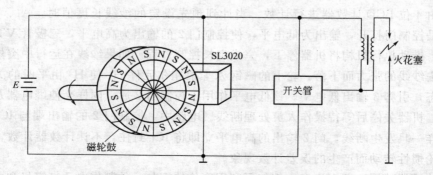

图 3-55　霍尔汽车点火器的结构示意图

实训10 霍尔传感器组成接近开关电路

（1）实训目的

① 掌握开关型集成霍尔传感器及其转换电路的工作原理；

② 了解微机测取数字信号的方法；

③ 了解利用开关型集成霍尔传感器制作接近开关。

（2）实训装置

① 开关型集成霍尔电路（如 CS3020 或霍尔接近开关）一只；

② 霍尔电路配套磁钢（推荐型号 $\phi 8 \times 4$）一块；

③ "智能型"霍尔接近开关（即锁存开关）转换电路板，参见图 3-56 一块；

④ 螺旋测微仪（或直尺）一台（一把）；

⑤ 万用表（数字式、指针式均可）一块。

（3）实训原理

本电路由三个部分组成：第一部分是霍尔集成电路（CS3020，集电极开路输出，即 OC 输出）；第二部分是由 D 触发器改造成 T 触发器；第三部分是一个 OC 输出的非门。发光二极管亮，表示该管连接的集成块输出端导通。

普通的霍尔接近开关，当磁体靠近时输出状态翻转，磁体离开后状态立即复原。而锁存开关中因为增加了数据锁存器，输出状态可以保持，直到计算机发出清零指令（或是磁体再次触发接近开关），开关的状态才会恢复。这种功能给信号的处理带来了很大方便，大大简化了接口线路和控制软件。采用 OC 门（74LS03）输出，便于远距离传输信号。

（4）实训内容及步骤

① 按图 3-56 接线。

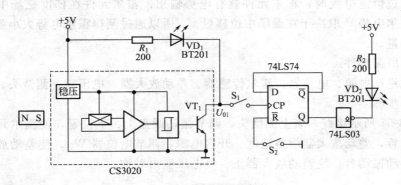

图 3-56　霍尔传感器实训原理图

② 普通接近开关实验。

a. 将 S_1 打开，CS3020 与 R_1、VD_1 构成普通接近开关。手拿磁体的 S 面接近霍尔集成电路有字的面，VD_1 亮；然后将磁体远离有字的面，VD_1 灭。用同样的方法，用磁体的 N 面去触发霍尔集成电路，VD_1 不亮。验证霍尔集成电路要求系统具有方向性。

b. 将磁钢吸附于测微器测杆的顶端，S 面向下，将霍尔集成电路有字面向上，正对 S 面。下旋测微器，使磁钢由远而近，慢慢接近霍尔电路，当 VD_1 亮时，说明 VT_1 导通，测量此时磁钢与霍尔集成电路间的距离 x 和输出电压 U_{01}，填入表 3-4；然后再上旋测微器，使磁钢远离霍尔电路，直至 VD_1 灭，再测量此时的 x 和 U_{01} 值，填入表 3-4 中。

表 3-4 实训数据

x/mm				
U_{01}/V				

③ "智能型"接近开关、锁存开关实验。将 S_1 合上，S_2 打开（S_2 用来模拟计算机清零号），整个系统即构成智能型接近开关。

先将 S_2 合上，再打开 S_2，使 T 触发器清零。将磁钢吸附于测微器测杆的顶端（或手拿磁钢）使磁钢接近霍尔电路，观察 VD_1、VD_2 的亮、灭情况（VD_1 亮，VD_2 不亮）。当 VD_1 亮后再使磁钢远离霍尔电路，此时 VD_1 灭，VD_2 亮，说明此时 T 触发器已将信号锁存。然后再用 S_2 清零，VD_2 灭。

（5）实训报告

① 写出实训目的及要求；

② 画出实训装置及原理连接图；

③ 原始记录于表格中，进行数据处理得出实验结果；

④ 绘出相应的特性曲线 $U_{01} = f(x)$；

⑤ 对实训中出现的现象进行分析。

实训11 霍尔传感器的直流激励特性

（1）实训目的

了解霍尔式传感器的结构、工作原理，学会用霍尔传感器作静态位移测试。

（2）实训原理

霍尔式传感器，由工作在两个环形磁钢组成的梯度磁场和位于磁场中的霍尔元件组成。当霍尔元件通过恒定电流时，霍尔元件就有电势输出。霍尔元件在梯度磁场中上、下移动时，输出的霍尔电势 V 取决于在磁场中位移量 x，所以通过测得霍尔电势大小就可获知霍尔元件的静位移量。

（3）实训所需部件

包括直流稳压电源、电位器、霍尔传感器、差动放大器、电压表、测微头。

（4）实训步骤

① 按图 3-57 所示接线，装上测微头，调节振动圆盘上、下位置，使霍尔元件位于梯度磁场中间的位置，差动放大器增益适度。开启电源，调节电位器 W_D，使差动放大器输出为零。上、下移动振动台，使差动放大器正、负电压输出对称。

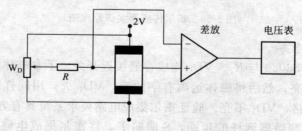

图 3-57 静态位移测试

② 上、下移动测微头各 3.5mm，每变化 0.5mm 读取相应的电压值，并记入表 3-5 中，作出 V-x 曲线，求出灵敏度及线性。

表 3-5　实训数据

x/mm										
V/V										

（5）注意事项

直流激励电压必须严格限定在 2V，绝对不能任意加大，以免损坏霍尔元件。

（6）实训报告

① 写出实训目的及要求；

② 画出实训装置及原理连接图；

③ 原始记录于表格中，进行数据处理得出实验结果；

④ 绘出相应的特性曲线 $V = f(x)$。

第 4 章

流量检测传感器

超声波是一种机械振动波，机械振动在弹性介质中的传播过程产生。超声波检测就是利用不同材料特性进行超声波的检测。在工业领域中的应用有：超声波清洗、超声波测量、超声波检测等。利用超声波进行无损检测是一门专业的检测技术，无损检测无论是使用效果、经济价值、使用范围，都有广阔的发展前途。

4.1　超声波工作原理

振动频率在 20kHz 以上的机械波为超声波。超声波传感器是利用波的振动在弹性介质中的传播，人的耳朵所能听到的声波是在 20Hz～20kHz 之间，20Hz 以下叫次声波。超声波的频率最高可达 10^{11} kHz，超声波在介质中传播有不同方向，如图 4-1 所示，一般有纵波、横波、表面波。

① 纵波　质点振动方向与传播方向一致的波，称为纵波。

② 横波　质点振动方向与传播方向垂直的波，称为横波。

③ 表面波　质点振动方向介于纵波和横波之间，沿着表面传播，振幅随着深度的增加而迅速地衰减，称为表面波。表面波只在固体的表面传播。

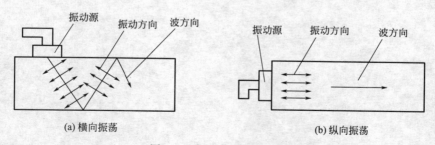

(a) 横向振荡　　　　　　　　　　(b) 纵向振荡

图 4-1　介质中的振荡形式

4.1.1　超声波传感器的分类

超声波穿透性较强，具有一定的方向性。传输过程中衰减较小，反射能力较强，因而得到广泛的应用。当超声波由一种介质入射到另一种介质时，由于在两种介质中的传播速度不同，在异质界面上将产生反射、折射和波形转换，如图4-2所示。

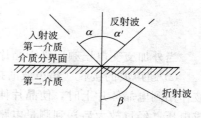

图 4-2 超声波的反射与折射

(1) 声波的反射和折射

① 反射定律　入射角 α 的正弦与反射角 α' 的正弦之比，等于波速之比，当入射波和反射波的波形一样时，波速一样，入射角 α 即等于反射角 α'。

② 折射定律　入射角 α 的正弦与折射角 β 的正弦之比等于入射波中介质的波速 v_1 与折射波中介质的波速 v_2 之比即

$$\frac{\sin\alpha}{\sin\beta}=\frac{v_1}{v_2} \tag{4-1}$$

(2) 声波的传播速度

超声波可以在气体、液体及固体中传播，并有各自的传播速度，纵波、横波、表面波的传播速度取决于介质的弹性常数及介质密度。例如，在常温下空气中的声速约为 334m/s，在水中的声速约为 1140m/s，在钢体中的声速约为 5000m/s。理想气体的声速与热力学温度 T 的平方根成正比，对于空气影响声速的主要原因是温度。其近似关系为

$$v=20.067T^{1/2}$$

(3) 声波的衰减

声波在介质中传播时会被吸收而衰减，气体吸收最强而衰减最大，液体其次，固体吸收最小因而衰减最小。对于给定一个强度的声波，在气体中传播的距离会明显比在液体和固体中传播的距离短。另外声波在介质中传播时，衰减的速度还与声波的频率有关，频率越高声波的衰减越大，因此超声波比其他声波在传播时衰减更明显。

衰减的大小用衰减系数 α 表示，其单位为 dB/mm。设 $\alpha=1$dB/mm，则声波穿透1mm距离时，衰减为10%；穿透20mm距离时，衰减为90%。

(4) 超声波的发射与接收

超声波传感器是实现波、电转换的装置，主要有超声波的发射及超声波的接收装置，并将其转换成相应的电信号。

按工作原理的划分超声波传感器可分为压电式、磁致伸缩式、电磁式等，实际使用中压电式为最常见。

① 压电式超声波发生器　就是利用压电晶体的伸缩现象制成的，常用的压电材料为石英晶体、锆钛酸铅、钛酸钡、偏铌铅等。在压电材料切下的片上施加交变电压，使它产生电致伸缩振动，因而产生超声波，如图 4-3 所示，压电材料的固有频率与晶体片厚度 d 有关，即

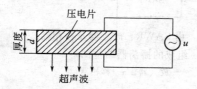

图 4-3 压电式超声波发生器

$$f=n\frac{c}{2d} \tag{4-2}$$

式中，$n=1$，2，3，是谐波的级数；c 是波在压电材料里的传播速度（纵波），且

$$c=\sqrt{\frac{E}{\rho}} \tag{4-3}$$

式中，E 为杨氏模量；ρ 是压电材料的密度。

压电材料具有频率

$$f = \frac{n}{2d}\sqrt{\frac{E}{\rho}} \tag{4-4}$$

当外加交变电压频率等于晶片的固有频率时产生共振，这时产生的超声波最强。

② 超声波的接收　超声波的接收器是利用超声波发生器的逆效应进行工作的。当超声波作用到电晶体片上时，使晶片伸缩，则在晶片的两个面上产生交变电荷。这种电荷被转换成电压，经过放大后送到测量电路，最后记录或显示出结果。它的结构和超声波发生器基本相同，其原理如图4-4所示。

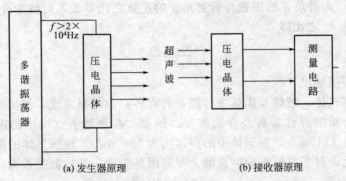

(a) 发生器原理　　　　　　(b) 接收器原理

图 4-4　超声波发生器和接收器原理

③ 声表面波的结构和工作原理　声表面波（SAW）传感器的关键部件是 SAW 振荡器，振荡器是由声表面波谐振器（SAWR）或声表面波延迟线与放大器以及匹配网络组成，SAWR 是用叉指换能器及金属条式反射器构成，如图4-5所示。叉指换能器及反射器是用半导体集成工艺将金属铝淀积在压电基底材料上，再用光刻技术将金属薄膜刻成一定尺寸形状的特殊结构。由 SAWR 组成的振荡器结构原理图，如图4-6所示。

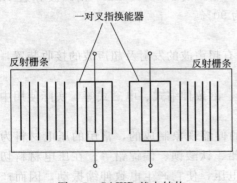

图 4-5　SAWR 基本结构

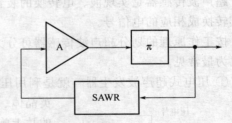

图 4-6　由 SAWR、放大器及移相器
组成的振荡器结构图
A—放大器；π—移相器

将声表面波谐振器的输出信号经放大后，正反馈到它的输入端。只要放大器的增益能够补偿谐振器及其连接导线的损耗，同时又能满足一定的相位条件，这样，振荡器就可以引起振荡。振荡后的声表面波谐振器的谐振频率会随着温度、压电基底材料的变形等因素影响而发生变化。因此，声表面波谐振器可用来做成测量各种物理量的传感器。

如用声表面波延迟线做成振荡器，并在两叉指电极之间涂覆一层对某种气体或湿度敏感的材料就可以制成 SAWR 气体或湿度传感器。

4.1.2 超声波传感器的应用

（1）超声波穿透法探测

超声波穿透法探伤，是根据超声波穿透工件后的能量变化状况，来判别工件内部质量的方法。穿透法用两个探头，置于工件相对面，一个发射超声波，一个接收超声波。发射的超声波可以是连续波，也可以是脉冲。其工作原理如图 4-7 所示。在探测中，当工件内无缺陷时，接收能量大，仪表指示值大；当工件内有缺陷时，接收能量小，仪表指示值小。根据这个变化，就可以把工件内部缺陷检测出来。

（2）超声波反射法探测

反射法探伤是以超声波在工件反射情况的不同来探测缺陷的方法。如图 4-8 所示是以一次底波为依据进行探伤的方法。高频脉冲发生器产生的脉搏（发射波）加在探头上，激励压电晶体振荡，使之产生超声波。超声波以一定的速度向工件内部传播。一部分超声波遇到缺陷反射回来（缺陷波 F）；另一部分超声波继续传至工件底面（底波 B），也反射回来。在缺陷及底面反射回来的超声波被探头接收时，又变为电脉冲。发射波 T、缺陷波 F 及底波 B 经放大后，在显示器的荧光屏上显出来。荧光屏上的水平亮线为扫描线（时间基准），其长度与时间成正比。由发射波、缺陷波及底波在扫描线的位置，可求出缺陷的位置。由缺陷波的幅度，可判断缺陷大小；由缺陷波的形状，可分析缺陷的性质。当缺陷面积大于声波的截面积时，声波全部由缺陷处反射回来，荧光屏上只有 T、F 波，没有 B 波。当工件无缺陷时，荧光屏上只有 T、B 波，没有 F 波。

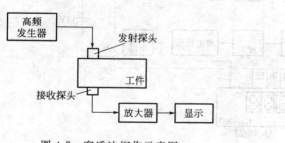

图 4-7　穿透法探伤示意图

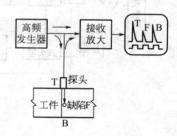

图 4-8　反射法探伤示意图

（3）超声波测距离

用超声波发射出的波当遇到物体后就返回，这一段时间经计算得到的就是距离。如图 4-9 所示就是超声波测距计电路。超声波传感器采用 MA40S2S。电路的工作原理如下：用 NE555 低频振荡器调制到 40kHz 高频信号，高频信号通过超声波传感器以声波形式辐射出去，当辐射波测到被检测物体就形成反射波，被 MA40S2S 所接收。反射波的电平与被检测物体距离远近有关，测到不同距离时电平差别大约有几十分贝以上。为此，电路中增设可变增益放大器（STOC）对电平进行调整。该信号通过定时控制电路、触发电路、门电路转换为与距离相适应的信号。用时钟脉冲对此信号的发送波与接收波之间的延迟时间进行计数，计数器的输出值就是相应的距离。图 4-10 所示为采用超声波模块 RS-2410 连接的测距计电路，RS-2410 模块内有发送与接收电路以及相应的定时控制电路等。KD-300 为数字显示电路，用三位数字显示超声波模块 RS-2410 的输出，显示的单位为 cm，因此显示最大距离为 999cm。这种超声波测距计能测量的最大距离为 600cm 左右，最小距离为 2cm 左右，应满足被测物体较大、反射效率高、入射角与反射角相等的条件。

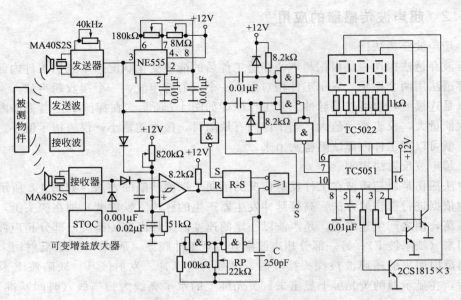

图 4-9　超声波测距计电路

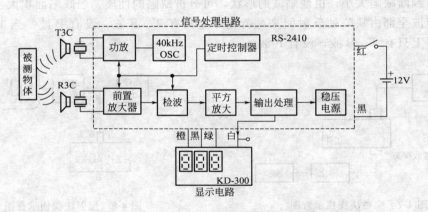

图 4-10　采用超声波模块 RS-2410 的测距计电路

(4) 超声波测液位

超声波液位计，是以测量液体为导声介质，利用回波测距方法来测量液面的高度。测量装置是由超声换能器和电子装置组成，用高频电缆连接。时钟定时器触发信号给发射电路使之发出电脉冲，激励换能器发射超声脉冲。脉冲穿过外壳和容器的壁进入被测液体，在液体表面上反射回来再由换能器接收并转换成为电信号送回电子装置，如图 4-11 所示。液面的高度 H 与液体中速度 v 及被测量液体中传播时间 Δt 成正比：

$$H = \frac{1}{2} v \Delta t \qquad (4-5)$$

如计数振荡器的频率为 f_0，则上式可表示为

$$H = \frac{nv}{2f_0} \qquad (4-6)$$

式中，n 为计数器显示的数，n 与液面的高度成正比。

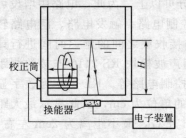

图 4-11　超声波液位计

这种液面计适用测量罐装、管道容器的液位，具有使用方便、可多点检测、精度高、直接用数字显示液面高度的特点。

4.2 差压式流量计

差压式流量计也称为节流式流量计，利用流体通过节流装置时产生压力差的原理来实现流量的测量。这种流量计是目前工业中测量气体、液体、蒸气流量等常用的仪表。差压式流量计主要由两部分组成：节流式变换元件，节流装置如孔板、喷嘴、文丘里管等；测量节流元件前后的静压差的差压计，可根据压差和流量的关系直接指示流量。

(1) 节流装置工作原理

节流装置有孔板、喷嘴、文丘里管等。孔板，是指在管道中加装的一个小于管道内径孔的挡板。如图 4-12 所示，当流动的液体遇到安装在管道的有孔的挡板时，由于孔板的孔小于管道的内径，所以当液体流过小孔时，两端的压力不同，形成压力差 Δp，$\Delta p = p_1 - p_2$，要求 $p_1 > p_2$，就是节流现象。节流装置的作用就是造成液体流速的局部收缩，形成压差。在管道中的流量越大，在节流装置后产生的压差就越大，因此通过测量压差来确定流体流量的大小。

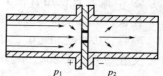

图 4-12 孔板附近的
流动示意图

(2) 流量的方程

根据节流现象及原理，以伯努利方程和流体流动的连续性为依据建立流量方程。设定在理想流体下，求出理想流体的基本方程式。

$$Q_v = \alpha F_0 \sqrt{\frac{2}{\rho}(p_1 - p_2)} \tag{4-7}$$

质量流量基本方程

$$Q_m = \alpha F_0 \sqrt{2\rho(p_1 - p_2)} \tag{4-8}$$

式中　F_0——孔板的开孔面积；

α——流量系数，它和孔板的开孔面积、流体的黏度、密度、提取压力的方法等有关，是一个用实验方法确定的系数。

因为理想流体与实际的差距，进行适当的修正，可得到工程上实用的方程式：

$$Q_v = 0.01252\alpha\varepsilon d^2 \sqrt{\frac{\Delta p}{\gamma}} = 0.01252\alpha\varepsilon m D^2 \sqrt{\frac{\Delta p}{\gamma}} \tag{4-9}$$

$$Q_m = 0.01252\alpha\varepsilon d^2 \sqrt{\gamma\Delta p} = 0.01252\alpha\varepsilon m D^2 \sqrt{\gamma\Delta p} \tag{4-10}$$

式中　ε——流体膨胀校正系数，不可压缩的流体 $\varepsilon = 1$；

m——孔板的开孔面积 F_0 和管道内截面积 F 之比，$F_0/F = m = d^2/D^2$；

d——节流装置在工作时的开孔直径；

D——在工作时的管道内直径；

γ——流体的重度。

(3) 标准节流装置

因为生产与生活的需要，人们对节流装置进大量的研究和试验。对于一些节流装置进行了标准化，如图 4-13 所示。在使用时按照规定进行设计、安装和使用，就可以测得准确的

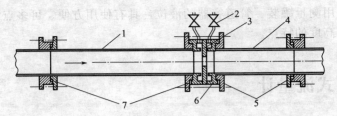

图 4-13　全套节流装置

1—上游直管段；2—导压管；3—孔板；4—下游直管段；5,7—连接法兰；6—取压环室

流量数值。

标准节流装置使用的条件如下。

① 管道内充满流动的介质，并且流速稳定。

② 在节流装置的前后要有一定长度的直线管，要求节流装置前后要有二倍管道直径的管道，在管道的内表面不能有凸出物和粗糙不平的面。

③ 节流装置使用管径 D 最小值，已有统一规定。

孔板：$0.05 \leqslant m \leqslant 0.70$ 时，$D \geqslant 50mm$。

喷嘴：$0.05 \leqslant m \leqslant 0.65$ 时，$D \geqslant 50mm$。

文丘里管：$0.20 \leqslant m \leqslant 0.50$ 时，$100mm \leqslant D \leqslant 800mm$。

4.3　速度式流量计

速度式流量计在流体测量中应用广泛，其原理和水轮机相似。流体冲击叶轮或涡轮旋转，流量与转速成正比。在一段时间内的转数与该时间段的累积总流量成正比，用其原理制成的水流量计用在千家万户。

（1）叶轮式流量计

叶轮式水表流量计，其结构如图 4-14 所示。自进水口流入水经筒状部件周围的斜孔，沿切线方向冲击叶轮。叶轮轴通过齿轮逐级减速，带动十进制计数器，此后，水流再经筒状部件上排孔，汇至总出水口。叶轮式流量计也可应用在其他方面，如气体 QBJ-A 燃气表等。

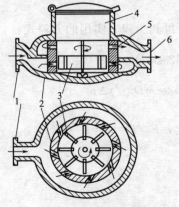

图 4-14　叶轮式水表流量计

1—进水口；2—筒状部件；3—叶轮；4—安装齿轮处；5—上排孔；6—出水口

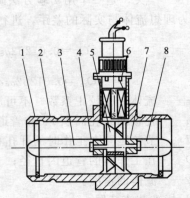

图 4-15　TUF 传感器结构

1—紧固件；2—壳体；3—前导向件；4—止推片；5—叶轮；6—电磁感应式信号检出器；7—轴承；8—后导向件

（2）涡轮式流量计

涡轮式流量计（TUF）在石油、燃气等方面应用非常广泛，具有成熟的技术，产品已系列化。

1）涡轮流量计工作原理　如图 4-15 所示，当流体通过流量计时，在流体的作用下，叶轮受流体力而旋转，旋转的速度与管道平均流速成正比，叶轮周期的转动使磁电转换器的磁阻值变化。检测电磁线圈的磁通量也发生周期的变化，产生周期性的感应电势，这就是电脉冲，经过放大器放大的脉冲，送到显示仪表就显示出流体的数据。其涡轮体积流量方程为

$$q_v = f/K \tag{4-11}$$

涡轮流量计的质量流量方程为

$$q_m = q_v \rho \tag{4-12}$$

式中　q_v，q_m——体积流量（m^3/s）和质量流量（kg/s）；

f——流量计输出信号的频率，Hz；

K——流量计的仪表系数。

流量计测量，是通过传感器的流量装置测出的，它不管流量计内部流体的流动机理。传感器根据流量的输入和输出的脉冲频率的信号，确定转换系数，转换系数是有条件的，其校验条件是参考条件，如果使用偏离参考条件，系数将发生变化，主要视传感器的类型、管道安装条件和流体物质情况而定。

2）涡轮式流量计的分类　传感器按结构可分为以下几种。

① 轴向型　叶轮轴与管道轴线重合，是 TUF 的主导产品，其系列产品是 DN10～600。

② 切向型　叶轮轴与管道轴线垂直，流体流向叶片平面的冲角约 90°，应用在小口径微流量产品。

③ 机械型　叶轮的转动直接或磁耦合带动机械计数机构，只是测量精度比电信号检测传感器要低，但是传感器与显示装置组成一体，便于使用，可靠性比较高。

④ 井下专用型　适用石油开采及井下作业等，测量介质有泥浆及油气流等，传感器体积受限制，需要耐高压、高温及流体冲击等。

⑤ 自校正双涡轮型　用于天然气测量，传感器由主、辅双叶轮组成，可由二叶轮的转速差自动校正流量的变化。

⑥ 广黏度型　在波特型浮动转子压力平衡结构基础上扩大上锥体与下锥体的直径，增加黏度补偿翼及承压叶片等方法，使传感器适应高黏度液体，其黏度可达 $30mm^2/s$。

3）涡轮式流量计的使用

① 涡轮式流量计的安装　在使用流量计时，应按要求进行安装和调试，可以准确地测出流量值，如图 4-16 所示安装示意图。

a. 变送器应水平安装，要求其前后有适当的直线管，一般前有 10D，后有 5D。其电源线采用金属屏蔽线，接地线要良好可靠。

b. 要求流体方向与仪表的箭头方向一致，不能反接。

c. 被测的介质对涡轮不能有腐蚀，特别是转动部分应严格保护。

d. 测量部分及传感器部分不能碰撞。

② 涡轮式流量计的调试

a. 涡轮式流量计的组态与校正。标准的标

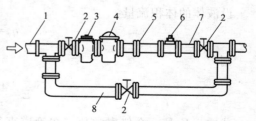

图 4-16　传感器安装示意图
1—入口；2—阀门；3—过滤器；4—消气器；
5—前直管段；6—传感器；
7—后直管段；8—旁路

定方法是十点水标定法，但是黏度不同标定值不同，通常要作黏度标定曲线。

b. 涡轮式流量计的显示仪表。将单位时间输出脉冲和输出总脉冲数转换成瞬时流量和总流量，进行显示。

4.4 电磁流量计

电磁流量计是基于电磁感应原理工作的流量测量仪表，能测量具有一定电导率的液化体积流量。它的测量精度不受测量液体黏度、密度及温度的影响。

(1) 电磁流量计的工作原理

电磁流量计的基本原理是法拉第电磁感应定律，如图4-17所示。导体在磁场中切割磁力线运动时在其两端产生感应电动势，导电性液体在垂直于磁场的非磁性测量管内流动，与流动方向垂直的方向上产生与流量成正比例的感应电动势，电动势的方向是按"右手定则"确定。如安装一对电极，则电极间产生和流速成正比的电动势：

$$E = kBDv \tag{4-13}$$

式中 E——感应电动势，V；

k——系数；

B——磁感应强度，T；

D——管道内径，m；

v——平均流速，m/s。

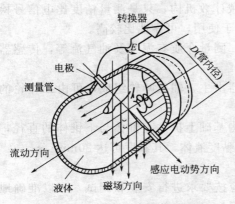

图4-17 电磁流量计基本原理图

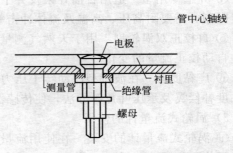

图4-18 流量传感器结构

设液体的体积流量：

$$q_v = \pi D^2 v / 4 \tag{4-14}$$

则

$$v = \frac{4q_v}{\pi D^2} \tag{4-15}$$

$$E = \frac{4kB}{\pi D} q_v = Kq_v \tag{4-16}$$

式中，K是一个仪表常数。在管道直径确定，磁感应强度不变的条件下，体积流量与电磁感应电动势有对应的线性关系，而与流体密度、黏度、温度、压力和电导率无关。

(2) 电磁流量计的组成

电磁流量计由流量传感器和转换器两部分组成。如图4-18所示，测量管上下装有励磁线圈，励磁线圈通电后，产生磁场穿过管壁，一对电磁极装在管内壁与液体相接触，引出感应电动势，送到转换器。转换器输出励磁电流。

① 电磁流量计由外壳、磁路系统、测量管、衬里、电极等组成。

② 转换器功能：放大感应电势，抑制主要的干扰信号，由于采用交变磁场，克服了极化现象。

（3）电磁流量计的分类

电磁流量计是按照使用与组装等方面进行分类。

① 按励磁电流方式划分，有直流励磁、交流励磁、低频方波励磁等。

② 按流量传感器电极划分，有接触液体型和非接触液体型。

③ 按流量传感器结构划分，有短管型和插入型。

④ 按流量传感器与管道连接方法分类，有法兰连接、法兰夹装连接、螺纹连接等。

⑤ 按用途分类，有通用型、防爆型、防浸水型、潜水型等。

（4）流量计的安装要求

① 传感器可以水平和垂直安装，但是不能安装在最高点和泵的进水口。电极轴向应保持水平，如垂直安装时，流体应自上而下流动。

② 安装90°弯头、T形管、同心异径管、全开闸阀后，通常认为要离电极中心线5倍直径的长度的直线段，不同开度的阀门需要10倍直径长度。下游直管段为3倍直径长度。

③ 要保证流量传感器在测量时，管道中充满被测流体，不能出现非满管状态。如果管道存在非满管或是出口有放空状态，传感器应装在一根虹吸管上。

④ 串联安装和平行安装。在串联安装时每个传感器之间的距离至少有2个传感器的长度。如果有两个以上传感器并行安装的距离必须大于1m。

⑤ 传感器必须单独接地。除了传感器和接地环在一起接地，还要用粗铜线（16mm²）将两个法兰盘连接在一起，使阴极保护电流与传感器之间隔离。

4.5 容积流量计

容积流量计是用来测量各种液体和气体的体积流量。它要求流量计在测量流体时具有一定的容积空间，然后再把这部分流体从出口排出，所以叫容积流量计。

（1）椭圆齿轮流量计

椭圆齿轮流量计工作原理如图4-19（a）所示。相互啮合的一对椭圆形齿轮在被测流体压力推动下产生旋转运动。椭圆形齿轮两端就是被测液体的出口和入口。流体经过流量计有压力降，所以入口侧与出口侧的压力不等，所以椭圆齿轮1是主动轮，它将旋转，椭圆齿轮2是被动轮。当转到如图4-19（b）所示位置时，椭圆齿轮2是主动轮，椭圆齿轮1是被动轮。

由图可见，两个齿轮的旋转，就把齿轮与壳体之间所形成的新月形空腔中的流体从入口侧挤至出口侧。每个齿轮旋转一周，就有4个容积的流体从入口挤到出口，即

$$q_v = 4V_0 \cdot n \qquad (4\text{-}17)$$

式中，V_0 为月形空腔体积；n 为椭圆齿轮转速。

只要计量出齿轮的转速，就可以知道有多少流

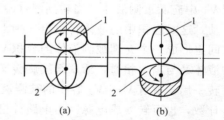

图4-19 椭圆齿轮流量计原理图

体通过仪表被测量。椭圆齿轮流量计就是将齿轮的转动通过一套减速齿轮传动带动仪表的指针，指示被测流体的流量。

椭圆齿轮流量计适合测量积累流量，不适合测量瞬时流量，适合测量中小流量，还有发出电脉冲信号进行远传控制。

（2）刮板流量计

凸轮式刮板流量计，工作原理示意图如图 4-20 所示。它有壳体内腔、转子，在转子上

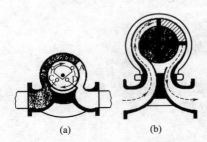

图 4-20　刮板式流量计原理图

有四个相互垂直、可以伸缩的刮板，伸出的刮板在被测流体的推动下带动转子旋转。伸出的两个刮板与壳体内腔之间形成计量容积，转子每旋转一周就有 4 个容积被测流体通过流量计。只要计量转子的转数就可测得流体的体积。转子是一个空心圆筒，中间固定一个不动的凸轮，刮板一端的滚子压在凸轮上，刮板与转子一起运动过程中还要按凸轮外廓曲线形状从转子中伸出和缩进。凹线式刮板流量计的转子，中间有槽，槽中安装刮板，刮板从转子中伸缩是由壳体内腔的轮廓线决定的。

图 4-20（a）所示是流体进入的过程，图（b）所示是计量过程示意图。刮板流量计具有测量精度高、量程大、受黏度影响小等特点，而且运行平稳，振动和噪声比较小等。

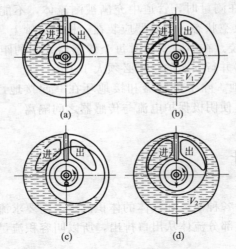

图 4-21　旋转活塞式流量计原理图

（3）旋转活塞式流量计

旋转活塞式流量计工作原理如图 4-21 所示，测量液体从入口处进入计量室，被测量流体的进、出口压力差推动旋转活塞按顺序方向旋转。当转到图（b）的位置时，活塞内腔容积 V_1 中充满被测液体。当转到图（c）位置时，这一容积中的液体与出口相通，活塞继续转动，这时容积中的液体将由出口排出。当转到图（d）位置时，在活塞外面与测量室内壁之间也形成一个充满被测液体的容积 V_2。活塞继续旋转至图（a）的位置，这时容积 V_2 中的液体又与出口相通，活塞继续旋转又将这一容积的液体由出口排出。如此周而复始，活塞每转一周，就有 V_1+V_2 容积的被测液体从流量计排出。测量活塞转数可由机械计数机构进行计数，也可转换成电脉冲由电路计出。

旋转活塞式流量计适合小流量液体的测量，具有结构简单、工作可靠、精度高、受

黏度影响小等特点。

4.6 应用举例

（1）晶体管电容式料位指示仪

晶体管电容式料位指示仪是用来监视密封料仓内导电性不良的松散物料位，并能自动控制。在仪表板上装有指示灯：红灯指示"料位上限"，绿灯指示"料位下限"。当红灯亮时，表明存料已到上限，应当停止加料；当绿灯亮时，表明存料已到下限，应当加料。晶体管电容式料位指示仪的电路原理如图 4-22 所示，电容传感器悬挂在料仓里的金属探头，利用对大地的分布电容进行检测。在料仓的上、下限各设一个金属探头。整个电路由信号转换电路和信号控制电路两部分组成。

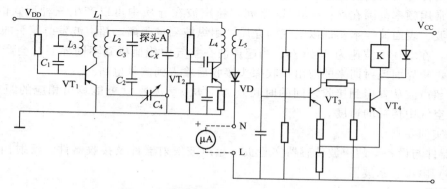

图 4-22 晶体管电容料位指示仪原理图

信号转换电路是通过阻抗平衡电桥来实现的，当 $C_2 C_4 = C_3 C_X$ 时，电桥平衡。由于 $C_2 = C_3$，则调整 C_4，使 $C_4 = C_X$，此时电桥平衡。C_X 是探头对地的分布电容，它直接和物料面有关，当物料增加时，C_X 值也就增加，使电桥失去平衡，按其值的大小进行判断物料的情况。电桥的电压由 VT_1 和 LC 回路组成的振荡器控制，其振荡频率为 70kHz，其值为 250mV。电桥平衡时，无输出信号；当物料变化时引起 C_X 变化，使电桥失去平衡。电桥输出交流信号。交流信号经 VT_2 放大后，由 VD 检波变成直流信号。

控制电路是由 VT_3 和 VT_4 组成的射极耦合触发器和它所触发的继电器 K 组成。当信号转换电路输出的直流信号幅值达到触发器翻转值时，触发器就翻转，VT_4 由截止状态转换为饱和状态，使继电器 K 吸合，其触点接通控制其他电路和指示灯，指示物料达到限值。

（2）皮膜式家用煤气表

常用的皮膜式家用煤气表其结构如 4-23 所示，在刚性的容器中，由柔性皮膜分割成 I 和 II、III 和 IV 共四个计量室。可以左右运动的滑阀在煤气的进口和出口产生压差的作用下，作

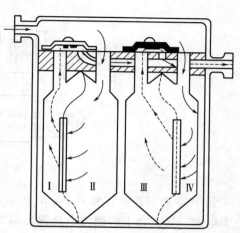

图 4-23 皮膜式家用煤气表结构示意图

往复运动。煤气由入口进入，通过滑阀的换向依次进入气口Ⅰ、Ⅲ或Ⅱ、Ⅳ，并排流向出口。图中的实线箭头是气体进入的过程，虚线箭头是气体排出的流向。皮膜往返一次将一定体积的煤气排出，通过传动机构和计数装置就能测出往返的次数，就可得出煤气的总量。

常用皮膜式家用煤气表结构简单，精度为±2％，使用维修方便，可靠性高。

实训12　简易超声波测距仪

（1）实训目的

① 了解超声波在介质中的传播特性；

② 了解超声波传感器测量距离的原理和结构与使用超声波传感器方法。

（2）实训原理

超声波传感器由发射探头、接收探头及相应的测量电路组成。超声波是听觉阈值以外的振动，其常用频率范围在 20～60kHz 之间，超声波在介质中可以产生三种形式的振荡波：横波、纵波、表面波。本实训以空气为介质，用纵波测量距离。超声波发射探头的发射频率为 40kHz，在空气中波速为 334m/s。当超声波在空气中传播碰到不同界面时会产生反射波和折射波，从界面反射回来的波由接收探头接收后输入到测量电路。

计算超声波从发射到接收之间的时间差 Δt，从 $s = v_0 \times \Delta t$ 就能算出相应的距离。v_0 为超声波在空气中传播的速度。

（3）实训要求

1）器件与设备　超声波传感器实验板、超声波发射器件及接收器件、反射挡板、数显表、±15V 电源、示波器。

2）步骤

① 超声波传感器由发射探头 T 和接收探头 R 组成。在实验板的左上方有 V_R、V_T 和公共端三个插孔。

② 将发射探头 T 与 V_T 相连接，R 与 V_R 相连接，公共端与公共端相连接。从主控制箱接入±15V 电源，如图 4-24 所示，是简易超声波测距计接线原理图。

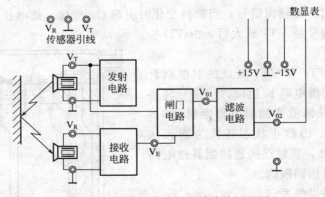

图 4-24　简易超声波测距计接线原理图

③ 在距离超声波传感器 20cm（0～20cm 左右为超声波测量盲区）以外处放置反射板，合上电源。实验板上的滤波电路输出端与主控制箱 V_i 相接，电压选择 2V 挡。调节挡板对正探头的角度，使输出电压达到最大。

④ 以放置反射板侧为基准，平移反射板，每次递增 5cm，读出数显表上的数据，记入表 4-1 中。

⑤ 根据表 4-1 的数据画出 U-x 曲线，并计算其灵敏度。

表 4-1　超声波传感器输出电压与距离的关系

x/cm							
U/V							

实训13 **超声波流量计应用**

时差法超声波流量计，采用外装式，应用非常广泛，只是在管道外安装传感器就可实现液体的测量。它采用自适应声波技术使测量更加稳定，数字显示更加方便。深圳建恒公司生产的 DCT 系列产品，包括变送器、传感器、管扎、数字显示、RS485/RS232 通信接口等，采用 MODBUS 协议。测量的准确度：测量值的 ±1%，重复性：0.2%，流速范围：0～5m/s，模拟量输出：4～20mA，可用测量管的直径：25～600mm，OCT 脉冲输出：0～5kHz。

（1）实训目的

① 了解外装式时差法超声波流量计的特性；

② 熟悉时差法超声波流量计的安装方法。

（2）实训原理

时差法超声波流量计是由超声波发射出声波，当声波测到液体时反射回来，传感器收到反射的声波，这个时差就是测量的依据。

（3）实训要求

① 将传感器安装在被测量液体的管道上，因为传感器的安装有一定的要求，这直接影响测量的精度。安装方法有 V 型、Z 型和 W 型三种方法，其特点就是测量管的直径不同；W 型适用管的直径为 25～50mm，Z 型适用管的直径为 100～600mm，V 型适用管的直径为 25～500mm。如图 4-25 所示。

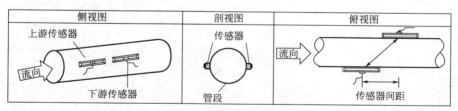

图 4-25　传感器 Z 型安装法

② 将传感器安装完成后进行调试和测量，可得到最佳结果。如图 4-26 所示。

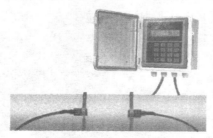

图 4-26　传感器进行测量

1. 简述流量计的作用及分类。
2. 流速及黏度对流量计的影响如何消除？
3. 流量计的流体的体积与质量的区别是什么？有何关系？
4. 超声波的频段在什么范围？
5. 用什么材料能发射出超声波？如何组成超声波检测系统？
6. 超声波应用在什么领域？还可以应用在什么领域？
7. 超声波测量液体的液位与测量固体的厚度有何不同？
8. 超声波最大输出功率是多少？能否应用在安检系统？为什么？

第 5 章

光电型传感器

5.1 光电传感器

光电传感器是采用光线照射为信号，将光的不同照度转换为不同的电信号的装置，这类传感器可以直接检测引起光量变化的非电量，如光照度、光强度和测量直径、位移、速度及物体形状等，光电传感器具有结构简单、精度高、响应快、非接触、性能可靠等优点。光电传感器一般由光源、光学通道、光学元器件三部分组成，光电传感器在检测技术和工业自动化及智能控制等领域方面得到广泛的应用。

5.1.1 光电效应

光电效应是指物体吸收了光能后而产生的电特性的物理现象，光电效应可分为外光电效应、内光电效应、光生伏特效应三种类型。

(1) 外光电效应

在光照某些物体上，使电子从这些物体逸出表面的现象称为外光电效应或光电发射效应，基于外光电效应的光电器件有光电管、光电倍增管等。外光电效应服从如下规律。

① 当入射光频谱的成分不变时，光电流的大小与入射光的强度成正比，光照强度越强电流就越大。

② 光电子的最大动能与入射光的频率成线性关系，而与入射强度无关，频率越高，光电子能量越大。

③ 光电子能否产生取决于物体的光频阈值，即每种物体都有一个对应的光频阈值，称为红限频率。小于红限频率时，光强再大也不会产生光电发射。

④ 光电管即使没有阳极电压，由于光电子有初始动能，也会有光电流产生。

(2) 内光电效应

物体在光线作用下其内部原子释放电子，但是这些电子并不逸出物体表面，仍然留在内部，从而使物体的电阻率发生变化或产生电动势，这种现象称内光电效应。使电阻率发生变化现象称为光电导效应，基于光电导效应的光电器件有光敏电阻。

(3) 光生伏特效应

在光线作用下，物体产生一定方向的电动势现象称为光生伏特效应。基于光生伏特效应的光电器件有光电池、光敏二极管、光敏三极管、光敏晶闸管。

5.1.2 光电器件的工作原理

（1）光电管

以外光电效应原理制作的光电管的结构是由真空管、光电极 K 和光电极 A 组成，当一定频率光照射到光电管阴极时，阴极发射的电子在电场作用下被阳极所吸引，光电管电路中形成电流，称为光电流。如图 5-1 所示。光电流受材料、光频率、入射光的强度影响，光电管的光电特性如图 5-2 所示，根据应用的对象选择不同材料的光电管，如红外光、可见光、紫外光等。

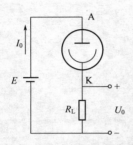

图 5-1　光电管符号及工作电路

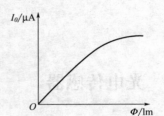

图 5-2　光电管的光电特性

（2）光敏电阻

① 光敏电阻的工作原理与结构　光敏电阻利用光电导效应的原理工作，它由两边带有金属电极的光电半导体材料组成，电极与半导体之间呈欧姆接触，如图 5-3 所示。应用时在电极上加直流或交流电压工作时，无光照射时光敏电阻 R_G 为高电阻，在电路中有微弱的暗电流；有光照射时光敏材料吸收光能量，电阻 R_G 变小，这时电路中有较强的亮电流通过，光照射越强，阻值越小，电流越大。如图 5-4 所示为光照特性曲线。

② 光敏电阻的主要参数　即暗电阻与亮电阻：在无光照射全暗的条件下，经一定时间稳定之后测得的电阻值，为暗电阻，其阻值大约在 $1 \sim 100 M\Omega$；在某一光照射下的阻值为亮电阻，其阻值大约在几千欧以内。这两者的阻值相差越大灵敏度也就越高。

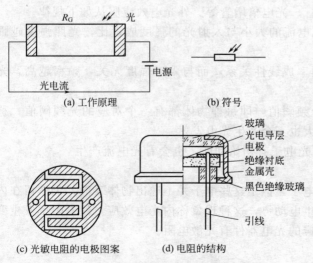

图 5-3　光敏电阻工作原理及外形与结构

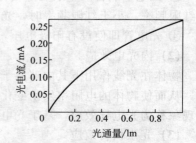

图 5-4　光敏电阻的光照特性曲线

1）光电流　光敏电阻在暗时电阻所流的电流称为暗电流，在亮时电阻所流的电流称为亮电流。亮电流与暗电流之差，称为光电流。

2）伏安特性　在一定的照度下光敏电阻两端所加的电压与光电流之间的关系，称为伏安特性。图 5-5 中的伏安特性近似直线，光照度越大电流越大。在应用时光敏电阻有最大额定功率、最高工作电压、最大额定电流，因此不能超过虚线的功耗区。

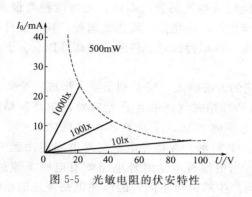

图 5-5　光敏电阻的伏安特性

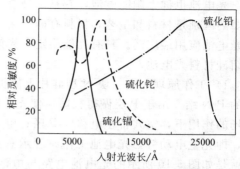

图 5-6　光敏电阻的光谱特性曲线

（1Å＝10⁻¹⁰m）

3）光照特性　光敏电阻的光电流与光强之间的关系，称为光敏电阻的光照特性。不同类型的光敏电阻光照特性是不同的。由于光敏电阻的光照特性曲线不是直线，在应用中不作为线性测量元件，这也是它的缺陷。在自动控制系统中常用作开关式光电信号传感元件。

4）光谱特性　光敏电阻对不同波长的光，其灵敏度是不同的，如图 5-6 所示为硫化镉、硫化铅、硫化铊的光敏电阻的光谱特性曲线。硫化镉的光敏电阻光谱响应峰值在可见光区域，而硫化铅的峰值在红外区域。因此，在应用时应考虑与光源的结合，才能得到较好的效果。

5）响应时间　光敏电阻受光照后，光电流需要有一定的上升延迟时间才能达到稳定值。同样，当停止光照后光电流也需要有一定的下降延迟时间才能达到暗电流的值，这就是光敏电阻的延时特性。光敏电阻的响应时间用 t 表示，如图 5-7 所示，上升响应时间用 t_1 表示、下降用 t_2 表示。

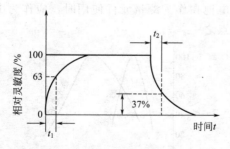

图 5-7　光敏电阻的时间响应曲线（光照一定）

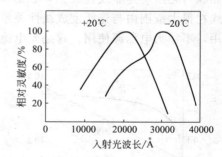

图 5-8　光敏电阻的光谱温度特性曲线

t_1 的定义为：当光敏电阻瞬时受到稳定光的照射时，光电流上升到饱和值的 63% 所用的时间。

t_2 的定义为：当光敏电阻瞬时去掉稳定光的照射时，光电流下降到光电流饱和值的 37% 时所需要的时间。

光敏电阻的响应时间与元件的材料、光照的强弱、频率特性等有关，在应用时应注意这几个参数。

6) 温度特性　光敏电阻受温度影响较大，当温度升高时，暗电流和灵敏度都下降。同时，对光谱特性也有影响，如图 5-8 所示，可以看到由于温度的升高，光谱响应峰值向短波方向移动。因此，降低温度可以提高光敏电阻对长波的响应。

(3) 光电池

光电池也称太阳能电池，它是一种直接将光能转为电能的光电器件。光电池种类很多，主要的区别是材料和工艺，材料有硅、锗、硒、砷化镓、硫化镉、氧化亚铜等，其中硅材料的光电池应用最广泛。具有性能稳定、光谱范围宽、频率特性好、传递效率高等优点。下面介绍硅材料光电池。

1) 工作原理　在一块 N 型硅片上用扩散工艺的方法掺入一层 P 型杂质，形成一个大面积的 P-N 结。由于 P 层做得很薄，使光线穿透到 P-N 结时就产生电子-空穴对，在 P-N 结内电场的作用下，空穴带正电移向 P 区；电子带负电移向 N 区，于是 P 区和 N 区之间产生电压，即光生电动势。光电池工作原理示意图如图 5-9 所示。如将光电池与外电路连接起来，这就是如图 5-10 所示的光电池电路与电池符号。当电池有电能时外电路就有电流 I 流过，在电阻 R_L 可测得电压值 U，由于光照的强度不同产生的电流不同，因而在电路流过的电流 I 和 R_L 上的电压值就不同。

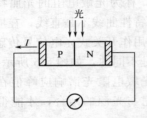

图 5-9　光电池工作原理示意图

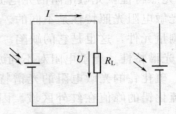

图 5-10　光电池电路及其符号

2) 基本特性

① 光照特性　硅光电池的光照特性曲线如图 5-11 所示，光生电动势即开路电压，与照度的关系，称为开路电压曲线。图中直线为光电流密度与照度的关系，称为短路电流。开路电压曲线与光照度是非线性关系，在照度为 2000lx 照射下，就呈现出饱和特性，而短路电流曲线在很大范围内与光照度成线性关系。因此光电池在作为测量元件使用时，应作为电流源使用，不作为电压源使用。这是光电池的主要优点之一。

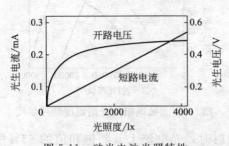

图 5-11　硅光电池光照特性

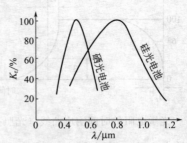

图 5-12　光电池的光谱特性

② 光谱特性　通常用波长 λ-相对灵敏度 K_r 来表征这一特性，从图 5-12 看到不同材料的光电池在不同波长的光照下会有不同的光谱峰值。硅电池在 $0.85\mu m$ 附近，硒光电池在 $0.54\mu m$ 附近。应用时根据光电器件的光谱特性，合理选择匹配光源和光电器件。

③ 频率特性 光电池的频率特性是指相对输出电流 I_r 与调制光的调制频率 f 的关系。如图 5-13 所示，表示硅材料响应频率特性较高，所以采用的就较多。

④ 温度特性，光电池的温度特性是描述光电池的开路电压 U、短路电流 I 随温度 t 的变化曲线（见图 5-14）。由于它关系到应用光电池的仪器设备的温度漂移，影响测量精度或控制精度的指标，因此温度特性是光电池特性的重要特性之一。硅光电池开路电压随温度上升而缓慢明显下降，温度上升 $1℃$，开路电压降低约 $3mV$。短路电流随温度上升而增加。因此，在应用时要考虑稳定度及漂移的影响，保证使用的质量。

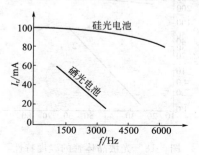

图 5-13 光电池的频率特性

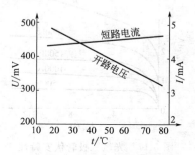

图 5-14 光电池的温度特性

(4) 光敏晶体管

1）光敏二极管 它有一个可以接收光照的 P-N 结。结构上与一般的二极管相似，安装在顶上有透明玻璃的外壳中，P-N 结就安装在管顶，可以接收射入的光照，如图 5-15 所示。光敏二极管在电路中通常处于反向偏置工作状态。在无光照射时处于截止状态，反向暗电流极小，约在 $0.1\mu A$；当受到光照时光敏二极管导通，光电流增大。光照度越大，光电流也越大，大约是截止状态的 1000 倍。

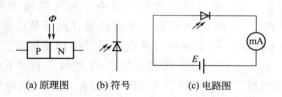

(a) 原理图　　(b) 符号　　(c) 电路图

图 5-15 光敏二极管符号图及基本工作电路

2）光敏三极管 它有两个 P-N 结，结构上有 NPN 与 PNP 两种。引出电极通常只有两个，因为暗电流很小，基极不具备外接点。在将光信号转为电信号的同时，也将信号电流放大 β 倍，如图 5-16 所示。

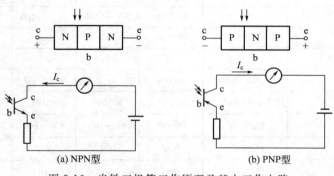

(a) NPN型　　　　　　　　(b) PNP型

图 5-16 光敏三极管工作原理及基本工作电路

工作原理：当光敏三极管按图（a）连接时集电结反偏，发射极正偏。无光照射时只有很小的暗电流，当有光照射作用下产生基极电流 I_b 即光电流，I_b 电流放大 β 倍就是集电极电流 I_c，这与一般的三极管是一样。

① 伏安特性　光敏三极管在不同照度下的伏安特性，如图 5-17 所示，就像普通的三极管的输出特性曲线一样。

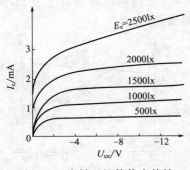

图 5-17　光敏三极管伏安特性

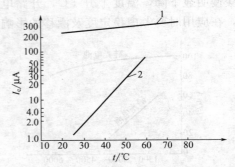

图 5-18　光敏晶体管的温度特性
1—光电流；2—暗电流

② 温度特性　温度对光敏晶体管的暗电流和光电流都有影响。因为光电流比较大，影响较小，暗电流较小，影响就大得多，如图 5-18 所示。但光敏三极管的感光灵敏度随温度增加而提高。

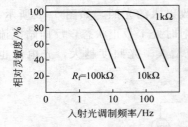

图 5-19　光电器件的频率特性

③ 频率特性　光敏晶体管受一定频率调制光照射时，相对灵敏度与调制频率的关系称为频率特性。如图 5-19 所示是硅光敏三极管的频率响应曲线，由图可知，减小负载电阻可以提高响应频率，但又使输出降低。因此在实际使用中，可根据频率选择最佳的负载电阻。在应用时光敏三极管频率响应通常比同类二极管差很多。

④ 检测方法　将光敏三极管的窗口完全遮住不见光，用万用表 $R \times 1M\Omega$ 挡位测量三极管的两个管脚的正反向电阻，暗电阻为无穷大；当打开窗口由光照射时为 $15\sim30M\Omega$ 电阻，光电阻越小，灵敏度就越高。下面将光敏二极管和光敏三极管参数由表 5-1、表 5-2 给出，可供参考。

表 5-1　光敏二极管的主要参数

参　数		测试条件	2CU 系列（中国）	2DU 系列（中国）	BPX 系列（荷兰）	S874/S875 系列（美国）	VTB 系列（美国）
光谱响应	光谱波长范围/nm		3~1100	400~1100	400~1100	430~1030	40~1060
	响应峰值波长/nm		800~900	850	800	850	850
	峰值灵敏度/(μA/μW)		0.45	>0.4		0.45	0.5
短路光电流/μA		2856K 100lx	>1.0	0.6~2.0	1.3~3.8	0.9~75	1~20
暗电流/pA		U_R=10mV	<100	<1000	<106	5~200	20~2000
结电容/pF		U_R=0V	50~60	60~100	300~800	180~13000	31~8000
上升时间/μs		U_R=0V	0.1	0.1	<2	0.4~30	
工作电压/V			30	50	18	30	0~2

表 5-2　硅光敏三极管的主要参数

参　　数		测试条件	3UD 系列（中国）	ZL 系列（中国）	BPX 系列（荷兰）	PN100 PN110（日本）
光谱响应	波长范围/nm		50～1100	35～1050	50～1100	400～1100
	峰值波长/nm		900		800	800
光电流/mA		$U_{ce}=5V$　$E=1000lx$	＞0.5	＞1.5	1～10	1～2
暗电流/μA		$U_{ce}=10V$	＜1	＜1	＜0.5	0.05
上升时间/μs		$U_{ce}=10V, R_L=100\Omega$	＜10	＜5	1～6	3～4
工作电压/V		U_{cemax}	10～50	6	30～50	20～40
受光面积/mm²			0.25			
最大功耗/mW			100		100～300	50～100

3）光控晶闸管　它是由光照射而触发导通的晶闸管，通常又称光控可控硅。

① 光控晶闸管的结构　如图 5-20 所示。

② 工作原理　当阳极 A 接正电源、阴极 K 接负电源，J_1 结和 J_3 结处于正向，J_2 结处于反向。如用等效二极管 VD 表示 J_2 结的反向漏电流 I_D，光控晶闸管的导通电流 I_A 可由下式得到，即

$$I_A=\frac{I_D+\alpha_2 I_G}{1-(\alpha_1+\alpha_2)} \tag{5-1}$$

式中　α_1，α_2——三极管共基极短路电流放大系数；

I_D——J_2 结反向漏电流；

I_G——控制极电流。

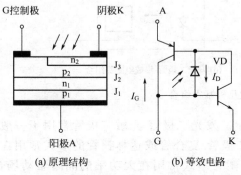

(a) 原理结构　　　(b) 等效电路

图 5-20　光控晶闸管的结构及等效电路

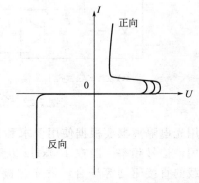

图 5-21　光控晶闸管的伏安特性曲线

当 $I_G=0$ 时

$$I_A=\frac{I_D}{1-(\alpha_1+\alpha_2)} \tag{5-2}$$

当 I_D 足够大，可使 $\alpha_1+\alpha_2=1$，光控晶闸管进入导通状态。当有光照射在发射区时，由于内光电效应，在光控晶闸管内部产生电子空穴对。在 J_2 产生的电子空穴对中，空穴送往 P 区，而电子送往 N 区，使流过 J_2 的反向电流 I_D 增大，其增加量就是光电流 I_L。当光照强度足够大时，则 I_L 的值就会使光控晶闸管导通，这就是光控晶闸管的工作原理。

③ 光控晶闸管的伏安特性　它与一般的晶闸管有同样的伏安特性（图 5-21），不同的是光照度控制晶闸管的通断。表 5-3 是 3CTU83 型光控晶闸管的技术参数。

表 5-3 3CTU83 型光控晶闸管的技术参数

项 目	参 数	项 目	参 数
峰值波长	950nm	导通时压降	<1.2V
导通最小光照度	100lx	阳极和阴极电压	15V
正向阻断电压	>50V	阴极与控制极间电阻	0.5MΩ
反向阻断电压	>50V	通态平均电流	0.25A
断路电流	<0.01mA	频谱范围	400~1200nm

5.1.3 光电传感器的典型应用

(1) 光电隔离器

光电隔离器，它是由发光二极管和光敏晶体管在同一个管壳内组成。在装配上要使发光二极管辐射能量可有效地耦合到光敏晶体管上，有多种形式，如发光二极管-光敏电阻、发光二极管-光敏三极管、发光二极管-光敏可控硅等组合形式。其中以发光二极管-光敏三极管为基本形式的器件，应用得最为广泛。图 5-22 所示是光电耦合器的几种基本组合。

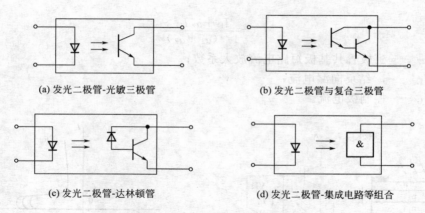

(a) 发光二极管-光敏三极管 (b) 发光二极管与复合三极管

(c) 发光二极管-达林顿管 (d) 发光二极管-集成电路等组合

图 5-22 光电耦合器的几种基本组合

选用光电隔离器要根据使用要求和目的来确定。发光二极管-光敏三极管常用于一般信号隔离用，信号频率一般在 100kHz 以下，发光二极管-复合管或达林顿管的形式常用在低功率负载的直接驱动等场合，发光二极管-光控晶闸管形式常用在大功率的隔离驱动场合。当然在实际应用中应尽量选用结构简单的组合形式器件，并且无论选用何种组合形式，均要使发光元件与接收元件的工作波长相匹配，保证器件具备较高的灵敏度。

① 电隔离作用 将输入与输出两部分的连线分隔开，各自使用一套电源。这时信息通过光电转换，实现单向传输。光电隔离器在输入与输出端之间绝缘电阻非常大，所以干扰信号很难干扰它们之间的信号传递，从而起到隔离的作用，如图 5-23 所示。

② 实现电平转换 通过光电隔离器可以将微机输出信号很方便地转化为 12V 的电平，同时来自机械系统的信号可以通过光电隔离器，将信号耦合入微机。如图 5-24 所示。

③ 提高驱动能力 采用达林顿电路或晶闸管输出等形式的光电隔离器，不但可以实现隔离，还具有较强的带负载能力，利用光电隔离器，微机输出信号可以直接驱动负载。

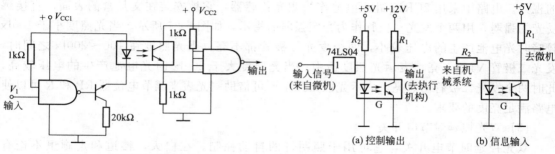

图 5-23　光电耦合器基本组合　　　　　图 5-24　计算机与外设互连电路

（2）光敏二极管应用电路

光敏二极管应用电路如图 5-25(a) 所示，光亮导通的控制电路，当有光照射光敏二极管时，光敏二极管的阻值变小，VT_1、VT_2 导通，继电器 K 工作。图 5-25(b) 所示为无光时的控制电路，当有光照射光敏二极管时，光敏二极管的阻值变小，VT_1、VT_2 截止，继电器 K 不工作，只有当无光照射光敏二极管时，VT_1、VT_2 为导通状态，继电器 K 工作。

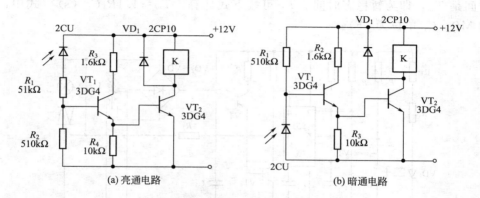

图 5-25　光敏二极管光控应用电路

（3）光敏三极管应用电路

光敏三极管电路如图 5-26 所示，当无光照射光敏三极管 VT_1 时，光敏三极管内阻很大，使 VT_2 处于截止状态，输出无电压信号。当有光照射光敏三极管 VT_1 时，光敏三极管产生电流，使 VT_2 导通，在 R_2 上得到输出电压信号。

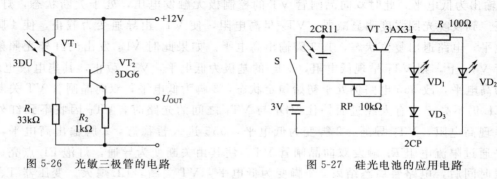

图 5-26　光敏三极管的电路　　　　　图 5-27　硅光电池的应用电路

（4）硅光电池的应用

光线的强弱都会损害视力，图 5-27 所示电路能显示光线的强弱，可指导学生保护自己的视力。电路中采用 2CR11 硅光电池作为测光传感器，它被安装在文具盒的表面，直接感受光的强弱，用两个发光二极管作为光照强弱的指示，如图 5-27 所示。当光照度小于 100lx 较暗时光电池产生的电压较小，两个发光二极管都不亮；当光照度在 $100\sim200lx$ 之间时，发光二极管 VD_2 点亮，表示光照度适中；当光照度大于 $200lx$ 时光电池产生的电压较高，此时两个发光二极管均点亮，表示光照太强了。可借助测光表来调节电位器 RP 和 R 可以使电路满足亮度的要求。

（5）双光控延时节电开关

双光控延时节电开关，它可用于照明灯的自动控制。在白天，楼道和走廊里不论有人或无人经过，照明灯都不会点亮；而在夜晚，当有人经过时照明灯会自动点亮，并延时一段时间（可自行设定）后自动熄灭，实现了方便生活和节约用电的目的。用于防盗报警和节水开关时，只要将负载换成警笛电磁阀即可。开关电路原理如图 5-28 所示。时基集成电路 555 与 R_4、C_1 等构成单稳态，稳态时其输出端 3 脚为低电平，当其触发端 2 脚有负脉冲触发或为低电平时，3 脚输出高电平，单稳态电路进入暂稳态，经过一段时间，电路自动翻转到初始稳定状态，3 脚又变为低电平，暂稳态结束。3 脚输出高电平的持续时间是 T_w，即为暂稳态时间。T_w 可按下式计算：$T_w \approx 1.1R_4C_1$（s）（式中，R_4 的单位为 $M\Omega$，C_1 单位为 μF）。

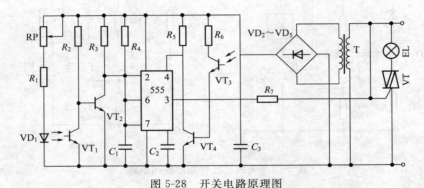

图 5-28　开关电路原理图

红外发光二极管 VD_1 与光敏三极管 VT_1 构成光控电路；光敏三极管 VT_3 与自然光构成路灯光控电路。白天光照强度较大，VT_3 的 c-e 极间呈现低电阻，在 VT_4 有较大的偏置电流而导通，其集电极也就是 555 电路的强迫复位端 4 脚为低电平，处于复位状态，其 3 脚输出为低电平，此时双向晶闸管 VT 的控制极无触发电压，处于关断状态，灯泡 EL 不亮。到夜晚光照强度明显减弱，VT_3 呈高电阻，使 VT_4 由导通变为截止，使 4 脚变为高电平，电路退出复位状态，其 3 脚输出高电平。如果此时 VD_1 发出的红外光照射在光敏管 VT_1 上，则 VT_1 呈现低电阻，VT_2 的基极为低电平，VT_2 截止，其集电极也就是 2 脚为高电平，故 555 电路仍处于初始稳定状态，3 脚为低电平，双向晶闸管 VT 关断，灯泡 EL 仍不亮。当有人经过而挡住 VD_1 与 VT_1 之间的光路时，VT_1 因收不到红外光照射呈现高电阻，VT_2 导通，2 脚变为低电平，555 进入暂稳态，3 脚输出高电平，此高电平通过限流电阻 R_7 触发双向晶闸管 VT，使其由关断变为导通，灯泡 EL 点亮。经过一段时间后，电路暂稳态结束，3 脚变为低电平，VT 关断，EL 熄灭。变压器 T、二极管 $VD_2\sim VD_5$ 以及 C_3 构成变压器降压、桥式整流、滤波电源，为整个光控电路提供工作电压。

5.2 光纤传感器

光纤传感器（FOS，Fiber Optical Sensor）是基于光导纤维的新型的传感器。主要用于光纤通信、信息交换，是把待测的量和光纤内的导光连接起来形成光纤传感器。光纤传感器是将光信号转为电信号的元件，这类传感器可以直接检测引起光量变化的非电量，至今已有近三十年应用研究、应用的历程，目前广泛应用于光声、压力、温度、速度、位移、液面、测量、转矩等达数百种，应用发展最迅速的是通信、医疗仪器方面。光纤传感器的应用，解决了以前认为难以解决，甚至不能解决的技术难题。

5.2.1 光纤结构及其传光原理

(1) 光纤的结构

光导纤维，简称光纤，是一种用于光传输信息的多层介质结构的对称圆柱体，基本结构有纤芯、包层、涂敷层、外层等。如图 5-29 所示，纤芯材料的主体是二氧化硅，为了提高材料光的折射率掺入一定的杂质。包层也是二氧化硅材料，为了降低光的折射率掺入一定的杂质。纤芯的直径约为 $5 \sim 75\mu m$。纤芯外面为包层，总直径约 $100 \sim 200\mu m$ 左右。

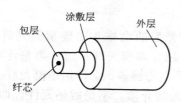

图 5-29 光纤的基本结构

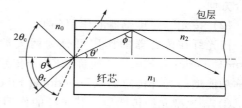

图 5-30 基本结构示意图

包层外面涂有涂料，其作用是保护光纤不受外来的损害，增加光纤的机械强度。光纤的最外层加上一层不同颜色的塑料管套，一方面起到保护作用，另一方面以颜色区分各种光纤，将许多种光纤组成光缆，主要应用于通信。

(2) 光纤的工作原理

光导纤维就是利用光的完全内反射原理，是传输光波的一种媒质。光导纤维就是由高折射率（n_1）的纤芯和低折射率（n_2）包层组成，如图 5-30 所示，当光线射入一个端面并与圆柱的轴线成 θ 角时，根据折射定律，在光纤内折射角为 θ'，然后以 ϕ 角入射至纤芯与包层的界面。当 ϕ 角大于纤芯与包层间的临界角 ϕ_c 时，即

$$\phi \geqslant \phi_c = \arcsin n_2 / n_1 , \quad n_2 < n_1 \tag{5-3}$$

则射入的光线在光纤的界面上产生全反射，并在光纤内部以同样的角度反复逐次反射，直至传播到另一端面，这就是光纤传光的原理。工作时需要光纤弯曲，只要仍满足全反射定律，光线仍继续前进，这里的光线"弯曲"实际上是由很多直线的全反射所组成。

当端面入射的光线满足全反射条件时

$$n_0 \sin\theta = n_1 \sin\theta' = n_1 \sin\left(\frac{\pi}{2} - \phi_c\right) = n_1 \cos\phi_c \tag{5-4}$$

式中，n_0 为光纤所处环境的折射率，一般为空气，$n_0 = 1$。

$$\sin\phi_c \frac{\sqrt{n_1^2 - n_2^2}}{n_0} = \text{NA} \qquad\qquad (5\text{-}5)$$

$n_0 \sin\theta$ 为光纤的数值孔径，用 NA 表示。一般情况下用光锥角表示。在使用时应使入射光处于 $2\theta_c$ 的光锥角度内，光纤才能有理想的导光。图 5-30 中的虚线表示的入射角 θ_r 过大不能满足要求，因此在传感器使用光纤时 NA 是一个重要的参数，希望 NA 的值大些，有利于提高耦合效率。

5.2.2 光纤传感器的分类

光纤传感器分类有很多，下面是以光纤传输方式、光纤在传感器的作用分类。

(1) 按传输模数分类

光导纤维可分为普通光纤、特殊光纤，常用的是普通光纤。

普通光导纤维可分为多模光纤、单模光纤两大类。

① 单模光纤通常是指阶跃型光纤中纤芯尺寸很小，光纤传输模数很小，原则上只能传送一个模的光纤。其特点是：纤芯折射率是均匀阶跃分布，包层内的折射率分布大体也是均匀，折射率为常数。常用于光纤传感器的纤芯直径仅有几微米，接近波长，传输性能好，频带很宽，具有较好的线性。但因纤芯小，难以制造和耦合。

② 多模光纤通常是指阶跃型的，直径很大，传输模数较多的光纤。多模光纤的线芯直径达几十微米以上，线芯直径大于波长，这类光纤性能较差，带宽较窄。但容易制造，连接耦合方便。

(2) 按光纤在传感器的作用分类

按光纤在传感器的作用可分为两大类：一类是导光型的也称非功能型的光纤传感器（Non Functional Fiber），简称 NFF 型传感器，多数使用在多模光纤；另一类是传感型的，也称功能型的光纤传感器（Functional Fiber），简称 FF 型传感器，常使用单模光纤。

① 导光型光纤传感器　其光纤的作用仅作为传播光的介质，不是敏感元件。即只传不感，对外界信息的"感觉"只能依靠其他物理性质的功能元件完成。传感器中的光纤是不连续的，有中断，中断的部分要接上其他介质的敏感元件，调制器可能是光谱变化的敏感元件或其他敏感元件。导光型光纤传感器又分为两种。一种是将敏感元件置于发射、接收的光纤中间，由敏感元件遮挡光路，使敏感元件的光透过率发生某种变化，这样受光的光敏元件所接收的光量就成为被测对象参数调制后的信号，如图 5-31 中的（a）所示。另一种是在光纤终端设置"敏感元件＋发光元件"的组合体，敏感元件感知被测对象参数的变化，并将其转变为电信号输出给发光元件，光敏元件以发光元件的发光强度作为测量所得到的信息，如图 5-31(b) 所示。在实际应用中要求光纤能传递更多的光量，所以采用多模光纤。一般情况下，能满足通信要求就可以了，在技术上也容易实现。

② 传感型光纤传感器　是利用外界信息具有敏感能力和检测功能的光纤作为传感元件，将"传"和"感"合为一体的传感器。这类传感器不仅起到传光的作用，而且还利用光纤的外界因素（弯曲、相变）的作用下，使其光学特性发生变化（光强、相变等），实现"传"和"感"的功能。这类传感器中的光纤是连续的，如图 5-31(c) 所示。这类传感器又分为光强制型、相位调制型、偏振态调制型、波长调制型等。由于光纤本身也是敏感元件，所以加长光纤的长度也可以提高灵敏度。

功能型光纤传感器在结构上比导光型光纤传感器简单，因为光纤是连续的，可以少用一些光耦合器件，但是为了光纤能接受外界物理量的变化，往往需要采用特殊光纤探头，增加

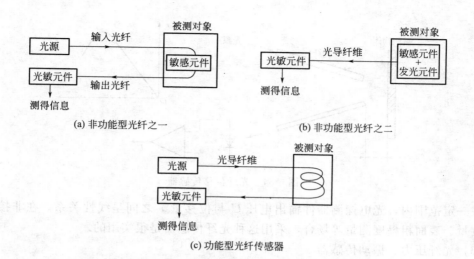

(a) 非功能型光纤之一   (b) 非功能型光纤之二

(c) 功能型光纤传感器

图 5-31　光纤传感器原理结构图

了传感器制造难度，结构也比较复杂，调试比较困难。

5.2.3　光纤传感器的应用

（1）温度的检测

光纤温度传感器具有抗电磁干扰、绝缘性能高、耐腐蚀、使用安全等特点，因此应用范围越来越广泛。

① 遮光式光纤温度计　如图 5-32 所示是一种简单的利用水银柱升降表示温度的光纤温度开关。当温度升高时，水银柱上升到某一设定的温度时，水银柱将两根光纤间的光路遮断，从而使输入的光强产生一个跳变。这种光纤开关温度计可用于对设定温度的控制，温度设定值灵活可靠。

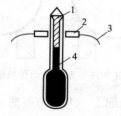

图 5-32　水银柱式光纤温度开关
1—刻度；2—光敏元件；3—光纤；4—水银

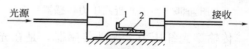

图 5-33　热双金属式光纤温度计
1—遮光板；2—双金属片

② 双金属热变形的遮光式光纤温度计　如图 5-33 所示，当温度升高时，双金属的变形量增大，带动遮光板在垂直方向产生位移，从而使输出光强发生变化。这种形式的光纤温度计能测量 10～50℃的温度，检测精度约为 0.5℃。它的缺点是输出光强受壳体振动的影响，且响应时间较长，一般需几分钟。

（2）光纤位移传感器

光纤位移测量的原理如图 5-34 所示，光纤作为信号传输介质，起导光作用。光源发出的光束经过光纤 1 射到被测物体上并发生散射，有部分光线进入光纤 2 并被光电探测器件即光敏二极管接收，转变为电信号。由于入射光的散射作用随着距离 x 的大小而变化，所以进入光纤 2 的光强也会发生变化，因此光电探测器件转换的电压信号也将发生变化。实践证

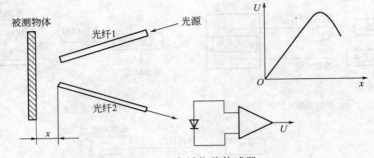

图 5-34 光纤位移传感器

明：在一定范围内，光电探测器件输出电压 U 与位移量 x 之间呈线性关系。在非接触式微位移测量、表面粗糙度测量等场合，采用这种光纤传感器是很实用的。

（3）光纤压力、振动传感器

光纤压力、位移传感器，可分为传输型光纤压力、振动传感器和功能型光纤压力、振动传感器。

多模光导纤维受到压力等非电量调制后产生弯曲变形，因为变形导致其散射增加损失，从而减少所传输的光量，检测出光量的变化就可测得压力、振动等非电量。

多重曲折式压力传感器如图 5-35 所示，将光导纤维放置在两块承压板之间，承压板受压后使光导纤维产生弯曲变形，因而影响光纤的传输特性，使其传输损失明显增加。这种传感器的压力变化具有较高的灵敏性，可检测到最小的压力是 $100\mu Pa$。光纤振动传感器如图 5-36 所示，将光纤弯曲成 U 形结构（曲率为 3cm），在 U 形光纤顶部加上 $50\mu m$ 的振幅振动力，因此在输出端测出光强有百分之几的振幅调制输出的光。用这一原理测量振动。

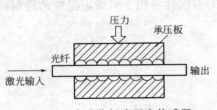

图 5-35　多重曲折式压力传感器

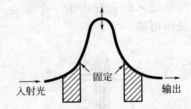

图 5-36　光纤振动传感器

传输型光纤压力、振动传感器，是在光纤的一个端面上配上一个压力敏感元件和振动敏感元件构成的，光纤本身只起着光的传导作用。这类传感器不存在电信号，所以应用于医疗方面比较安全。

实训14　光电开关

（1）实训目的

① 了解光敏元件的特性；

② 熟悉光电传感器的构成及工作原理，并学会应用。

（2）实训说明

图 5-37 所示是一个光控玩具电路，按下开关 S，当光线不足时，晶体管 VT_1 和 VT_2 处于截止状态，继电器的常开触点 K_1 断开，电源不通，电动机 M 不转动；如果光线充足，光敏二极管导通，继电器 K 得电，其常开触点 K_1 接通电动机 M 的电源，M 得电转动。如

果用光源来控制光敏二极管 VD 的导通或截止，则可控制玩具电动机 M 的停或转。

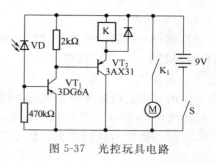

图 5-37　光控玩具电路

（3）实训内容

1）器件与设备　9V 电动机、继电器、光敏二极管、晶体三极管、普通二极管、面包板、遮挡黑布、9V 电源。

2）步骤

① 用万用表检测所购买的元器件是否合格；

② 按照图 5-37 所示，在面包板上连接电路；

③ 用一块黑布遮挡住光敏二极管，合上电源开关 S，观察玩具状态；

④ 拿掉黑布，再次观察玩具状态。

实训15　路灯光电控制器

（1）实训目的

① 了解光电倍增管 GDB-1 的工作原理及特性；

② 了解路灯光电控制器的工作原理及学会调试方法。

（2）实训原理

路灯光电控制器采用光电倍增管作为光电传感器，电路的灵敏度高，能有效地防止电路转换时的不稳定过程。电路中还设置有延时电路，具有对雷电和各种短时强光的抗干扰能力。图 5-38 路灯控制器的电路可分为光电转换、运算比较、驱动三个功能。在白天，光电管 VT₁ 受较强的光照射时，光电管产生的光电流使 VT₂ 栅极上的正电压升高，漏源电流增大，运算放大器 IC 的反相输入端电压为 3.1V，运算放大器的输出为负电压。VT₃ 为截止，继电器 K 不工作，路灯不亮。当天色渐暗，光线渐弱，光电管 VT₁ 的电流减小，使 VT₂ 栅极上的电压减小，漏源电流也减小，运算放大器 IC 的反相输入端为负电压，运算放大器的输出为正电压。VT₃ 为饱和导通，继电器 K 工作，继电器的触点 K₁ 吸合，路灯点亮。

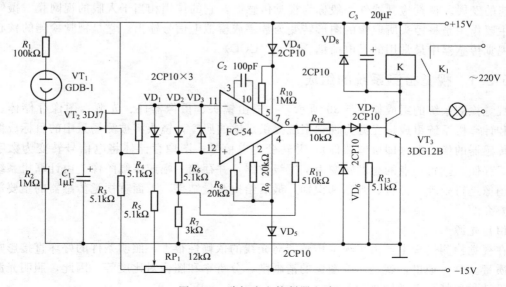

图 5-38　路灯光电控制器电路

（3）实训内容

1）器件与设备　光电倍增管、继电器、放大器、二极管、晶体三极管、线路板、遮挡黑布及＋15V、－15V电源。

2）步骤

① 用万用表检测所购买的元器件是否合格；

② 按照图 5-38 在线路板上焊接电路；

③ 用一块黑布遮挡住光电倍增管，观察灯泡状态。

5.3　视觉传感器

视觉检测技术是建立在计算机视觉研究基础上的一门新兴检测技术。视觉检测的基本任务就是要实现物体几何尺寸的精确检测或对物体完成精确定位。如轿车车身三维尺寸的测量、模具等三维面形的快速测量、大型工件同轴度测量、共面性测量等。它可广泛地应用于工件的完整性、表面平整度的测量，如微电子器件（IC 芯片、PC 板）等的自动检测，软质、易脆零部件的检测，各种模具三维形状的检测，机器人视觉，指纹检测以及大型工件空间三维尺寸的自动检测等。视觉检测技术就是利用视觉图像检测器件（如 CCD 摄像器件）采集图像，并用计算机模拟人眼的视觉功能，从图像或图像序列中提取信息，对客观世界的三维景物和物体进行形态和运动识别。视觉检测目的之一，就是要寻找人类视觉规律，从而开发出从图像输入到自然景物分析的图像理解系统。

视觉检测具有非接触、动态响应快、量程大、可直接与计算机连接等优点，视觉所能检测的对象十分广泛，可以说对测量对象是不加选择的。理论上，人眼观察不到的范围，计算机视觉也可以观察得到。如红外线、微波、超声波等人类就观察不到，而视觉检测可以利用这方面的敏感器件形成红外线、微波、超声波等，就可以观测到图像。现代视觉理论和技术的发展，不仅在于模拟人眼能完成的功能，更重要的是它能完成人眼所不能胜任的工作。视觉检测技术作为当今最新技术，在电子、光学和计算机技术等不断成熟和完善的基础上得到了飞速的发展。视觉检测器件一般称为视觉传感器，它的作用相当于人眼的视网膜。摄像器件的主要作用是将镜头所成像的图形转变为数字或模拟电信号输出。它是视觉检测的核心部件，视觉传感器中最常用的是电荷耦合器件（CCD）。

5.3.1　视觉检测系统的组成

视觉检测系统的组成如图 5-39 所示，一般由镜头、摄像器件、光源、图像存储体、监视器和计算机系统组成。光源为视觉系统提供足够的照度，镜头将被测场景中的目标成像到视觉传感器的像面上（即摄像器件），并转变为电信号。图像存储体将电信号转变为数字图像方式存储，把每一点的亮度转变为灰度级数据，并存储一幅或多幅图像。由计算机系统负责对图像进行处理、分析、判断和识别，最后给出测量结果。下面就视觉传感器的主要部分作简要介绍。

（1）光源

在视觉检测过程中，由于视觉传感器对光线的依赖性很大，照明条件的好坏直接影响成像的质量。具体地讲，就是影响图像的清晰度、分辨率和图像对比度等。因此，照明光源的正确设计与选择是视觉检测的关键。

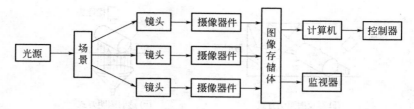

图 5-39 视觉检测系统的构成

1) 光源的选择 检测系统一般有两种：一种是通过测量物体的成像来检测物体的某些特征参数；另一种是通过测量被检测物体的空间频谱分布来确定被检物体的某些特征参数。对于前者，照明光源只要选用白炽灯或卤钨灯就可以了，而对于后者，应选用激光照明，因为它能满足单色性好、相干性强、光束准确性高等要求。CCD 器件的光谱范围在 $0.4\sim1.1\mu m$，峰值响应波长约为 $0.9\mu m$，氦氖气体激光器的激光波长为 $0.632\sim8\mu m$，其光谱响应灵敏度很接近于峰值响应波长的光谱灵敏度，与其他激光器相比，用相同功率光束照明，可得到较大的输出信号。并且，此种激光器的技术上比较成熟，结构简单，使用方便，价格便宜，故多选用之。用于视觉检测的光源应满足以下几点要求。

① 光的照度要适中 光源照度的大小将直接影响图像的灰度高低。照度过高，将使图像对比度过大，甚至局部图像出现过饱和而产生失真；照度过低，将使图像对比度过小，图像缺乏层次感而降低测量精度。

② 光的亮度要均匀 如果视觉场内亮度不均匀，将会产生附加灰度，从而带来测量误差。

③ 亮度要稳 由于图像灰度的高、低将直接受光源照度的影响，当照度出现波动时，势必影响图像灰度等级，从而容易引起测量误差。因此，理想的光源应保持照度稳定不变。

④ 不应产生阴影 当照明方式不恰当时，容易产生阴影，此时在目标边缘处产生过渡区域，从而降低边缘清晰度，影响测量精度。

⑤ 照度可调 在有些场合下需要调节视觉场上的亮度，此时光源应具有可调节照度的功能。

2) 光源的照明方式 光源的照明一般有以下几种方式，如图 5-40 所示。

① 漫反射照明方式 漫反射照明方式如图 5-40(a) 所示，这种方式适合于照射表面光滑、形状规则的物体。当物体表面特性对研究目标具有重要作用时，也可以采用这种照明方式。

② 透射照明方式 透射照明方式如图 5-40(b) 所示，这种照明方式也称为背光照明，适合于不透光物体照明，它可以形成一幅黑白灰度图像，可用于物体轮廓识别和定位。

③ 结构光照明方式 结构光照明方式，如图 5-40(c) 所示。结构光是指几何特征已知的光束，例如一束平行光通过光栅或网格形成条纹光或网格光，然后投射到物体上。由于光束的结构模式已知，因此通过结构光投影模式的变化可以检测物体的二维、三维几何特征。

④ 定向照明方式 定向照明方式如图 5-40(d) 所示，如果物体表面光滑且无缺陷，则定向平行光束将会被有规律地反射；若物体表面粗糙或存在缺陷，则会造成投射光的散射。因此，从反射光束的变化可以检测物体表面粗糙度或表面缺陷。

(2) 镜头

1) 镜头的作用 镜头是视觉传感器必不可缺的组成部分，它的作用相当于人眼的晶状体，主要具有以下几项功能。

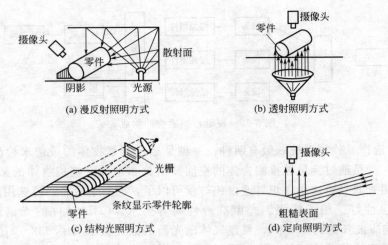

(a) 漫反射照明方式　　　　　　(b) 透射照明方式

(c) 结构光照明方式　　　　　　(d) 定向照明方式

图 5-40　照明方式

① 成像功能　如果没有晶状体，人眼就看不到任何物体；如果没有镜头，摄像器件就没有清晰的图像输出，输出的图像将是白茫茫一片。

② 聚焦功能　可以通过改变镜头的光圈指数以及快门速度来调整曝光量（即 CCD 光积分时间），由此改变图像的灰度。这一功能是人眼所不具备的。

③ 变焦功能　变焦距镜头可以改变成像大小（即视场范围），这一功能也是人眼所不具备的。

2）镜头技术指标

① 焦距　镜头焦距的大小决定着视场角的大小。焦距越小（短），视场角就越大，观察范围也越大，但远处物体分辨率不很清楚；焦距越大（长），视场角就越小，观察范围也越小，很远的物体也能看清楚。由此可知，焦距和视场角是一一对应的，一定的焦距就意味着一定的视场角。因此在选择焦距时应该充分考虑，要观测细节，还是要较大的观测范围。如果需要观察近距离大场面，就选择小焦距的广角镜头；如果需要观察细节，应该选择焦距较大的长焦镜头。焦距的计算可参照图 5-41 所示的图像，若视场宽度为 H，高度为 V，摄像器件的像面（以 CCD 为例）的宽度为 h，高度为 v，测焦距为 $f=hD/H$，D 是物距。由于实际的镜头焦距多为规则的系列数值，因此应当选择比计算值略小的焦距，这样视角还会大一些。

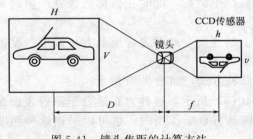

图 5-41　镜头焦距的计算方法

② 光圈　光圈是光圈指数（或称光阑系数）的简称，它表示镜头光通量的大小。一般均在镜头上标注。光通量与光圈指数平方成反比关系，光圈指数越小，光通量越大。光圈指数序列的标值一般为 1.4、2、2.8、4、5.6、8、11、16、22 等，其递增规律是按照曝光量的 2 倍变化。

③ 安装方式　目前大多数的镜头均采用螺纹或卡口两种方式连接。其中螺纹连接居多，镜头的安装方式有 C 式和 CS 式两种，二者的差别在于镜头光学基准距 CCD 靶面的距离不同。C 式安装座，从基准面到焦点的距离为 17.562mm。CS 式安装座，从基准面到焦点的

距离为 12.5mm。因此，镜头与摄像机的连接方式必须一致方能可靠连接才能工作，否则就不能正常聚焦，图像变得模糊不清。当采用 CS 式摄像机与 C 式镜头配用时，可以使用"专用接圈"来增大镜头与 CCD 之间的距离，从而保证正确聚焦。

（3）镜头的种类

镜头的种类比较多，分类方法也有多种多样。按照焦距大小可以分为广角镜头、标准镜头、长焦距镜头；按变焦方式可以分为固定焦距镜头、手动变焦距镜头、电动变焦距镜头；按光圈方式可以分为固定光圈镜头、手动变光圈镜头、自动变光圈镜头；按安装方式可以分为普通安装镜头、隐蔽安装镜头。

（4）图像存储体

图像存储体是视觉传感器的重要组成部分，对整个传感器的性能影响很大。图像存储体的主要作用：接收来自模拟摄像机的模拟电信号或数字摄像机的数字图像信号；存储一幅或多幅图像数据；对图像进行预处理，例如灰度变换、直方图拉伸与压缩、滤波、二值化以及图像叠加等；将图像输出到监视器进行监视和观察，或者输出到计算机内存中，以便进行图像处理、模式识别以及分析计算。

图像存储体可以分为外置式和内置式两种。外置式图像存储体为独立单元，它一般单独供电，功能较为全面，可以适用于微机系统、笔记本电脑、微处理器和可编程控制器等，成本也较高。内置式图像存储体一般为卡式结构（称为图像卡），可以直接插入计算机扩展槽内，使用方便，成本低，并可以充分利用计算机的软硬件资源。对视觉检测达到更高的目标，就是利用计算机与视觉系统的组合，可实现对于三维景物世界的理解，即实现人的视觉系统的某些功能。

5.3.2 视觉传感器的工作原理

人们通常将摄像器件称为视觉传感器，它的作用相当于人眼的视网膜。摄像器件的主要作用是将镜头所成像转化为数字或模拟电信号输出。它是视觉检测的核心部件，其中最常用的是电荷耦合器件（CCD）。

（1）CCD 的基本工作原理

CCD 的突出特点是以电荷作为信号，而其他大多数器件是以电流或者电压为信号。CCD 的基本功能是电荷的存储和电荷的转移，因此 CCD 工作过程的主要问题是信号电荷的产生、存储、传输和检测。

CCD 有两种基本类型，一种是电荷包存储在半导体与绝缘体之间的界面，并沿界面传输，这类器件称为表面沟道 CCD（SCCD）；另一种是电荷包存储在离半导体表面一定深度的体内，并在半导体内沿一定方向传输，这类器件称为体沟道或埋沟道器件（BCCD）。下面以 SCCD 为例来讨论 CCD 的基本工作原理。

1）CCD 光敏元件工作原理　图像是由像素组成行、组成帧。对于黑白图像来说，每个像素应该根据光的强弱得到不同大小的电信号，并且在光照停止之后仍能把电信号的大小保持记忆，直到把信息传送出去，这样才能构成图像传感器。CCD 的特点是以电荷为信号，不同于其他器件那样以电流或电压为信号。其关键在于明确电荷是如何存储、转移和输出的。CCD 器件是用 MOS（即金属-氧化物-半导体）电容构成的像素实现上述功能。在 P 型硅衬底上通过氧化形成一层 SiO_2，然后再淀积小面积的金属铝作为电极，如图 5-42 所示。P 型硅里的多数载流子是带正电荷的空穴，少数载流子是带负电荷的电子。当金属电极上施加正电压时，其电场能够透过 SiO_2 绝缘层对这些载流子进行排斥或吸引，于是带正电的空穴被排斥到远离电极处，带负电的电子被吸引到紧靠 SiO_2 层的表面上来。这种现象便形成对电子而言的陷阱，电子一旦进入就不能复出，故又称电子势阱。

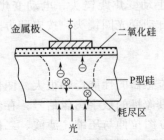

图 5-42　CCD 基本结构示意图

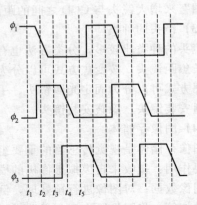

图 5-43　CCD 的转移电压示意图

当器件受到光照时（光可从各电极的缝隙间经过 SiO_2 层射入或经衬底的薄 P 型硅射入），光子的能量被半导体吸收，产生电子-空穴对，这时出现的电子吸引存储在势阱中。光越强势阱中收集的电子越多，光越弱势阱中收集的电子越少。这样就把光的强弱变成电荷的数量，实现了光和电的转换。而势阱中的电子是处于被存储状态，即使停止光照，在一定时间内也不会损失，这就实现了对光照的记忆功能。

总之，上述结构实质上是个微小的 MOS 电容，用它构成像素，既可感光又可留下潜影，感光作用是靠光强产生的电子积累电荷，潜影是各个像素留在电容里的电荷不等而形成的。若能设法把各个电容里的电荷依次传送到其他处，再组成行和帧，经过显影就实现了图像的传递。

2）电荷转移原理　由于组成一帧图像的像素总数太多，只能用串行方式依次传送，在常规像素的管里是靠电子束扫描的方法工作的，在 CCD 器件里也需要用扫描实现各信息的串行化。不过 CCD 器件并不需要复杂的扫描装置，只需外加如图 5-43 所示的多相脉冲，依次对并列的各个电极施加电压就能实现。图中的 ϕ_1、ϕ_2、ϕ_3，是相位依次相差 120°的三个脉冲源，其波形都是前沿陡峭后沿倾斜。若按时刻 $t_1 \sim t_5$ 分别分析其作用，可结合图 5-44 来讨论工作原理。在排成直线的一维 CCD 器件里，电极 $1 \sim 9$ 分别接在三相脉冲源上，将电极之间 $1 \sim 3$ 视为一个像素，在 $\phi 1$ 为正电压的 t_1 时刻里受到光照，于是电极 1 之下出现势阱，并收集到负电荷。同时，电极 4 和 7 之下也出现势阱，但因光强不同，所收集到的电荷不等。在时刻 t_2，电压 ϕ_1 已下降，然而 ϕ_2 电压最高，所以电极 2、5、8 下方的势阱最深，原先储存在电极 1、4、7 下方的电荷将移到 2、5、8 下方。到时刻 t_3，上述电荷已全部向右转移一步。依此类推，到时刻 t_5 已依次转移到电极 3、6、9 下方。二维的 CCD 则有多行，在每一行的末端，设置有接电荷并有放大的器件，此器件所接收顺序当然是先收到距离最近的右方像素，依次到来的是左方像素。直到整个一行的各像素都传送完，如果只是一维的，就可以再进行光照，重新传送新的信息。如果是二维的，就开始传送第二行。

事实上，同一个 CCD 器件既可按并行方式同时感光形成电荷潜影，又可以按串行方式依次转移电荷完成传送任务。但是，分时使用同一个 CCD 器件时，在转移电荷期间就不应再受光照，以免因多次感光破坏原有图像，这就必须用快门控制感光。而且感光时不能转移，转移时不能感光，工作速度受到限制。现在通用的办法是把两个任务由两套 CCD 完成，

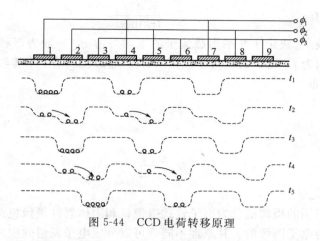

图 5-44　CCD 电荷转移原理

感光用的 CCD 有窗口，转移用的 CCD 是被遮蔽的，感光完成后把电荷并行转移到专供传送的 CCD 里串行送出，这样就不必用快门了，而且感光时间可以加长，传送速度也更快。

由此可见，通常所说的扫描已在依次传送过程中体现，全部都由固态化的 CCD 器件完成。

3）CCD 的注入、输出结构　前面仅叙述了电荷存储和移位，完整的 CCD 结构还应包括电荷注入和输出。

① 电荷注入　在电荷注入 CCD 中，有光电注入和电注入两种。光电注入即光照射在金属电极附近，产生的光电被电极下势阱吸收，完成了电荷注入。电注入就是 CCD 通过输入结构对信号电压或电流进行采样，将信号电压或电流转换为信号电荷。电注入的方法很多，常用的两种方法为电流注入法和电压注入法。

② 电荷输出　在 CCD 中，有效地收集和检测电荷是一个重要问题。CCD 的重要特性之一是信号电荷在转移过程中与时钟脉冲没有任何电容耦合，而在输出端则不可避免。因此，选择适当的输出电路可以尽可能地减少时钟脉冲容性馈入输出电路的程度。目前 CCD 的输出方式主要有电流输出、浮置扩散放大器输出和浮置栅放大器输出。

4）CCD 的性能与参数

① 转移效率和转移损失率　电荷转移效率是表征 CCD 性能好坏的重要参数。把一次转移后达到下一个势阱中的电荷与原来势阱中的电荷之比称为转移效率。转移损失率：定义为每次转移中未被转移的电荷所占百分比。原始注入电荷为 Q_0，经 n 次转移后，所剩电荷为 Q_n，则

$$Q_n = Q_0(1-n) \tag{5-6}$$

为了降低转移损失率，在工艺上要减少表面缺陷、陷阱和沾污，并要求沿传输方向的长度要小，转移速度不能太快等。

② 工作频率　CCD 是利用极板下半导体表面势阱的变化来存储和转移信息电荷，所以它必须工作于非热平衡态，使用时必须对时钟频率的上、下限要有一个大致的估算。时钟频率的上限决定于电荷转移的损失率，电荷的转移要有足够的时间，电荷转移所需的时间应小于所允许的值。设 τ_D 为 CCD 势阱中电量，因热扩散作用衰减的时间常数。它与材料和极板的结构有关，一般为 10^{-8}s 量级。若使不大于要求 ε_0 值，则对于三项 CCD 有

$$f_{\text{上}} \leqslant -\frac{1}{3\tau_D \ln\psi\varepsilon_0} \tag{5-7}$$

对于二项 CCD 有
$$f_上 \leqslant -\frac{1}{2\tau_D \ln \psi \epsilon_0} \tag{5-8}$$

时钟频率的下限 $f_下$ 决定于非平衡载流子的平均寿命 τ，一般为毫秒级。电荷在相邻两电极之间的转移时间为 t，既 $t < \tau$，对于三项 CCD，电荷包从前一个势阱转移后一个势阱所需要的时间为 $t/3$，则

$$f_下 > \frac{1}{3\tau} \tag{5-9}$$

对于二项 CCD 有

$$f_下 > \frac{1}{2\tau} \tag{5-10}$$

(2) CCD 器件类型

视觉检测系统采用的摄像机分为电子管式摄像机和固体器件摄像机两种。电子管式摄像机根据光图像转换为电子图像的。其原理不同．可以分成电子发射效应式和光导效应式两种类型。

CCD 是利用内光电效应由单个光敏元件构成的集成化光电传感器。它集电荷存储、移位和输出为一体，应用于成像技术、数据存储信号处理电路等。其像素的大小及排列固定很少出现图像失真，使固体自扫描成像成为现实。它与传统的摄像机相比，具有体积小、重量轻、功耗小、工作电压低（小于 20V）和抗烧毁等优点，而且在可靠性、分辨率、动态范围、灵敏度、实时传输和自扫描等方面有很明显的优越性。其光波范围是从紫外区及可见光区发展到红外光区。从用于一维（线型）和二维（平面）图像信息处理正向三维（立体）图像信息处理发展。目前，CCD 摄像器件不论在文件复印、传真、零件尺寸的自动测量和文字识别等民用领域，还是在空间遥感遥测、卫星侦察及水下扫描摄像机等军事侦察系统中都发挥着重要作用。

电荷耦合摄像器件就是用于摄像或相敏的 CCD，又简称 ICCD。它的功能是把二维光学图像信号转换成一维视频信号输出。

它有线型和面型两大类型。二者都需要用光学成像系统将景物图像成像在 CCD 的像敏面上，像敏面将照在每一个像敏单元上的图像照度信号转变为少数载流子数密度信号，存储于相敏单元（MOS 电容）中。然后，再转移到 CCD 的移位寄存器（转移电极下的势阱）中，在驱动脉冲的作用下顺序地移出器件成为视频信号。

对于线型器件，它可以直接收到一维光信息，而不能直接将二维图像转变为视频信号输出，为了得到整个二维图像的视频信号，就必须用扫描的方法来实现。

① CCD 线阵列摄像器件工作原理　线阵列固体摄像器件基本结构如图 5-45 所示，图中，光电二极管阵列和 CCD 移位寄存器统一集成在一块硅片上，分别由不同的脉冲驱动。设衬底为 P-Si，光电二极管阵列中各单元彼此被 SiO_2 隔离开，排成一行，每个光电二极管即为一个像素。各光电二极管的光电变换作用和光生电荷的存储作用，与分立元件时的原理相同。如图中 U_p 为高电平时，各光电二极管为反偏置，光生的电子空穴对中的空穴被 PN 结的内电场排斥，通过衬底入地，而电子则积存于 PN 结的耗尽区中。在入射光的照射下，内电场的分离作用也在持续地进行，从而可得到光生电荷的积累。转移栅由铝条或晶硅构成，在输出为低电平时转移栅下面的衬底中将形成

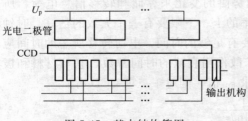

图 5-45　基本结构简图

高势垒，使光电二极管阵列 CCD 移位寄存器彼此隔离。在输出高电平时转移栅的下面衬底中的势垒被拆除，成为光生电荷（电荷包）流入 CCD 的通道。这时，电荷包并行流入 CCD 移位寄存器，接着在驱动脉冲作用下，电荷包按着它在 CCD 中的空间顺序，通过输出机构串行转移出去，这就是线阵列固体摄像器件工作过程。

线型 CCD 摄像器件有两种基本形式。一个是单沟道线阵 ICCD，另一个是双沟道：线阵 ICCD，同样是像敏单元的双沟道线阵 ICCD 要比单沟道线阵 ICCD 的转移次数少一半，它们的总转移效率也大大提高，故一般高于 256 位的线阵 ICCD 都为双沟道的。

② 面阵 ICCD 利用 CCD 摄像，仅一维是不够的，线型结构仅能在一个方向上，在驱动脉冲的作用下，把受不同图像光强照射产生的信息电荷从同一输出端输出，形成图像时钟脉冲串，经过"解调"后，恢复原图像。显然，另一个方向采用机械方法扫描，摄像机体积庞大，可靠性差。为适应需要，按一定的方式将一维线型 ICCD 的光敏元素及移位寄存器排列成二维阵列，即可以构成二维面阵 ICCD。按照传输方式的不同，可分为场传输面阵 CCD 和行传输面阵 CCD。场传输面阵 CCD 结构原理如图 5-46 所示，它是一种场转移面阵摄像器件。上面是光敏元件面阵，中间是存储器面阵，下面是读出移位寄存器。假设光敏元件面阵为 4×4 阵，在光积分期间，4×4 个光敏元件曝光，吸收光生电荷。曝光结束时，实行场移，即在同一瞬间将 4×4 个光敏元件获取的信息电荷转移到存储器面阵中对应的位置上。此时，光敏元件第二次积分。在高速驱动脉冲作用下，把存储器面阵中的信息电荷逐行转移到读出移位寄存器，每转移进一行，又要按串行向右移位输出后，再把第二行转移到读出移位寄存器中，直到最后一行。上述这种场转移阵器件的电极结构简单，但有一个独立的存储器面阵。

行传输面阵 CCD 结构原理如图 5-47 所示。把光敏元件与存储器集中在同一区内，分成光积分与遮光暂存两个部分。在光敏元件光积分结束时，打开转移栅，信息电荷进入遮光暂存区。然后，一次一次地下移到水平位置的读出移位寄存器中，向右移输出。这种结构操作比较简单，但是转移信号必须遮光，感光面积减小了。

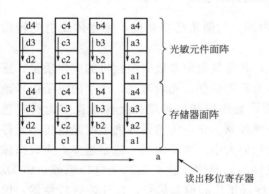

图 5-46   场传输面阵 CCD 结构原理

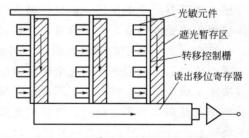

图 5-47   行传输面阵 CCD 结构原理

(3) 彩色数码照相机

彩色数码照相机又称数字化相机，是 20 世纪 90 年代发展起来的具有很强生命力的 CCD 产品。它的诞生打破了传统的摄影常规，使摄影变得更加方便，因为它具有摄录机那样的即拍即演的可视功能，又能像傻瓜相机那样操作简便，容易对图像进行任意的删除和修改，甚至于作局部的增减、合成及背景亮度与颜色的改变等处理，这样很容易达到各种艺术效果。

数码照相机与胶片相机的区别在于图像的传感和存储的方式不同。数码相机的图像是由镜头产生的光学图像经过面阵 CCD 转换成电荷包图像，再经 A/D 转换器转换成为数字信息存储在电子存储器中。而胶片式照相机是通过感光胶片上的卤化银的光化学反应记录彩色图像的，它是一次性的，不可修改的。

数码照相机的另一个特点是图像的即拍即放特性。它可以将刚刚拍到的图像调出来，观看所拍图像的效果，并将所拍摄的图像通过计算机网络发到各地去。这一功能是胶片式照相机无法办到的。胶片式照相机的图像只有在拍完后将胶卷取出，并只有经过冲印后才能观看到拍摄效果，异地观看更是无法办到。

数码照相机的最大特点是，它以一系列的二进制数字和标准的图像存储方式把所摄的图像存放在机内存储器中。并可以通过专用接口与各种通用计算机联机，实现图像传输和计算机处理的功能。

1）数码照相机的组成原理

① 数码照相机组成　数码照相机组成方框图如图 5-48 所示，主要由光学镜头、感光传感器（CCD 或 CMOS）模数转换器（A/D）、图像处理器（DSP）、图像存储器（Memory）、液晶显示器（LCD）、端口、电源和闪光灯等组成。

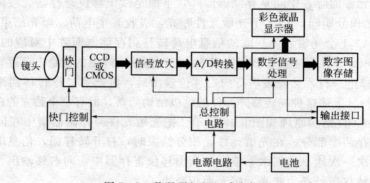

图 5-48　数码照相机组成方框图

数码照相机是利用光电传感器（CCD 或 CMOS）的图像感应功能，将物体反射光转换为数码信号，经压缩后储存于内建的存储器上。

感光传感器的功能是将光信号转换成电信号，其质量决定着数码照相机的成像质量。感光传感器先将光能转变为电子信号，之后再转换为数码信息，光线越亮，产生的电子信号越强。在结合了光线强度与颜色之后，再转成像素。数码照相机可将每个像素设定为特定色彩，感光传感器是由很多小的光电传感器组合而成阵列。光电传感器阵列上的光电传感元件总数决定了成像总像素的多少，即决定了成像面积的大小。面积相同，像素越多，生成图像的分辨率就越高，清晰度越好。外部的光线透过镜头，会聚于镜头后的光电传感器（CCD/CMOS）上。光电传感器将光信号转换为与光强度成正比的模拟信号，送往模数转换器，模数转换器将模拟电信号转换为二进制数字信号，送往图像处理器。图像处理器将数字图像信号进行处理、压缩后存储在存储器中。上述成像过程是在核心控制芯片的控制下完成的。

② 主要部件及技术参数

a. 镜头　照相机的镜头对成像质量的好坏起着重要的作用。一部照相机最昂贵的部分往往是它的镜头。数码照相机的镜头和普通光学照相机镜头有相通之处。数码机的感光单元 CCD 相对于普通的 35mm 胶片来说要小很多。因为数码照相机可以代替传统照相机用于拍摄，又可作为计算机的图像输入设备，因此比较短的镜头就可以完成较大的变焦范围，所以平常看到的数码照相机大多很小巧。在数码照相机的各项指标中，大多数码照相机都有光学变焦镜头，但其变焦范围非常有限，很少有超过 10 倍的，所以这类照相机一般都可以安装附加的远距照相镜头和过滤器。有一些数码照相机还有数码变焦功能，可以使变焦范围再度扩大。

b. 快门　快门的速度是数码照相机的另一个重要参数，在民用数码照相机中快门速度大多在 1/1000s 之内，基本上可以应付大多数的日常拍摄。快门不单要看"快"还要看"慢"，就是快门的延迟，比如 C-2020Z 最长具有 16s 的长快门，用来拍摄夜景就足够了，但是快门太长会增加数码照片的"噪声"，就是照片中会出现杂乱条纹。

c. 存储器件　传统照相机中存储器件是胶卷本身，即胶卷既起感光作用又起存储拍摄信息的作用。而数码照相机中的 CCD 或 CMOS 芯片只起感光作用，只是将光信号变成模拟电信号，并在拍摄下一幅画面前就将这电信号输出，不能存储拍摄信息。数码照相机中存储信息要另用其他器件。数码照相机中可用的存储器件很多，如 PC 卡、CompactFlash 卡（简称 CF 卡）、SmartMedia 卡、固定软盘卡、软盘、MD 光盘等。

d. 分辨率　数码照相机的分辨率，是拍摄记录景物细节能力的度量。分辨率的高低既决定了所拍摄景物的清晰度高低，又决定了所拍摄文件最终能打印出高质量画面的大小，以及在计算机显示器上显示高质量画面的大小。其分辨率的高低，取决于数码照相机中 CCD 芯片或 CMOS 芯片上像素的多少，像素越多，分辨率越高。分辨率的高低也就是用像素量的多少反映的。目前，高档数码照相机均是以 CCD 作为光敏传感器件，CCD 的像素有 30 万、80 万、130 万、230 万等，一直到 500 万像素，跟计算机一样更新换代很快，但其制造工艺较为复杂，而且功耗较大，成本较高。而 CCD 所能达到的像素是 CMOS 所无法与其相比的，CMOS 传感器便于大规模生产，且速度快、成本较低。

e. 色彩位数　色彩位数又称为彩色深度，用来表示数码照相机的彩色分辨能力，数码照相机的色彩位数增加，意味着可捕获的细节数量增多。通常数码照相机有 24 位的色彩位数就够了，广告摄影用的数码照相机需要 30 位或 36 位的彩色深度。彩色深度为 24 位，就意味着可记录 2^{24} 即 1677 万种颜色，彩色深度为 30 的意味着可记录 2^{30} 即 10.7 亿种颜色。

f. 信号输出形式　数码照相机与计算机之间的直接信息传递接口，主要有 RS-232 串行接口、SCSI-2 接口、USB 接口、IEEE1394 接口和 IRDA 红外接口等几种。早期的绝大多数的数码照相机采用 RS-232 串行接口，只有极少数数码照相机采用 USB 接口、IEEE1394 接口和 IRDA 红外接口。部分数码照相机除了有与计算机连接的端子外，还有视频输出端子，可在电视机上观看拍摄图片。

2）数码照相机的发展　现在数码照相机技术发展的很快，新产品层出不穷，基本上每周都有新产品推出，随着万像素级别的数码照相机大量出现，数码照相机的拍摄的照片品质基本能满足大多数用户的需求，依目前的发展来看，照相机的设计方向是轻、细、灵及快。轻是采用新材料，高集成度，减轻重量和方便携带；细是采用精密机件把一切不必要的空间消失；灵是功能要多变化；快是即影即有，甚至到未影都要有。

3）图像处理　从广义上讲，图像是自然界景物的客观反映，是人类认识世界和人类本身的重要源泉。图像是指景物在某种成像介质上再现的视觉信息，图像是具有特定信息的某种集合体，本质上可认为图像是数据的集合。

① 像素和灰度　当把物体图像输入到计算机系统时，可将连续图像描述为 $M \times N$ 矩阵的形式，矩阵的每一个元素称之为像素 $P(i, j)$。像素的光强信息值称为像素值，多用灰度等级来表示。目前常用的灰度等级分为 256 级，相当于 8 位，其数值由 0～255 级，人眼的图像分辨率略优于 16 级。一个图像在存储或处理时都采用以像素为位置、灰度值为数组元素的矩阵表达式来表示。

② 图像的分类　图像按其性质特征来分类，大致有以下几种。

a. 灰度图像

按灰度分类有二值图像（如图文传真、文字、图表和工程图纸等）和多灰度图像，多层次灰度图像按使用不同，有各种不同灰度层次。例如，计算机打印或传真中有灰度层次的图像，一般为 16、25 灰度级，广播电视图像为 256 灰度级，医学图像一般为 1024 灰度级。

b. 色彩图像

按照色彩分类，可分为单色图像和彩色图像。

单色图像，是指只有某一谱段的图像，一般为黑白灰度图像。彩色图像包括真彩色、合成彩色、伪彩色和假彩色等，可用不同的彩色空间来描述，如 RGB、YUV 等。

c. 运动分类

按照运动分类，图像可分为静态图像和动态图像，静态图像包括静止图像和凝固图像。每幅图像本身都是一幅静止图像。凝固图像是动态图像中的某一帧。动态图像的快慢是以帧的运动速率衡量，帧的速率是反映画面运动的连续性。可以看出，动态图像实际上是由一幅幅静态图像按时间排列组成的。

d. 按时空分布分类

按时空分布分类，图像可分为二维图像（平面图像）和三维图像（立体图像）。

5.3.3　视觉传感器的应用

视觉检测技术在各个领域都有着广泛的应用。视觉检测的最大优点是与被测对象无接触，因此对观察者和被观察者都不产生任何损伤，十分安全可靠。这是其他检测方式无法比拟的。另外，视觉方式所能检测的对象十分广泛，可以说检测对象是不加选择的。理论上，人眼观察到的范围，计算机视觉也可以观察到。如红外线、微波和超声波等人类就观察不到，而视觉检测也可以利用这方面的敏感器件，形成红外线、微波和超声波等，进行检测。

(1) 视觉检测技术应用简述

视觉检测技术在国民经济、科学研究及国防建设等领域都有着广泛的应用，特别是在机器人、医疗设备、工业自动化控制方面的应用，取得一些应用成果。

① 工业上的应用　生产线上的部件安装、自动焊接、切割加工、大规模集成电路生产线上自动连接引线，对准芯片和封装，石油、煤矿等地质钻探中数据流自动检测和滤波、纺织、印染业进行自动分色、配色等。

② 各类检验、监视中的应用

如检查印刷底版的裂痕、短路及不合格的连接部分，检查铸件的杂质和断口，对产品样品进行常规检查，检查标签文字标记、玻璃产品的裂缝和气泡等。

③ 商业上的应用

自动巡视商店或者其他重要场所门廊，自动跟踪可疑人并及时报警等。

④ 遥感方面的应用

自动制图、卫星图像与地形图对准，自动测绘地图；国土资源管理，如森林、水面、土壤的管理等；还可以对环境、火灾自动监测等。

⑤ 医疗方面的应用

对染色体切片、癌细胞切片、X 射线图像、超声波图像的自动检查，进而自诊断等。

⑥ 军事方面的应用

自动监视军事目标，自动发现、跟踪运动目标，自动巡航捕获目标和确定距离。视觉检测应用是多方面的，它已经取得并将继续取得越来越广泛的应用。

（2）机器人视觉检测的应用

机器人视觉技术是 20 世纪 80 年代发展起来的新兴技术。近年来，机器人视觉技术已经成为高新技术领域一个重要的研究课题，它为可行走机器人、装配机器人的视觉系统提供了技术基础。它将使工业生产方式发生巨大的变化，对人类社会的生活和生产具有深远的影响。视觉信息处理可以看作是从三维环境图像中抽取、描述和解释信息的过程，它可分为六个主要部分：传感、预处理、分割、描述、识别以及知识表达和解释。

1）机器人视觉系统的组成

机器人视觉系统的组成如图 5-49 所示，人类感知客观世界有 80％ 的信息是由视觉获得的，所以对于机器人"眼睛"将会是一种重要的感知设备。客观世界的原型应该是景物和图像，用文字难以表达的事物，用一张简单的图就能精辟而准确地表达。

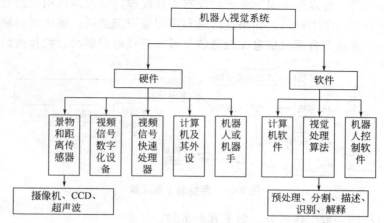

图 5-49　机器人视觉系统的组成

机器人视觉系统要达到实用，至少要满足以下几方面要求：首先是实时性，随着视觉传感器分辨率的提高，每帧图像所要处理的信息量大增，识别一幅图像往往需要几十秒，这当然无法进入实用。随着硬件技术的发展和快速算法的研究，识别一帧图像的时间可在 1s 左右，这样才可能满足大部分作业的要求。其次是可靠性，因为视觉系统若作出误识别，轻者损坏工作和机器人，重则可能危及操作人员的生命安全，所以必须要求视觉系统工作可靠。再次是要求有柔性，系统能适应物体的变化和环境的变化，工作对象比较多样，能从事各种不同的作业。机器人视觉系统由硬件和软件两大部分组成。

① 硬件的组成及完成功能

a. 景物和距离传感器。常用的有摄像机、CCD 传感器和超声波传感器等。

b. 视频信号数字化设备。它的任务是把摄像机和 CCD 传感器输出的全电视信号转化成计算机可以使用的数字信号。

c. 视频信号快速处理器。完成视频信号实时、快速、并行算法的硬件实现，包括 systolic 结构，基于 DSP 的快速处理器及 PIPE 视觉处理机。

d. 计算机及其外部设备。根据系统的需要可以选用不同的计算机及其外设，来满足机器人视觉信息处理及机器人控制的需要。

e. 对机器人或机器的控制器。

② 软件

a. 机器人视觉信息处理算法。图像预处理、分割、描述、识别和解释等算法。

b. 机器人控制软件。

2）机器人视觉技术的应用　机器人视觉技术主要应用在下面两个方面。

① 给装配机器人（机械手）配备视觉装置，要求视觉系统必须做到识别传送带上所要装配的机械零件、确定该零件的空间位置、根据此信息控制机械手的动作，做到准确装配。还可用机械人视觉系统作机械零件的检查。

② 给行走机器人配备视觉装置，要求视觉系统能够识别室内或室外的景物，进行道路跟踪和自主导航。用它可完成危险材料的搬运、野外侦察和扫雷等任务。

3）机器人视觉与触觉的融合　在智能机器人中，手眼系统是最具有代表性的，通过这些机器人可以进行物体的识别、测量和控制。由于有了可以进行触摸的机械手，可以用视觉信息引导触觉系统的运动，同时触觉系统反过来又能验证视觉系统的结果。图 5-50 所示是一个典型的手眼系统，可以用来识别普通的没有明显纹理特征及颜色相近的物品，这对于单纯的视觉系统来说是非常困难的。如果这时只利用视觉识别系统，那么就会缺少用以匹配及深度分析的特征。通过融合视觉信息和触觉信息可以有效地识别洞、坑和曲面形状等信息。

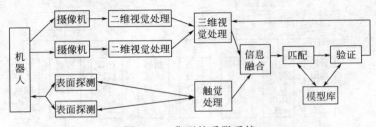

图 5-50　典型的手眼系统

这种手眼系统的一般工作可分为如下五个步骤。

① 利用二维视觉处理技术确定边界区域，利用立体视觉确定物体的质心，由此作为触觉探测的起点，同时立体视觉可以提供对深度和朝向的初步计算结果，并除去由遮拦、噪声等原因形成的孤立特征。在只有视觉处理的系统中，对于非稠密的深度只有通过内插来估计。借助于触觉可以大大提高内插的精度。

② 利用触觉系统进一步检查视觉系统识别到每个区域，以决定其是表面还是洞或坑。

③ 对于平滑区域，利用视觉和前面触觉的结果以及当前的触觉信息相融合，生成与模型数据库相匹配的三维表面，从与表面相连的位置开始。触觉通道利用结点决定表面踪迹的方向，将这些点沿着每条踪迹连接成闭合曲线，用以补充立体视觉处理过程中获取的信息。

④ 利用表面和闭合曲线（对应孔或坑）与模型数据库相匹配，得到与传感信息一致的物体。如果一致的物体是多个，那么用概率测量，需要验证的物体进行排队。

⑤ 一旦确定了与数据库对应的物体，下一步需要对未被感知的特征进行验证。对于视觉上被遮挡的洞和坑就需要用触觉感知来检测，但只靠触觉感很难的，因此视觉检测在这里所起的作用是对触觉系统的引导和确定，需要触觉探测的区域。

4）视觉检测在生产线上的应用　图 5-51 所示是 VS-725-Y 系统的框图，是为了满足卷烟厂生产线的需要而开发的智能型小包分拣设备，该设备采用高清晰高分辨率的彩色 CCD 传感器和处理显示内核，处理速度高，可以检测和剔除 RGB 三色中的细小差异小包。广泛应用于烟厂包装生产线的小包装的外壳质量监控，尤其适合于生产速度快、烟壳间隔不定的软包装生产线。具有配置灵活、安装方便、精度高、可靠性好、性能价格比高的特点。在不影响生产线

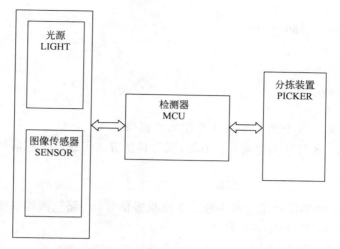

图 5-51 VS-725-Y 智能小包分拣仪组成框图

的原有控制程序的情况下，可以安装在小包机与小包装薄膜包装机之间的输送带上任何位置。

① VS-725-Y 能实现的生产线目标

a. 降低因小包装质量而引起的投诉。

b. 降低工人的劳动强度。

c. 提高生产线自动化程度。

d. 对生产线的生产状况、班组的生产情况进行统计，为将来的 SCADA 系统提供智能终端。

② VS-725-Y 具有的基本功能

a. 监视高速生产线小包装的外包装，用液晶显示可以清晰观察到生产线上经过的每个小包。

b. 自动准确地剔除每个差异包。

c. 可以设置 64 个标准模型包。

d. 可以根据现场需要设置检测算法。

e. 可以对每个标准模型包设置 8 个检测窗口。

f. 统计每个班组的生产情况（包括总生产小包数、差异包生产数等）。

g. 提供以太网口通信，可以获取图像检测数据和烟包生产数据。

h. 支持生产/调试方式。

③ 主要技术特点

a. 采用以专用图像处理 DSP 为核心的图像处理模块，精确截取和测量目标，提高系统的处理速度和实时性。

b. 系统可以在双镜头配置下检测小包装，关键是三个面的检测。

c. 智能检测与剔除，安装和生产中不影响原生产线。

d. 专业化光源设计，成像清晰均匀，保证不形成光斑。

e. 采用双触发技术，实现准确的相位控制器，保证剔除方式不会有误。

f. 采用 PLC 可编程逻辑设计，保证图像检测结果的准确逻辑。

g. 可靠性高，MTBF≥50000h。

h. 工作温度在 $-20 \sim +60℃$，满足现场运行条件。

④ 主要技术性能指标

a. 视频处理

成像与显示：640×480 像素。

成像速度：33fps。

曝光时间：1/10000s。

处理时间：40ms。

标准模型：64 个。

AOI 数：每个模型 8 个像素窗口/4 个相似度窗口。

b. 开关量输入　8 路开关量输入；有源/无源连接方式可选；有源信号电压不超过 24V，电流不超过 50mA。

c. 控制输出

8 路：可控制 8 个输出对象，其中输出 1 路报警信号，1 路气阀控制信号。

触点容量：250VAC/30VDC，10A。

d. 烟包检测参数

检测速度：20 包/s。

窗口目标检测精度：3mm（无抖动情况下）。

VS-725-Y 智能小包装分拣仪工作原理如图 5-52 所示。在稳定、无光斑、不引起闪烁的照光条件下，图像传感器采集通过检测口的每只小包装，由智能检测器的 MCU 根据所设置的参数和算法进行数字图像处理，输出逻辑结果。如果为差异包，该小包装通过分拣装置时，MCU 发出控制信号，通过气阀将小包装剔除掉。

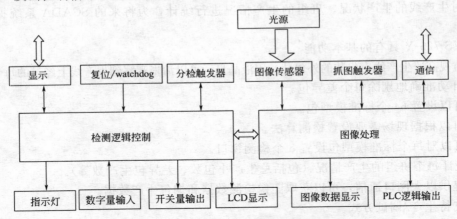

图 5-52　智能小包分拣仪工作原理图

⑤ 功能

a. 图像采集，根据生产线速度实时采集图像。

b. 图像数据显示，实时显示采集的图像和检测数据。

c. 图像处理，根据设置的检测数据，对图像进行处理。

d. PLC 逻辑输出处理结果。

e. 组态功能，设置标准模型，设置检测算法和参数。

f. 差异包剔除，实时剔除差异包。

g. 数据通信（选配），通过串口可以获取图像检测结果和生产检测统计数据。

h. 控制器状态监视，LCD 显示生产线检测统计数据，同时，LED 显示控制器运行状态。

1. 光电传感器是采用光信号转为电信号元件的传感器，光电效应是指物体吸收了光能后而产生的电特性的物理现象，光电效应可分为外光电效应、内光电效应、光生伏特效应三种类型；以光电效应原理制成的器件有光电管、光电倍增管、光敏电阻、光电池（也称太阳能电池）、光敏二极管、光敏三极管、光控晶闸管、光电隔离器、光电传感器等，被广泛应用在自动控制、玩具、加工生产及新能源等领域中。

2. 光纤传感器是基于光导纤维的新型传感器，主要用于光纤通信、直接信息交换、把待测的量和光纤内的导光联系起来形成光纤传感器。采用光信号转为电信号元件的传感器，这类传感器可以直接检测引起光量变化的非电量。光导纤维就是利用光的反射原理传输光波的一种媒质。光导纤维与折射率、入射角波长、频率、强度有关。按光纤在传感器的作用可分为两大类：一类是导光型也称非功能型的光纤传感器，简称 NFF 型传感器，多数使用在多模光纤；另一类是传感型也称功能型的光纤传感器，简称 FF 型传感器，常使用单模光纤。广泛应用于光声、压力、温度、速度、位移、液面、测量、转矩等方面，发展最迅速的是通信、医疗仪器方面。光纤传感器的应用，解决了以前认为难以解决，甚至不能解决的技术难题。

3. 红外线是一种电磁波，红外线最大的特点是具有光热效应，能辐射出热量。在自然界任何物体的温度不是热力学零度时，均不断向外辐射红外线，通过检测红外线特性的变化，并转换成各种便于测量的物理量。目前，将红外线转换成便于测量的物理量的红外敏感组件大致可分为两类：红外热探测器和红外光电探测器。前者对整个红外波段均有响应，后者仅对长波段有响应。

4. 视觉检测技术是建立在计算机视觉研究基础上的一门新兴检测技术。视觉检测的基本任务就是要实现物体几何尺寸的精确检测或对物体完成精确定位。视觉检测具有非接触、动态响应快、量程大、可直接与计算机连接等优点，视觉检测所能检测的对象十分广泛，人眼观察不到的范围计算机视觉也可以观察得到。视觉检测系统一般由镜头、摄像器件、光源、图像存储体、监视器和计算机系统组成。由镜头将被测场景中的目标成像到视觉传感器的像面上（即摄像器件），并转变为电信号。图像存储体将电信号转变为数字图像方式存储，把每一点的亮度转变为灰度级数据，并存储一幅或多幅图像。由计算机系统负责对图像进行处理、分析、判断和识别，最后给出测量结果。

实训16 红外传感器测量系统的应用

红外传感器温度测量是用于烧氢炉温度恒定控制系统，加热炉利用氢气作为保护气体，将钨钼灯丝放置在加热炉内进行高温定型，加热炉分为湿氢炉和干氢炉；钨钼灯丝由送丝机和卷丝机进行送料和收料。

（1）现场工艺要求

① 湿氢炉温度 1250℃，干氢炉温度 1650℃，由于温度对灯丝质量影响很大，因此为了达到提高产品质量和稳定产品质量的目的，要求恒温控制，由红外测温仪和功率控制模块实现闭环控制，争取将温度控制在 ±5℃ 之内，同时尽可能地达到节能的效果。

② 在灯丝生产过程中，氢气作为保护性气体，对气体的气密性要求很高，还有燃爆的可能，因此需要考虑如何防爆，以及设备的保护。

③ 烧氢炉的保护罩有一定的重量，工人操作起降时很费力，考虑使用自动机构实现升

降，但是同时要考虑氢气的安全问题。

④ 送丝机和卷丝机的驱动也必须纳入自动化控制系统之中，增加速度及相关参数设定功能。

⑤ 设备所用到的水、电、气跟生产息息相关，因此需要实时地采集信号，送入 PLC 系统进行处理。

⑥ 同时具有液晶触摸屏、开关按钮和相关报警指示灯，用于相关工艺参数的显示和设置。

（2）控制系统的组成

控制系统的组成如图 5-53 所示。

① PLC 作为控制核心，实现信号采集、信号指示、逻辑控制和温度 PID 调节，采用西门子 S7-200CN，型号是 S7-224XP，有 14 点数字输入，10 点数字输出，2 通道模拟量输入，1 通道模拟量输出。

② 触摸屏（HMI）用于设备状态、工艺参数的显示和工艺参数设定。选用西门子 K-TP178micro 触摸屏，它用 5.7in（1in＝25.4mm），分辨率为 320×240。操作界面非常友好，可以通过触摸屏来执行操作，还可以通过面板上的 6 个按键来执行操作，如图 5-54 所示。在操作时 LED 会显示设备状态，同时在进行触摸操作时会有声音反馈。过程画面有 500 个，文本对象有 50 个。最多有 2000 个报警信息。

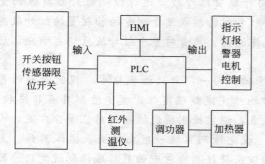

图 5-53　控制系统的组成

图 5-54　触摸屏与 PLC 连接

③ 红外测温仪用于加热腔体温度的测量，实时将温度送入 PLC，通过调功器的加热功率进行 PID 调节，达到温度闭环控制的目的。红外测温仪选用美国雷泰 MM1MH 型红外测温仪，如图 5-55 所示。这是专门为了恶劣的工业环境设计的，具有高精度的温度测量仪，测量温度范围为 650～3000℃，精度为满量程的 ±0.3%，响应时间 2ms。信号输出：4～20mA、485 接口。

图 5-55　MM1MH 型红外测温仪

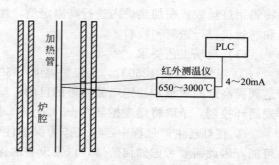

图 5-56　红外测温仪测量与信号传送

（3）温度控制设计

红外测温仪安装在烧氢炉的外壳窥视孔同轴方向，温度信号输出为 4～20mA，信号直接送入 PLC，如图 5-56 所示。

通过 HMI 设定工艺温度，PLC 内部装载专为烧氢炉开发的 PID 调节程序，如图5-57所示。通过对实际温度和预设温度的分析，确定加热曲线，通过模拟量输出通道，控制调功器动作，调整加热器的功率，达到

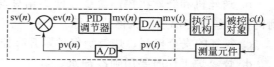

图 5-57　PID 调节控制程序框图

反馈控温的目的，最终将烧氢炉控制在工艺温度的波动范围之内。图 5-58 所示为 PLC 闭环温控系统框图。

（4）氢气的安全控制

氢气作为保护气体，完全充实整个保护罩内部，主要解决两个问题，即氢气的防爆和设备的保护。

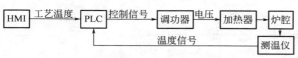

图 5-58　PLC 闭环温控系统框图

① 氢气的防爆　氢气的爆炸主要是因为氧气未排完和由于氢气的泄漏导致部分氧气混入。氢气的泄漏可以通过提高机械加工精度和提高密封能力解决。电气部分主要是危险监控和预防。由于氢气比氧气轻很多，所以即便是氧气混入，也最终会在底部的排气孔堆积，因此，在排气孔附近设置一个氧气传感器，该传感器有两个用处。第一个作用是设备启动之前进行充氢时，作为氢气充满的一个标志信号。第二个作用是作为工作中氧气进入的报警信号，只有在氧气传感器发出安全信号时，加热器才能加入，这样可以有效地防止氢气的爆炸。

② 烧氢炉保护罩升降控制　烧氢炉保护罩升降装置采用气缸推动，由 PLC 控制气阀的通断，低位和高位设置两个行程开关，用于位置的检测。考虑到烧氢炉存在氢气爆炸的风险，因此保护罩和气缸推杆之间不作物理连接，当爆炸发生时，保护罩可以向上弹起，用于泄压保护。

（5）送丝机和绕丝机控制

送丝机需要张力控制，采用磁阻尼器产生张力。送丝机构采用微型直流电机，如图5-59所示。采用调速器进行控制，可以通过 PLC 进行调速，由 HMI 设置速度。配置断丝检测器，当出现断丝时，发出报警，并停止加热。

图 5-59　微型直流电机

（6）设备水、电、气信号采集

烧氢炉工作时要用到冷却水、氢气、压缩空气。因此需要配备以下传感器：冷却水压力和流量计；氢气压力和流量计、压缩空气压力计等。

(7) 控制测量系统的设计

① 按图 5-53 所示将控制系统的硬件进行连接，设定 PLC 的输入/输出端口。

a. 将红外测温仪测量的炉温对应输出电流量进行调试。设定 PID 算法控制。

b. 送丝机和绕丝机控制调试，使钨钼灯丝平稳的运行，具有断线的保护功能，当达不到钨钼灯丝规定温度时就停止运行。

c. 氢气的安全控制；烧氢炉保护罩升降控制；氢气的防爆控制等。

d. 烧氢炉工作时要用到冷却水、氢气、压缩空气，因此设有冷却水压力和流量计、氢气压力和流量计、压缩空气压力计等控制。

在分段控制的基础上进行联调。

② 软件的设计。根据硬件的调试进行系统的软件开发。开发设计如图 5-60 所示。

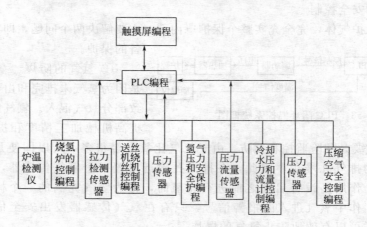

图 5-60　软件开发框图

最后进行系统的联调、修改，达到控制的要求。

③ 写出控制系统的工程实施报告。

实训17　视觉检测传感器的应用 (瓷片检测系统)

瓷片生产线对瓷片需要进行检测。因为在窑内烧瓷片时会变形，磨片时精度都需要检测，分为不同的等级。

(1) 实训目的

① 熟悉视觉检测（CCD）系统；

② 了解 CCD 功能和使用方法；

③ 掌握瓷片生产线的检测工艺。

(2) 实训原理

瓷片是用模具压出后，进行烘干和烧结后进行粗检测。对瓷片的四个边进行加工后，对四个边进行检测，包括对四个边的掉瓷直线检测和对四个边的不平检测。

① 通过对瓷片的视觉检测判断出瓷片是否为正品与次品。检测后，不合格的产品退出生产线，合格的产品继续在生产线，直到最后为合格品，如图 5-61 所示。

② 系统的组成如图 5-62 所示，由视觉检测系统对瓷片进行检测。

③ 将检测系统的硬件组成后，设计输入/输出接口分配，如图 5-63 所示，输入/输出分配表如表 5-4 所示，设计软件如图 5-64 所示，最后联调。

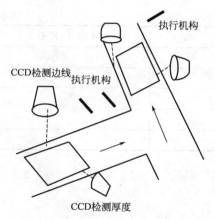

图 5-61　检测瓷片生产线示意图

CCD检测	计算机	执行机构

图 5-62　视觉检测系统组成

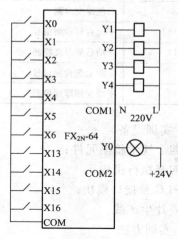

图 5-63　瓷片检测 I/O 接口分配图

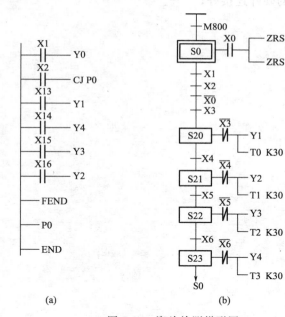

图 5-64　瓷片检测梯形图

表 5-4　输入/输出分配表

输　入	端　子　名　称	输　出	端　子　名　称
X0	停止	Y1	右侧检测信号不合格推出
X1	启动	Y2	左侧厚度检测不合格推出
X2	手动/自动	Y3	上侧检测信号不合格推出
X3	右侧检测信号	Y4	后侧厚度检测不合格推出
X4	左侧厚度检测		
X5	上侧检测信号		

输　　入	端　子　名　称	输　　出	端　子　名　称
X6	后侧厚度检测		
X13	手动右侧检测信号		
X14	手动后侧厚度检测		
X15	手动上侧检测信号		
X16	手动左侧厚度检测		

（3）实训设备

① 四个视觉检测元件；

② 四套执行机构；

③ PLC 及接口模块；

④ 瓷片生产线。

（4）实训方法

① 将视觉检测元件进行调试；

② 将 PLC 及控制系统的硬件连接好；

③ 编写软件进行调试；

④ 系统联调。

（5）写出实训报告

第 **6** 章

数字式传感器

随着微型计算机的迅速发展及在工业上的应用，对信号的检测、控制和处理必然进入数字化阶段。以前利用模拟式传感器和 A/D 转换器是将模拟信号转换成数字信号，然后由微机和其他数字设备进行处理，虽然是一种简便和可行的方法，但是由于 A/D 转换器的转换精度受到参考电压精度的限制而不可能很高，系统的总精度也将受到限制。如果有一种传感器能直接输出数字量，那么，上述的精度问题就可以得到有效的解决，这种传感器就是数字式传感器。数字式传感器是一种能把被测量的模拟量直接转换成数字量的输出装置，它具有检测精度高，寿命长，抗干扰能力强，使用方便等优点。

目前，常用的数字式传感器有栅式数字传感器、编码器和感应同步式数字传感器等，栅式数字传感器，根据工作原理的不同又分为光栅和磁栅两种。

6.1 光栅传感器

光栅传感器主要用于长度和角度的精密测量以及数控系统的位置检测等，具有测量精度高、抗干扰能力强、适用于动态测量和自动测量以及数字显示等特点，用坐标测量仪和数控机床的伺服系统中应用最为广泛。

6.1.1 光栅传感器的工作原理

（1）光栅的类型

光栅是在玻璃、镀膜玻璃或金属上由很多等节距的透光缝隙和不透光刻线均匀相间排列成为光电器件，光栅上的刻线称为栅线，如图 6-1 所示。光栅上的栅线宽度为 a（一般为 8～12mm），线间宽度为 b，一般取 $a=b$，而 $W=a+b$，W 称为光栅的栅距（也称为光栅常数或光栅节距，这是光栅的重要参数。用每毫米长度内的栅线数表示栅线的密度，如 100 线/mm、250 线/mm）。

光栅按其原理和用途可分为物理光栅和计量光栅。物理光栅刻线细密，利用光的衍射现象，主要用于光谱分析和光波长的测量；在几何测量的计量中使用光栅称为计量

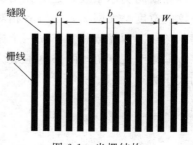

图 6-1　光栅结构

光栅，计量光栅主要利用莫尔现象实现长度、角度、速度、加速度、振动等几何量的测量。

按其透射形式，光栅可分为透射式光栅和反射式光栅。基面采用玻璃材料进行刻划的为透射式光栅；刻划基面采用金属材料的是反射式光栅。

按其栅线形式，光栅可分为黑白光栅（幅值光栅）和闪耀光栅（相位光栅）。黑白光栅是利用照相复制工艺加工而成，其栅线与缝隙为黑白相间的结构，相位光栅的横断面呈锯齿状，常用刻划工艺加工而成。

按其应用类型，光栅可分为长光栅和圆光栅。长光栅又称为光栅尺，用于测量长度或线位移；圆光栅又称盘栅，用于测量角度或角位移。长光栅有透射式和反射式，而且均有黑白光栅和闪耀光栅，圆光栅一般只有透射式的黑白光栅。

目前还发展了激光全息光栅和偏振光栅等新型光栅。下面主要介绍透射式的计量光栅。

计量光栅由主光栅（又称标尺光栅）和指示光栅组成，计量光栅按其形状和用途可分为长光栅和圆光栅两类，如图 6-2 所示。

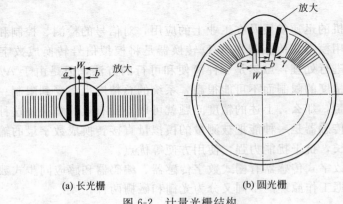

(a) 长光栅　　　　　　　　　(b) 圆光栅

图 6-2　计量光栅结构

（2）莫尔条纹

计量光栅是利用莫尔现象实现几何的测量。莫尔条纹的成因是由主光栅和指示光栅的遮光和透光效应形成的（两只光栅参数相同）。主光栅用于测量范围及精度，指示光栅（通常是从主尺上裁截一段）用于的读取信号。将主光栅与指示光栅的刻划面相向叠合并且使两条栅线有很小的交角 θ，如图 6-3 所示，这样就可以看到，在 $d—d$ 线上两条光栅线条彼此错开，光线从缝隙中透过形成亮带，其透光部分是由一系列菱形图案构成的；在 $f—f$ 线上两条光栅的线条相互交叠，相互遮挡缝隙，光线不能透过形成暗线。这种亮线和暗线相间的条纹称为莫尔条纹。由于莫尔条纹的方向与线条方向近似垂直，故称莫尔条纹为横向莫尔条纹。莫尔条纹原理如图 6-3 所示。

除横向莫尔条纹外还有光闸莫尔条纹。当主尺与指示光栅间刻线夹角 θ 等于零时，莫尔条纹的宽度呈无限大，当两者相对移动时入射光的作用就像闸门一样时启时闭，故称为光闸莫尔条纹。两光栅相对移动一个栅距，光闸莫尔条纹的明暗变化一次。

如果改变 θ 角，两条莫尔条纹间的距离 B 也随之变化。由图 6-3(b) 可知，条纹间距 B 的大小为

$$B=\frac{\frac{W}{2}}{\sin\frac{\theta}{2}}\approx\frac{\frac{W}{2}}{\frac{\theta}{2}}=\frac{W}{\theta} \tag{6-1}$$

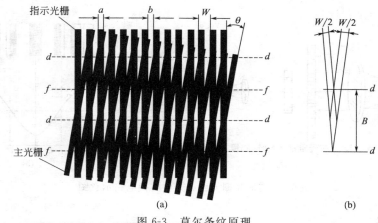

图 6-3 莫尔条纹原理

从式(6-1) 中可以明显地看出莫尔条纹有如下重要特性。

① 平均效应 莫尔条纹是由光栅大量栅线共同形成的，对光栅线条的刻划误差有平均作用，从而能在很大程度上消除刻线周期误差对测量精度的影响。

② 放大作用 由于 θ 角很小，从公式(6-1) 中可明显看出莫尔条纹有放大作用，放大倍数为

$$K = \frac{B}{W} \approx \frac{1}{\theta} \tag{6-2}$$

例如，$W = 0.02\text{mm}$，$\theta = 0.1°$，则 $B = 11.4592\text{mm}$，其 K 值约为 573，用其他方法很难得到这样大的放大倍数。所以尽管栅距很小，难以观察到，但莫尔条纹却清晰可见。这非常有利于布置接收莫尔条纹信号的光电元件。

③ 对应关系 两条光栅沿与栅线垂直的方向进行相对移动时，莫尔条纹沿栅线方向（沿栅线夹角 θ 的平分线方向）移动。两光栅相对移动一栅距 W，莫尔条纹移动一个条纹间距 B。当光栅反向移动时，莫尔条纹亦反向移动。利用这种一一对应关系，根据光电元件接收到的条纹数目，就可以计算出小于光栅的栅距微小位移量。

6.1.2 光栅传感器的结构

光栅传感器是利用莫尔条纹将光栅的栅距变化转换成莫尔条纹的变化。只要利用光电元件检测出的莫尔条纹变化的次数，就可以计算出光栅尺所移动的距离。光栅传感器作为一个独立完整的测量系统，它包括光栅传感器（光栅尺）和数字显示两部分。

(1) 光栅传感器

光栅传感器由光源、光栅尺、光电元件及光学系统组成，如图 6-4 所示。常见的光栅传感器有透射长光栅、圆光栅传感器，如图 6-5 所示。图 6-6 为数控机床上的光栅传感器。

如图 6-4(a) 所示。主光栅比指示光栅长得多，主光栅与指示光栅之间的距离为 d，d 可根据光栅的栅距来选择，对于每毫米 25～100 线的黑白光栅，指示光栅应置于主光栅的"费涅耳第一焦面上"，即

$$d = \frac{W^2}{\lambda} \tag{6-3}$$

式中 W——光栅的栅距；

λ——有效光的波长；

d——两光栅的距离。

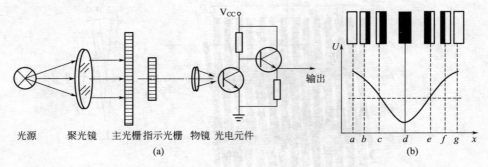

图 6-4　透射光栅光路、光电转换电路示意图

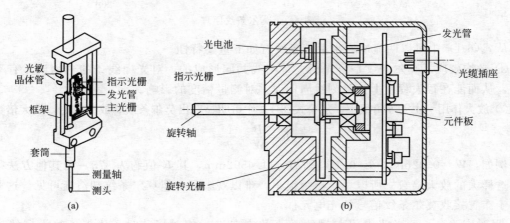

图 6-5　透射长光栅和圆光栅传感器

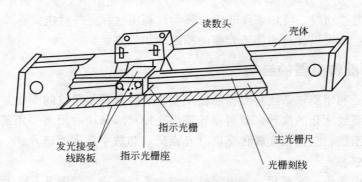

图 6-6　数控机床用光栅传感器

　　主光栅和指示光栅在平行光的照射下，形成莫尔条纹。莫尔条纹需要经过转换电路才能将光信号转换成电信号。光栅传感器的光电转换系统由物镜和光电元件组成，如图 6-4（a）所示，光电元件可以将光量的变化转换成电阻或电能的变化。

　　当两块光栅作相对移动时，光电元件上的光强随莫尔条纹移动而变化，如图 6-4（b）所示。在 a 处，两光栅刻线重叠，透过的光强最大，光电元件输出的电信号也最大；c 处由于光被遮去一半，光强减小；d 处的光全被遮去而成全黑，光强为零。若光栅继续移动，透射到光敏元件上的光强又逐渐增大，因而形成了如图 6-4（b）所示的输出波形。光敏元件输出的波形可由如下公式描述：

$$U = U_0 + U_m \sin \frac{2\pi x}{W} \qquad (6\text{-}4)$$

式中　U_0——输出信号的直流分量；

　　　U_m——交流信号的幅值；

　　　x——光栅的相互位移量。

由公式(6-4)可知，利用光栅传感器，通过测量光电元件的输出电压就可以测量位移量 x 的值。光电元件可以采用光电池、光敏二极管和光敏三极管等。主光栅是光栅测量装置中的主要部件，整个测量装置的精度主要由主光栅的精度来决定。光源和聚光镜组成照明系统，光源放在聚光镜的焦平面上，光线经聚光镜用平行光投向光栅。光源主要有白炽灯的普通光源和砷化镓（GaAs）为主的固态光源。

(2) 光栅数显表

为了辨别位移的方向，进一步提高测量精度，需要将传感器输出的信号送入数显电路，作进一步的处理才能显示。因此，光栅数显电路由放大整形电路、辨别方向电路、细分方法、可逆电子计数器以及显示器组成。

① 辨向电路　为了辨别主光栅的移动方向，仅有一条明暗交替的莫尔条纹信号是无法辨别的。因此，在原来的莫尔条纹信号上再加一个莫尔条纹信号，使两个莫尔条纹信号相差 $\pi/2$ 相位。具体实现的方法是在相隔 1/4 条纹间的位置上安装两只光敏元件，如图 6-7 所示，两个光敏元件的输出信号经整形后得到方波 U_1 和 U_2，然后把这两个方波输入如图 6-7 (b) 所示的辨向电路，即可辨别移动的方向。

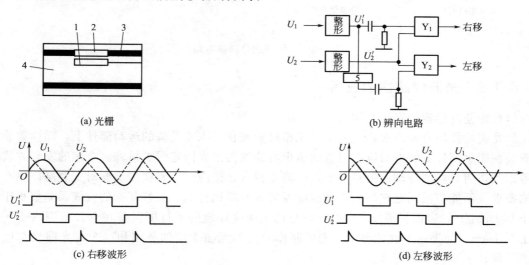

(a) 光栅　　　　　　　　　　　　(b) 辨向电路

(c) 右移波形　　　　　　　　　　(d) 左移波形

图 6-7　辨向电路原理图

1,2—光电元件；3—莫尔条纹；4—指示光栅

② 细分方法　为了提高测量精度，可以采用增加刻线密度的方法，但是这种方法受到制造工艺的限制。另一种方法就是采用细分技术，所谓细分（也叫倍频），是在莫尔条纹变化一个周期内输出若干个脉冲，减小脉冲当量，从而提高测量精度。

细分方法很多种，最常用的细分方法是直接细分（也称位置细分），常用细分数为 4，故又称四倍频细分。实现方法有两种：一种是在莫尔条纹宽度依次放置 4 个光电元件，采集不同相位的信号，从而获得相应依次相差 90°的 4 个正弦信号，再通过细分电路，分别输出 4 个脉冲；另一种方法是采用在相距 1/4 的位置上安放两个光电元件，首先获得相位差 90°的两路正弦波信号 S 和 C，然后将此两路信号送入到图 6-8 所示的细分辨向电路。这两路信号经过差动放大，再由射极耦合整形器进行整形，形成两路方波，并把这两个正弦和余弦方波各自反相一次，从而获得 4 路方波信号。通过调整射极耦合整形器的鉴别电位，使 1 个方波的跳变正好在光电信号的 0°、90°、180°、270°这 4 个相位上发生，它们被分别加到微分电路上，就对在 0°、90°、180°、270°处各产生一个窄脉冲，其波形如图 6-8 所示。这样，就在莫尔条纹变化一个周期内获得了 4 个输出脉冲，从而达到了细分的目的。

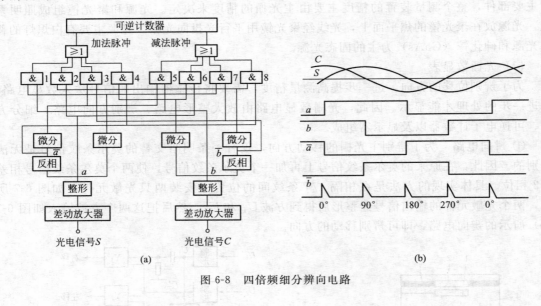

(a)　　　　　　　　　　　　　　　　　(b)

图 6-8　四倍频细分辨向电路

6.1.3　光栅传感器的应用

(1) 光栅传感器的安装与调试

从光栅的使用寿命考虑，一般将主光栅尺安装在机床或设备的运动部件上，而读数装置则安装在固定部件上。但对读数装置的引出电缆线要采取固定保护措施。合理的安装方式还要考虑到切屑、切削冷却液的溅落等，以防止侵入光栅内部。光栅传感器对安装基面也有一定的要求，不能直接固定在粗糙不平或涂漆的床身或机身上。安装基面的直线误差要小于或等于 0.1mm/m，表面粗糙度≤6.3μm，与机床相应导轨的平行度误差在全长范围内小于或等于 0.1mm，如果达不到此要求，则要制作专门的光栅主尺的基座和一个与光栅尺基座等高的读数显示基座进行安装。

在安装读数显示装置时，应保证与尺身间隙在 (1.5±0.3)mm，并使读数装置中的位置上的指示箭头对准工作台的行程中间点。在调试时要检查光栅尺的零误差，一般要求不大于一个脉冲当量。

使用光栅位移测量装置应注意的几个问题如下。

① 插拔读数装置与数显装置的连接插头时应关闭电源。

② 使用过程中应及时清理溅落在测量装置上的切屑和油液，严防异物进入壳体内部。

③ 应保持光栅尺的清洁，可每隔一年用乙醚混合液洗擦尺面。

④ 为防止工作台移动时超过光栅尺的长度撞坏读数装置，可在机床导轨上安装限位装置，此外，在选购光栅传感器时，其测量长度应大于工作台的最大行程。

（2）光栅数显装置的维护

数显装置出现故障时，必须进行检修后方能继续使用。检修前，首先要熟悉电路的工作原理，了解各部分之间的联系，以便正确分析故障原因，找出故障的部位并加以排除。数显装置包括光栅传感器和数显装置两大部分。数显出现故障，首先应判断是数显装置的故障还是传感器的故障。如果有备用数显装置，可先替换，在确定大致故障部位后再行进一步判断故障的具体部位。图 6-9 所示为排除故障的流程图。

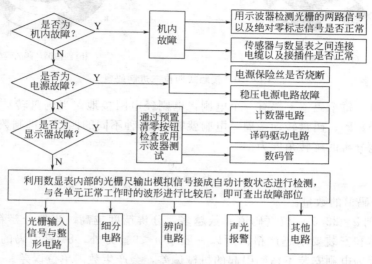

图 6-9　光栅数显装置故障判断流程图

6.2　编码器

编码器主要分为两种：直接式编码器和增量编码器这两大类。直接编码器能直接输出某种二进制数字编码，而增量编码器不能直接输出某种二进制数字编码，需要增加有关数字电路才可能得到数字编码，这两种形式的数字编码器，由于它们的精度高、分辨率高和可靠性高，已被广泛用于各种位移的测量。

6.2.1　直接式编码器

直接式编码器也称为码盘式编码器和绝对编码器，它将角度转换为数字编码，可以很方便地与数字系统（如微机）连接。直接式编码器按其结构可分为接触式、光电式和电磁式三种，后两种为非接触式编码器。

（1）接触式编码

接触式编码器是由码盘和电刷组成。码盘是利用制造印刷电路板的工艺，在铜箔板上制作某种码制图形（如 8-4-2-1 码）的盘式印刷电路板。电刷是一种活动触头结构，在外力的作用下，旋转码盘上的电刷与码盘在接触时就产生一种编码的数字输出。下面以四位二进制码盘为例，说明其工作原理和结构。

图 6-10（a）是一个四位 8-4-2-1 码的编码器与码盘的示意图。涂黑处为导电区，将所有导电区连接到高电位；空白处为绝缘区，低电位。四个电刷沿某一方向安装，四位二进制码

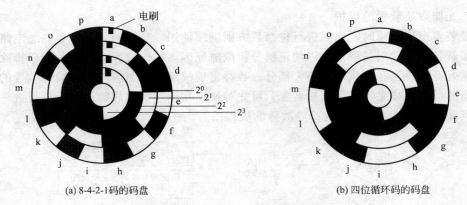

(a) 8-4-2-1码的码盘　　　　　　　　　(b) 四位循环码的码盘

图 6-10　接触式四位二进制码盘

盘上有四圈码道，每个码道上都有一个电刷，电刷经电阻接地。当码盘转动到某一角度后，电刷就输出一个数码；码盘转动一周，电刷就输出 16 种不同的四位二进制数码。由此可知，二进制码盘所能分辨的旋转角度为

$$\alpha = \frac{360°}{2^n} \tag{6-5}$$

式中，n 为码道的数量。

若 $n=4$，则 $\alpha=22.5°$。位（码道）数越多，分辨精度越高。当然分辨精度越高，对码盘和电刷的制作和安装要求越严格。所以一般取 $n<9$。另外，8-4-2-1 码的码盘，由于正、反向旋转时，因为电刷安装不精确引起的机械偏差，会产生数码单位误差。

采用 8-4-2-1 码的码盘虽然比较简单，但是对码盘的制作和安装要求严格，否则会产生错码。当电刷由二进制码 0111 过渡到 1000 时，本来是由 7 变为 8，但是，如果电刷进入导电区的先后不一致，可能会出现 8～15 之间的任意一个十进制的数，这样就产生了前面所说的非单值。若使用循环码制即可避免此问题，其编码见表 6-1 所示，码盘结构如图 6-10(b) 所示。循环码的特点是相邻两个数码间只有一位变化，即使制造或安装不精确，产生的误差最多也只是最低位，在一定程度上可消除非单值误差。因此采用循环码盘比 8-4-2-1 码盘的精度更高。

表 6-1　电刷在不同位置时对应的数码

角　度	电 刷 位 置	二进制码（B）	循环码（R）	十 进 制 数
0α	a	0000	0000	0
1α	b	0001	0001	1
2α	c	0010	0011	2
3α	d	0011	0010	3
4α	e	0100	0110	4
5α	f	0101	0111	5
6α	g	0110	0101	6
7α	h	0111	0100	7
8α	i	1000	1100	8
9α	j	1001	1101	9
10α	k	1010	1111	10
11α	l	1011	1110	11
12α	m	1100	1010	12
13α	n	1101	1011	13
14α	o	1110	1001	14
15α	p	1111	1000	15

另外一种提高接触式码盘精度的方法是采用扫描法。扫描法有 V 扫描、U 扫描以及 M 扫描。这里只介绍 V 扫描法。V 扫描法是在最低位码道上安装电刷，其他位码道上均安装有两个电刷，一个电刷位于被测位置的前边，称为超前电刷，另一个放在被测位置的后边，称为滞后电刷，如图 6-11 所示。若最低位的码道有效位增量宽度为 x，则各位电刷对应的距离依次为 $1x$、$2x$、$4x$、$8x$ 等，这样在每个确定的位置上，最低位电刷输出电平反映了它真正的值。而由于高电位有两只电刷，就会输出两种电平。根据电刷分布和编码变化规律，读出反映该位置的高位二进制码对应的电平值，当在低一级轨道上电刷真正输出的是"1"的时候，高一级轨道上的真正输出则要从滞后电刷读出，若在低一级轨道上电刷真正输出的是"0"，高一级轨道上的真正输出则要从超前电刷读出。由于最低位轨道上只有一个电刷，它的输出则代表真正的位置。

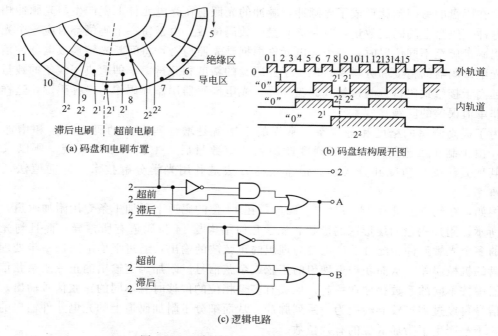

图 6-11　V 扫描法的电刷分布和逻辑电路

这种方法的原理是根据二进制码的特点设计的。由于 8-4-2-1 码制的二进制码是从最低位向高位逐级进位的，最低位变化最快，高位逐渐减慢。当某一个二进制码的第 i 位是 1 时，该二进制码的第 $i+1$ 位和前一个数码的 $i+1$ 位状态是一样的，故该数码的第 $i+1$ 位的真正输出要从滞后电刷读出。相反，当某个二进制码的第 i 位是 0 时，该数码的第 $i+1$ 位的输出要从超前电刷读出。可以从表 6-1 来读出和证实。

除此之外，还可以利用码盘组合来提高其分辨率，这里不作介绍了。

（2）光电式编码器

接触式编码器的分辨率受电刷的限制，不可能很高，而光电式编码器由于体积小、易于集成的光电元件代替机械的接触电刷，其测量精度和分辨率能达到很高的水平。另外，它是非接触测量，允许高速转动，有较高的寿命和可靠性，所以它在自动控制和自动测量技术中得到了广泛的应用。例如，多头、多色的电脑绣花机和工业机器人都使用它，作为精确的角度转换器，我国已有 32 位光电编码器和 25000 脉冲/圈的光电增量编码器，并形成了系列产品，为科学研究和工业生产提供了多位位移量进行精

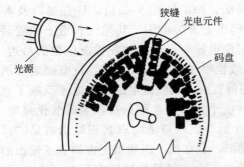

图 6-12　光电编码盘编码器结构示意图

密检测的方法。

光电式编码盘是一种绝对编码器，即有几位编码器在码盘上就有几位码道，编码器在转轴的任何位置都可以输出一个固定的与位置相对的数字码。采用照相腐蚀工艺，在一块圆形光学玻璃上刻有透光和不透光的码形，如图 6-12 所示。在几个码道上，装有相同个数的光电转换元件代替接触式编码盘的电刷，并且将接触式码盘上的高、低电位用光源代替。当光源经光学系统形成一束平行光投射在码盘上时，转动码盘，光经过码盘的透光区和不透

光区，在码盘的另一侧就形成了光脉冲，脉冲的光照射在光电元件上就产生与光脉冲相对应的电脉冲。码盘上的码道数量，就是该码盘的数码位数。由于每一个码位都对应一个光电元件，当码盘旋至不同位置时，每个光电元件根据受光照与否，将间断光转换成电脉冲信号。

光电编码器的精度和分辨率，取决于光码盘的精度和分辨率，即取决于线条的数量，其精度远高于接触式码盘。与接触式码盘一样，光电编码器用循环码作为最佳码形，这样可以解决非单值误差的问题。

为了提高测量的精度和分辨率，常规的方法就是增加码盘上的码道数量和增加线条数量，由于制作工艺的限制，当刻度增加到一定数量后，工艺就难以实现。所以只能再采用其他方法提高精度和分辨率。最常用的方法是利用光学分解技术，即插值法，来提高分辨率。

例如，在码盘上已有 14 条（位）码道，在 14 位的码道上增加 1 条专用附加码道，如图 6-13 所示。附加码道的扇形区的形状和光学几何结构与 14 位码道有所差异，而且与光学分解器的多个光敏元件相配合，产生较为理想的正弦波的输出，通过平均电路进一步处理，消除码盘的机械误差，从而获得更理想的正弦或余弦信号。附加码道输出的正弦或余弦信号在插值器中按不同的系数叠加在一起，形成有多个相位的位移时有不同的正弦信号输出。各正弦波信号再经过零比较器转换为一系列脉冲。从而细分了附加码道上的光电元件输出的正弦信号，于是产生了附加低位的有效位数。

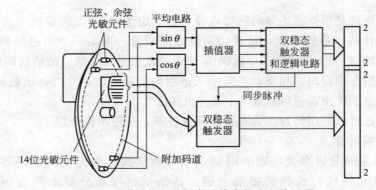

图 6-13　用增加码道提高分辨率的光电编码器

(3) 电磁式编码器

在数字式传感器中，电磁式编码器是近年发展起来的一种新型电磁敏感元件，它是随着光电式编码器的发展而发展起来的。光电式编码器的主要优点是对潮湿气体和污染比较敏

感，但可靠性差，而电磁式编码器不易受尘埃和结露影响，同时其结构简单紧凑，可高速运转，响应速度快（500～700kHz），体积比光电式编码器小，而成本更低，而且容易将多个元件精确地排列组合，比用光学元件和半导体磁敏元件更容易构成具有新功能的器件和多功能器件。其输出不仅具有一般编码器的增量信号及指数信号，还具有绝对信号输出功能。所以，尽管目前约占 90% 的编码器均为光学编码器，但毫无疑问，在未来的运动控制系统中，电磁式编码器的用量将逐渐增多。

电磁式编码器的磁性码盘是用磁化方法制成的，按编码图形制作成磁化区（磁导率高）和非磁化区（磁导率低）的圆盘。它采用了小型磁环或微型马蹄形磁芯作磁头，磁头靠近时但不接触码盘表面。每个磁头（环）上绕有两个绕组，原边绕组是用恒幅、恒频的正弦波激励，该线圈被称为询问绕组，输出绕组（或读出绕组）通过感应码盘时将磁化信号转换为电信号。当询问绕组被激励以后，输出绕组产生同频信号，但其幅值和两绕组匝数比有关，也与磁头附近有无磁场有关。当磁头对准磁化区时，磁路饱和，输出电压很低。若磁头对准非磁化区，输出电压会很高。输出电压经逻辑状态的调制，就得到用"1"、"0"表示的方波输出，几个磁头同时输出就形成了数码。

以往的磁性编码器多数是小型、分辨力低、价格低的产品，而最近已开发出可与光电编码器相媲美的高分辨率电磁式编码器。电磁编码器现在有通过转轴旋转在磁鼓与磁盘上进行多极起磁，并把磁传感器检测到的磁极信号，作为编码器脉冲信号加以利用的形式，和利用在磁性齿轮与传感器侧设置的偏置磁铁检测磁通变化的磁阻型两种类型。目前在磁鼓、磁盘上有多极起磁的产品较多。

在磁性编码器的研制方面，提高磁性编码器的分辨率和小型化已成为各国研究发展的重点。

6.2.2 脉冲盘式编码器

(1) 脉冲盘式编码器的结构和工作原理

脉冲盘式编码器又称为增量编码器。脉冲盘式编码器在圆盘上的等角距开有两道缝隙，内外圈相邻的两条缝相距错开半条缝；另外在某一径向位置，一般在内外圈之外，开有一狭缝，表示码盘的零位。在码盘面的前后两侧分别安装光源和光电接收元件，如图 6-14 所示。当转动码盘时，光线经过透光和不透光的区域，每个码道都能输出一系列光的电脉冲。通过对光电脉冲计数、显示和处理，就可以测量出码盘的转动角度。

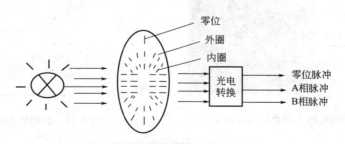

图 6-14　脉冲盘式编码器原理图

(2) 脉冲盘式编码器的辨向方式

为了辨别码盘旋转方向，可以采用如图 6-15 所示的原理图。脉冲盘式编码器的编码盘有两个码道，产生的光电脉冲被两个光电元件接收，产生 A、B 两个输出信号，这两个输出信号经过放大整形后，产生 P_1 和 P_2 脉冲，将它们分别接到 D 触发器的 D 端和 CP 端，D 触发器在 CP 脉冲（P_2）的上升沿触发。当正转时，P_1 脉冲超前 P_2 脉冲 90°，触发器的 Q="1"，表示正转；当反转时，P_2 超前 P1 脉冲 90°，触发器的 Q="0"，$\overline{Q}$="1"，表示反转。分别用 Q="1" 和 $\overline{Q}$="1" 控制可逆计数器的正向计数和反向计数，即可将光电脉冲变成编码输出，由零位产生的脉冲信号接至计数器的复位端，实现每转动一圈就复位一次的计数器。无论正转还是反转，计数器的每次计数反映的都是相对于上次角度的增量，故称增量式编码器，这种测量称为增量法。

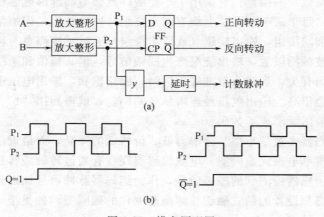

图 6-15　辨向原理图

除了光电式的增量编码器外，还有光纤增量传感器和霍尔效应式增量传感器，它们都得到了广泛应用。

（3）脉冲盘式编码器的应用

长春第一光学仪器厂生产的 CHA 系列实心轴增量式编码器，其外径为 $\phi40$，轴径为 $\phi6$，体积小，重量轻，适用于 BL-2 型联轴器。它广泛应用于自动控制、自动测量、遥控、计算技术及在数控机床上进行角度和纵横坐标的测量等。具有坚固，可靠性高，寿命长，适应环境性强等特点。其外形和输出信号如图 6-16 所示。CHA-2 型的输出电路如图 6-17 所示。其电气参数见表 6-2 所示。

图 6-16　CHA 系列编码器的外形及输出信号

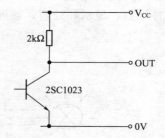

图 6-17　编码器的输出电路

表 6-2　CHA-2 型编码器电气参数

电源电压 /V	消耗电流 /mA	输出形式	输出电压/V		上升时间 /ns	下降时间 /ns	响应频率 /kHz	绝缘阻抗 /MΩ
			U_H	U_L				
11～24	180	电压	≥0.7	≤0.5	≤350	≤30	0～5	≥100

6.3 测速传感器的应用

6.3.1 测速发电机

测速发电机是根据电磁感应原理做成的专门测速的微型发电机，输出的电压正比于输入轴上的转速，即

$$U_0 = Blv = Blr\omega = \frac{2\pi Blrn}{60} \tag{6-6}$$

式中　B——测速发电机中磁感应强度；

$\quad\quad l$——测速发电机绕组的总有效长度；

$\quad\quad r$——测速发电机绕组的平均半径；

$\quad\quad n$——测速发电机每分钟转数；

$\quad\quad \omega$——测速发电机转子的角速度。

测速发电机可分为直流测速发电机和交流测速发电机两类。测速发电机的优点是线性好，灵敏度高和输出信号大。

(1) 直流测速发电机

直流测速发电机根据定子磁极励磁方式的不同可分为电磁式和永磁式两种。如按电枢的结构来分有槽电枢、无槽电枢、空心杯电枢、圆盘电枢等。常用的是永磁测速发电机。

测速发电机的结构有多种，但是原理基本相同。图 6-18 所示为永磁式测速机电路原理图。恒定磁通由定子产生，当转子在磁场中旋转时，电枢绕组中产生交变电势，经换向器和电刷转换成与转子速度成正比的直流电势。

直流测速机的输出特性曲线如图 6-19 所示。从图中可以看出，当负载电阻 R_L 为 ∞ 时，其输出电压 U_0 与转速 n 成正比。当负载电阻 R_L 变小，其输出电压下降，而且输出电压与转速之间并不是完全的线性关系。要求精度较高的直流测速机，除采取其他措施外，将负载电阻 R_L 尽量加大。

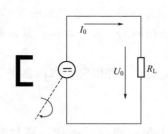

图 6-18　永磁式测速机电路原理图

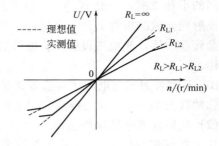

图 6-19　直流测速机输出特性曲线

直流测速机的特点是输出斜率大、线性好，但是有电刷和换向器，摩擦转矩较大，结构比较复杂。直流测速机在机电控制系统中主要用作测速和校正元件，为了提高检测灵敏度，可将测速发电机的转子轴与伺服电动机的转子轴直接连在一起，成为伺服电动机的反馈装置。

(2) 交流测速发电机

测速发电机是机电一体化系统中用于测量、自动调节电机转速的传感器。它的组成如图

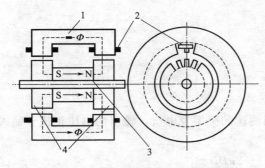

图 6-20 感应式测速发电机原理图
1—电磁方向；2—产生磁通脉冲；
3—线圈绕组；4—铁芯

6-20 所示，它由定子和转子组成。根据电磁感应原理，当转子绕组供给励磁电压，使被测电动机转动，定子绕组则产生与转速成正比的感应电动势。感应式测速发电机的原理：定子的内圆和转子的外圆都有规则的均衡的齿槽，在定子槽中放置有一个节距输出绕组，当转动时齿槽的位置发生变化，使输出的绕组中的磁通产生脉动，从而感应出电动势。通常输出绕组有三相绕组，定子、转子的齿槽应符合一定的配合关系。

当转子不动，永久性磁铁在电动机气隙中的磁通不变，所以定子绕组中没有感应电动势。当转子以一定速度旋转时定子、转子的齿之间的相对位置发生周期性的变化，定子绕组产生交变电动势。其输出的电动势频率为

$$f = \frac{Z_r n}{60} \tag{6-7}$$

当转子中的一个齿的中线与定子某一齿的中线对齐时，这时定子齿对应的气隙磁导最大，当转子错过 1/2 齿距时，转子槽的中线与定子齿的中线对齐时，该气隙磁导最小。在这个过程中，定子齿上的输出绕组所对应的匝链磁通的大小相应发生周期性的变化，输出绕组中就有交流的感应电动势产生。每当转子转过一个齿距，输出绕组的感应电动势也变化一个周期。由于感应电动势的频率和转速之间有严格的关系，相应感应电动势的大小也与转速成正比，因此可作测速发电机。应用在机电一体化中作为电动机测量转速和自动调节，一般在 20~400r/min。

6.3.2 光电转速测量传感器

(1) 直射式光电转速传感器

其工作原理如图 6-21 所示，在测量的轴上安装一个测量盘，在盘圆周开均匀的 N 个直径相同的小孔或槽，一般 N 为 60 的整数倍。当圆盘转动时，光源发出的光束通过孔或槽时，投射到光敏二极管上产生电脉冲，当光束被无孔的地方遮住，光敏二极管无信号输出。当圆盘转动一周，光敏二极管发出的脉冲与盘上的孔数是相同的。单位时间内脉冲数与转速成正比。

BZGB 型直射式光电转速传感器就是根据这个原理制成的，有单向和双向两种，每转一周的脉冲数为 20~50，可测转速为 1000r/min。

(2) 反射式光电转速传感器

其工作原理如图 6-22 所示。在测量的轴上均匀画上黑白相间的条纹。测量时，将传感器对准反射面，从光源发出的光线经透镜形成平行光束照射到半透明膜片上，使部分光线经反射并经过聚焦透镜聚焦后照射在转轴黑白相间的条纹上。当转轴旋转时，具有反射能力的白条纹将光线反射回来，经透镜变成平行光，透过膜片由聚焦透镜聚焦到光敏二极管上产生脉冲信号。此脉冲信号与转速成正比，用数字测量电路就可以记录这个电脉冲的个数。

反射式光电转速传感器是非接触测量，使用方便。国产 BZGBⅡ型反射式光电转速传感器的测量范围在 30~4800r/min，被测轴径要求大于 3mm。

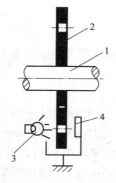

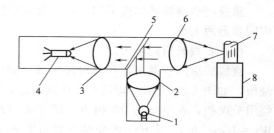

图 6-21　直射式光电转速传感器原理图
1—轴；2—转盘；3—光源；4—光敏二极管

图 6-22　反射式光电转速传感器原理图
1—光源；2—透镜；3—聚焦透镜；4—光敏二极管；
5—透过膜片；6—透镜；7—条纹转轴；8—转轴

（3）激光测速传感器

当波源或观察者相对于介质运动，观察者所接收的频率不同于波源的频率，这种现象称为光的多普勒效应。不论是波源运动，还是观察者运动，或两者同时运动，只要两者互相接近，接收到的频率就高于原来波源的频率；两者互相远离，接收到的频率就低于原来波源的频率。由多普勒效应而引起的频率变化数值称为多普勒频移值。

光波的多普勒效应是一种物理现象，如图 6-23 所示，由于物体反射表面的运动速度 v，使光束 A′、B′ 的光程，较原来物体表面静止时的光束 A、B 的光程缩短 dL。其公式为

$$dL = NO + OM = 2v\mathrm{d}t\cos\theta$$

引起频率漂移为

$$f_{\mathrm{d}} = \frac{1}{\lambda} \times \frac{\mathrm{d}L}{\mathrm{d}t} = \frac{2v\cos\theta}{\lambda} \qquad (6\text{-}8)$$

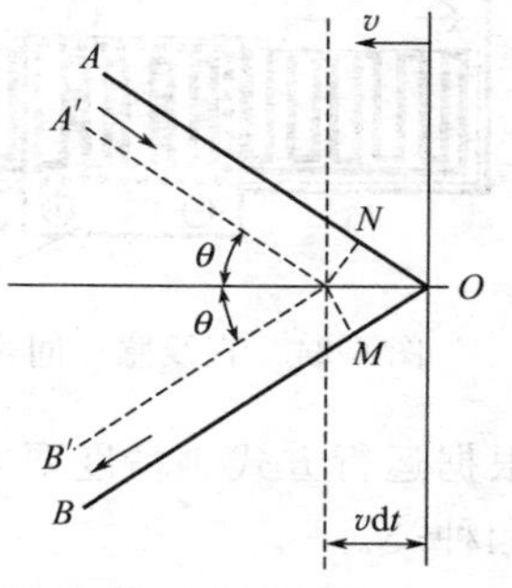

图 6-23　光波的多普勒效应

式中，θ 为光线入射角；λ 为光源波长。

物体表面速度而引起光波的漂移，与光源波长及物体反射表面运动速度的大小和方向有关。

激光多普勒测速的方法是：激光作为光源照射运动物体，由于多普勒效应，被物体反射光的频率发生变化。把频率发生变化的光与原光拍频，得到频率漂移 f_{d}，此信号经光电器件的转换，就可得到与物体运动速度成正比的电信号。

多普勒效应测速的特点是精度高、测量范围宽，激光可测量 1cm/h 超低速至超音速，是非接触测量，已制成测速仪，但是装置比较复杂，成本比较高。

6.4　感应同步器及其应用

感应同步器是利用电磁感应原理进行工作的一种较新颖精密的位移传感器，它具有对环境要求低、抗干扰能力强、维护简单、使用寿命长等优点。它与数显表配合使用，能测出 0.01mm 甚至 0.001mm 的直线位移或 0.5′ 的角位移，并能实现数字显示。还可用于较大的位移测量，所以在自动检测和自动控制系统中得到广泛的应用。

6.4.1 感应同步器的结构

感应同步器按其用途不同，可分为测量直线位移的直线感应同步器，测量角位移的圆感应同步器两大类。

(1) 直线感应同步器

直线感应同步器由定尺与滑尺组成，如图 6-24 所示。在定尺和滑尺上制作有印刷电路绕组，如图 6-25 所示，定尺上是连续绕组，节距（周期）$W = 2(a_2 + b_2) = 2\text{mm}$；滑尺上的绕组分两组，在空间差 90° 相角（即 1/4 节距），分别称正弦和余弦绕组，两组节距相等，$W_1 = 2(a_1 + b_1)$。定尺一般安装在设备的固定部件上（如机床床身），滑尺则安装在移动部件上。

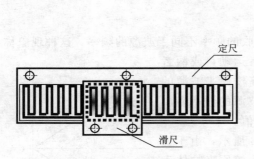

图 6-24 直线感应同步器外形示意图　　　　图 6-25 直线感应同步器绕组

根据运行方式、精度要求、测量范围以及安装条件等，直线感应同步器有不同的尺寸、形状和种类。

① 标准型　精度最高，应用范围最广，若测量范围超过 150mm，可以将几根定尺连接起来使用。

② 窄型　定尺、滑尺宽度比标准型窄，用于安装尺寸受到限制的设备，其精度不如标准型。

③ 带型　定尺的基板为钢带，滑尺做成游标式直接套在定尺上，适用于安装表面不易加工的设备，使用时只需将钢带两头固定即可。

(2) 圆感应同步器

圆感应同步器由定子和转子组成，如图 6-26 所示。其转子相当于直线感应同步器的定尺，定子相当于滑尺。目前圆感应同步器的直径有 302mm、178mm、76mm、50mm 4 种，其径向导体数（也称极数）有 360、720、1080 和 512 等几种。圆感应同步器的定子绕组也做成正弦、余弦绕组形式，两者要相差 90° 相角，转子为连续绕组。

6.4.2 感应同步器的工作原理

(1) 工作原理

在实际使用中，感应同步器的定尺和滑尺分别安装在机械设备的固定部件和运动部件上。工作时，定尺和滑尺处于相互平行和相对的位置，中间保持一个很小的距离（如0.25mm）。当滑尺上正弦、余弦绕组的两端接入交流电压，绕组中就有交流电流通过，在绕组周围产生交变磁场，于是使处于这个交变磁场中的定尺绕组（感应绕组）上产生一定的

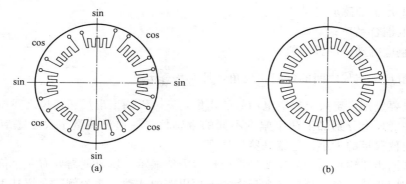

图 6-26 圆感应同步器绕组

感应电势。这个感应电动势的大小与接入交流电压（励磁电压）和两尺的相对位置有关。感应电动势与绕组位置的关系如图 6-27 所示。

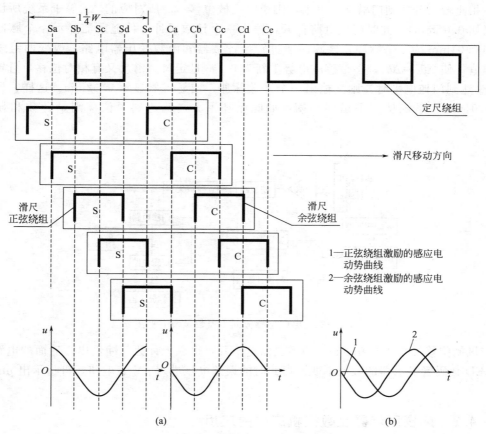

图 6-27 感应电动势与绕组位置的对应关系

（2）信号处理方式

感应同步器的信号处理方式有鉴相和鉴幅两种。鉴相处理是在滑尺的正弦和余弦绕组上分别加上幅度和频率相等、相位差为 90°的交流信号，然后根据定尺上的感应电动势的相位来确定滑尺和定尺之间的相对位移量，即

$$e = kU_{max}\sin(\omega t - \theta_0) \qquad (6\text{-}9)$$

式中 e——下尺上的感应电动势；

　　k——电耦合系数；

　U_{max}——感应电动势的最大值；

　θ_0——滑尺、定尺之间的空间相位角，且 $\theta_0 = \dfrac{2\pi}{W}x$。

所以，只要鉴别出定尺上感应电动势的相位，就可以测出滑尺和定尺之间相对位移。同理，也可以在滑尺上分别加上两个幅度不同的激励信号，通过测量定尺上感应电动势的幅度，就可测出位移量的大小，这就是鉴幅处理。

既然感应同步器输出的信号需要进行处理后方能显示，所以就需要有一个信号处理及显示单元与感应同步器配套，这就是数显表。下面以鉴幅式数显表为例，介绍其工作过程。

如图 6-28 所示，当感应同步器的定尺和滑尺开始处于平衡位置。即 $\theta_a = \theta_d$ 时，定尺上的感应电势 $e=0$，系统处于平衡状态。当滑尺相对于定尺移动一个微小 Δx 后，于是定尺上就有误差电势 Δe 输出。该误差信号经放大、滤波再放大后进入门槛电路并与门槛电路的基准电平相比较，若达到门槛基准电平，则说明机械位移 $\Delta\theta_a$ 所对应的 Δx 等于系统所设定的数值（如 0.01mm）。此时门槛电路打开，输出一个计数脉冲，使显示器显示一个脉冲当量值。如 0.01mm 为一个脉冲，该脉冲通过转换计数器和函数变压器电路，改变两组励磁电压的幅值，使 $\Delta\theta_a = \Delta\theta_d$，于是感应电势重新为 0。一旦定尺、滑尺又有相对位移，且输出信号 Δe 又达到门槛电平时，则又输出一个计数脉冲，使显示器显示 0.02mm。这样，滑尺每移动 0.01mm，系统从不平衡到平衡，如此循环下去，就达到了位移测量计数和显示的目的。

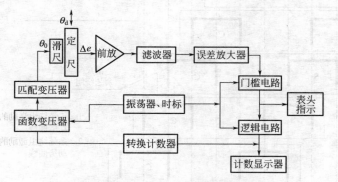

图 6-28　鉴幅型感应同步器数显表方框图

如机械位移量小于 0.01mm，门槛电路打不开，也就无计数脉冲输出，后面的电路不工作，LED 数码管显示器的数值不变。但此时的误差电压进入 μV 表电路，可指示出 μm 级的位移。

6.4.3　感应同步器在数控机床中的应用

感应同步器不仅可用作位移测量，而且也可作为数字控制系统的闭环反馈元件。图6-29所示即为利用感应同步器作为反馈元件的鉴相型闭环伺服应用原理图。

(1) 工作原理

从数控系统来的指令脉冲通过脉冲相位转换器送出基准信号 ϕ_0 及指令信号 ϕ_1，ϕ_0 信号通过励磁电路产生正弦和余弦两种电压给滑尺的两个绕阻励磁。定尺上感应信号通过前置放大器整形后再将信息 ϕ_2 送回（反馈）到鉴相器，在鉴相器中进行相位比较，判断 $\Delta\phi$ 的大小

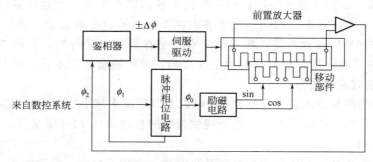

图 6-29 鉴相型感应同步器数控原理图

和方向，并将 $\Delta\phi$ 的数值送至伺服驱动机构的控制伺服元件，进行移动方向和移动量，直至 $\Delta\phi=0$，此时表明机械移动部件的实际位置与数控系统输出的指令值相符，于是运动部件停止移动。

（2）感应同步器的安装

图 6-30 是感应同步器的安装结构图。总的安装结构有定尺组件、滑尺组件和防护罩三部分。定尺和滑尺组件分别由尺身和尺座组成，它们分别安装在机床的不动和移动部件上（例如工作台和床身）。防护罩保护它们不让铁屑和油污侵入。

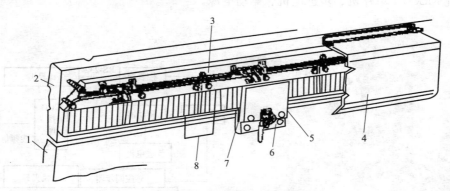

图 6-30 感应同步器安装图

1—机床不动件；2—机床移动部件；3—定尺座；4—防护罩；

5—滑尺；6—滑尺座；7—调整板；8—定尺

6.4.4 感应同步器在 *A/B* 尺寸检测中的应用

A/B 尺寸检测是 HGA 生产过程中一个重要的工序，直接关系到产品的品质，同时对生产线的质量监控也有重要的意义。由于尺寸精度要求高，并且只能用非接触式的测量方式，所以测量有相当的困难。目前共有两种测量 *A/B* 尺寸的测量方法。

（1）测量 *A/B* 尺寸的方法

① 工具显微镜　用工具显微镜进行测量时，首先要调校好基准，然后将 HGA 放在 *X-Y* 台上，通过旋转滚筒以使浮动块的两个边对准刻度线，再记录下数据。由于这种方法是通过显微镜用肉眼进行观测，所以受人的主观影响很大，误差较大，可达 $0.005\sim0.01\text{mm}$，而 PICO 产品的精度要求为 $A=4.712\text{mm}\pm0.0025\text{mm}$，显然不能满足要求。另外，该方法的测量速度很慢，测量者很容易疲劳；测量数据需要手工记录，再进行整理十分烦琐，并容易出错。

② 偏测试仪 该方法是在装配孔和基准孔上各选取 6 个点，然后计算出两个圆心，确定弹性臂的轴线，再在浮动块的两条边上各取两个点，确定出两条边，然后计算出 A 尺寸和 B 尺寸。该方法辅以视觉系统，所有确定点都是在屏幕上进行的，但最终还是通过人眼决定图像上的 16 个点，所以仍然受人的主观影响，导致测量精度不高。另外，由于要逐一测量 16 个点，所以速度较慢。

总之，目前的测量方法远不能满足 PICO 以及以后越来越小的产品测量需要。基于提高测量精度及速度目的，产生了新一代基于视觉系统的自动 A/B 尺寸测量仪。

（2）系统结构

整套系统的外形如图 6-31 所示。测量系统安装在大理石台上，平稳牢固。直径较大，刚性很好，并且上有螺纹，便于摄像头聚焦。摄像头及镜头尺寸很小，美观且不占空间。系统有两个伺服电机（或步进电机），完成水平及垂直方向的运动。水平方向可以实现孔到孔的运动、孔到边缘的移动；垂直方向完成图像聚焦。系统光源采用冷光源，并且使用同轴光。

系统使用也极其简单。操作者左手按下开夹的装置，右手上下滑动 HGA。测量时，只要在键盘上按动一个按键，测量结果自动存到数据库里。整个系统的原理图如图 6-32 所示。整套系统包括机械子系统有运动执行机构及工装夹具；信号子系统有直线感应同步器、数显表；视觉子系统有 CCD 摄像头、光源、图像卡；上位机有控制子系统的 PC 机；下位机有控制子系统 MSC-51 单片机、步进电机、驱动电源。

图 6-31 基于视觉系统的自动
A/B 尺寸测量系统

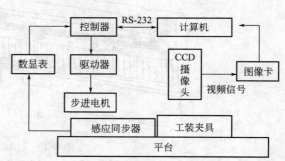

图 6-32 基于视觉系统的自动
A/B 尺寸测量系统原理图

系统的工作原理是：CCD 摄像头将摄入的图像传给图像卡，图像卡将图像转换成数字图像，数字图像再经计算机上应用软件处理提取有用信息，提供给计算 A/B 尺寸使用，X-Y 运动信号由计算机发出，通过 RS-232 接口传送给控制器，控制器通过驱动器来驱动步进电机；工作台的坐标位置由感应同步器进行精确测量，结果由数显表传递给控制器，控制器再将数据传回给计算机，计算机将数据比较后再发出指令，让步进电机进行误差补偿，从而形成一个闭环控制。

A/B 尺寸自动测量仪的检测方法与偏测试仪的检测方法差不多，也是检测出两个圆心及浮动块的两条边，然后计算出 A 和 B 的尺寸，所不同的是全部工作由计算机完成。其精度可达 0.1μm，完全能够满足要求。

（3）系统特点

A/B 尺寸测量仪是基于视觉系统的测量仪器，因此图像处理是整套系统能否实现高精度测量的关键。另外，由于测量中涉及 X-Y 台的移动及 HGA 的定位问题，所以运动精度和工装夹具的定位也是考虑的重点。

1）图像处理　仪器的关键是实现高精度的直线边缘及圆心检测。按照目前的图像放大倍数及图像分辨率，一个像素大概相当于 $4\mu m$，不能满足精度的要求。

① 亚像素测量　为了实现高精度的直线边缘测量，必须实现亚像素（sub-pixel）测量。亚像素边缘检测算法基本上是根据图像有一定模糊时目标边缘较宽的特点，通过统计方法，利用边缘法线方向的信息确定其边界的亚像素位置。另外，可采用 2-D 模板拟合的方法计算边界的亚像素位置，但计算量较大。在本系统中，采用统计方法确定边界的亚像素位置。

② BLOB 分析　对于圆心检测可采用 BLOB 分析。BLOB 分析是将圆内的所有像素进行统计，然后计算出这些像素的几何中心作为圆的中心。对于比较光滑圆的边缘来说，测量结果是相当好的。但对于边缘有毛刺的圆来说，测量效果就不太好，对于这种情况，可采用基于切线方向信息的亚像素边缘检测算法。

2）误差补偿与控制　由于整个测量工作不能在一幅画面内完成，这就涉及工件的移动。为了达到高精度的移动，运动距离的控制必须精确。运动部件由步进电机、高精度滚珠丝杠及滑块等组成。经多次测试，该结构的精度仅能达到 $\pm 2.5\mu m$，势必造成整体的测量精度下降。为了提高运动精度，可采用直线感应同步器来实现误差补偿，因为感应同步器具有以下特点。

① 精度较高，可达 $\pm 0.5\mu m$。

② 受环境温度、湿度变化的影响小。

③ 抗干扰能力强。

④ 使用寿命长。

⑤ 价格较低。

但对安装精度有一定的要求，主要是平行度及距离的要求。

控制部分可采用 MSC-51 单片机。因为 MSC-51 单片机具有 5 个中断源（分为两个优先级），有全双工的串行口，便于与上位机通信，另外还有强大的指令系统，所以 MSC-51 单片机十分适合本系统。

3）浮动锥销定位　工装夹具是仪器设计的另外一个要点。从前面的测量原理可知，理论上测量结果与 HGA 的位置无关，但测量结果与 HGA 的位置有很大关系。由于有的孔既是定位孔又是测量孔，所以这给夹具设计带来一定的难度。采用装配孔及腰形孔为定位孔，让出基准孔，这样做的目的是为了减小对基准孔图像质量的影响，以便用来进行测量。为了提高定位精度，采用了锥销定位方式。由于测试时，如果采用固定锥销，势必对锥销的尺寸精度提出极高的要求，这是很难做到的，基于这方面的考虑，采用浮动锥销定位方式来解决精度方面的矛盾。采用这种方式后，定位精度可达 $\pm 0.5\mu m$，完全满足系统的需要。

4）同轴光源　光线对测量的精度影响极大，如果要得到高精度的测量结果，光线方向及亮度必须固定。如果光线变亮或变暗，那么浮动块的边缘会向某一方向偏移，对测量精度有极大的影响；如果光线的入射角度改变，则可能会在浮动块的某一边产生阴影，影响边缘的确定。基于以上的考虑，采用了同轴光。因为它具有很好的方向性，并且容易固定，能保证测量的一致性。

5）图像聚焦　理论上讲，图像焦距的微小变化不会对圆心检测造成影响，但实际上其影响不仅仅是图像的模糊，而且会造成图像的偏移，从而影响测量精度。由于安装时摄像头与工装不可能完全垂直，所以当工装在其轴线方向移动时，其轴线与摄像头的轴线已经产生了偏移，从而影响了测量精度。因此，要求准确聚焦。理论上讲，自动聚焦是最准确的，但由于目前这个函数还没有开发出来，所以只能靠步进电机走定长，这往往会产生系统误差。

6）系统调校　对于一个测量系统来说，系统调校是一件十分关键的事。如果不能进行系统调校或不能进行准确的调校，那么该测量系统是不能使用的。摄像头的焦距、软件系统误差补偿参数的变动、光线的变化、导轨与工装的平行度、图像二值化时阈值的选取等都会引起系统误差。因此必须有一个基准来测量系统误差并在软件中给予补偿。测量系统误差通过标准块进行测量，并定期测量调校。

7）软件功能　上位机软件除完成图像处理、上位机控制的功能外，还提供了数据库的功能。将数据库引入到 A/B 尺寸测量仪中，实现了数据本地处理与远程服务器连接的功能，并且数据很容易转到 Excel 等软件中作进一步的处理。

8）系统精度　由于采用了以上几项技术，整套系统的误差大大降低。按照极端的算法，将三部分误差相加，可得出整套系统的精度为 $\pm 1.1\mu m$，测量精度明显高于其他的测量方法。事实上，由于各项误差符合一定的分布规律（一般为正态分布），所以实际误差还要小。

① 运动误差　尽管采用了感应同步器，但由于其精度只有 $\pm 0.5\mu m$，所以对 R&R 有较大的影响。如果要进一步提高运动精度，则可采用光栅尺。

② 图像质量　由弹性臂舌片的结构造成在浮动块 A 尺寸边缘处成像不够清楚，有时会造成误判断，这个问题可通过调整光线来改善图像质量。另外，智能化确定判断框的位置也能提高精度。

实训18　光电式传感器测速仪

（1）实训目的

① 通过对不同类型光电传感元件的性能进行测试比较，了解光电转换元件的结构及光电传感器的转换原理与特性。

② 分析光电传感器的频率特性，掌握光电传感器测速的基本工作原理。

③ 熟悉有关测量仪器的使用。

（2）实训原理

光电测速仪是光电式传感器中的一种。其原理是利用光电转换器件把直流电机的转速转换成相应频率的脉冲，然后将此脉冲经电路的处理得到 $0 \sim 500\mu A$ 的电流值，用微安表测量该电流的数值，间接显示出电机转速。同时也可以将脉冲输入到数字频率计进行相应测量。光电测速系统原理图见图 6-33。光电传感器输出的脉冲信号经放大、整形送至频率计或微安表，如图 6-34 所示。

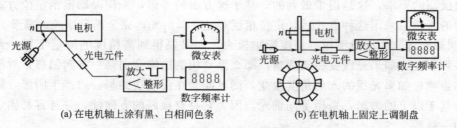

(a) 在电机轴上涂有黑、白相间色条　　　　(b) 在电机轴上固定上调制盘

图 6-33　光电测速系统原理图

频率 f 与电机转速 n 之间的关系可由下式给出，即

$$f = (n/60)Z$$

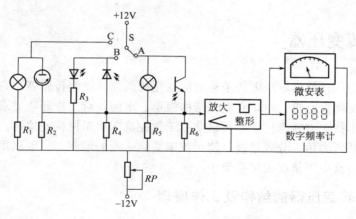

图 6-34 光电测速系统信号处理电路

式中　n——电机转速，单位 r/min；

　　　Z——调制盘齿数或轴上涂色条数。

（3）实训设备

① 光电器件（光电二极管、光电三极管、红外光电管等）；

② 可调速直流电机；

③ 数字式频率计；

④ 直流稳压电源；

⑤ 直流微安表；

⑥ 实验电路板。

（4）实训方法、步骤

① 将测试用仪器、仪表、光电元件等按要求进行连接，检查无误。电源按所需输出电压调整好，电机接 8V 的直流电压。

② 将图 6-34 转换开关 S 扳向 A，接通光源，再逐步将电机转速由低速调至高速，进行测试，将数据记入表 6-3 中。

表 6-3　光电测速数字频率对应电机转速表

数字式频率计读数/Hz		10	20	40	80	120	200	400	600	800	1000
直流微安表指示/A	光电二极管										
	光电三极管										
	红外光电管										
直流电机转速/(r/min)											

③ 将转换开关扳向 C，接相同光源，重复上述操作，将测得的数据记入表中。

④ 根据所得数据，画出各种光电元件转速特性，并比较各种光电元件测速灵敏度和非线性。

（5）注意事项

① 实训前要认真理解实训原理，了解实训的操作方法。

② 熟悉实操的仪器、仪表、设备的使用方法。

6.5 旋转变压器

旋转变压器是一种输出电压随转子转角而变化的角位移检测传感器。它实际上是一种测量角度用的小型交流发电机。由于它具有结构简单、牢固，对工作环境要求不高，输出信号幅度大，以及抗干扰能力强等优点，所以常用于数控机床中角位移的检测。但普通的旋转变压器测量精度较低，为角、分数量级，使用范围受到一定的限制，一般只用于精度要求不高或大型机床的粗测及中等精度测量系统中。

6.5.1 旋转变压器的结构及工作原理

旋转变压器的结构和两相异步电动机相似，也由定子和转子组成，分为有刷和无刷两种。如图 6-35 和图 6-36 所示。

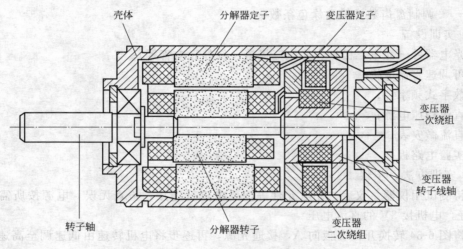

图 6-35 无刷旋转变压器结构

在有刷旋转变压器结构中，定子和转子上分别有两个互相垂直的绕组，定子与转子铁芯间有均匀气隙，转子绕组的端点通过电刷和滑环引出。

无刷旋转变压器没有电刷和滑环，它由两部分组成：一部分叫分解器，其结构与有刷旋转变压路基本相同；另一部分叫变压器，它的一次绕组绕在与分解器转子轴固定在一起的线轴（由高导磁材料制成）上，与转子一起旋转，它的二次绕组绕在与转子同心的定子线轴（由高导磁材料制成）上。分解器定子线圈接外加的励磁电压，转子线圈的输出信号接到变压器的一次绕组，从变压器的二次绕组引出输出信号。无刷旋转变压器具有可靠性高、寿命长、不用维修以及输出信号大等优点，已成为数控机床中常用的位置检测元件。

旋转变压器又分单极型和多极型。单极型的定子和转子上有一对磁极，多极型则有多对磁极。使用时，伺服电机的轴与单极旋转变压器的轴通过精密升速齿轮连接，根据机床传动丝杆螺距的不同，选用不同的齿轮升速比，以保证机床的位移脉冲当量与 CNC 输入设定单位相一致。由于使用多极旋转变压器，不用中间齿轮，直接与伺服电机同轴安装，因而精度更高。

旋转变压器是根据互感原理工作的，如图 6-36 所示。它的结构设计与制造保证了定子与转子之间的空气隙内的磁通分布呈正弦规律变化。当定子绕组加上交流励磁电压时，通过互感在转子绕组中产生感应电动势，其输出电压的大小取决于定子与转子两个绕组轴线在空间的相对位置。两者平行时互感最大，副边的感应电动势也最大，两者垂直时互感的电感量为 0，感应电动势也为 0。当两者呈一定角度时，其互感呈正弦规律变化，即

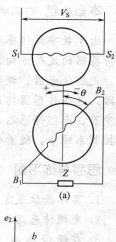

$$e_2 = ke_1 \cos\alpha \tag{6-10}$$

式中　e_1——定子绕组感应电动势，它与外加电压方向相反；

　　　e_2——转子绕组感应电动势；

　　　k——两个绕组的匝数比（W_1/W_2）；

　　　α——两个绕组轴线间的夹角。

由脉动磁场 Φ_1 在原边 W_1 中感应的电动势 e_1 为

$$e_1 = 4.44 f W_1 \Phi_1 \tag{6-11}$$

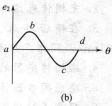

式中，f 为励磁电压的频率，在数控系统中应用时常取 2～4kHz。

由旋转变压器构成角位移测量系统时，其信号处理方式与感应同步器类似，也分为鉴相和鉴幅两种方式。

图 6-36　旋转变压器原理图

6.5.2　旋转变压器的应用

利用旋转变压器作位置检测元件时，常采用鉴相工作方式，下面介绍它在数控机床相位伺服系统（闭环及半闭环伺服系统中的一种）中的应用。

图 6-37 是该系统的原理方框图。旋转变压器工作在移相状态，它把机械角位移转换成电信号的相位移。由数控装置发出的指令脉冲，经脉冲-相位变换器变成相对于基准相位 ϕ_0 而变化的指令相位 ϕ_C，ϕ_C 的大小与指令脉冲个数成正比。ϕ_0 超前还是落后于 ϕ，取决于指令脉冲的方向（即正向或负向），随时间变化的快慢与指令脉冲频率成正比。基准相位经 90°移相，变成幅值相等、频率相同、相位差为 90°的正弦、余弦信号，施加给旋转变压器的两个正交绕组。从它的转向绕组中取出的感应电压的相位 ϕ_0 与转子相对于定子的空间位置有关，即 ϕ_0 反映了电机轴的实际位置。实际相位 ϕ_P 与指令相位 ϕ_C 通过鉴相器的比较，产生的差值信号经位置调节器作为速度给定信号加到速度控制单元，控制伺服电机向着消除误差的方向旋转。ϕ_C 随指令连续变化，而 ϕ_P 始终跟踪 ϕ_C 变化，从而使控制电机带动工作台连续运动。

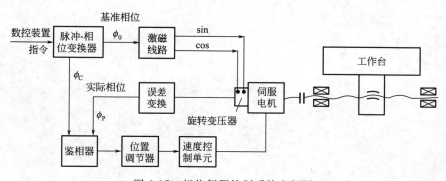

图 6-37　相位伺服控制系统方框图

● 本章小结

由于数字式传感器具有抗干扰能力强、易于远距离传输等优点，因此，传感器的数字化是传感器的发展方向。目前，常见的数字式传感器有编码式、计数式传感器，以及感应同步器、光栅传感器、旋转变压器等，CCD图像传感器以及激光式数字传感器也属于数字式传感器。这些传感器均用于位移、角度等参量的精密测量与控制。本章主要介绍了其中的感应同步器、光栅传感器、旋转变压器等几种。这几种传感器广泛应用在数控机床中位移的测量和控制系统中。随着科技的不断发展，这些传感器的测量精度以及范围逐步提高。

● 思考与练习题

1. 莫尔条纹是怎样产生的？它具有哪些特性？

2. 光栅传感器由哪几部分组成？各部分的作用是什么？

3. 在精密车床上使用刻线为 5400 线/周圆光栅进行长度检测时，其检测精度为 0.01mm，问该车床丝杆的螺距是多少？

4. 磁栅传感器的输出信号有哪几种？相对应的磁栅传感器的信号处理方式有哪些？

5. 感应同步器传感器有哪几种？各有什么特点？

6. 码盘式编码器主要有哪几种？各有什么特点？

7. 某光栅传感器，刻线数为 100 线/mm，没细分时测得莫尔条纹数为 800，试计算光栅位移是多少毫米？若经四倍细分后，计数脉冲仍为 800，则光栅此时的位移是多少？测量分辨率是多少？

8. 刻线为 1024 的增量式角编码器安装在机床的丝杆转轴上，已知丝杆的螺距为 2mm，编码器在 10s 内输出 204800 个脉冲，试求刀架的位移量和丝杆的转速分别是多少？

第 **7** 章

其他传感器

现代新型传感器就是采用新方法、新技术、新材料而研制成功，在这个领域我国还采取了引进国外的先进技术、新的产品、合作研究开发进行生产。新型传感器应用到实际工作中将产生非常大的经济效益和社会效益，同时会促进科学技术水平进一步提高，研究出科技含量更高、精度更准、应用更方便、效果更好的新型传感器，促进科学技术向着更高水平迈进。同时现代传感器技术也是自动化技术的重要支柱。

本章重点介绍气敏、湿敏、色敏传感器的应用原理、方法及选型。

7.1 气敏传感器

在现代社会中，人们在生产与生活中往往会接触到各种各样的气体，需要对它们进行检测与控制，这些气体有许多是易燃、易爆的气体，如氢气、一氧化碳、氟利昂、煤气、天然气、液化石油气等。其中有些气体是对人体有害的，对环境造成污染。因此，为防止不幸事故的发生，需要对各种有害的气体进行有效的监测。气敏传感器就是一种将检测到的气体的成分与浓度转换为电信号的仪器。人们根据这些信号的强弱就可以获得气体在环境中存在的信息，从而进行监控或报警。气敏传感器主要检测对象及应用场所如表 7-1 所示，对不同气体的检测有不同的方法，目前常用的检测方法有半导体气敏传感器。

表 7-1　气敏传感器主要检测对象及应用场所

分　类	检测对象气体	应 用 场 所
易燃易爆气体	液化石油气、焦炉煤气、天然气 甲烷 氢气	家庭 煤矿 冶金、实验室
有毒气体	一氧化碳 硫化氢、含硫的有机化合物 卤素、卤化物、氨气等	煤气灶等 石油工业、制药厂 冶炼厂、化肥厂
环境气体	氧气（缺氧） 水蒸气（调节温度） 大气污染（SO_x、NO_x、Cl_2 等）	地下工程、家庭 电子设备、汽车、温室 工业区

分　类	检测对象气体	应用场所
工业气体	燃烧过程气体控制、调节空/燃比 一氧化碳(防止不完全燃烧) 水蒸气(食品加工)	内燃机、锅炉 冶炼厂 电子灶
其他灾害	烟雾,司机呼出酒精	火灾预报,事故预报

7.1.1　半导体气敏传感器的工作原理

半导体气敏传感器是利用气体吸附而使半导体本身的电导率发生变化,用这一原理进行检测常用金属氧化物半导体主要有 SnO_2、ZnO、Fe_2O_3 等。

(1) SnO_2 气敏元件传感器

1) SnO_2 气敏元件的工作原理　SnO_2 的熔点为1625℃,性能稳定,不溶于水,具有红宝石结构,是一种 N 型半导体。气敏元件工作时必须加热,其目的是:加速被测气体的吸附、脱离过程,烧去气敏元件的油垢或污物,起清洗作用。控制不同的加热温度,能对不同的被测气体具有选择作用。加热温度与元件输出灵敏度有关,如图 7-1 所示,一般为200~400℃。气敏元件被加热到稳定状态后,被测气体接触元件的表面而被吸附后,元件的电阻会产生较大的变化。

SnO_2 元件能与空气中电子亲和性大的气体(如 O_2 和 NO_2 等)发生反应,形成吸附氧分子会束缚晶体中的电子,使 N 型材料的表面空间电荷层的传导电子减少,从而使器件处于高阻状态。在与被测气体接触时,气体与吸附氧发生反应,将被氧束缚的电子释放出来,表面电导增加,使器件电阻减小。N 型半导体气敏元件在检测中的阻值变化情况如图 7-2 所示。

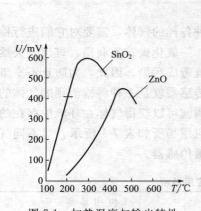

图 7-1　加热温度与输出特性

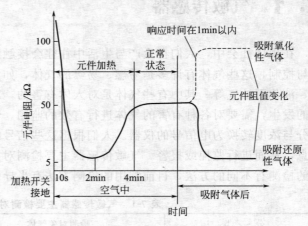

图 7-2　阻值变化曲线

2) SnO_2 气敏元件的结构　SnO_2 气敏元件的结构,目前常见的 SnO_2 系列气敏元件有烧结型、薄膜型和厚膜型三种。其中烧结型应用最多,而薄膜型和厚膜型的气敏性更具有潜力。

① 烧结型 SnO_2 气敏元件　烧结型 SnO_2 气敏元件的结构,是目前工艺最成熟的气敏元件。其敏感体是用粒径很小(平均≤$1\mu m$)的 SnO_2 粉体为基本材料,与不同的添加剂混合均匀,采用典型的陶瓷工艺制作,工艺简单,成本低廉。主要用于检测可燃的还原性气体,敏感元件的工作温度约300℃。加热方式,可以分为直热式与旁热式两种类型。

a. 直热式 SnO_2 气敏元件　　直接加热式 SnO_2 气敏元件，又称为内热式器件，其结构与符号如图 7-3 所示。由芯片（包括敏感体和加热器）、基座和金属防爆网罩三部分组成。如图 (a) 所示，芯片结构的特点是在以 SnO_2 为主要成分的烧结体中，埋设两根作为电极并兼作加热器的螺旋形铂-铱合金线（阻值为 $2\sim5\Omega$）。虽然结构简单，成本低廉，但因其热容量小，易受环境气流的影响，稳定性差。如图 (b) 所示，测量 3 和 4 短接成一个电极，并与图 (a) 组成测量电阻如图 (c) 所示，即与加热电路之间没有隔离，容易相互干扰，加热器与 SnO_2 基体之间由于热膨胀系数的差异而导致接触不良，最终可能造成元件的失效，因此生产和使用较少。

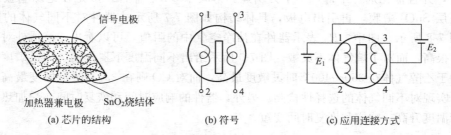

(a) 芯片的结构　　　　　　　(b) 符号　　　　　　　(c) 应用连接方式

图 7-3　直热式气敏元件结构及符号

b. 旁热式 SnO_2 气敏元件　　旁热式气敏元件实际上是一种厚膜型元件，其结构图如图 7-4 所示，在一根内经为 $0.8\mu m$ 外径为 $1.2\mu m$ 的薄壁陶瓷管的两端设置一对金电极及铂-铱合金丝引出线，然后在瓷管的外壁涂覆由基础材料配制的浆料层，经烧结后形成厚膜气体敏感层厚度。在陶瓷管内放入一根螺旋形高阻金属丝（例如 Ni-Cr 丝）作为加热器（加热器电阻值一般为 $30\sim40\Omega$）。这种管芯的测量电极与加热器分离，避免了相互干扰，而且元件的热容量较大，减少了环境温度变化对敏感元件特性的影响。其可靠性和使用寿命比直热式气敏元件高。目前市场所售的 SnO_2 系列气敏元件大多为这种结构形式，图 7-4 所示是旁热式 SnO_2 气敏元件的结构与符号。

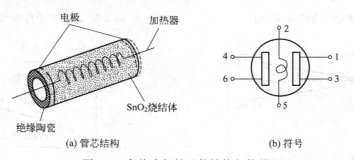

(a) 管芯结构　　　　　　　　　　　(b) 符号

图 7-4　旁热式气敏元件结构与符号

② 厚膜型 SnO_2 气敏元件　　厚膜型 SnO_2 气敏元件是用丝网印刷技术将浆料印刷而成的，其机械强度和一致性都比较好，而且与厚膜混合的集成电路工艺能较好相容，可将气敏元件与阻容元件制作在同一块基片上，利用微型组装技术与半导体集成电路芯片组装在一起，构成具有一定功能的器件。它一般由基片、加热器和气体敏感层三个主要部分组成，其结构如图 7-5 所示。其气敏特性如图 7-6 所示。

③ 薄膜型 SnO_2 气敏元件　　由于烧结型 SnO_2 气敏元件的工作温度约 $300℃$，此温度的贵金属与环境中的有害气体作用会"中毒"现象，使其活性大幅度下降，因而造成 SnO_2 气敏元件的气敏性能下降，长期稳定性、气体识别能力等降低。薄膜型 SnO_2 气敏元件的工作

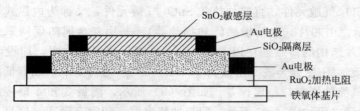

图 7-5　厚膜型 SnO_2 气敏元件结构示意图

温度较低（约为250℃），并且这种元件具有较大比值的表面积，自身的活性较高，本身气敏性很好，并且催化剂"中毒"不十分明显。薄膜型 SnO_2 器件一般是在绝缘基板上，蒸发或溅射一层 SnO_2 薄膜，再引出电极，具体结构如图 7-7 所示。器件对不同气体的敏特性不同，如图 7-8 所示。图中，R_0 表示器件在洁净空气中的阻值，可以看出，该器件对乙醇气体的灵敏度很高，而对丁烷气体不灵敏。图 7-9 所示给出不同温度下器件的气体灵敏度，可以看出器件对于乙醇气体在 350～400℃时灵敏度最高，而对 CO 则在 250℃时灵敏度最高，利用这一特性可实现对不同气体的选择性检测。另外，器件的响应时间和恢复时间亦受加热温度的影响，随着温度升高，响应和恢复时间变短。

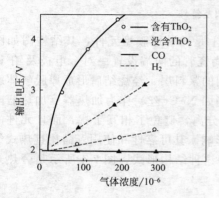

图 7-6　SnO_2 厚膜气敏传感器特性

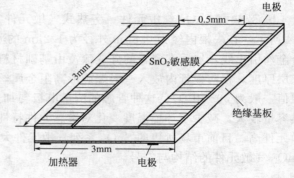

图 7-7　薄膜气敏传感器结构

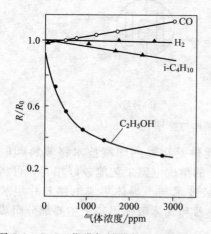

图 7-8　SnO_2 薄膜气敏器件的灵敏度特性

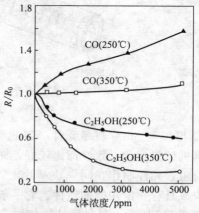

图 7-9　SnO_2 薄膜气敏器件对 CO 和 C_2H_5OH 的灵敏度温度特性

将 SnO_2 微粒尺寸在 100nm 以下的薄膜称为超微粒薄膜。在高频下使用，反应室中的氧气形成等离子体，同时蒸发金属锡，使锡蒸气与氧等离子体作用生成 SnO_2 微粒，淀积在基片上形成薄膜。或用 CVD 方法将 O_2 和含金属化合物通入反应室，形成等离子体沉积 SnO_2 薄膜。超微粒薄膜型 SnO_2 气敏元件结构如图 7-10 所示。基片用 N 型硅，左边是气体敏感元件部分，它是由半导体平面工艺制成的加热电阻器的电极、SnO_2 超微粒薄膜等部分组成；右边是一个用来测量气敏元件工作温度的 PN 结热敏元件；在加热电阻器与测量电极之间有一层 SiO_2 绝缘层。该气敏元件将工作温度降低，如图 7-11 所示。超微粒 SnO_2 薄膜具有较大的表面积和很高的表面活性，在较低温度下就能与吸附气体发生化学吸附，因而其功耗小，灵敏度高。并且这种元件以硅材料为基片，与半导体集成电路的制作有较好的工艺相容性，可与配套电路制作在同一基片，便于推广应用。而且选择性能好，灵敏度高，响应恢复时间快。

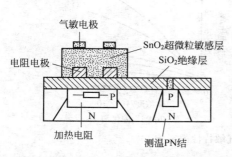

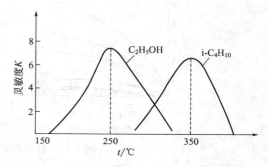

图 7-10　超微粒 SnO_2 薄膜气敏元件结构　　　　图 7-11　超微粒薄膜 SnO_2 气敏元件温度特性

④ SnO_2 气敏元件测量电路　SnO_2 气敏元件基本测量电路如图 7-12 所示，图（a）为直流电源供电，图（b）和图（c）为交流电源供电。图（a）和图（b）为旁热式气敏电阻电路，图（c）为直热式气敏电阻电路。图中，U_H 为加热回路供电电压，U_c 为测试回路供电电压。负载电阻 R_L 上的电压为 U_{RL}。

$$U_{RL} = \frac{U_c R_L}{R_S + R_L} \tag{7-1}$$

式中，R_S 为气敏电阻元件的符号。

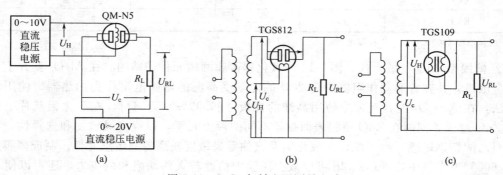

图 7-12　SnO_2 气敏电阻测量电路

(2) ZnO 系气敏元件

氧化锌的物理性，化学性能稳定，也是 N 型半导体，具有六方晶体系纤锌矿型和立方晶体系 NaCl 型结构。气敏元件的工作温度较高，在 $400 \sim 450℃$，ZnO 气敏元件也可以分为烧结型、厚膜型和薄膜型三种。

① 烧结型 ZnO 气敏元件 烧结型 ZnO 气敏元件的工作原理与 SnO_2 相似。ZnO 半导体因存在过剩的 Zn 离子，能吸附在大气中的氧分子，氧会夺取电子使气敏元件的电阻值上升。这时若导入还原性气体，催化剂促进还原性气体与氧进行反应，还原性气体被氧化，吸附的氧脱离半导体，其电阻下降。这就是 ZnO 对还原性气体的敏感过程。催化剂对 ZnO 的气敏特性同样有极大的影响，如图 7-13 和表 7-2 所示。当使用铂作催化剂时，ZnO 气敏元件对乙醇、丙烷、丁烷等有较高的灵敏度，而对氢、一氧化碳的灵敏度却较低。用钯作催化剂，对氢、一氧化碳等气体的灵敏度较高，而对烷类气体的灵敏度较低。实验表明，在 ZnO 中加入少量质量分数为 2% 的三氧化二铬可以使其稳定性获得改善。

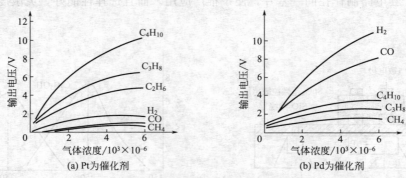

图 7-13 催化剂对 ZnO 气敏特性的影响

表 7-2 催化剂对 ZnO 灵敏度的影响[①]

灵敏度 R_a/R_g 被测气体 催化剂	$i\text{-}C_4H_{10}$	C_3H_8	CO	H_2	C_2H_5OH
无	1.8	1.6	1.1	1.8	12
Pt	14	12	1.8	2.0	18
Pd	6.2	5.1	11	13	18
Rn	13	11	1.4	2.0	19
Pt-P	17	15	1.2	1.4	2.9
Rn-P	16	15	1.5	2.2	2.6

① 气体浓度 2000×10^{-6}，工作温度 350℃。

② 薄膜型 ZnO 气敏元件 图 7-14 为氧化锌薄膜酒敏元件的结构。在 Al_2O_3 基片上先作叉指金电极，并在背面制作阻值约为 20Ω 的能耐受高温的薄膜电阻作为加热器。使用磁控溅射法，在 $Ar + O_2$ 混合气体中使用高纯的锌板（99.99%）为靶材，在氧化铝基片上反应溅射 ZnO 薄膜，同时在 ZnO 薄膜表面掺杂不同的稀土元素，以提高灵敏度和选择性，可以获得对乙醇特别敏感，对甲烷、一氧化碳及汽油等灵敏度较高的酒敏感元件。制成薄膜后在 500~600℃ 下空气中热处理约 2h 可以减少薄膜中活性较大的缺陷和内应力，还可以使 ZnO 薄膜的晶粒长大，晶粒间隔减少。这样虽然会导致元件的灵敏度略有下降，但其稳定性会明显改善。此工艺制备的氧化锌薄膜的尺寸为 600nm 左右，对乙醇的灵敏度比对汽油的灵敏度高出近一倍，再配合适当的辅助电路，就可以避免汽油对检测酒精的干扰。ZnO 酒精敏感元件的主要参数如下：工作电压 1~6V，响应时间小于 10s，工作温度 320℃，在乙醇蒸气浓度为 75×10^{-6} 时测定灵敏度 $R_a/R_g > 6$。

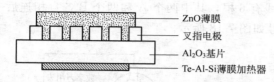

图 7-14 ZnO 薄膜酒敏元件结构示意图

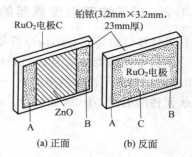

图 7-15 ZnO 铂铱复合型传感器结构图

③ 多层式 ZnO 气敏元件 多层 ZnO 气敏元件的结构是，先在绝缘基片上涂或沉积 ZnO 薄膜，再给 ZnO 层上涂一层作为催化剂层，一般用适量的黏合剂与经铂、铑等贵金属盐浸渍的 Al_2O_3 微粉构成多孔覆盖层，以促进对气体的吸附，提高气敏性。图 7-15 所示给出多层气敏元件结构类似的铂铱复合 ZnO 气敏元件结构图。该元件是以铂铱合金为基片，采用印刷制膜法在它的正面制作 RuO_2 电极（图中的 A 和 B）和敏感材料 ZnO，在背面印刷制作 RuO_2 电极（图中的 C），在乙醇气氛中测量电极 A 与 B 之间的电阻变化，同时还可以利用 A（或 B）与电极 C 来测定元件与温度的关系，铂铱片能促进对乙醇的氧化作用，因此这种复合型电极传感器对乙醇的灵敏度较高。

(3) γ-Fe_2O_3 气敏元件

γ-Fe_2O_3 是 N 型半导体，在高温下如果吸附了还原性气体，使得部分三价铁离子（Fe^{3+}）获得电子被还原成二价铁离子（$Fe^{3+}+e$—Fe^{2+}），致使电阻率很高的尖晶石 γ-Fe_2O_3 转变为电阻很低的尖晶石结构 Fe_3O_4，因为 Fe^{3+} 和 Fe^{2+} 之间可以进行电子交换，使得 Fe_3O_4 具有较高的导电性。同时 Fe_3O_4 和 γ-Fe_2O_3 的结构相似，使它们之间可以形成连续固溶体，而固溶体的电阻率取决于 Fe^{2+} 的数量。随着气敏元件表面吸附的还原性气体数量的增加，二价铁离子相应增多，故气敏元件的电阻率下降。当吸附在元件上的还原性气体解吸后，Fe^{2+} 被空气中的氧所氧化，成为 Fe^{3+}，又转变为电阻率很高的 γ-Fe_2O_3，元件的阻值相应增加。图 7-16 所示给出 γ-Fe_2O_3 气敏元件对不同气体的响应特性曲线。

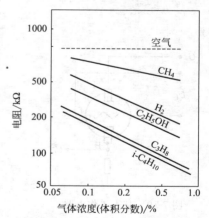

图 7-16 γ-Fe_2O_3 气敏元件的
响应特性图

但是，γ-Fe_2O_3 气敏元件需要在较高温度（400～420℃）下工作，而且在此温度下 γ-Fe_2O_3 会发生不可逆的相变（转变温度范围 370～650℃），转变为 α-Fe_2O_3。实验中还发现由 γ-Fe_2O_3 相变所生成的 α-Fe_2O_3 几乎没有气敏特性。因此，γ-Fe_2O_3 一旦发生相变后，其气敏特性会明显下降，这种灵敏度的降低称为老化。为防止不可逆的相变加入 Al_2O_3 和稀土类添加剂，同时严格控制工艺使 γ-Fe_2O_3 烧结体的微观结构均匀，可将相变温度提高到 680℃左右，改善了元件的稳定性。由于铁是过渡金属元素，是一种很好的催化剂，因此 γ-Fe_2O_3 半导体不需要加入添加剂就可作气敏元件。另外，γ-Fe_2O_3 气敏元件对丙烷（C_3H_8）和异丁烷（i-C_4H_{10}）的灵敏度较高，这两种烷类正是液化石油气（LPG）的主要成分，因此又称 γ-Fe_2O_3 气敏元件为"城市煤气传感器"。

7.1.2　半导体气敏传感器的应用

（1）半导体气敏传感器结构与符号

半导体气敏传感器的结构如图 7-17 所示。它由塑料底座、电极引线、气敏元件（烧结体）、加热器、双层不锈钢网组成。一般它的引线有 6 根，其中两个 A 和两个 B 各自相连后成为气敏元件的引线，f-f 为加热器引线，其符号如图 7-18 所示。

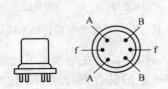

图 7-17　半导体气敏传感器结构

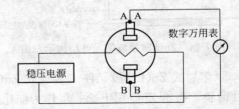

图 7-18　半导体气敏传感器符号表示

（2）半导体气敏传感器应用

半导体气敏传感器的基本工作电路如图 7-19 所示，负载电阻 R_L 串联在传感器中，其两端加工作电压，在 f 两端加热电压 U_f。在洁净空气中，传感器的电阻较大，在负载电阻 R_L 输出电压较小；当在待测气体中时，传感器的电阻变得较小，则 R_L 输出电压较大。

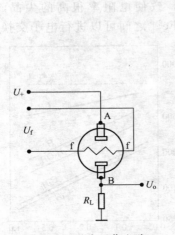

图 7-19　基本工作电路

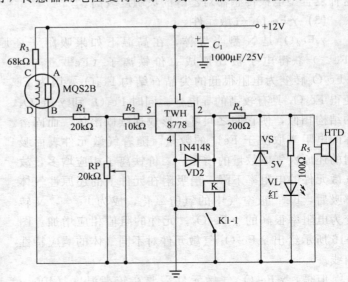

图 7-20　实验室有害气体鉴别与控制电路

① 有害气体鉴别、报警与控制电路　要使电路一方面可鉴别实验中是否有有害气体产生，鉴别液体是否有挥发性，另一方面可自动控制排风扇排气，使室内空气清新。图 7-20 所示是给出有害气体鉴别、报警与控制电路，MQS2B 是旁热式烟雾、有害气体传感器，无有害气体时阻值较高（$10k\Omega$ 左右），当有害气体或烟雾进入时阻值急剧下降，A、B 两端电压下降，使得 B 的电压升高，经电阻 R_1 和 RP 分压、R_2 限流加到开关集成电路 TWH 8778 的选通端 5 脚，当 5 脚电压达到预定值时（调节 RP 电阻值可改变 5 脚的电压预定值），1、2 两脚导通。+12V 电压加到继电器上使其通电，触点 K1-1 吸合，合上排风扇电源开关开始自动排风。同时 2 脚+12V 电压经 R_4 限流和稳压二极管 VS 稳压后供给微音器 HTD 电

压而发出"嘀嘀"声，而且发光二极管发出红光，实现声光报警。

② 酒精检测报警器　检测饮酒的报警器必须选用只对酒精敏感的 QM-NJ9 型酒精传感器，要求当检测器接触到酒精气味后立即发出连续不断的"酒后别开车"的语音报警，并切断车辆的点火电路，强制车辆熄火。图 7-21 所示给出酒精检测报警控制器电路原理图。图中，三端稳压器 7805 将传感器加热电压稳定在 5V，保证该传感器工作稳定性和具有较高的灵敏度。当酒精气敏元件接触到酒精味后，B 点电压升高，且电压值随检测到的酒精浓度增大而升高，当该电压达到 1.6V 时，使 IC2 导通，语音报警电路 IC3 和功率放大电路 IC4 组成语言声光报警器，IC3 得电后即输出连续不断的"酒后别开车"的语音报警声，经 C_6 输入到 IC4 放大后，由扬声器发出响亮的报警声，并驱动 LED 闪光报警。同时继电器 K 动作，其常闭触点断开切断点火电路，强制发动机熄火。该报警器既可安装在各种机动车上用来限制酒后开车，又可安装成便携式供交警人员用于交通现场检查酒后驾驶。

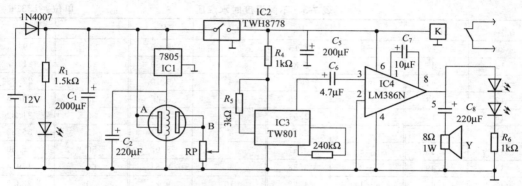

图 7-21　酒精检测报警控制器电路原理图

该电路的消耗功率小于 0.75W，响应时间小于 10s，恢复时间小于 60s，适合 $-200\sim+50℃$ 的环境条件。测试前应接通电源，预热 $5\sim10\text{min}$，待其工作稳定后测一下 A 与 B 之间的电阻，看其在洁净空气中的阻值和含有酒精空气中的阻值差别是否明显，一般要求电阻值差距越大越好。全部元件装好后，应开机预热 $3\sim5\text{min}$，然后调节 RP，使报警器处于报警临界状态，再将低于 39 度的白酒接近探头，此时应发出声光报警，否则应重新调试。

7.2　湿敏传感器

湿敏传感器是人们对环境测量湿度的依据。在人类日常生活，工业生产、物资仓储、精密仪器等都对湿度有不同的要求，特别是对湿度的控制更为重要。因此，对湿敏传感器及信号变送器的研究是十分重要的。

(1) 湿度表示法

通常空气中含有水蒸气，在测量时用湿度来描述，其表示方法主要有绝对湿度、相对湿度、露点（霜点）等表示法。

1) 绝对湿度　空气的绝对湿度表示，是单位体积内空气中所含水蒸气的质量。也就是指空气中水蒸气的密度。一般用一立方米空气中所含水蒸气的克数表示，即

$$H_a = \frac{m_v}{V} \tag{7-2}$$

式中，m_v 是待测空气中水蒸气质量；V 是待测空气的总体积；H_a 是待测空气的绝对湿度，其单位为 g/m^3。

2）相对湿度　即空气中实际所含水蒸气的分压和相同温度下饱和水蒸气的分压比值的百分数，这是一个无量纲的量，一般用％RH（Relative Humidity）表示。由于绝对湿度有单位，而相对湿度描述方法较方便，因此常常使用相对湿度，即

$$H_T = \left(\frac{P_w}{P_N}\right)_T \times 100\%RH \tag{7-3}$$

式中，P_w 为空气温度为 T 时的水蒸气分压；P_N 为相同温度下饱和水蒸气的分压。

表 7-3 给出了在标准大气压下不同温度时水汽压的数值。如果已知空气的温度和空气的水汽分压 P_w，利用表 7-3 可以查得温度 t 时的饱和水蒸气分压 P_N，利用相对湿度表达式就能计算出此时空气相对湿度的水汽分压。

表 7-3　不同温度时水汽压　　　　　　　　　单位：133Pa

$t/℃$	P_N	$t/℃$	P_N	$t/℃$	P_N	$t/℃$	P_N
−20	0.77	−9	2.13	2	5.29	22	19.83
−19	0.85	−8	2.32	3	5.69	23	21.07
−18	0.94	−7	2.53	4	6.10	24	22.38
−17	1.03	−6	2.76	5	6.45	25	23.78
−16	1.13	−5	3.01	6	7.01	30	31.82
−15	1.24	−4	3.28	7	7.51	40	55.32
−14	1.36	−3	3.57	8	8.05	50	92.50
−13	1.49	−2	3.88	9	8.61	60	149.4
−12	1.63	−1	4.22	10	9.21	70	233.7
−11	1.78	0	4.58	20	17.54	80	355.7
−10	1.93	1	4.93	21	18.65	100	760.0

3）露（霜）点　由于在空气中水的饱和蒸气压是随着环境温度的降低而逐渐下降的，则空气温度越低其水蒸气压与同温度下的饱和蒸气压差值就越小。当下降到某一温度时，空气中水蒸气压与同温度下的饱和蒸气压相等，此时空气中的水蒸气将向液相转化而凝结为露珠，其相对湿度为 100％RH，这一特定的温度被称为空气的露点温度（简称露点）；如果这一特定温度低于 0℃，水蒸气将会结霜，因此又可称为霜点温度，通常两者统称为露点。空气中水蒸气压越小，露点越低。因此只要知道待测空气的露点温度，通过表 7-3 就可以查到在该露点温度下水的饱和水汽压，这个饱和水汽压也就是待测空气的水汽分压。

（2）湿敏传感器的主要参数

① 湿度量程　量程就是湿敏传感器技术规范中所规定的感湿范围。全湿度范围用相对湿度 0～100％RH 表示，量程是湿度传感器工作性能的一项重要指标。对于通用型的湿敏传感器希望它的量程要宽。对应用来说，也并非越宽越好，这里还要考虑到灵敏度和成本。在低湿或者抽真空情况下用的低湿传感器，主要是要求它在低湿的情况下有足够的灵敏度，并不要求它有很宽的测湿范围。同样，在高湿的情况也是如此。事实上各种湿敏传感器的量程各不相同。

② 感湿灵敏度　感湿灵敏度，又叫湿度系数。它的定义是在某一相对湿度范围内，相对湿度改变 1％RH 时，湿敏传感器电参量的变化值或百分率。不同的湿敏传感器，对灵敏度的要求各不相同，对于低湿型或高湿型的湿度传感器它们的量程较窄，要求灵敏度要很高。但对于全湿型湿敏传感器，并非灵敏度越高越好，因为电阻值的动态范围很宽，这反而

给配制二次仪表带来不利，所以灵敏度的大小要适当。

③ 感湿温度系数　感湿温度系数是反映湿度传感器温度特性的另一个比较直观、实用的物理量。它表示在两个规定的温度下，湿敏传感器的电阻值（或电容值）达到相等时，其对应的相对湿度之差与两个规定的温度变化量之比，或者说，环境温度每变化1℃时，所引起的湿敏传感器的湿度误差。

$$感湿温度系数（\%RH/℃）=\frac{H_2-H_1}{\Delta T} \tag{7-4}$$

式中　ΔT——温度25℃与另一规定环境温度之差；

H_1——温度25℃时湿敏传感器在某一电阻（电容）值对应的相对湿度值；

H_2——另一规定环境温度下湿敏传感器另一电阻值（或电容值）对应的相对湿度。

图7-22所示为感湿温度系数示意图。

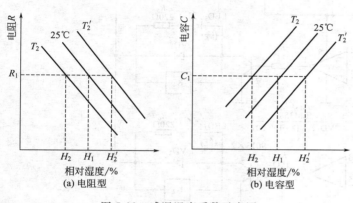

图7-22　感湿温度系数示意图

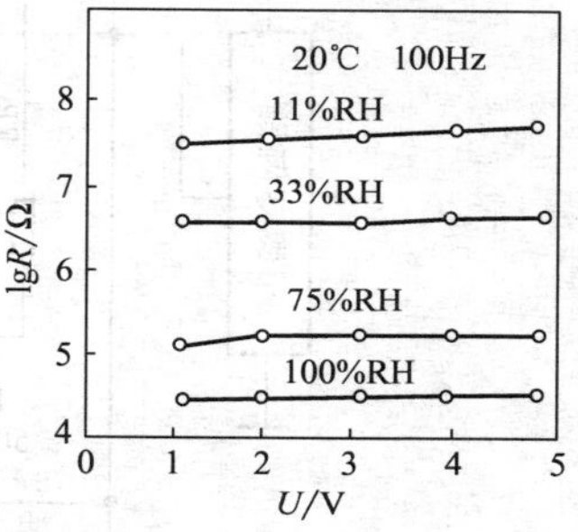

图7-23　电阻-电压特性

④ 响应时间　响应时间也称为时间常数，它是反映湿敏传感器相对湿度发生变化时其反应速度的快慢。其定义是：在一定温度下，当相对湿度发生跃变时，湿敏传感器的电参量达到稳态变化的规定比例所需要的时间。一般是以相应的起始和终止这一相对湿度变化区间的63%作为相对湿度变化所需要的时间，为响应时间，单位是s。也有规定从起始到终止90%的相对变化作为响应时间。响应时间又分为吸湿响应时间和脱湿响应时间。大多数湿敏传感都是脱湿响应时间大于吸湿响应时间，所以一般是以脱湿响应时间作为湿敏传感器的响应时间。

⑤ 电压特性　当用湿敏传感器测量湿度时，所加的测试电压，不能用直流电压。这是由于加直流电压引起感湿体内水分子的电解，致使电导率随时间的增加而下降，因此，测量时采用交流电压。图7-23表示湿敏传感器的电阻与外加交流电压之间的关系。从图中可知，测试电压小于5V时，电压对电阻-感湿特性没有影响。但交流电压大于15V时，由于产生焦耳热的原因，对湿敏传感器的电阻-感湿特性产生较大的影响，因而一般湿敏传感器使用电压都小于10V。

(3) 湿敏传感器的应用

1) 房间湿度控制器　可以用湿敏传感器制作房间湿度控制器。湿敏传感器制作的房间湿度控制器如图7-24所示，传感器的相对湿度为0~100%RH时所对应的输出信号为0~100mV。将传感器输出信号分成三路，分别接在A_1的反相输入端、A_2的同相输入端和显示器的正输入端。A_1和A_2为开环用，作为电压比较器。将RP_1和RP_2调整到适当的位置，当相对湿度下降时，传感器输出电压值也随着下降，当降到设定数值时，A_1 的输出电位突然升高，使 VT_1 导通，同时 LED_1 发绿光，表示空气太干燥，K_1 吸合，接通加湿机；当相对湿度上升时，传感器输出电压值也随着上升，升到一定数值时 K_1 释放，断开加湿机。当相对湿度值继续上升，如超过设定数值时，A_2 输出突然升高，使 VT_2 导通，同时 LED_2 发红光，表示空气太潮湿，K_2 吸合，接通排气扇，消除空气中的潮气。当相对湿度降到一定数值时，K_2 释放，排气扇停止工作。这样，室内的相对湿度就可以控制在一定范围之内。

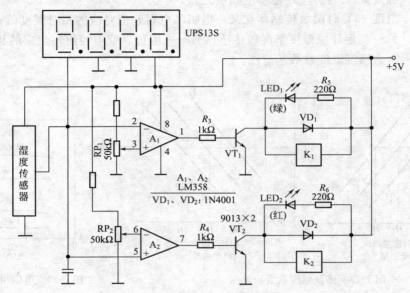

图 7-24　房间湿度控制器电路

2）智能湿度测量仪　由 HM1500/1520 型湿敏传感器和单片机构成的智能湿度测量仪电路如图 7-25 所示，仪表采用 +5V 电源，配 4 只共阴极 LED 数码管。电路中共使用了 3 片 IC；IC_1 为 HM1500/1520 型湿敏传感器，IC_2 是美国（Microchip）公司生产的带 10 位 ADC 的单片机 PIC16F874，IC_3 为七个达林顿反相驱动器阵列 MC1413。PIC16F874 是一种

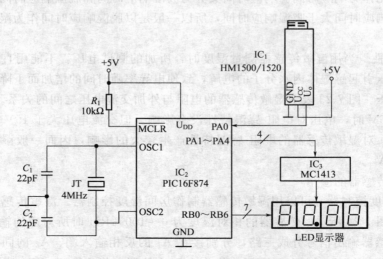

图 7-25　由湿敏传感器和单片机构成的智能湿度测量仪电路

高性能价格比的 8 位单片机，内含 8 路逐次逼近式 10 位 A/D 转换器，最多可对 8 路湿度信号进行模数转换，现仅用其中的一路说明。JT 为 4MHz 石英晶体，配上振荡器电容 C_1、C_2 后就为单片机提供 4MHz 频率。PIC16F874 的电源电压范围在 $+2.5\sim+5V$，静态电流小于 2mA。利用 PA0 口来接收湿敏传感器所产生的电压信号。PA1～PA4 为输出扫描位信号，经过 MC1413 获得反相后的位驱动信号。RB 口中的 RB0～ RB6 为输出 7 段码信号，接 LED 显示器相应的段点 a～g。PIC16F874 还具有掉电保护功能，$\overline{MCLR}$ 为掉电复位锁存端。当 U_{DD} 从 $+5V$ 降到 $+4V$ 以下时，芯片就进入复位状态。一旦电源电压又恢复正常，必须经过 72ms 的延迟时间才脱离复位状态，转入正常运行状况。在掉电期间 RAM 中的数据保持不变，不会丢失。仪表读数的过程如图 7-26 所示的流程图。

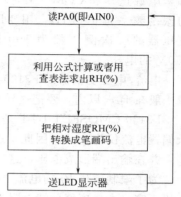

图 7-26　仪表读数过程的流程图

3) 粮食水分测量仪　粮食的保管与粮食的温度和含水量有关，粮食的温度高、含水量大，极易产生霉变。因此，除了对温度进行测量，也需要对其含水量进行测量。通常粮食含水量在 $10\%\sim14\%$ 之间。测量仪能快速、方便、粗略地对粮食水分进行测量，适合农村、乡镇粮库和粮食加工部门使用。粮食的水分不同，其电导率也不同。测量仪的传感器是由两根金属探头组成的，将探头插入粮食内，测量两根金属探头之间的粮食电阻。由于粮食是高阻物质，因此，两个探头之间不能相距太远，以 2mm 左右为宜。要保证相距 2mm，又不能相碰，要用绝缘材料相隔离。因此，探头要安装在一起，用截面 2mm×2mm 的不锈钢即可，长度在 $300\sim500mm$ 为宜。探头要安装绝缘手柄，插入粮食的深度在 $200\sim400mm$。

图 7-27 所示为粮食水分测量电路，这个电路由高压电源、检测电路、电流/电压转换电路、A/D 转换电路和显示电路组成。图中，A、B 为探头，即传感器。传感器探头插入粮食内，其 A、B 间的电阻增大，能达到几十兆欧至上百兆欧，要使这样大的电阻通过电流，必须提高 A、B 间的电压，本仪器要达到 150V 左右。因此，就需要一个高压发生器，加上高压以后，A、B 间电阻中就有电流通过，再用电流/电压变换器将电流变换成电压，然后将

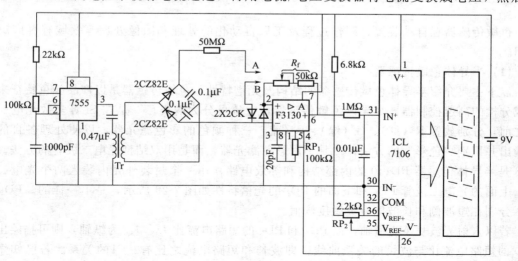

图 7-27　粮食水分测量电路

电压通过 A/D 转换，用数字表显示出来。

测量仪为便携式，其电源电压为 9V。高压发生器由 CMOS 时基电路 7555、变压器和整流电路组成。7555 电源电压范围较宽，3～18V 都能正常工作。根据电路设计的需要，7555 电路的电源不是取自 9V，而是取自 7106 内部的基准电压源，即 V+（1 脚，电源正）和 COM（32 脚）之间的电压，V+ 到 COM 间的电压一般为 2.8V。7555 的振荡频率为 6500Hz，用变压器 Tr 将 7555 的振荡电压提高到二十多倍。因此，要求变压器的一次侧匝数为 100 匝，二次侧匝数为 2000 匝，这样经过整流后可得到约 150V 的电压。

电流/电压变换器以 F3130 为核心。当探头 A、B 间加上高压以后，插入粮食内，其电流一般在 $1\mu A$ 以内，要把这样小的电流转换为电压，要求使用高阻抗运算放大器放大。

F3130 CMOSFET-BTT 是高输入阻抗运算放大器，差模输入的电阻为 $1.5\times10^{12}\Omega$，输入偏置电流仅为 5pA。因此，通过 R_{AB} 的电流基本不通过 F3130 内部，而是通过反馈电阻 R_f，并在输出端形成电压，这样便把电流变换成了电压。

为了限制通过 R_f 的电流，在 A 探头上串入一个 $50M\Omega$ 的电阻。又为了限制 F3130 输出电压不宜过大，应使反馈电阻 R_f 较小。如 R_f 太大，将使 F3130 饱和而不能限量。把 F3130 的输出电压限制在 2V 以内，即把 A/D 转换器的电压量程定在 2V 以下。

A/D 转换以 ICL7106 为核心，F3130 为单端输出，而 ICL7106 要求双端输入，因此，按图 7-27 电路连线。把 F3130 的输出端与同相输入端的电压送入到 ICL7106 的 IN+（31 脚）和 IN−（30 脚）两输入端。根据 ICL7106 的原理分析，满刻度时（粮食全为水，即 A、B 短路）应使数码管的读数为 100（%），使 $N=100$，基准电压（V_{REF}）约为 1.5V。V_{REF} 的调整由 $6.8k\Omega$ 串 $2.2k\Omega$ 电位器完成。

调试时，将探头 A、B 开路，调节 F3130 的第 5 脚电位器 RP_1（$100k\Omega$）使显示值为 0.00。将 A、B 短路（相当于粮食全泡在水中），调整 $2.2k\Omega$，电位器 RP_2，使显示值为 100（%），即含水量 100%。

7.3 色敏传感器

色敏传感器在自动装置、制作过程及工厂自动化的处理和图像处理等领域有着广泛的应用。

（1）半导体色敏传感器

以下主要介绍半导体色敏传感器的结构及光谱特性。色敏传感器是以产品颜色特征来检测或分检的高速控制器。半导体色敏传感器，大致可分为两类；一是在 Si 等多数光电二极管之前，分别放置 R（红）、G（绿）、B（蓝）三种颜色的彩色滤光器，以便处理各自的信号输出并识别"色彩"的方法；二是不用彩色滤光器，而是用双结型光电二极管的方法。图 7-28 是半导体传感器 PD150 的内部结构和等效电路，用一个封装外壳内装入两个光电二极管，上面的光电二极管 PD_1 和下面的 PD_2 的光谱特性如图 7-29 所示，是不一样的。PD_1 和 PD_2 分别在短波侧和长波侧有灵敏度峰值。

若以入射光波长 λ 为横轴，以 PD_2 和 PD_1 的短路电流比 I_{sc2}/I_{sc1} 为纵轴，则可描绘出图 7-30 的短路电流比与波长的关系曲线，即波长和短路电流之比有 1：1 的关系。若已知短路电流比，也就知道波长（即颜色）。

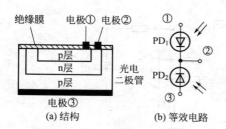

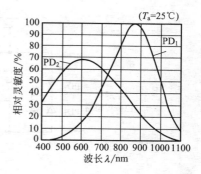

图 7-28　半导体传感器 PD150 的内部结构和等效电路　　图 7-29　PD$_1$ 和下面的 PD$_2$ 的光谱特性

（2）色彩检测及信号处理电路

① 色彩检测方法　颜色的检测方法，可以用直接型、透过型和反射型三种方式，如图 7-31(a)、(b)、(c) 所示。

② 色彩信号的处理　识别色彩必须要获得两个光电二极管的电流比，为了获得输出，最好用对数电路。如图 7-32 所示，电路由二极管和运算放大器组成。其特点是，电路价格较低，在电流较小时二极管两端加上的电压和流过的电流之间近似成为对数关系。即 OP$_1$、OP$_2$ 的输出分别跟 lgI_{sc1}、lgI_{sc2} 成比例，OP$_3$ 取出它们的差。输出 U_o 如下：

$$U_o = C(\lg I_{sc2} - \lg I_{sc1}) = C\lg \frac{I_{sc2}}{I_{sc1}} \qquad (7\text{-}5)$$

式中，C 是比例常数。

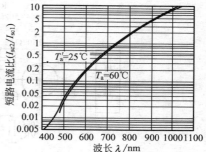

图 7-30　短路电流与波长的关系

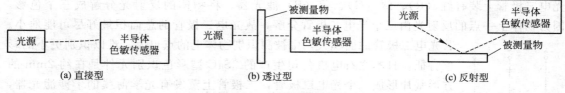

图 7-31　检测颜色的方法

将图 7-32 的电路的输出用 A/D 变换，即可判断出跟电平相对应的波长（即颜色）。用上述方法可识别 5～15 种彩色的单色光。在检测时，排除外部干扰光的影响极为重要，半导体彩色传感器不仅可用于检测单色光，也可用于检测各种色彩混合的复色光和复合光的颜色变化。例如，在密闭的房间里长时间不通气，使用石油气或其他气体燃烧时，会发生缺氧或燃烧不充分。用氧气的浓度和色敏传感器的关系来检测燃烧火焰的颜色，可以制定燃烧时的氧气的浓度，如设定氧气浓度为 18.5％时发出警报。如图 7-33 所示是色敏传感器的报警电路，图中的 PD$_1$、PD$_2$ 的光电流通过负载电阻输出电压。VR$_1$ 用于 OP$_1$ 的偏置调整，VR$_2$ 用于补偿彩色传感器的性能分散，VR$_3$ 输出发生警报的检测电平。

（3）色敏传感器的识别电路

物体的色彩通常由照射物体的光源和物体的光谱反射率决定。因此，若要客观地表现出物体的色彩，必须完全遮断外部干扰光，并用标准光源照射，才能准确地检测出物体的色

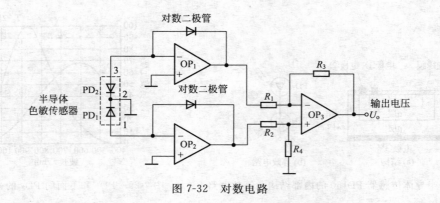

图 7-32　对数电路

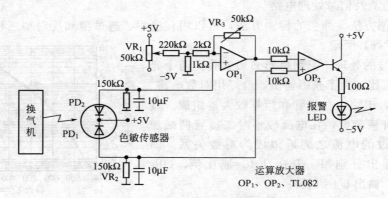

图 7-33　色敏传感器的报警电路

彩，半导体彩色识别传感器最适合工业应用。

　　① 彩色识别传感器结构　半导体彩色识别传感器由三个光电二极管和三色滤光器构成。光电二极管上装有红（R）、绿（G）、蓝（B）滤光器，将物体的反射光分解成三个色彩。因为物体上一点的反射光由三个光电二极管分解，故光电二极管的总面积最好尽可能地小。

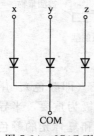

图 7-34　2S4C 型
彩色识别元件
的等效电路

若光电二极管的面积大，则被测识别物体上的点也大，难以识别更小的彩色特征。日本立石电机公司生产的 2S4C 型彩色识别元件是在约 2mm 的方形基片形成三个光电二极管，二极管上蒸发有光学薄膜的干涉滤光器，然后装入 TO-5 的外壳中进行真空密封，如图 7-34 所示为 2S4C 型彩色识别元件的等效电路。2S4C 型彩色识别元件除用作工业色彩识别外，还可以作为测色器件。三色滤光器光谱特性跟 CIE1931 等色函数合并为一，将 2S4C 型元件的输出进行 A/D 变换，可以制成色彩计。

　　② 三色识别电路　图 7-35 所示为识别物体 R（红）、G（绿）、B（蓝）色彩成分的三色识别电路，R、G、B 是彩色识别传感器。传感器的输出端用 100kΩ 电阻连接，输出用 μPC324 运算放大器放大。各运算放大器的放大率因照明物体的光源而有差异，用光源照射红、绿、蓝色的物体，R、G、B 传感器放大后的输出应调整为相等。

　　对于白色荧光灯，R、G、B 运算放大器的电阻值分别为 5kΩ、4kΩ 和 2.3kΩ。运算放大器放大后的输出显示物体 R、G、B 彩色成分的多少，这些输出用 LM339 比较器比较，其输出用 SN7400、SN7404 处理，并驱动 LED 工作。对于中间色，用 A/D 变换将放大后的

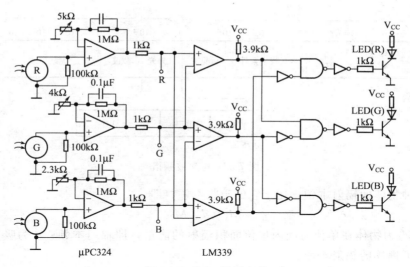

图 7-35　RGB 识别电路

传感器输出变换成数字，用微机处理并作出识别。若检测物体不是特别小的和识别中间颜色的种类有限制时，可用接近配置的两种或三种色彩的传感器取代集成彩色传感器。用一个识别装置识别较多的中间颜色时，因为单独采用比较器的集成电路比较复杂，确定颜色比率的程序必须用微机处理。

图 7-36 所示是含有中间颜色的多色识别装置框图。检测物体的反射光，通过透镜入射到集成化彩色传感器上，并将 R、G、B 的信号用于运算放大器放大，然后通过 A/D 变换器输入到计算机。计算机运算处理输入信号，并根据预先输入的程序进行色彩识别。

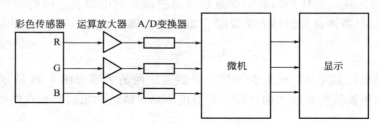

图 7-36　多色识别装置框图

7.4　热释电红外传感器

(1) 红外线检测基本定律

红外线是一种电磁波，波长为 $0.75 \sim 10^3 \mu m$。它在电磁波中的位置如图 7-37 所示，红外线最大的特点是具有光热效应。在自然界任何物体的温度不是热力学零度时，均不断向外辐射红外线，通过检测红外线特性的变化，并转换成各种便于测量的物理量。目前，将红外线转换成便于测量的物理量的红外敏感组件，大致可分为两类：红外热探测器和红外光电探测器。前者对整个红外波段均有响应，后者仅对长波段有响应。其检测的基本定律如下。

① 基尔霍夫定律　物体向周围辐射能量的同时也吸收周围物体辐射的能量。处于同一

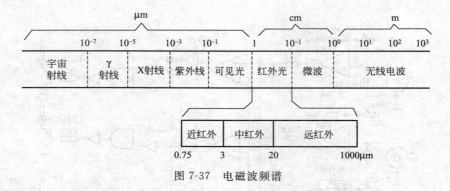

图 7-37　电磁波频谱

温度下的各种物体的辐射本领正比于它的吸收本领，即

$$M_\lambda = d \times M_0 \tag{7-6}$$

式中，M_λ 为物体在单位时间内单位面积辐射的能量，即辐射本领；d 为吸收系数；M_0 为同一温度下黑体的辐射本领。

由物理学可知，绝对黑体的辐射本领为 $d=1$（同时也是吸收本领），其余物体称为灰体，其辐射本领和吸收本领均为 d 小于 1。不同物体的辐射本领和吸收本不同。

② 斯忒藩-玻耳兹曼定律　物体温度越高，其辐射能量越多。设 M 为某物体在热力学温度 T 时单位面积内单位时间内辐射总能量，由物理学可知

$$M = \sigma \varepsilon T^4 \tag{7-7}$$

式中，σ 为斯忒藩-玻耳兹曼常数；ε 为辐射率。

上式称斯忒藩-玻耳兹曼定律。由此可见，物体的红外辐射能量与 T^4 和 ε 成正比。辐射率 ε 是指物体的辐射本领与绝对黑体的辐射本领之比值。绝对黑体 $\varepsilon=1$，灰体 $\varepsilon<1$。

③ 维思位移定律　物体热辐射的能量包括各种波长的电磁波。由物理学可知，物体的峰值辐射波长 λ_m 与物体自身的热力学温度 T 成反比，即

$$\lambda_m = \frac{0.2897}{T} \tag{7-8}$$

此式称为维思位移定律。辐射能与波长及温度之间的关系如图 7-38 所示。随着温度的升高，峰值的辐射波长向短波方向移动；若温度不高，峰值的辐射波长在红外区域内。

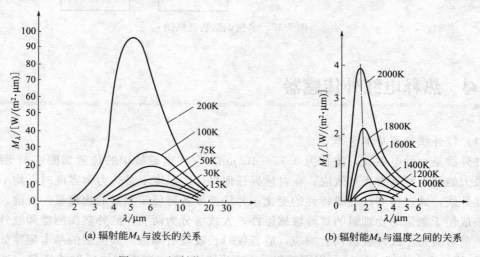

(a) 辐射能 M_λ 与波长的关系　　(b) 辐射能 M_λ 与温度之间的关系

图 7-38　辐射能 M_λ 与波长及温度之间的关系

（2）红外探测器的分类

红外探测器即红外传感器，它是一种能探测红外线的器件。从近代测量技术看，能把红外辐射转换成电量变化的装置，称为红外探测器。按工作原理可分为两类，即热敏探测器和光电探测器。

1）**热敏探测器** 是利用红外辐射热效应制成的，这里采用热敏元件，而热敏元件的响应时间长，一般在毫秒数量级以上。另一方面由于在加热的过程中，不管什么波长的红外线，只要功率相同，对热敏探测器的加热效果也是相同的，如果热敏元件对各种波长的红外线都能全部吸收，那热敏探测器对辐射的各种波长基本上都具有相同的响应，所以称这类探测器为"无选择性的红外探测器"。

2）**光电探测器** 是利用红外辐射的光电效应制成的，它采用的是光电元件，因此它的响应时间一般比热敏探测器的响应时间要短得多，最短的时间可达到纳秒级。因此，要使物体内部的电子改变运动状态，入射辐射的电子能量必须要有足够大，它的频率必须大于某一定值，也就是说，能引起光电效应辐射的一个最长的波长限度。由于这类探测器是以光子为单元起作用的，只要光子的能量足够大，相同数目的光子基本上具有相同的效果，所以这类探测器常常被称为"光子探测器"。

红外探测器是由光学系统、敏感元件、前置放大器和调制器等组成。按光学系统的结构来分，可分为透射式和反射式两类。

① **透射式红外探测器** 其光学结构图 7-39 所示。

透射式光学系统的部件是用红外光学材料制成的，根据所用红外波长选择光学材料。一般测 700℃ 以上高温用波段在 $0.76\sim3\mu m$ 的红外区，可用一般的光

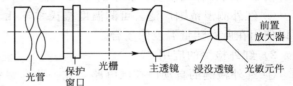

图 7-39 透射式红外探测器光学系统

学玻璃和石英等材料；测量 $100\sim700℃$ 的中温区时，用波段在 $3\sim5\mu m$ 的中红外区，多数采用氟化镁、氧化镁等热压光学材料；测 100℃ 以下低温区时，用波段在 $5\sim14\mu m$ 的中、远红外区，多数采用锗、硅、热压硫化锌等材料。常常还需要在镜片表面蒸镀红外增透层，一方面滤去不需要的波段，另一方面增大有用波段的透过率。由于红外辐射的透射损失，一般透射系统中包含的透镜在两片以上者，是极少见的。

② **反射式红外探测器** 其光学系统结构如图 7-40 所示。采用反射式光学系统主要是获得透射红外波段的光学玻璃比较困难，此外反射系统还可以做成大口径的镜子。但是在加工方面，反射式比透射式要困难得多。

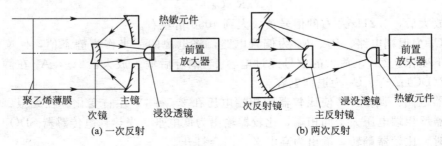

(a) 一次反射　　　　　　　　　　(b) 两次反射

图 7-40 反射式红外探测器光学系统

反射式光学系统是多凹面玻璃反射镜，其表面镀金、铝或镍铬等对红外波段反射率很高

的材料。为了减少光学成像差或为了使用的方便，通常再加一片次反射镜，使目标辐射经二次反射聚焦到接收元件上。

(3) 红外探测器的应用

红外探测器由于能够探测红外辐射源，而任何目标都存在红外辐射源，所以红外探测器能够探测到任何目标的存在。利用这种功能，可以用于大量的自动检测、控制、警戒以及计数和通信中。我们知道一束光从光源发出，经过一段特定的路径后，被探测器接收。如果路径上出现任何工件或物体挡住光束，探测器输出信号马上发生变化，这种信号变化表示光路上出现了物体，像这种情况可用于工业生产中进行自动监视和自动控制电路中。

1）红外测量温度的特点

① 红外测温可远距离和非接触测温。它特别适合于高速运动、带电体、高压及高温物体的温度测量。

② 红外测温灵敏度高。因为物体的辐射能量与温度的四次方成正比，物体的温度有微小的变化，就会引起辐射能量有较大的变化，红外探测器即可迅速地检测出来。

③ 红外测温准确度高。由于是非接触测量，不会影响物体温度分布状况与运动状态，因此测出的温度比较真实。其准确度可达到 $0.1℃$ 以内。

④ 红外测温反应速度快。它不需要与物体达到热平衡的过程，只要接收到目标的红外辐射就可测出目标的温度。测量的时间一般为毫秒级甚至微秒级。

⑤ 红外测温范围广泛。可测温度摄氏零下几十度到零上几千度的范围。红外测温几乎可以使用在所有测量温度的场合。

2）红外检测的应用

① 红外检测的自动门控制电路　在一些高级饭店、宾馆和公共场所的自动门，当人走到门前时，门会自动打开，人过后会自动关闭，其控制电路如图 7-41 所示。

自动门控制电路分为两个部分。

a. 检测、放大、比较电路　由热释电传感器 SDO_2 及滤波放大器 A_1、A_2 等组成，R_2 作为 SDO_2 的负载，传感器的信号经 C_2 耦合到 A_1 上。运放 A_1 组成第一级滤波放大电路，它是一个具有低频放大器，放大倍数约为 $A_{F1} = R_6/R_4 = 27$ 的低通滤波器，其截止频率为

$$f_{01} = \frac{1}{2\pi R_6 C_4} = 1.25\text{Hz} \tag{7-9}$$

A_2 也是一个低通放大器，其低频放大倍数约为

$$A_{F2} = \frac{R_{10}}{R_7} = 150 \tag{7-10}$$

截止频率为
$$f_{02} = \frac{1}{2\pi R_{10} C_8} = 0.23\text{Hz} \tag{7-11}$$

经过两级放大后，0.2Hz 左右的信号被放大到 4050 倍左右。

R_1、C_1 为退耦电路；R_3、R_5 为偏置电路，将电源的一半作为静态值，使交流信号在静态值上下变化。经 A_1 放大的信号经过电容 C_5 耦合后输入放大器 A_2，A_2 在静态时输出约为 4.5V(DC)；C_3、C_9 为退耦电容。

比较器电路：调节 RP 使比较器同相端电压在 $2.5 \sim 4\text{V}$ 左右变化。在无报警信号输入时，比较器反相端电压大于同相端，比较器输出为低电平。当热释电传感器 SDO_2 检测到有人到门前时，比较器翻转，输出为高电平，门会打开。

b. 驱动电路　当检测到有人走近门时，比较器 A_3 输出一串脉冲。Ⅰ、Ⅱ部分（检测、放大、比较电路）的传感器分别安装在门的里、外两边，使人无论进门或出门，门都能自动开关。

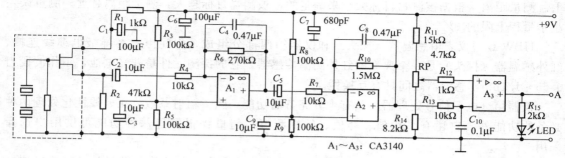

(a) 检测、放大及比较电路

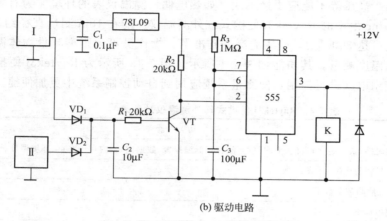

(b) 驱动电路

图 7-41　自动门控制电路

图中的 VD_1、VD_2 组成一个或门，无论 I、II 哪一个有信号输出或两者都有信号，都会使 VT 导通，VT 输出为低电平，这个低电平触发单稳态电路，使其 3 脚输出为高电平，使继电器吸合，驱动门电机旋转，使门打开。暂态时间由 R_3、C_3 决定，暂态结束后 3 脚为低电平，继电器释放，驱动电机反转，门自动关上。

② 红外检测在锻造工件自动线上的应用　在锻造厂里，工件在锻造之前需要在加热炉内加温到 $900℃$，其误差不得超过 $±5℃$，否则会影响锻件的质量，所以控制锻件的温度是一个关键的问题。以往的办法是由工人目测温度，看到差不多了，把烧红的锻件从加热炉内取出，放在锻锤之下的铁砧上进行锻压。而现在采用红外辐射测温计，通过加热炉口可以直接对准工件的表面，就可以测量出工件的表面温度，如图 7-42 所示。

当锻件加热到 $900℃$ 时，红外探测器便输出电信号，启动机械手将锻件从加热炉中取出放在传送带上移动到锻锤下的铁砧进行锻压加工。这样利用红外探测器就可以对整个工作过程实现生产自动化。

市售的 HBW-B 型红外测温仪是非接触式数字显示仪表，它利用被测物的热辐射来确定物体温度，测温范围 $600℃$ 以

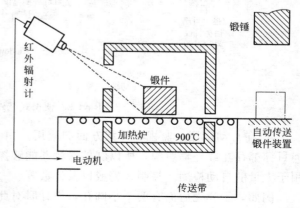

图 7-42　红外辐射计测温示意图

上。测量距离是根据被测物目标大小来确定的，被测物目标越大，测量距离越远。测量误差小于量程上限的1%。

HBW-B型仪表由感温器（探头）和仪器箱两部分组成，中间由五芯屏蔽电缆线连接。红外感温器（探头）是一个典型的红外测温传感器，它的探测元件是硅光电池，工作波段为$0.65\sim1.1\mu m$，感温器之间具有互换性。

仪器箱（电子信号处理器）具有十分完备的功能，除了辐射系数修正、线性化处理两种必备的功能外，它还有平均值、峰值、轧钢测温、超量程报警等八种功能可供用户选择采用。

HBW-B型仪表广泛用于冶金、机械等各种场合和陶瓷、玻璃等各种材料，对响应速度快、运动物体、高温、高压等不能应用接触式（如热电偶）测温仪表的环境尤为有效。

③ 美国Raytek.inc生产的Raytek3i便携式红外测温仪　能在18m测量直径约10cm的物体（最高测量温度可达3000℃），带中心激光瞄准器，操作员可远距离测量物体温度，适合远距离危险地带的温度测量。其功能如表7-4所示。图7-43所示为Raytek3i便携式红外测温仪的应用系统，用电脑进行控制，使测量系统应用到自动控制系统中更加便捷。

表7-4　Raytek3i便携式红外测温仪功能表

名　称	功　能
测量功能	实时性、最小值、最大值、平均值、差值、高/低温报警、数据记录、内存100点、环境温度补偿等
重复精度	测量值的±0.5％或±1℃
显示	4位液晶数字显示
输出	模拟输出1mV/℃
显示保持	7s

图7-43　Raytek3i便携式红外测温仪的应用系统

④ 在自动检测、监视和计数方面的应用　由于红外探测器能够探测红外辐射源，而任何目标都存在红外辐射源，所以红外探测器能够探测到任何目标的存在。这种功能使它可以用于大量的自动检测、控制、警戒以及计数等。

例如，子弹壳后面有两个小圆孔，设计时对此孔的大小要求很严，不能无孔，而且孔的面积也不能太小。在成千上万只的子弹壳中怎样检查验收？用一束光从一面照在孔上，另一面放置一个光电探测器，如果孔的面积不合格或无孔时，通过孔的光通量会产生变化，探测器就输出光电信号，通过对光电信号大小的鉴别，就可以确定子弹壳是正品或是废品，再根据信号大小控制机械手，将正品与废品分开，实现自动检测。

在自动生产线上，产品不断制成，计数也是一项繁杂的工作。若在传送带两侧分别设置一光源和一个探测器，产品通过光束，挡住一次，此时探测器输出产生一个脉冲信号，此脉冲输入到计数器，即显示出计一次数，而且准确度很高，实现了自动计数。

在电力工业中，电力输电线上有许多接头，年长日久，接头处接触不良，会在它上面消耗大量的电能，不仅损失能源，而且容易发生断线事故，一旦断路就会造成巨大的损失。如何在日常检查中及时找出接触不良的地方，防止断路，这是迫切需要解决的问题。若采用接触测温是很不方便的，而且检查的速度也很慢，高压线铁塔又很高，人上去很不容易。用红外测温探测器，在地面上就可以测得接头处的温度高低，这样既节省人力，又可以不停电检查。对于那些远距离的输电线，把红外测温仪安装在汽车上，一边行进，一边可以测量电线接头是否正常。若利用扫描成像的红外热像仪，在直升机上还可以监视输电线的运行是否正常。

实训19　热释电红外传感器照明灯开关的制作

（1）实训目的

① 了解热释电红外探测器的工作原理和使用。

② 熟悉热释电红外探测器性能。

（2）实训原理

人体感应开关主要元件有：一片热释电红外探测模块 HN911L，一只 V-MOS 管。HN911L 内有电路，包括高灵敏度红外传感器、放大器、信号处理电路、输出电路等。热释电红外传感器能遥测，移动人体发出的微热红外信号送入 HN911L，在输出端得到放大后的电信号。V-MOS 场效应管输入阻抗极高，接在栅极与源极之间的电容充电后，电容电压可保持很长时间，在此期间，V-MOS 管导通。利用这一特点，可实现延时功能。

图 7-44 所示为开关电路原理图。电源电压为 220V，VS_1、VS_2 对负半波旁路，对正半波削波稳压，经 VD_1 整流、C_2 滤波后得到 12V 直流电压。12V 电压为三极管 VT_1 提供电源外，经 R_2 降压、VS_3 稳压、C_1 滤波后得到 6V 电压，作 IC_1 电源。当 IC_1 未检测到红外信号时，输出端 2 脚为高电平。VT_1 无基极偏置而截止，VT_2 截止，灯泡 EL 不亮。当有人体移动发出红外线时被红外传感器接收到，经 IC_1 处理后，2 脚输出为低电平，VT_1 导通。12V 直流电压经 VT_1、VD_3 给电容 C_4 充电，VT_2 迅速饱和导通，灯泡 EL 亮。人走过后，IC_1 的 2 脚恢复高电平，VT_1 截止。这时 C_4 放电期间仍维持 VT_2 继续导通。随着 C_4 上电压的下降，VT_2 由饱和区进入放大区直至截止区，灯泡 EL 相对应由高亮逐渐变为暗亮直至熄灭。

（3）实训设备

① IC 器件，选用新型热释电红外探测模块 HN911L。

② VT_1 选用型号为 9012；VT_2 选用 $BVD_s \geqslant 500V$，选择 BUZ358 等。

③ VD_3 选用 1N4007，VD_2 选用 1N4148，VD_4 选用 1N5408，$VS_1 \sim VS_3$ 选用稳压管 2CW54。

④ 其他元器件如图标示，无特殊要求。

（4）实训步骤

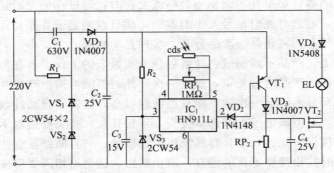

图7-44 楼道照明开关电路原理图

① 根据 IC 的大小，在电路板上开一个与 IC 大小合适的孔，将 IC 的传感器面朝外，与板的表面平齐，用 502 胶水粘牢。其余元件焊接在一块电路板上，用导线与 IC 连接。光敏电阻最好和 IC 同样安装在一起以便接受光源，整个装置安装在盒内。由于人移动时身体离红外传感器很近，所以该开关一般均能可靠工作。如欲增大探测距离，可在传感器前面配上菲涅耳透镜。

② 调试时，首先断开光敏电阻，调整 RP₁，让人体通过传感器时灯泡点亮。接着焊好光敏电阻，遮住光线再细调 RP₁。然后调节 RP₂ 以调整灯泡发光的延迟时间。

③ 调试时应把灯不亮、灯亮时的各点的电位、RP 各点的阻值记录下来。

（5）注意事项

① 实验前要认真检查元器件，焊接时要正确。

② 先用仪表调试，正确后再到现场调试，应注意安全。

实训20 **气敏传感器的应用**

（1）实训目的

① 了解气敏元件的结构。

② 通过对不同气体中敏感气体的测量，熟悉气敏传感器的测量转换原理与特性。

（2）实训原理

图 7-45 所示电路是采用国产 QM-N₂ 气敏传感元件，构成可燃性气体报警电路，它对石油液化气有很灵敏的报警功能，还能对挥发性蒸气的浓度进行检测，可作为检测汽车司机饮酒的探测器。它对烟雾也较灵敏，可作为烟雾报警器或火灾报警器。

当可燃性气体达到一定浓度时，气敏传感器 QM-N₂ 的 B-B′端输出一高电平，触发时基电路 555，由 555 组成的单稳态电路翻转至暂稳态，用管脚 3 输出一高电平，继电器 K 吸合，触点 K-1 闭合，使蜂鸣器得到工作电压发出报警叫声。与此同时，555 内部的放电管截止，电源电压通过 R_3 给 C_2 充电，使 555 的管脚 6 电位不断升高，当达到 $2/3V_{CC}$ 时，555 从暂稳态回到稳态，管脚 3 又输出低电平。继电器 K 释放，K-1 断开，蜂鸣器不发声。但此时由于可燃性气体或烟雾还未消除到低浓度，B-B′端电压仍很高，晶体管 VT 仍处于导通状态，555 的第 2 管脚仍为低电平，所以管脚 3 又立即回到高电平，继电器 K 无法释放，仍会响起报警声。一旦故障全部排除，B-B′端为低电平，晶体管 VT 截止，555 管脚 2 回到高电平。再经约 10s 左右的充电时间，管脚 6 电位上升到 $2/3V_{CC}$，管脚 3 又变为低电平输出，555 回到稳态，继电器 K 释放，K-1 断开，蜂鸣器停止鸣叫。

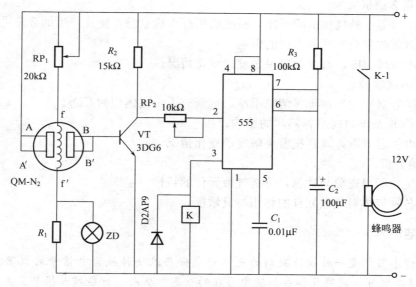

图 7-45　可燃气体报警电路

　　除图中已注明元件型号外，继电器 K 可选用 JRC-5M-12V 或 JRC-13F-12V。电位器 RP_1 的作用是用它来保证 QM-N$_2$ 气敏元件的加热器 f-f′ 两端电压为 4.5V，而电位器 RP_2 是用来调节报警灵敏度的。蜂鸣器的工作电压为 12V。

　　（3）实验设备与器件

　　① 气敏元件：气敏电阻 QM-N$_2$ 一个。

　　② 实验电路板一块。

　　③ 12V 直流稳压电源。

　　④ 密闭容器一个（气敏电阻单独安置在其中，通过引线引出）。

　　⑤ 打火机气体（丁烷）一瓶，酒精一瓶，废纸一张，CO_2 气体一瓶。

　　⑥ 打火机一个。

　　（4）实训内容

　　① 对不同敏感气体进行测试，并分析、比较。

　　② 分析气敏传感器的特性。

　　（5）实训方法与步骤

　　1）丁烷测试实验

　　① 按图接线，将测试用仪器、仪表、气敏元件等按要求进行连接，检查无误。电源按所需要的输出电压调整好，接入 12V 直流电压。

　　② 调节电位器 RP_1 用它来保证 QM-N$_2$ 气敏元件的加热器 f-f′ 两端电压为 4.5V，预热 3min。

　　③ 把丁烷充进密闭容器中，观察蜂鸣器的鸣叫情况。

　　④ 调节电位器 RP_2，观察报警灵敏度的变化情况。

　　2）酒精测试实验

　　① 将密闭容器中的丁烷清除干净，重新充入一定体积的酒精蒸气。

　　② 观察酒精浓度对蜂鸣器鸣叫的影响。

　　③ 调节电位器 RP_2，观察报警灵敏度的变化情况。

3）气体烟雾测试实验

① 将密闭容器中的气体清除干净，将废纸用打火机点燃，使其产生烟雾充进密闭容器。

② 观察酒精浓度对蜂鸣器鸣叫的影响。

③ 调节电位器 RP_2，观察报警灵敏度的变化情况。

4）CO_2 测试实验

① 将密闭容器中的气体烟雾清除干净，重新充入一定体积的 CO_2。

② 观察 CO_2 浓度对蜂鸣器鸣叫的影响。

③ 调节电位器 RP_2，观察报警灵敏度的变化情况。

（6）实验分析

① 根据实验所得现象与数据，分析气敏元件的特性。

② 比较各种气体对气敏元件的作用与灵敏度。

● **本章小结**

1. 气敏传感器就是一种将检测到的气体中成分与浓度转换为电信号的仪器。人们根据这些信号的强弱就可以获得气体在环境中存在的信息，从而进行监控或报警。主要有半导体气敏传感器、ZnO 系气敏元件、γ-Fe_2O_3 气敏元件。测量方法有接触燃烧法、化学反应法、热传导法、红外线吸收散射法。应用最多的是 SnO_2 气敏元件传感器。

2. 湿敏检测传感器是人们对环境测量湿度的依据。在人类日常生活，工业生产、物资仓储、精密仪器等都对湿度有不同的要求，特别对湿度的控制更为重要。湿度是一个物理量，湿敏传感器测量湿度时湿敏传感器的电阻与外加交流电压之间有一定的关系。湿度表示有相对湿度、绝对湿度，湿敏传感器种类较多。

3. 色敏检测传感器是以产品颜色特征来检测或分检的高速控制器。半导体色敏传感器大致可分为两类；一是在 Si 等多数光电二极管之前，分别放置 R（红）、G（绿）、B（蓝）三种颜色的彩色滤光器，以便处理各自的信号输出并识别"色彩"的方法；二是不用彩色滤颜色的检测方法，可以用直接型、透过型和反射型三种方式。识别色彩必须获得两个光电二极管的短路电流比，为了获得输出，最好用对数电路。

3. 红外线是一种电磁波，红外线的最大特点是具有光热效应，能辐射热量。在自然界任何物体的温度不是热力学零度时，均不断向外辐射红外线，通过检测红外线特性的变化，并转换成各种便于测量的物理量。目前，将红外线转换成便于测量的物理量的红外敏感组件大致可分为两类：红外热探测器和红外光电探测器。前者对整个红外波段均有响应，后者仅对长波段有响应。

● **思考与练习题**

1. 红外线的特性是什么？与一般的光线有什么不同？

2. 红外探测器有几种？它们有什么不同？

3. 请用红外传感器设计一台红外防盗装置，画出它的示意图及说明其工作原理。

4. 气敏传感器的特性是什么？用什么方法收集、保存气体？

传感器的发展趋势

传感器技术将是现在和未来人们在高新技术方面争夺的一个非常重要的领域，各发达国家都将传感器技术视为现代高新技术发展的关键。从 20 世纪 80 年代起，日本就将传感器技术列为优先发展的高新技术之首，因此，日本的自动化技术发展异常迅速。美国等西方国家也将此技术列为国家科技和国防技术发展的重点内容。我国从20世纪80年代以来也已将传感器技术列入国家高新技术发展的重点，到现在也有了较快的发展。

在21世纪是人类全面进入信息电子化的时代，作为现代信息技术的三大支柱之一的传感器技术必将有较大的发展。专家们认为，今后我国传感器方面的研究和开发方向应是微电子机械系统、汽车传感器、环保传感器、工业过程控制传感器、医疗卫生和食品业检测传感器、新型敏感材料等。下面将传感器的发展概括为以下几个方面。

(1) 集成传感器

由于宇航和航空技术的发展以及医疗器件的需要，传感器必须向小型化方向发展，以便减小体积和重量。而小型化的基础是集成化，它分为传感器本身的集成化和传感器与后续电路的集成化。现已有集成磁敏传感器、集成力敏传感器、集成温敏传感器、集成光敏传感器和集成场效应离子敏传感器等。集成化传感器由低级发展到高级，把各种调节和补偿电路与传感器集成在一起，降低了对环境的要求，提高了信噪比和精度。目前集成化传感器主要使用硅材料，它既可以制作电路，又可制作磁敏、力敏、温敏、光敏和离子敏器件。在制作敏感元件时要采用单晶硅的各向同性和各向异性腐蚀、等离子刻蚀、离子注入等工艺，利用微机械加工技术在单晶硅上加工出各种弹性元件。目前，发达国家正在把传感器与电路集成在一起进行研究。

(2) 智能传感器

将传统的传感器和微处理器及相关电路组成一体化的结构就是智能传感器。智能传感器可以分为三种类型，即具有判断能力的传感器、具有学习能力的传感器和具有创造能力的传感器。智能传感器具有以下功能。

① 具有自校准功能。操作者输入零值或某一标准量值后，自校准软件可以自动地对传感器进行在线校准。

② 具有自补偿功能。智能传感器在工作中可以通过软件对传感器的非线性、温度漂移、响应时间等进行自动补偿。

③ 具有自诊断功能。智能传感器在接通电源后，可以对传感器进行自检，检查各部分是否正常。在内部出现操作问题时，能够立即通知系统，通过输出信号表明传感器发生故障，并可诊断发生故障的部件。

④ 具有自捕捉功能。智能传感器在接通电源后，可以对设定的目标进行锁定、跟踪、报警等功能。

⑤ 具有数据处理功能。智能传感器可以根据内部的程序自动处理数据，如进行统计处理、剔除异常数值等。

⑥ 具有双向通信功能。智能传感器的微处理器与传感器之间构成闭环，微处理器不但接收、处理传感器的数据，还可以将信息反馈至传感器，对测量过程进行调节和控制。

⑦ 具有数字信号输出功能。智能传感器输出数字信号，可以很方便地和计算机或接口总线相连。

智能传感器按其结构分为模块式智能传感器、混合式智能传感器和集成式智能传感器三种。模块式智能传感器是初级的智能传感器，它由许多互相独立的模块组成。将微型计算机、信号处理电路模块、输出电路模块、显示电路模块和传感器装配在同一壳体内，组成模块式智能传感器。这种传感器的集成度不高、体积较大，但它是一种比较实用的智能传感器。混合式智能传感器将传感器、微处理器和信号处理电路制作在不同的芯片上。目前，混合式智能传感器作为智能传感器的主要类型而被广泛应用。集成式智能传感器是将一个或多个敏感元件与微处理器、信号处理电路集成在同一芯片上。它的结构一般是三维器件，即立体器件。这种结构是在平面集成电路的基础上，一层一层向立体方向制作多层电路。它的制作方法基本上是采用集成电路制作工艺，如光刻、二氧化硅薄膜的生成、淀积多晶硅、激光退火、多晶硅转为单晶硅、PN结的形成等，最终是在硅衬底上形成具有多层集成电路的立体器件，即敏感器件。同时，制作微电脑电路芯片的同时，还可以把太阳能电池电源制作在上面，这样便形成了集成式智能传感器。这种传感器具有类似于人的五官与大脑相结合的功能。它的智能化程度是随着集成化程度提高而不断提高的。今后，随着传感器技术的发展，还将研制出更高级的集成式智能传感器，它完全可以做到将检测、逻辑和记忆等功能集成在一块半导体芯片上。同时，冷却部分也可制作在立体电路中，利用帕耳帖效应来对电路进行冷却。目前，集成式智能传感器技术正在起飞，它在未来的传感器技术中发挥重要的作用。

第8章

现代检测技术的应用

随着控制理论的开拓、电子技术与计算机技术的发展、网络技术的普及等，为了适应科研和生产与生活的需要，在检测技术领域中出现了许多新的理论、新的技术和新的概念。虚拟检测仪器、网络化传感器、软测量技术的应用等，大大提高了现代检测技术的应用领域，使检测技术有了新的发展。

8.1 虚拟检测仪器

虚拟仪器 VI（Virtual Instrument）是由美国国家仪器公司在 1986 年提出的一种构成仪器系统的新概念，其基本组成：用计算机资源取代传统仪器中的输入、处理和输出等部分，实现仪器硬件核心部分的模块化和最小化；用计算机的软件和仪器软面板实现仪器的测量和控制功能。在使用虚拟仪器时，用户可通过计算机显示屏上的友好界面来操作具有测试软件的计算机进行测量，如同操作一台虚设的仪器。

8.1.1 虚拟仪器的产生

虚拟仪器是在计算机的硬件、软件技术和测量技术结合的产物，建立全新的仪器概念，虚拟仪器是以计算机为核心，最大限度地使用计算机的资源，代替仪表的功能并开发出新的功能，虚拟仪器最大的特点就是仪器操作软件化。

虚拟仪器与传统仪器相比较的优点如表 8-1 所示，虚拟仪器的出现是仪器发展的一个主要的方向，也是计算机辅助测量（CAT）领域中的一项重要技术，使传统的仪器向数字化、模块化、网络化的方向发展。

表 8-1　虚拟仪器与传统仪器相比较

传 统 仪 器	虚 拟 仪 器
功能由仪器厂商定义	功能由用户自己定义
与其他仪器设备连接十分有限	能与网络、外部等仪器连接
人工读取数据	计算机能处理并读写数据
数据无法编辑	数据可编辑、打印、存储

传 统 仪 器	虚 拟 仪 器
开发、维护费用高	只开发应用软件
系统封闭、功能固定	计算机技术开放,用功能模块可开发多种仪器
技术更新慢	技术更新快
硬件是关键部分	软件是关键部分
价格昂贵	价格低

8.1.2　虚拟仪器的组成

虚拟仪器的组成,是将仪器划分为一些通用模块的方法,通过在计算机的平台上将一种或多种模块组合在一起,就能构成一种能满足用户测量所需要的测量仪器系统。

① 数据采集电路,主要有输入模块,是由模/数转换（A/D）电路和信号处理电路组成。

② 数据输出电路,是输出模块,主要由数/模转换（D/A）电路和信号驱动电路组成。将输出的数字量转换成模拟量输出并驱动外接电路。

③ 数据处理,是以计算机为主体完成数据的存储、运算、分析和管理等功能。

虚拟仪器是按仪器的各项功能分解为各个模块,如数据存储、数据运算、数据生成、数据分析等多种模块。每一个模块利用通用硬件和开发的软件就可以实现功能。虚拟仪器在硬件和软件设计上,都采用了面向对象模块化设计方法,并将所有的模块组合,是通过软件完成的,所以在虚拟仪器中就可以用计算机完成仪器的测量。

虚拟仪器的整个工作过程都是依靠计算机图形处理技术实现的。仪器通常是借助图形程序设计软件在计算机屏幕上形成图形进行控制和操作的。这种虚拟图形能够操作测量仪器,并建立一个良好的用户界面,还可以根据用户需要通过软件调用仪器的驱动程序来选择仪器的功能,设置和改变面板的控制方式。这种能力是虚拟仪器的最大特点,因为虚拟仪器是借助计算机的软件生成的。只要用户需要测量某种功能时,可由用户自行在计算机平台上利用图形软件对测量模块进行组合,生成所需要的测量功能的仪器。

8.1.3　虚拟仪器的应用

虚拟仪器由硬件和软件两部分组成。虚拟仪器的结构如图 8-1 所示,将系统计算机和仪器硬件的测量、控制结合在一起,通过软件对数据分析处理、通信及图形化用户接口。

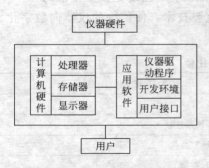

图 8-1　虚拟仪器的组成结构

(1) 硬件的组成

由计算机系统及仪器的硬件模块组成。主要用来采集数据,提供源信号和控制信号,通用接口总线（GPRIB）、RS-232 接口、插入式数据采集卡（DAQ）和VXI 总线等。

① DAQ 卡　是指计算机标准总线的内置功能插卡。利用计算机的强大功能,大大增强了测试系统的灵活性和扩展性。利用 DAQ 卡可以很方便地快速地组成基于计算机的仪器,实现一机多功能的仪器。在性能上 DAQ 卡

的采样频率可到 1GHz，精度可达 24 位，通道可达 64 个，并能结合 I/O 任意选择通道。DAQ 卡具有多种功能模块，用户可根据需要进行选择，如示波器、串行数据分析仪、动态信号分析仪、数字万用表、波形发生器等。在计算机中插入所需的若干个 DAQ 卡，配上相应的软件，就可组成一台具有多项功能的计算机测量仪器。这种虚拟仪器具有很高的性能价格比，实用性能强，利于推广使用。

② VXI 总线   VXI 总线是结合 GPRIB 仪器和 DAQ 卡发展起来的工业标准。VXI 总线技术结合了高速 A/D 转换器、标准化的触发协议和共享内存和局部总线等性能。

(2) 应用软件开发

软件的开发，就是测量仪器的开发。在计算机硬件和必要的仪器硬件组成后，软件的开发就是关键，软件的开发要面对操作的用户，通过测控的操作界面、数据分析处理的功能，完成测量任务。应用软件的开发主要有三个功能：提供开发环境、仪器驱动程序、虚拟仪器的用户接口。

① 开发环境   应用软件就是为用户提供一个虚拟仪器的框架，把一台虚拟仪器所需硬件和软件结合在一起，组成一体进行数据的采集、数据的分析、数据显示、文件管理和用户接口等。开发环境必须是开放的和灵活的，这样用户可很容易地组成虚拟仪器。

在世界各国有不少知名公司开发虚拟仪器开发平台，推出自己的产品。如 NI 公司的 LabVIEW（Laboratory Virtual Instrument Engineering Workbench）软件和 LabWindows/CVI 开发软件。美国 HP 公司开发的 HP-VEE 和 HPTIG 平台软件，美国 Tektronix 公司的 Ez-Test 和 Tek-TNS 软件和美国 HEM Data 公司的 Snap-Marker 平台软件是世界公认的优秀虚拟仪器开发软件。

② 仪器软件和接口   有了开发环境、仪器接口，用户就可以集中精力使用仪器。用户只要把几种模块组合在一起就可以组成虚拟仪器进行使用。各个软件模块都有驱动程序，LabVIEW 和 LabWindows/CVI 仪器驱动程序库中包括数百种 DAQ、GPIB、VXI、CAM-AC 和 RS-232 仪器的驱动程序。

③ 用户接口   对虚拟仪器中的用户接口，LabVIEW 中就可由用户用图形程序编写用户接口，Lab Windows 中可以用 C 语言或 BASIC 来编写用户接口。Microsoft 公司可用 Visual BASIC for Windows 或 Visual C++ for Windows 编写用户接口。在编程软件中不仅包括一般的接口特性，如菜单、对话栏、按钮、图形等，还要有表头、条形图、可编程光标、数显等。

8.2   网络化传感器

8.2.1   网络化传感器的概念

以 Internet 为代表的网络的发展，不仅为人们的生活和观念发生改变，也为测量技术带来发展的机遇，网络化测量技术与具备网络化功能的仪器就出现了。用网络化的仪器测量，被测的数据、波形通过网络传送的异地由高档的仪器进行分析、处理等，实现信息共享，同时也可将处理后的信息再传到现场。网络连接是基于 TCP/IP 协议的开放系统，软件是网络测试仪器开发的关键。由计算机操作系统、现场总线、标准的计算机网络协议等可以很容易地组成测控网络系统。

8.2.2　网络化传感器

计算机技术与网络技术结合，为自动控制从现场操作可实现远程控制。传感器从模拟信号通信方式转为数字通信方式，实现数字网络化。网络化的传感器是在智能传感器的基础上，把网络协议作为一种嵌入式的应用，嵌入现场智能传感器的 ROM 中，使其具有网络接口能力，网络化传感器就像计算机一样成为测控网络上的节点，并具有网络节点的组态性和互操作性。利用现场总线网络、局域网和广域网，在测控点的网络传感器将测控数据信息登录网络，在网络的其他设备就上就可获取这些参数，进行分析、处理和控制。IEEE 已经制定了智能网络化传感器接口标准 IEEE1451。

网络化传感器应用范围很大，用网络传输信息可以在一个地方也可以在多个地方，只要有网络就可以对信息进行交换。例如，对江河的水文监测、全国耕地的监测，都可以利用网络传感器进行大规模的信息采集。随着分布式测控网络的兴起，网络化传感器应用更加广泛。

8.2.3　网络化测控系统

基于现场总线的测控系统，是用于自动化控制过程的设备或仪表互联的现场数字通信网络，现场总线嵌入在各种仪表和设备中，可靠性高、通信速度快、稳定性好、抗干扰能力强、维护成本低等。现场总线面向生产现场，主要用于生产过程设备的测控，设备与控制设备之间的测控，现场设备主要是传感器、控制器、智能阀门、各类工业仪表等。

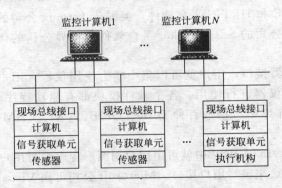

图 8-2　基于现场总线的测控网

现场总线的仪表具有可靠性高、一对 N 个结构、综合功能强、操作性好、组态灵活等。现场总线种类较多，任何一种总线系统，由现场总线测量、变送和执行单元组成的网络化系统可表示为图 8-2 所示的结构。

现场总线网络测控系统已应用在实际生产中，由于开放式的特性和互操作的能力，现场总线的 FCS 系统已逐步取代 DCS（分部控制系统）的控制系统。

8.2.4　互联网的测控系统

以 Internet 为代表的计算机网络发展非常迅速而相关技术逐步完善，突破了传统的通信方式的时空限制和地域的障碍，Internet 具有的硬件和软件资源，在更多的领域中得到应用，如远程教育、远程医疗、电子商务等，这就促进了 Internet 的设备更加完善，使组建测控网络、企业内部网络与 Internet 的互联网都十分方便。典型的面向 Internet 的测控系统结构如图 8-3 所示。图中的现场智能仪表单元是通过现场网关服务器与企业内部的 Internet 连接，具有网络功能的仪器仪表通过 TCP/IP 协议连接到企业内部网上。这样，测控系统将数据采集、信息发布、系统集成等都通过企业内部网与 Internet 连接，实现信息网的统一。在测控网络中，网络化的仪器只是一个独立的节点，信息可跨越网络传输任何领域，实时、动态地在线测控。

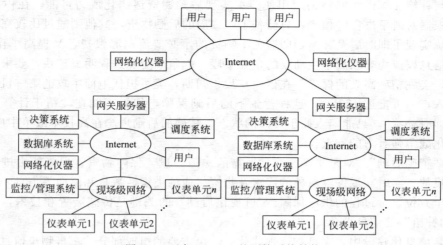

图 8-3　面向 Internet 的测控系统结构

8.3　无线传感器网络

有线的传感器网络，需要有固定的地方，就需配装固定的网线，但是对活动的物体进行检测和控制就不可能了。例如，对列车的货运车厢进行监管，对移动的出租车的调度、管理，都需要无线的通信。特别是移动电话的快速发展，在技术上更新换代从 2G 升到 3G，使无线的传感器应用越来越广泛。

近些年来，一种新型的网络出现了，称为无线传感器网络（Wireless Sensor Network，WSN）。这种网络由多个单节点组成，各节点通过传感器与控制器实现与环境的交互：传感单元（传感器和模数转换单元组成）、处理单元（由嵌入式系统构成，由 CPU、存储器、嵌入式操作系统等）、通信单元（无线通信模块等）、电源等。选择单元有定位系统、运动系统等。无线传感器网络功能日益强大，有越来越多的应用者提供支持。

8.3.1　军事上的应用

在 1991 年的第一次海湾战争中，美国军事交通司令部几乎对任何物资都缺乏完整的信息，既没有良好的跟踪能力，也没有全物资可视化能力。物资在需求不明的情况下进入后勤通道，而且也得不到真正的跟踪。当物资到达目的地时，后勤人员不得不处理剩下的大批问题。海湾战争中美国国防部给前线陆军运送了 4 万多个集装箱，港口、机场、车站和调度场，都堆满了等待处理及配送的货物。士兵和后勤负责人要在数以万计的集装箱中找到重要设备和补给品。最后，由于标识不清，其中的 2.5 万多个集装箱被迫打开登记、封装，并再次投入运输系统。当战争结束后，还有 8000 多个打开的集装箱未能加以利用。后来证实，从美国本土运至前线的后勤物资远比所需物资要多得多。战争结束时，仍有 101 艘弹药船停留在公海上。如果当时采用无线网络来追踪后勤物资的去向并获得集装箱的内容清单，将可能为国防部节省大约 20 亿美元的支出。

美国国防部于 1992 年 4 月正式提出了全部资产可视性计划。根据计划构想，美军后勤应能在各种军事行动过程中，在准确的地点与时间向联合作战部队提供数量适当的所需人员、装备与补给品。无线网络的应用使美军实现后勤物资透明化成为可能。在伊拉克战争前，美军根据对战争进程的预测，只储备了一二周的后勤物资，其他则通过比较完善的全资产可视系统实现了即时后勤补给，即避免了物资的不必要流动和浪费，又提高了作战效益。精确控制信息权成为夺取战争主动权的主要手段，战争节奏和进程明显加快，要求后勤必须快速反应，实施精确高效的保障。在伊拉克战争初期，美军担任地面主攻的第三机械化步兵师长驱直入，一天推进170km，这种背景下的后勤保障，如果不能在"精于计算"的前提下做到"即时补给"，只能陷入疲于奔命的状态。精确的后勤理念在高技术战争中应运而生，成为信息化战争强有力的支点。

建立"精确后勤"，对未来军事行动所需的保障力量、保障物资、保障能力进行精确计算，准确投放。实时获取保障对象的需求及物资供应的类型、数量和流向等信息，从而实现全时段、全方位、全过程的供应保障。"可视化后勤"的关键是传感装置和技术，这是实现"即时后勤补给"的信息平台。

在军队信息化建设中，军事物流现代化是一个重要的组成部分。军事物流信息化离不开高科技手段的应用，这些高新技术主要包括：无线传感器网络、条码技术、射频识别技术、电子数据交换（EDI）、数据库技术、决策技术、全球定位系统、地理信息系统、卫星通信技术等。

8.3.2 医疗护理的监控

无线传感器网络在医疗研究和护理领域中可以有很大的发展空间。罗彻斯特大学研究人员使用无线传感器网络就建立一个智能医疗房间，使用微尘来测量患者的征兆如血压、呼吸、脉搏等，睡觉的特征，每天24小时的状态。英特尔公司推出无线传感器网络的家庭护理系统，该系统是作为探讨应对老龄社会化的技术项目的开发。该系统通过在鞋上、家具、家用电器等设备上嵌入的半导体传感器，可以帮助老龄人、残障人及阿尔茨默氏病患者的家庭生活。利用无线通信将各个传感器联网可高效传递信息，从而方便受护理者。一方面是信息的及时性，另一方面也减轻护理人员的负担。"在开发家庭护理技术方面，无线传感器网络是非常有前途的领域"。

8.3.3 环境的监测和保护

环境的保护越来越受到人们关注，食品的安全性也越来越受到人们重视，因此需要采集的信息数据越来越多。无线传感器网络为随机性的研究获取数据提供了方便，例如食品的生产，从原料的生产到加工的过程、存储、检测、生产出的产品，到流通环节，都有传感器的监控，从而保证食品生产的安全。另外对鸟类的研究，如评价海燕巢的生存条件研究，英特尔实验室的研究人员将三十多个小型传感器组成网，放在海燕巢生存的地方，经过长期检测得出的数据，最后总结出海燕生存的环境。无线传感器网络还应用在监测耕地的农作物墒情、虫害、土壤的成分等，跟踪候鸟和昆虫的迁移，水利动态的变化，甚至城市道路的交通管理等。

8.4 无线传感器网络的特点

8.4.1 无线传感器网络组成特点

无线传感器网络具有如下的特点。

① 以数据为中心组成的网络。互联网中，网络设备中唯一的标志就是 IP 地址。传感器网络中的节点采用节点编号标识。

② 自组织网络。在传感器网络应用中，传感器节点被放置在没有基础结构的地方。传感器节点的位置不能预先精确设定，节点之间的相互邻居关系预先也不知道。这样就要求传感器节点具有自组织的能力，可以自动进行配置和管理。

③ 可靠性的网络。在监测环境下传感器节点数量较多，不能都由人工进行调整传感器的节点，网络节点维护十分困难。传感器网络的通信保密和安全性也十分重要，要防止监测数据被盗和攻击，因此传感器网络的软硬件必须具有鲁棒性和容错性。

④ 动态性网络。传感器网络拓扑结构应对故障出现的问题，而显示出动态性。特别是新节点的加入，要求传感器网络系统能够适应这种变化，具有动态的系统可重复性。

⑤ 大规模网络。传感器网络的大规模：一是广度，传感器分布在很大的区域，如森林监测；另外是密度，如企业的生产线，特别是技术密集的生产线，在很小的空间部署大量的传感器节点。

8.4.2　无线传感器的节点

无线传感器的节点，是网络基本组成部分，应满足应用的具体要求，小型化、成本低、配备合适的传感器、具有计算的功能、适当的通信设备。一个传感器的节点主要由以下部分组成。

① 控制器。控制器处理所有的相关数据，具有计算功能和处理功能。

② 存储器。存储数据，程序和数据使用不同的存储器。

③ 通信。节点联网，就是在无线信道上发送和接收消息的设备。市场上无线发射与接收集成为一体，还具有调制器、解调器、放大器、滤波器和混频器的功能。

④ 传感器和执行器。是与外设接口，可以观测和控制环境的物理参数等。

8.4.3　无线通信的技术方法

无线通信与有线通信在连接上，有很多种重要环节是完全不同的。误码率高，因为信息是在大气的空间传输，受到环境的影响很大。建立可靠的无线传输通道，实现在同一范围内多点间通信，必须采用各种技术才能实现。

（1）频分多址技术（FDMA）

FDMA 是发送端对所发送信号的频率参量进行正交分割，形成许多不重复的频带。在接收端，利用频率的正交性，通过频率选择，从混合信号中选出相应的信号。在移动通信系统中，频分多址是把通信系统的总频段划分成若干个等间距的互不重叠的频道分配给不同的用户使用，这些互不重叠频道，其宽度能传输一路话音信息。收发频率之间要有一定的频率间隔，以防同一部电台的发射机对接收机干扰。在频分多址中，每个用户在通信时要用一对频率（一个信道），例如，在我国频分的模拟移动通信频段是 890～905MHz（移动台发，基站收）和 935～950MHz（基站发，移动台收），按我国体制标准，信道间隔 25kHz，从而共有 600 个信道。频分多址系统的信道划分示意图如图 8-4 所示，系统的基站必须同时发射和接收多个不同频率的信号。任意两个移动用户之间进行通信都必须经过基站中转，因此要用两

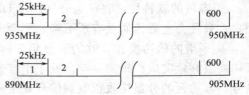

图 8-4　FDMA 信道划分示意图

个信道（4 个频道）才能实现双工通信。但是，移动台在通信时所要占用的信道并不是固定和指定配置的，通常是在通信建立阶段由系统中心临时分配的，通信结束移动台将退出占用的信道，这些信道又可重新分配给其他移动用户使用。

频分多址技术的缺点如下。

① 子信道之间必须间隔一定的距离防止干扰，频带利用率不高。

② 用户处于空闲时，导致带宽的浪费。

③ 功率放大器和功率合成器是非线性的，容易产生交调频率，导致交调失真。

④ 为减少交调失真，需要用严格的 RF 滤波器抑制交调失真。RF 滤波器通常比较笨重，价格高等。

NRF2401/NRF9E5/IA420 及 CC1100 无线收发模块都可以在 ISM 频率允许的范围内将无线数据通信划分不同通信频道，实现频分多址技术。

（2）时分多址技术（TDMA）

TDMA 是把时间分成周期性的帧，每一帧再分割成若干时隙（互不干扰），然后根据一定的时隙分配原则，使移动台在每帧中按指定的时隙向基站发送信号。基站可以分别在各个时隙中接收到移动台的信号而不混淆。同时，基站发向多个移动台的信号都按规定的时隙发射。各移动台在指定的时隙中接收，就能在合路的信号中提取发给它的信号，如图 8-5 所示是 TDMA 帧发射接收示意图。T_1、T_2、…、T_5、…、T_N 是时隙，对应移动台 1、移动台 2、…移动台 5…移动台 N。

图 8-5　TDMA 帧发射接收示意图

时分多址技术的特点如下。

① 突发传输速率高，大于语音编码速率，在载波上的传输速率将大于包含的 N 个时隙。

② 发射信号速率随 N 个时隙的增大而提高，如果达到 100Kpbs 以上，码间串扰就加大，必须采用自适应均衡，用以补偿传输失真。

③ 基站复杂性小，N 个信道只用一个载波，占据相同的带宽，互调干扰性小，只用一部收发机就可实现。

④ 抗干扰能力强，频率利用率高，系统容量大，越区切换简单。

（3）码分多址技术（CDMA）

码分多址系统为每位用户分配了地址码，用公共信息通道传输信息。CDMA 系统的地址码相互具有准正交性，而在频率、时间、空间上都可能重叠。系统接收端必须要有本地的地址码，用来接收信号进行相关的检测。CDMA 系统的特点如下。

① CDMA 系统的许多用户共用一个频率。

② 在 CDMA 系统中，信道数据的速率很高，通信容量大。理论上讲，信道容量完全由信道特性决定，不同的多址方式就有不同的通信容量。CDMA 是受干扰限制系统，任何干扰的减少都转化为系统容量的提高。因此降低干扰功率，就可提高系统的容量。

③ 容量的软特性，直扩码分（DS-CDMA）系统中，没有硬性的容量限制。多增加一个用户，只是会使通信质量有所下降，不会出现硬阻塞现象。

④ 平滑的软切换和有效的宏分集，DS-CDMA 系统中所有小区使用相同的频率，使越区切换很好地完成。每当移动台处于小区边缘时，就有两个以上的基站向移动台发出相同的信号，移动台的分集接收机收到信号处于分集状态，当某个基站信号强于当前的信号而且稳定，移动台才切换到该基站。这种切换在通信过程中平滑过渡，称为软切换。

⑤ 低信号功率谱密度。在 DS-CDMA 系统中，信号功率被扩展到比自身频带要宽百倍以上的频带，因此功率谱密度大大降低。

CDMA 系统存在两个问题。一是来自非同步 CDMA 网中不同用户的扩频序列不能完全相交，这种扩频码集的非零互相关系数，会引起各用户间的相互干扰，即是多址干扰，在异步传输信道干扰会更大。其二是远-近效应。许多用户共用一个信道就会发生"远-近"效应。由于移动用户的位置是在动态的位置，基站接收到的各用户信号功率相差很大，就是距离相等，因为信号的衰减不同，到达基站的信号也不同。强信号抑制弱信号，甚至使弱信号不能通信。这种效应称为"远-近"效应。为解决此问题，多数 CDMA 系统使用功率控制。基站的功率控制是通过快速地抽样每一个移动终端的无线信号强度指示来实现的。

8.5 应用实例

这是一个数字型的无线发射与接收系统，应用在电力拖动实训室，实现无线电源遥控功能。实训室可以安装 40 个实训柜进行训练，在实训室的任何一个角落都能够通过遥控器控制中央控制台的每一路电源的通断，达到远程控制的目的，系统原理图如图 8-6 所示。

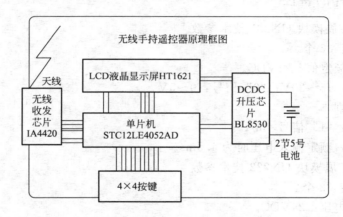

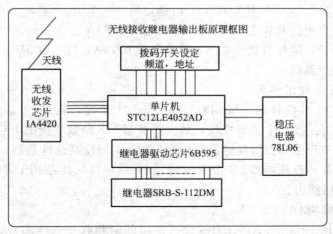

图 8-6 无线遥控电源系统图

发射天线功率为 3dBi，平面无遮挡的可以达到 100m 左右，室内覆盖距离可达 30m。由于多个教室同时使用遥控系统，为避免相互干扰，不同的教室的遥控系统设定不同的频道和编号。通信功能：采用 PPI 主站模式，允许点到点的通信。MPI 连接 4 个，2 个保留（1 个给 PG，1 个给 OP），通信模式是 PPI、DP/T，波特率有三个波段选择：9.6K、19.2K 和 187.5K。自由口波特率为 1.2K～115.2K。最大站点数每段 32 个站，每个网络有 126 个站。

8.5.1 硬件系统的组成

硬件系统的组成分为两个部分，即控制发射信号电路部分和接收控制电路部分。如需要可以改为双通信。

① 控制发射电路部分　如图 8-6 所示的上半图。工作原理是由键盘中的按键输入数字，送到单片机转换成数字量送到无线收发电路，由天线发出；同时也将键盘中输入数字送到 LED 显示，确定数字正确后发送。

② 控制接收电路部分　由天线接到无线信号，送到无线收发电路，经过无线收发电路的处理后送入单片机进行处理。单片机进行处理后输出给继电器的控制电路，由继电器控制作为输入信号给 PLC 的 UN221 模块。PLC 的输出 UN222 模块控制实训柜内的交流继电器，将控制柜的电源接通。

8.5.2 硬件的特性

（1）数字量扩展模块 UN221 技术参数
- 输入点数：32 个。
- 输入电压额定值：24VDC。
- "1" 信号：15～30V；"0" 信号：0～5V。
- 隔离：光耦。
- 输入电流："1" 信号 4mA。
- 输入延时：额定输入电压时为 4.5ms。

（2）数字量扩展模块 UN222 技术参数
- 输出点数：32 个。
- 额定负载电压：24VDC。
- 输出电流："1" 信号在 40℃ 和 55℃ 时额定值为 0.75A。
- 两个相邻输出电流总和在 40℃ 和 55℃ 时均为 0.75A。
- 接点开关容量：阻性负载 0.75A，感性负载 0.75A，灯负载 5W。
- 由外部提供短路保护。

（3）PLC 的 CPU 技术参数

PLC 的 CPU224CN 控制器，与 SIMATIC S7-224 兼容，集成 14 输入/10 输出，共 24 个数字量 I/O 点。可连接 7 个扩展模块，最大扩展至 168 路数字量的 I/O 点，或 35 路模拟量 I/O 点。16K 字节程序和数据存储器。6 个独立的 30kHz 高速计数器，2 路独立的 20kHz 高速脉冲输出，具有 PID 控制器。1 个 RS485 通信/编程口，具有 PPI 通信协议、MPI 通信协议和自由方式通信能力。

（4）无线接发模块 IA4420/21

IA4420/21 是 Integration Associates 公司推出的射频收发一体芯片，工作在 315/433/868/915MHz 频段，芯片的工作电压为 2.2～5.4V，采用低功耗模式，待机电流为 0.3μA，采用 FSK 调制模式，发射功率为 5～8dBm，接收灵敏度为 -109dBm，内置时钟输出，可省掉 MCU 的晶振。IA4420/21 具有高数据传输速率，数字信号的传输速率可达 115.2Kbps，模拟信号的传输速率可达 256Kbps。

IA4420/21 具备高度集成的 PLL，方便了 RF 设计。高速工作速率可以迅速跳频，避开多径衰退和干扰，找到稳定的无线电链路，PLL 的高分辨率允许在任何上频段使用多个频道，高达 256Kbps 字节封闭回路调节，保证了 FSK 调制的高度稳定性和正确性。此外，微型调控器时钟、定时器、低电量监测器、输出功率电平以及天线调节功能都可以通过串行接口编程。IA4420/21 还具备自动频率控制，可确保收发器自动调整到输入信号的频率。

IA4420/21 采用抗干扰能力强的 FSK 调制方式，工作频率稳定可靠，外围元件少，便于设计生产，功耗极低。由于采用了低发射功率、高接收灵敏度的设计，满足无线电管制要求，无需使用许可证，是目前低功率无线数据传输的理想选择，可广泛用于遥控、遥测、小型无线网络、无线抄表、小区传呼、无线标签、非接触 RF 智能卡、无线数据通信、无线数字语音等应用。

IA4220T/21T（发）、IA4320R（收）、IA4420TR/IA4421TR（收发），均为带 MCU（单片机）串口透明传输式，自带内部协议，全工业级设计。

基本参数如下。

有效辐射功率：0～8dBm。

接收灵敏度：—109dBm。

工作频段：315MHz、433MHz、868MHz、915MHz。

可选频率范围：310～320MHz，2.5kHz 频率设置步长；430～440MHz，2.5kHz 频率设置步长；860～880MHz，5kHz 频率设置步长；900～930MHz，7.5kHz 频率设置步长。

基带带宽：90/134kHz。

调制方式：FSK。

空中速率：300bps～115.2Kbps

串口速率：4800～19200bps。

发射峰值电流：20～25mA（包括 MCU）。

接收电流：15～20mA（包括 MCU）。

待机电流：<1μA。

工作电压：2.2～5.4V（由具体模块型号定，低压型 2.2～3.8V，高压型 3.4～5.4V）。

通信距离：300～500m（注：最大通信距离与环境、天线形式和通信速率均相关）。

模块尺寸：18mm×42mm，可接受更小尺寸的模块及无 MCU 型（体积最小）或其他指定特性模块的定制。

实训21　现代激光检测技术应用

ML10 激光器采用新一代的激光测量技术，双频稳定，单频测量，精度高，稳定性好，速度快，可以进行线性测量、平面度测量、角度测量等。

用 ML10 激光器组成的 Renishaw 激光器测量系统如图 8-7 所示，主要由激光器、干涉镜和反射镜组成。

ML10 激光器是一种单频 HeNe 激光器，内含对输出激光束稳频的电子线路及对由测量光学镜产生的干涉条纹进行细分和计数处理电路。

Renishaw 激光器测量系统是测量高精度仪器，应用在精密的设备上，如数控机床的传

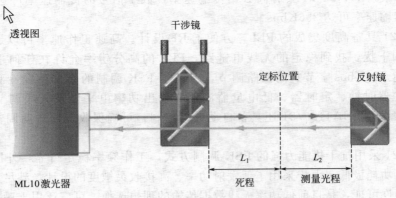

图 8-7 激光器测量原理图

动滚珠丝杠等，在开环和半闭环数控机床的定位精度主要取决于高精度的滚珠丝杠。但丝杠总有一定螺距误差，因此在加工过程中会造成零件的外形轮廓和加工的偏差。测量数控机床丝杠螺距误差组成系统如图 8-8 所示。

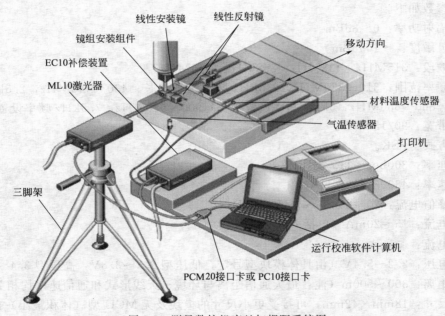

图 8-8 测量数控机床丝杠螺距系统图

(1) 激光测量线性原理

要设置线性测量，将一个线性反射镜连接到具有两个紧螺纹的分光镜上。这个组合要件被称为"线性干涉镜"，可以作为激光束的参考路径。线性干涉镜位于 ML10 激光器和线性反射镜之间的光束路径，如图 8-7 所示。分光镜管上标有两个箭头以显示其方位。箭头应指向两个反射镜。

ML10 激光器的光束会射入线性干涉镜，再分为两道光束。一道光束（称为参考光束）射向连接分光镜的反射镜，而第二道光束（测量光束）则通过分光镜射入第二个反射镜。这两道光束会再反射回分光镜，重新会聚之后返回激光头，其中会有一个探测器监控两道光束间的干涉。

在线性测量时，其中一个光学元件保持不变，而另一个则沿着线性轴移动。定位测量是通过监控测量及参考光束间光路差异的变化来执行的（注意，两个光学元件间的差分测量与ML10激光器的位置无关）。此种测量可与待测机床的标尺读数比较，获得机床精度的任何误差。

（2）通常反射镜设置为移动的光学元件，而干涉镜则作为固定的元件（见图8-9）

这些角色可以调换，但会缩小测量的最大量程，从40m（133ft）缩小为15m（49ft）。因此在长轴上，线性干涉镜通常保持固定，而移动其他反射镜以执行测量。在较短的轴上，如果方便，这些角色可以互相交换。

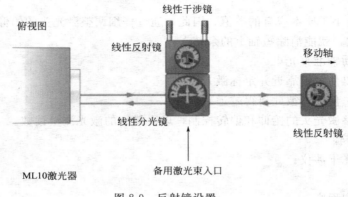

图8-9　反射镜设置

（3）在应用上首先是对光

对光的目的是为了让检测的光线能准确返回激光干涉仪上，让激光干涉仪得到最强的反馈信息，以便计算实际的行程数值。

死程误差是在线性测量过程中与环境因素改变有关的误差，这时已采用EC10自动补偿功能。在正常状况下，死程误差并不大，而且只会发生在定标后以及测量过程中的环境改变。

① 直线误差　路径 L_2 的激光测量死程误差与两个光学元件间的距离有关，此时系统定标为 L_1（详细请参考激光干涉仪说明书）。若干涉镜及反射镜之间没有动作，且激光束四周的环境状况有所改变，整个路径（L_1+L_2）的波长（空气中）都会改变，但激光测量系统只会对 L_2 距离进行补偿。因此，死程测量误差会由于光束路径 L_1 没有获得补偿而产生。

② 余弦误差　激光束路径与运动轴之间存在的任何未准直都会造成测得的距离和实际的运动距离之间有差异，如图8-10所示。此未准直误差通常被称为余弦误差。此误差的大小与激光束和运动轴间的未准直角度有关，当激光测量系统与运动轴未准直时，余弦误差会使得测量的距离比实际距离要短。随着角度未准直的增加，误差也跟着显著增加，要使余弦误差达到最小，测量激光束必须准直，并与运动轴平行。在长度为1m的轴上，使用提供的准直步骤很容易达到这个目的。但在较短的轴上就变得相当困难，需用下面方法来最优化准直并使余弦误差最小：

- 最大化激光读数；
- 自动反射方式；
- 设置直线度测量过程中的斜率消除最大化激光测量读数，若激光测量出现余弦误差，

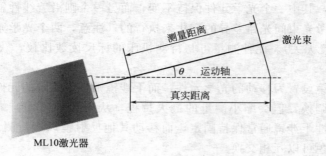

图 8-10　测量余弦误差示意图

则激光读数将会小于原本应有的数值。因此，通过仔细调整激光头的俯仰及偏转，直到取得最大的激光读数，就能消除短轴上的余弦误差。

① 沿着运动轴准直光束。

② 移动轴以使镜组靠近并定标激光读数。

③ 移动轴，使镜组彼此离得越远越好。

④ 仔细调整激光头的俯仰和偏转控制，取得最大的激光测量读数。

（4）操作步骤

① 安装激光干涉仪；

② 对光；

③ 生成检测程序；

④ 开始检测方向间隙；

⑤ 数据分析；

⑥ 补正方向间隙；

⑦ 开始检测螺距误差；

⑧ 数据分析；

⑨ 补正丝杠螺距误差。

本系统有 EC10 环境补偿装置可以补偿激光器，在光束波长在气温、气压及相对湿度影响之下大多数机床会随着温度变化膨胀或收缩，可能导致校准发生误差，如图 8-11 所示为补偿所用传感器。为了避免校准误差，线性测量软件纳入一种称为热膨胀补偿或"归一化"的数学修正，应用在线性激光读数上。软件使用膨胀系数将测量加以归一（膨胀系数需手动输入），并使用 EC10 来测量平均机床温度，修正目的是要评估在 20℃ 的温度下执行校准时应得的激光器校准结果。

图 8-11　补偿所用传感器

（5）在重复测量后出现两个数据之间的差别，经过补正就可以得到较好的效果，如检测 SIEMENS 802D 螺距误差有关的参数，在反向间隙没有补差之前的数据为 $26\mu m$，补偿后为 $0\mu m$。

螺距误差在补偿之前误差范围在 $5\sim -20\mu m$ 之间，补偿后在 $3\sim -8\mu m$ 之间。

（6）系统软件的应用

本系统除了硬件系统，还有处理测量的软件系统。图 8-12～图 8-14 所示为应用软件的操作界面。

图 8-12　应用软件的操作界面（一）

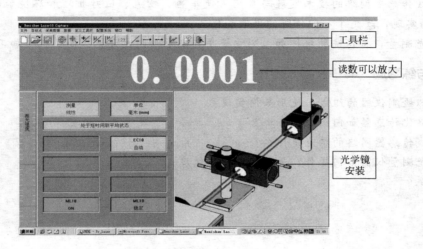

图 8-13　应用软件的操作界面（二）

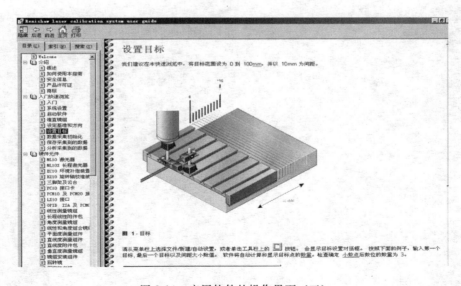

图 8-14　应用软件的操作界面（三）

● 本章小结

现代检测技术从虚拟仪器、网络化传感器、无线传感器网络及激光测量等方面介绍了现代检测技术的应用,为学习和掌握新的检测技术提供了帮助。

① 虚拟检测仪器,是计算机的硬件、软件技术和测量技术结合的产物,是全新的仪器概念,虚拟仪器是以计算机为核心,使用计算机的资源,代替仪表的功能并开发出新的功能,虚拟仪器的特点就是仪器操作软件化。

② 网络化测量技术是在具备网络化前提下出现的。用网络化的仪器测量下,被测的数据、波形通过网络传送的异地由高档的仪器进行分析、处理等,实现信息共享,同时也可将处理后的信息再传到现场。网络连接是基于 TCP/IP 协议的开放系统,软件是网络测试仪器开发的关键。由计算机操作系统、现场总线,标准的计算机网络协议可以很容易地组成测控网络系统。

③ 无线传感器网络的技术发展与应用,使军事、物流、医疗护理和环境监测成为全天候无人自动实现,改变了人们传统的思维和现实。

④ 激光测量,将传统的机械加工测量提高到微米级,大大地提高了机械加工精度。

● 思考与练习题

1. 虚拟检测仪器的组成与使用如何实现?
2. 网络化传感器如何组成与实现?
3. 无线传感器网络的特点是什么?
4. 激光测量仪器如何操作?如何实现最高精度?

第9章

传感器接口与检测电路

各类的传感器在应用中都有不少共同点和需要注意与解决的问题，这就是传感器的接口电路。传感器是应用在末端，将检测到的信息如温度、压力、位移等由检测放大电路进行放大，转换为显示、控制、电脑接口所需的信号，就是变送器的功能。将传感器测出的信号变换成标准的电流、电压对应测量信号值，便于在自动化控制系统中应用。

9.1 传感器与检测电路的结构形式

在国内传感器的应用大致分为两种：模拟式检测和数字式检测。在测量仪器中分为四种：模拟式测量仪器、数字式测量仪器、电脑式测量仪器、网络式测量仪器。

9.1.1 传感器输出电路的分类

传感器的检测系统可分为电量系统和非电量系统。非电量通过电路转换成电量进行输出，非电量检测系统如图 9-1 所示。

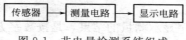

图 9-1 非电量检测系统组成

① 传感器是一个把被测的非电量转换成电量的装置，是一种获得信息的手段，它获取信息的正确与否关系到整个测量系统的精度。

② 测量电路的作用，是把传感器的输出变量转换成电压或电流信号，使信号能在显示仪表上显示或在记录仪中记录。测量电路的种类是由传感器的类型而定。由于测量电路的信号比较小，需要将信号放大后才可以驱动后面电路，所以在测量电路中还带有放大器将信号放大。

③ 信号的显示是电路测量的目的，为了使人们了解到测量的数据，必须有显示装置，显示的方式常有三类：模拟显示、数字显示、图像显示。模拟显示就是利用指针对标尺的相对位置来表示读数；数字显示实际上是一只专用的数字电压表、数字电流表或数字频率计；图像显示是用屏幕显示读数或者被测到的参数变化曲线。在测量过程中，有时不仅要读出被

测参数的数值，而且还要了解它的变化过程，特别是动态变化过程，就要用记录仪将测量的过程记录下来，可以观看分析测量的动态过程。传感器输出电路主要分为开关信号型、模拟信号型和数字信号型，如表 9-1 所示。

表 9-1　传感器输出电路形式、输出变化量及举例

输出形式	输出变化量	传感器的例子
开关信号型	机械触点	双金属温度传感器
	电子开关	霍尔开关式集成传感器
模拟信号型	电压	热电偶、气敏组件等
	电流	光敏二极管
	阻抗	热敏电阻
	电容	电容式传感器
	电感	电感式传感器
数字信号型	频率	多普勒速度传感器
	数字	数字式传感器

9.1.2　传感器信号的处理方法

传感器在检测中有模拟式检测电路和数字式检测电路，如图 9-2 所示。检测系统的组成如下。

图 9-2　模拟式、数字式传感器检测电路系统

模拟式检测系统包括模拟式传感器、模拟测量电路、模拟显示器三部分，在测量过程中都是模拟量之间发生转换。这种仪表结构简单，价格低廉，维修方便，现在还在广泛地应用。

数字式传感器，它采用数字显示测量的结果，是按数字方式进行交换数据。这也是现代测量技术的基础。

传感器根据检测的信号类型的不同特点，采取不同的处理方法提高测量系统的精度和线性度，这是传感器信号处理的主要目的。传感器在测量中会受到噪声和干扰源的影响，这直接影响测量系统的精度。因此，在测量过程中信号的抗干扰和抑制噪声是测量中的重要内容。

传感器的输出信号与检测电路的接口是相互关联的，不同的传感器接口与检测电路是不同的，其典型的接口与检测电路如下。

① 阻抗型变换电路的接口：传感器在输出高阻抗时，变为低阻抗，以便于检测电路准确测出传感器输出信号。

② 放大电路的接口：将微弱的传感器输出信号放大后输出。

③ 电流电压变换电路接口：根据电路的需要将电流变换成标准的电压输出。

④ 频率电压转换电路接口：将传感器的频率信号转换成电流或电压信号输出。

⑤ 电桥电路接口：将传感器的电阻、电容、电感的变化转换为电流或电压。

⑥ 电荷放大电路接口：把电场型传感器输出产生的电荷转为电压。

⑦ 有效值转换电路接口：在传感器为交流输出的情况下，转换为有效值，变为直流输出。

⑧ 线性化电路接口：在传感器的特性不是线性的情况下，用来进行线性校正。

9.2　传感器接口电路

9.2.1　阻抗匹配器电路

传感器的输出阻抗都是比较高的，为防止信号的衰减，常用高阻抗的输入阻抗匹配器作为传感器输入到检测系统的前置电路。常用的阻抗匹配器如下。

(1) 晶体管阻抗匹配器

如图 9-3 所示，实际上是射极输出器，输出相位与输入相位相同，电压放大倍数小于 1，电流放大倍数从几十到几百倍。当发射极电阻为 R_e 时，射极输出器的输入阻抗 $R_{in} = \beta \times R_e$。因此，射极输出器的输入阻抗高、输出阻抗低，带负载能力强，常用来作阻抗变换电路或前后级隔离电路使用。

晶体管阻抗匹配器虽然有较高的输入阻抗，但是三极管受偏置电阻和本身基极和集电极之间的电阻的影响，不可能得到太高的输入阻抗，不能满足一些传感器的要求。

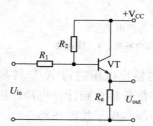

图 9-3　晶体管阻抗匹配器

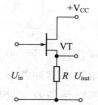

图 9-4　场效应管阻抗匹配器

(2) 场效应管阻抗匹配器

场效应管是一种电平驱动组件，栅、漏极间电流很小，具有更高的输入阻抗，如图 9-4 所示的电路就是常见的一种场效应管阻抗匹配器。这种阻抗匹配器结构简单、体积小，输入阻抗可达 $10^{12}\,\Omega$ 以上。因此，场效应管阻抗匹配器常用在前置级的阻抗变换器。场效应管阻抗匹配器有时直接安装在传感器内，以减少外界的干扰，在电容式声传感器、压电式传感器等容性传感器中得到广泛的应用。

(3) 放大器组成的阻抗匹配器

如图 9-5 所示，这种阻抗匹配器常用作与传感器接口的前置放大器，此时运算放大器的放大倍数和输入阻抗可由公式计算，即

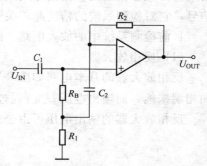

图 9-5　运算放大器组成
的阻抗匹配器

$$A = U_{OUT}/U_{IN} = 1 + R_2/R_1 \tag{9-1}$$
$$R_{IN} = R_B + (R_1 R_2)/(R_2 + R_1) \tag{9-2}$$

（4）光电耦合电路

在自动控制系统中越来越多的输入/输出电路中采用光电耦合电路来提高系统的抗干扰能力，光电耦合电路是由电-光—光-电组成的器件，它的输入/输出量之间在电器上是绝缘的，没有电气连接，只是用光传递信号。发光二极管与接收光敏器材一般是一体的两个部分，可以保持在一定的距离和在一条水平线上。光电耦合器有以下特点。

① 输入/输出回路绝缘电阻大于 $10^{10}\,\Omega$，耐压超过 1kV。

② 光的传输是单向的，所以输出信号不会反馈影响输入信号。

③ 输入/输出信号是完全隔离的，能很好地解决不同电位、不同电路之间的隔离和传输的矛盾。

在输入/输出的电路中使用光电耦合器，能彻底切断大地电位差形成的环路电流。近几年来，线性光电耦合器的性能不断提高，误差可以小于千分之几。图 9-6 是采用线性光电耦合器的前置放大器电路。电源 1 和电源 5 相互间是隔离的，所以 1、2 回路与 4、5 回路之间在电器上是绝缘的，采用这种方法可以使检测系统在高共模噪声干扰的环境下工作。

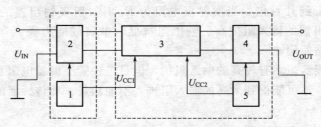

图 9-6 用线性光电耦合器的前置放大器电路
1,5—电源；2—信号源与放大电路；3—线性光电耦合器件；4—放大器

使用光电耦合器的另一种方法就是先将前置放大器的输出电压进行 A/D 转换，然后通过光电耦合器用数字脉冲的形式，把代表模拟信号的数字信号耦合到计算机接口进行数据处理，从而将模拟电路与数字处理电路隔离开来，有效地切断共模干扰的环路。

9.2.2 放大电路

传感器的输出信号一般比较微弱，因而在大多数情况下都需要放大电路。放大电路主要用来将传感器输出的直流信号或交流信号进行放大处理，为检测系统提供高精度的模拟输入信号，它对检测系统的精度起着关键作用。

目前检测系统中的放大电路，除特殊情况外，都采用运算放大器构成的放大电路。

（1）反相放大器

反相放大器的基本电路如图 9-7 所示。输入电压 U_{IN} 通过电阻 R_1 加到反相输入端，其同相端接地，而输出电压 U_{OUT} 通过电阻 R_F 反馈到反相输入端。

反相放大器的输出电压可由公式确定，即

$$U_{OUT} = -\frac{R_F}{R_1}U_{IN} \tag{9-3}$$

式中的负号表示输出电压与输入电压是反相，其放大倍数只取决于 R_F 与 R_1 的比值，具有很大的灵活性，因此反相放大器广泛应用在各种比例运算中。

(2) 同相放大器

同相放大器的基本电路如图 9-8 所示。输入电压 U_{IN} 直接加到同相输入端，而输出电压 U_{OUT} 通过 R_F 反馈到反相输入端。

同相放大器的输出电压可由公式确定，即

$$U_{OUT} = \frac{R_1 + R_F}{R_1} U_{IN} = \left(1 + \frac{R_F}{R_1}\right) U_{IN} \tag{9-4}$$

从上式中可以看出，同相放大器的增益也是取决于 R_F 与 R_1 的比值，这个数值为正，说明输出电压与输入电压是同相，而且绝对值也比反相放大器多 1。

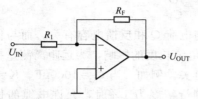

图 9-7 反相放大器的基本电路

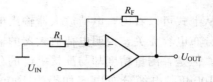

图 9-8 同相放大器的基本电路

(3) 差动放大器

差动放大器的基本电路如图 9-9 所示，两个输入信号 U_1 和 U_2 分别经 R_1 和 R_2 输入到运算放大器的反相输入端和同相输入端，输出电压通过 R_F 反馈到反相输入端，电路中要求 $R_1 = R_2$，$R_3 = R_F$。差动放大器的输出电压可由公式确定，即

$$U_{OUT} = \frac{R_F}{R_1}(U_2 - U_1) \tag{9-5}$$

差动放大器的最突出的优点是能够抑制共模信号。共模信号是指在两个输入端所加的大小相等、极性相同的信号，理想的差动放大器对共模输入信号的放大倍数为零。在差动放大器中温度的变化和电源电压的波动都相当于共模输入信号，因此能被差动放大器所抑制，可使差动放大器零点漂移最小。来自外部空间的电磁波干扰也属于共模信号，它们也会被差动放大器所抑制，所以说差动放大器的抗干扰能力极强。

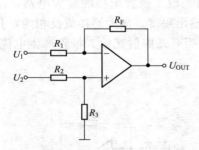

图 9-9 差动放大器的基本电路

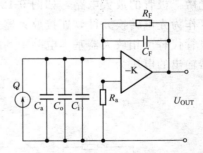

图 9-10 电荷放大器等效电路

(4) 电荷放大器

电荷放大器是利用压电式传感器进行测量时，压电组件输出的信号是电荷量的变化，配上适当的电容，它的输出电压可高达几十伏到数百伏，但是信号功率很小，信号源的内阻也很大。为此，要在压电组件和检测电路之间配接一个放大器，放大器应具有输入阻抗高、输出阻抗低的特点。目前用得较多的是电荷放大器。

电荷放大器是一种带电容负反馈的高输入阻抗、高放大倍数的运算放大器，其优点在于可避免传输电缆分布电容的影响。

如图 9-10 所示是用于压电传感器的电荷放大器的等效电路。图中，K 为开环差模运算放大器，C_F 为反馈电容，R_F 为反馈电阻，C_a 为压电传感器等效电容，C_o 为电缆分布电容，R_a 为压电传感器等效电阻，C_i 为电荷放大器的输入电容。如果忽略较高的输入电阻，电荷放大器的输出电压可由下面公式表达，即

$$U_{OUT} = \frac{-QK}{C_a + C_o + C_i + (1+K)C_F} \tag{9-6}$$

由于 K 值很大，故 $(1+K)C_F \gg C_a + C_o + C_i$，则上式可以简化为

$$U_{OUT} = \frac{-QK}{(1+K)C_F} \approx -\frac{Q}{C_F}$$

从上式可以看出，电荷放大器输出电压 U_{OUT} 只与电荷 Q 和反馈电容有关，而与传输电缆的分布电容无关，说明电荷放大器的输出不受传输电缆长度的影响，为远距离测量提供了方便。但是，测量精度却与配接电缆的分布电容 C_o 有关。例如，当 $C_i = 1000pF$、$K = 10^{14}$、$C_a = 100pF$，电缆分布电容如果为 100pF 时，要求测量精度为 1‰ 时，允许电缆的长度为 1000m。当要求测量精度为 0.1‰ 时，则允许电缆的长度仅有 100m。

实际使用电荷放大器由电荷转换级、适当调整放大级、低通滤波器、电压放大器组成，如图 9-11 所示。其中电荷转换，将压电组件产生的电荷量转换为电压；适当调整放大级可对不同灵敏度的传感器进行适当的补偿，使不同传感器能输出相同的电压信号；低通滤波器可对系统的截止频率进行调节。

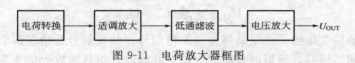

图 9-11　电荷放大器框图

9.2.3　应用实例

(1) 光敏二极管放大电路

光敏二极管的放大电路，如图 9-12 所示，是利用光敏二极管配接的放大电路，用光敏二极管作为光电转换元件，连接放大器可得到较大的输出幅度。放大器接成反相的，其中光敏二极管代替反相放大器基本电路中的接地电阻 R_3。当有光照射光敏二极管产生电流 I_ϕ 时放大器输出的电压为

$$U_{OUT} = I_\phi \times R_F \tag{9-7}$$

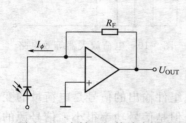

图 9-12　光敏二极管放大电路

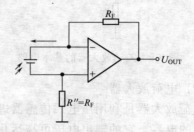

图 9-13　硅光电池放大电路

(2) 硅光电池放大电路

硅光电池放大电路如图 9-13 所示。在硅光电池接近短路时，其电流和光照近似为正比

关系，为此，可以将它接在放大电路的两个输入端之间，利用两端电位差接近为零的特点，可以得到输出电压有如下的关系，即

$$U_{OUT} = 2I_\phi \times R_F \tag{9-8}$$

（3）热电偶传感器配接放大电路

热电偶传感器配接放大电路如图 9-14 所示。其中热电偶产生的电动势为放大电路的输入信号，U_F 为其他电路引入的反馈电压，E 为稳定度较高的电源。调节电路中的电位器 RP_1 可以改变电桥的不平衡程度，可以改变测量的零点；调节 RP_2 可以改变反馈的深度，因此可以改变测量的量程范围。R_{Cu} 是用铜线绕制的电阻，利用它的阻值随温度变化来补偿冷端电势的改变。

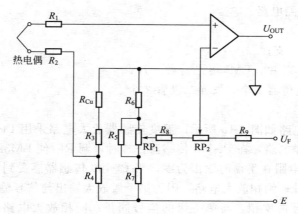

图 9-14　热电偶传感器配接的放大电路

（4）应变电桥放大电路

应变电桥放大电路如图 9-15 所示。其中应变式传感器作为电桥的一个桥臂，在电桥的输入端接入一个阻抗高、共模抑制比高的测量放大电路。当被测的物理量引起应变片阻值变化时，电桥的输出电压也随之改变，实现被测物理量和电压之间的转换。在一般情况下，电压的输出为毫伏级数量的电压，因此必须加放大电路。

A_1 和 A_2 是两个同相放大器，A_3 为差动放大器。当放大电路输入电桥产生的检测信号经 A_1 和 A_2 放大后，它们的输出电压将作为差动信号输入给 A_3 进行放大。放大电路的输出电压为

$$U_{OUT} = \left[-\frac{R_5}{R_4}\left(1 + \frac{2R_2}{R_1} \right) \right] U_{IN} \tag{9-9}$$

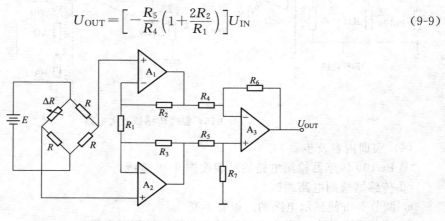

图 9-15　应变电桥放大电路

在电路中 A_3 差动放大器中的四个电阻精度要求很高，否则将会产生一定的测量误差。在实际应用中，常在 A_1 支路串联一个电位器，通过调节电位器，可在 A_1 和 A_2 输出相等时输出电压 U_{OUT} 为零。此外，在实际应用中，电桥电路和放大电路之间往往用电缆进行连接，此时应采取一定抗干扰措施，使干扰信号得到抑制。

实训22 放大器电路的检测

（1）实训目的

① 了解 Pt-100 传感器测温原理及其构造；

② 掌握 Pt-100 传感器使用方法；

③ 掌握 Pt-100 检测电路。

（2）实训装置

① Pt-100 传感器一支；

② 放大器 LM324 芯片、LM358 芯片各一片；

③ 电阻 14 个，电位器 2 个，发光二极管 2 个。

（3）实训原理

温度传感器放大电路如图 9-16 所示。温度传感器放大电路采用 Pt-100 传感器。整个电路分为三个部分。取样电路，在 Pt-100 传感器正常时，调 RP_1 使 LM324 放大器的反相输入端与 Pt-100 传感器的电阻在平衡时输出为零，当 Pt-100 传感器感受到温度上升变化时其电阻变小，输出电压上升；倒相放大电路，因为第一级放大输出与信号输入是反相，所以倒向放大电路是将输入信号再反相，与第一级的信号同相；同相放大电路，输入/输出是同相，用放大器倒相；显示电路，LM358 输出为高电平，下面的发光二极管发亮，如 LM358 输出为低电平，则上面的发光二极管发亮。

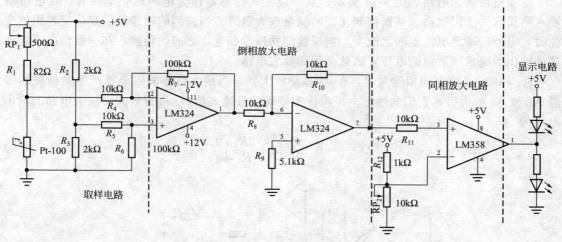

图 9-16 温度传感器放大电路

（4）实训内容及步骤

① Pt-100 传感器检测电路的安装按图 9-16 接线。

② 传感器检测电路调试。

a. 调节 RP_1 使显示电路的二极管不亮。

b. 调节 RP_1 使电阻变小查看显示电路的二极管哪个亮。

c. 调节 RP_1 使电阻变大查看显示电路的二极管哪个亮。

d. 将 Pt-100 传感器加热时看显示电路，再将传感器冷却时看显示电路。

（5）实训报告

9.3　信号处理电路

在测量仪器或传感器工作现场的环境条件常常是很复杂的。所测量的信号含有许多与被测量无关的信号，这是各种干扰通过不同的耦合方式进入测量系统，使测量结果偏离测量值，严重时使测量系统不能正常工作。为保证测量系统在各种复杂环境条件下正常工作，就必须将干扰信号屏蔽掉，得到真实的测量信号。

9.3.1　抗干扰信号的选择

在测量系统中来自内部的、外部的，影响测量与传输正常工作和测量结果的各种因素的总和称为干扰。消除这些干扰的技术和措施称为抗干扰技术。根据产生干扰情况可分类如下。

① 电与磁的干扰　电路和磁路干扰，可通过电路和磁路对测量系统产生的干扰作用，电场和磁场的变化也在测量系统的有关电路中感应出干扰电压、电流影响测量系统的正常工作。这些电与磁的干扰对于传感器工作影响是最为普遍、最为严重的干扰。

② 机械干扰　机械干扰是指在机械在振动或冲击，使测量系统中的电气元件发生振动、变形，使连接点发生位移，仪器接头接触不良、指针变位等。

③ 热干扰　设备和元件在工作时产生热量所引起的温度波动以及环境温度的变化都会引起仪表和装置电路元器件的参数发生变化，在某些测量装置中因一些条件的变化产生附加电势等，都会影响测量装置的正常工作。

④ 环境干扰　湿度的影响，传感器在工作环境湿度大时会使绝缘电阻降低，电容量变化、电感量变化、元器件受到湿度影响使参数变化。

⑤ 化学干扰　传感器在恶劣的酸、碱、盐等化学物品及其他腐蚀性气体影响下使传感器不能正常工作，影响测量精度等。

在各类的不同干扰中，应采取不同方法进行抗干扰，使传感器能正常工作，对信号的处理可以采用的方法如下。

（1）信号滤波

在传感器获得的检测信号中，往往含有许多与测量无关的频率成分，需要通过信号滤波电路滤掉，滤波器可以用 R、L、C 等元件组成，也可用元件与器件组成。用晶体管、放大器等组成的滤波器具有一系列的优点。用 RC 与放大器组成的滤波器，在截止频率调节方面很方便，可提供通带内有一定的增益，输出阻抗低，便于多级组合为高级滤波器，或由高通滤波器及低通滤波器组合成带通或带阻滤波器，并且可以做到体积小、重量轻、损耗小。但是，由于受到运放带宽的限制，RC 滤波器仅适合用于低通范围。

（2）有源滤波器的种类

① 低通滤波器　低通滤波器是用来通过低频信号，抑制或衰减高频信号，一级有源低通滤波电路及频率特性如图 9-17 所示。实线表示理想频率响应，虚线表示实际特性。

低通滤波器的输出电压与输入电压之比，叫作低通滤波器增益或电压传递函数 K_p。图

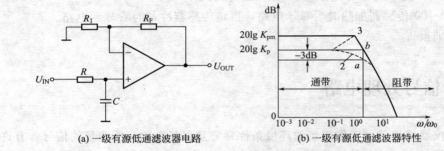

(a) 一级有源低通滤波器电路　　(b) 一级有源低通滤波器特性

图 9-17　一级有源低通滤波器

中允许信号通过的频段为 $0\sim\omega_0$，这一频段称为低通滤波器的通带。不允许信号通过的频段（$\omega>\omega_0$）叫作低通滤波器的阻带，而 $\omega_0=2\pi f_0$ 称为截止频率。图中，曲线 2 在通带内没有共振峰，此时规定增益比 K_p 低 3dB 所对应的频率称为截止频率，如 a 点所示。曲线 3 在通带内没有共振峰，此时规定幅频特性从峰值 K_{pm} 回到起始值 K_p 处的频率为截止频率，如 b 点所示。

② 高通滤波器　高通滤波器与低通滤波器相反，是允许高频信号通过，抑制或衰减低频信号。二级有源高通滤波电路和频率特性如图 9-18 所示。实线表示理想特性，虚线表示实际特性。对于通带中没有共振峰的特性曲线 2 而言，规定增益比 K_p 低 3dB 所对应的频率称为截止频率，如 a 点所示。对于通带中有峰值的特性曲线 3 规定，带中波动的起点为截止频率，如图中 b 点所示。

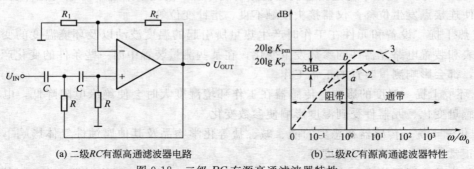

(a) 二级RC有源高通滤波器电路　　(b) 二级RC有源高通滤波器特性

图 9-18　二级 RC 有源高通滤波器特性

③ 带通滤波器　带通滤波器只是允许通过某一频段的信号，而在此频段两段以外的信号将被抑制或衰减。其特性曲线如图 9-19 所示。实线表示理想特性，虚线表示实际特性。可见，在 $\omega_1\leqslant\omega_0\leqslant\omega_2$ 的频带内，有恒定的增益；而当 $\omega>\omega_2$、$\omega<\omega_1$ 时，增益迅速下降。规定带通滤波器通过的宽度叫作带宽，以 B 表示。带宽中点的角频率叫作中心角频率，用 ω_0 表示。

④ 带阻滤波器　带阻滤波器与带通滤波器相反，是用来抑制或衰减某一频段的信号，而允许频段两端以外的信号通过。其特性曲线如图 9-20 所示，实线为理想特性，虚线为实际特性。

带阻滤波器抑制的频段宽度叫阻带宽度，称频宽，以 B 表示。抑制频宽中点角频率称中心角频率，以 ω_0 表示。规定抑制频段的起始频率为 ω_1，终止频率为 ω_2，按低于最大增益时 3dB 所对应的频率而定义，如图 9-20 中 a、b 两点所示。

标志一个滤波器特性与质量有以下主要参数。

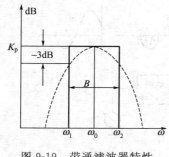

图 9-19　带通滤波器特性

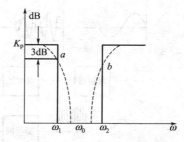

图 9-20　带阻滤波器特性

① 谐振频率与截止频率：一个没有衰减损耗的滤波器，谐振频率就是它自身的固有频率。

截止频率也称为转折频率，它是频率特性下降 3dB 那一点所对应的频率。

② 通带增益：是指选通的频率中滤波器的电压放大倍数。

③ 频带宽度：是指滤波器频率特性的通带增益下降 3dB 的频率范围，这是指低通和带通而言。高通和带阻滤波器的频带宽度，是指阻带宽度。

④ 品质因数与阻尼系数：这是衡量滤波器选择性的一个指标。品质因数 Q 定义为谐振频率与带宽之比。阻尼系数定义为 $\xi = 1/2Q^{-1}$。

⑤ 滤波器参数对元件变化的灵敏度：滤波器中某无源元件 x 变化，必然会引起滤波器某 y 参数的变化，则 y 对 x 变化的灵敏度定义为

$$S_x^y = \frac{\mathrm{d}y/y}{\mathrm{d}x/x} \tag{9-10}$$

它是标志滤波器特性稳定性能的参数。

9.3.2　调制与解调电路

调制-解调的作用在于通过某种调制方法，将原始的低频信号的频谱调制到另一个具有高频的频谱上，经调制后高频调制波载有原始输入信号的全部信息，经过有效放大后使调制波信号增强，然后采用解调技术，又从调制波中解调出原始的输入信号来，这时的信号已经是放大了的输入信号。由于调制-解调方法是将低频信号的传送变为高频信号的放大传送，这将有效地抑制低频干扰和直流漂移。经常采用调制-解调方法，提高电路的抗干扰能力，提高信噪比。

通常调制分为线性调制和非线性调制两类：线性调制是将调制信号与载波（正弦的或非正弦的）相乘的调制方式，而非线性调制则是线性调制方式以外的其他方式的调制。常见的双边带振幅调制就属于线性调制，而频率调制和相位调制（统称角调制）就是属于非线性调制。原则上，调制波的解调方法也依赖于所采用的调制方法，达到同样解调的具体方式可能有多种，解调器电路也是多样的。

(1) 振幅的调制与解调

振幅的调制和解调可用如图 9-21 所示的方框图表示。它是由三个基本环节组成：调制器、交流放大器和解调器。原始的输入信号是调制信号 $x(t)$，$c(t)$ 是频率较高的载波信号，是由测量设备内部提供的高频电压，它可以是正弦波电压也可以是脉冲电压。调制器的作用是将调制信号 $x(t)$ 对载波 $c(t)$ 的振幅调制，输出信号称为调幅波。交流放大器对调幅波进行高频放大。解调器是将放大了的调幅波中解调出输入的原始信号的调制。

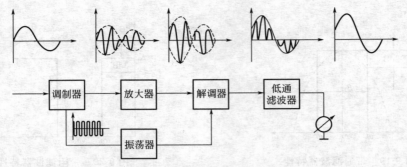

图 9-21　振幅的调制与解调

① 振幅调制　设载波为 $c(t) = \sin\omega_c t$。被测信号为频率 Ω 的正弦波信号 $x(t) = x_m\sin\Omega t$。振幅调制就是采用调制信号和载波相乘的调制方式，如图 9-22 所示。

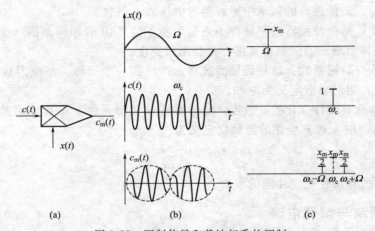

图 9-22　调制信号和载波相乘的调制

乘法器的输出调幅波为

$$c_m(t) = x(t) \times c(t) = X_m\sin\Omega t \times \sin\omega_c t \tag{9-11}$$

图 9-22 分别给出了调制信号、载波和调幅波的波形图。调幅波可以被看作频率 f_c 而振幅按 $x_m\sin\Omega t$ 变化的调幅信号，这时调幅波已不是频率 f_c 的正弦波了，它是由两个正弦波组成。利用三角公式进行推导，可以将调幅波分解为两个正弦量的和：

$$c_m(t) = x_m\sin\Omega t \times \sin\omega_c t = \frac{x_m}{2}\cos(\omega_c - \Omega)t - \frac{x_m}{2}\cos(\omega_c + \Omega)t \tag{9-12}$$

由此可见频率为 Ω 信号来调制角频率 ω_c 的载波，调制后的调幅波既不包含与信号 Ω 相同的正弦量，也不包含载波频率 ω_c 的正弦量，而是在载频 ω_c 两侧出现两个频率为 $\omega_c - \Omega$ 和 $\omega_c + \Omega$ 的正弦量，其振幅减小了一半。

② 调幅波的解调　从调幅波中检出输入信号的过程就是解调。当信号中的直流分量多，而交流分量的幅值，即调制指数 $m_x = x_m/x_0 < 1$ 时，可以采用简单的解调方法，如图 9-23 二极包络检波电路。

当信号频率 Ω 远低于载频 ω_c 时，频率比 $n = \omega_c/\Omega$ 较大时，采用较大的滤波时间常数，解调出的波形纹波较小；当信号频率 Ω_{max} 取为最高的情况时，滤波时间常数不能取得太大，当频率比 n 较低时，将会出现较大的纹波。

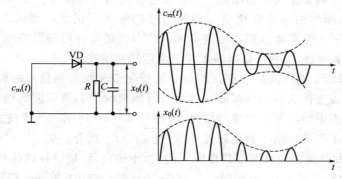

图 9-23　二极包络检波电路

（2）频率调制与解调

① 测量系统中的频率调频波　被测量的信号通过频率调制的形式出现。最普通的方法可以将传感器输出的电压信号输入至电压/频率（V/F）变换器，这时变换器输出的是一个被调制信号进行了频率调制的调频波。另外一种方法是用电抗元件组成调谐振荡器。用电感或电容作为传感器的参量，它能感受被测量的变化，作为调制信号输入，振荡器原有的振荡信号作为载波。当有调制信号输入时，振荡器就输出被调制了的调频波。如图 9-24（a）所示，电感 L 与电容 C 并联组成振荡器的谐振回路，并联电容器 C_1 相当于一个电容式传感器，是一个随被测信号变化的可变电容器。设调制信号为正弦波，其电容变化量为

$$C_1 = C_0 + \Delta C = C_0 + m_F \sin\omega t \tag{9-13}$$

式中，C_0 为被测信号为零时的电容量；m_F 为比例系数。

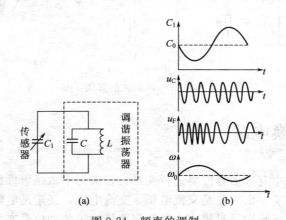

(a)　　　　(b)

图 9-24　频率的调制

当调制信号为零时的振荡回路的频率为

$$\omega_0 = \frac{1}{\sqrt{L(C+C_0)}} \tag{9-14}$$

当有调制信号输入时，振荡回路的频率变为

$$\omega = \frac{1}{\sqrt{L(C+C_1)}} = \frac{1}{\sqrt{L(C+C_0)\left(1+\dfrac{m_F C_0}{C+C_0}\sin\omega_m t\right)}}$$

$$= \frac{1}{\sqrt{L(C+C_0)}}\left[1 - \frac{m_F C_0}{2(C+C_0)}\sin\omega_m t\right] = \omega_0(1 - m\sin\omega_m t)$$

通过推导上式，调谐振荡器输出是一个频率增量调制的调频波。当调制信号为零时，调频波频率为 ω_0。调频波的频率变化量与调制信号的变化成正比，而频率的最大变化量为 $m\omega_0$。图 9-24（b）所示为调频过程信号波形图。$C_1(t)$ 是电容传感器的电容量变化。$u_C(t)$ 是载波，$u_F(t)$ 是调频波，$\omega(t)$ 是以频率为纵坐标的调频波。

② 调频波的解调　调频波是以正弦波频率的变化来反映被测信号的幅值变化。调频波的解调是先将调频波变换成调频调幅波，然后进行幅值检波。调频波的解调由鉴频器完成。鉴频器是由线性变换电路与幅值检波器构成，如图 9-25（a）所示。其线性变换部分是利用谐波回路的频率特性工作的。图中的调频波 u_F 经过 L_1、L_2 耦合，加于 L_2、C_2 组成的谐振回路上，在 L_2、C_2 并联振荡回路两端获得图（b）所示的电压-频率特性曲线。当输入信号频率 ω_0 与谐振回路的固有频率 ω_n 不相同时，当 $\omega_0 > \omega_n$ 时，输出电压 u_{FA} 将随输入调频波的频率增加而减小。在适当的范围内，u_{FA} 与 ω 成线性关系。L_2、C_2 的选择应使调频波的频率变化范围 $\omega_0 \pm \Delta\omega$ 正好在特性曲线的线性范围内，这时的线性变换电路输出的电压 u_{FA} 为调频-调幅波。将 u_{FA} 经过 RC 组成的滤波器滤波，滤波器的输出电压 $u_o(t)$ 与调制信号 $C_1(t)$ 成比例，复现了被测信号 $x(t)$，这时解调完成。

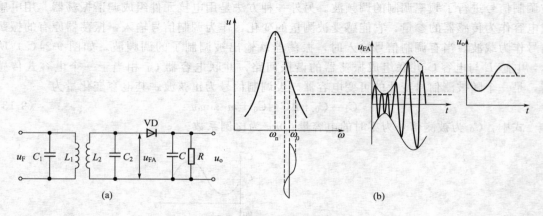

图 9-25　调频波的解调

9.4　信号变换电路

在检测与控制系统中有的信号需要进行变换，在应用中敏感组件或传感器输出的信号可能是直流电压、直流电流，也可能是交流电压、交流电流，甚至是电阻值、电容值等。在进行处理、传输、接口、显示记录过程中，常常需要借助于各种信号变换器进行信号变换。

9.4.1　集成电压比较器

电压比较器是用集成电路组成的电路。电压比较器基本上就是只有一位输出的 A/D 转换器。电压比较器有两个输入端，当输入端 A 的电压为一定的时候（称它为参考电压 U_{ref}），另一输入端 B 电压若高于 U_{ref}，输出端就为高电平（1），输入端 B 电压若低于 U_{ref}，输出端则为低电平（0）。当然，如果设定输入端 B 为参考电压，输入端 A 用作电压测试，输出电压的变化就相反。利用这一特性，电压比较器可以用于测量电压的变化，然后控制一个电路的开关。

电压比较器结构简单，灵敏度高，但是抗干扰能力差，因此就要对它进行改进。改进后的电压比较器有：滞回比较器和窗口比较器。它可用作模拟电路和数字电路的接口，还可以用作波形产生和变换电路等。电压比较器可以看作是放大倍数接近"无穷大"的运算放大器。专业的电压比较器有 LM339、LM393 等，其切换速度快，延迟时间小，可用在专门的电压比较。常用的集成电压比较器有高精度通用集成电压比较器 CJ111 系列；高速集成电压比较器 CJ119 系列；低功耗低失调集成双电压比较器 CJ193 系列；低功耗低失调集成四电压比较器 CJ139 系列。下面介绍 LM339 电压比较器及应用电路。

（1）LM339 电压比较器的特点

① 失调电压小，典型值为 2mV；

② 电源电压范围宽，单电源 2～36V；

③ 对比较信号源的内阻限制较宽；

④ 差动输入电压范围较大，可以等于电源电压；

⑤ 共模范围很大，为 $0 \sim (U_{CC} - 1.5V)$；

⑥ 输出端电位可灵活方便地选用。

图 9-26 为 LM339 电压比较器外形及内部结构。

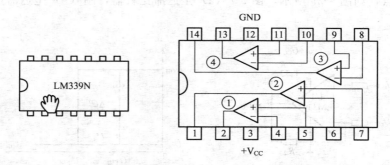

图 9-26　LM339 电压比较器外形及内部结构

（2）单限幅比较器电路

单限幅比较器电路如图 9-27(a) 所示，输入信号 U_{in}，即比较电压，加到同相输入端，在反相输入端接一个参考电压（门限电平）U_r。当 LM339 输入电压 $U_{in} > U_r$ 时，输出为高电平 U_{OH}。图 9-27(b) 所示为传输特性。

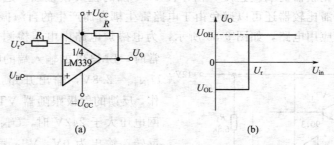

图 9-27　单限幅比较器电路

单限幅比较器的应用电路，如图 9-28 所示，在某仪器中过热检测保护电路的应用，它用单电源供电，在 LM339 的反相输入端加一个固定的参考电压，它的值取决于 R_1 和 R_2 的阻值。$U_i = U_{CC} R_2 / (R_2 + R_1)$。同相输入端的电压是热敏元件 R_t 的电压降。当测得温度为设定值以下时，"+"端电压高于"－"端电压，U_O 输出为高电位。当温度上升为设定值以上时，"－"端电压高于"＋"端电压时，比较器反转，U_O 输出为低电位。使保护电路动作，调节 R_1 的阻值可以改变门限电压，就是设定温度值的大小。

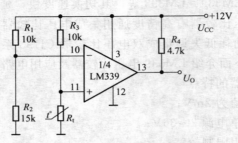

图 9-28　单限幅比较器应用电路

（3）迟滞比较器电路

迟滞比较器又可以理解为加正反馈的单限幅比较器。在单限幅比较器中，如输入信号 U_{in} 在门限值附近有微小的干扰，则输出电压就会产生相应的变化。在电路中引入正反馈可以克服这一缺点，如图 9-29 所示，图 9-29(a) 是迟滞比较器，图（b）是迟滞比较器的传输特性。

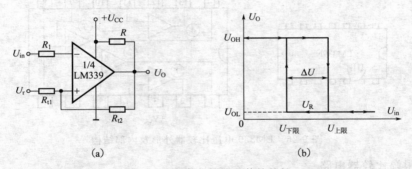

(a)　　　　　　　　　　　　　　(b)

图 9-29　迟滞比较器及传输特性

当输出电平发生变化后，只要在变化不超过干扰电压 ΔU 值，输出电压值就是稳定的。但是 ΔU 的变化使分辨率降低，因为迟滞比较器不能分辨小于 ΔU 值的电压。迟滞比较器有正反馈，可以加快比较器的响应速度，由于图 9-29 加的正反馈很强，远比电路中的寄生耦合强得多，所以迟滞比较器还可以避免由于电路寄生耦合而产生的自激振荡。

迟滞比较器的应用电路，如图 9-30 所示，为电磁炉电路中电压检测电路。电网电压正常时，LM339 的输入端的电压 $U_{IN-}<2.8V$，$U_{IN+}=2.8V$，输出开路，过电压保护不工作，反馈的射极跟随器 VT_1 是导通的。当电网电压大于 242V 时，$U_{IN-}>2.8V$，比较器反转，输出为 0V，VT_1 截止，U_{IN+} 的电压取决于 R_1 于 R_2 的分压值，当 $U_{IN+}=2.7V$，使 U_{IN-} 更大于 U_{IN+}，就使翻转后的状态极为稳定，避免了过压点附近由于电网电压很小的波动而引起的不稳定的现象。由于制造了一定的回差（迟滞），在过电压保护后，电

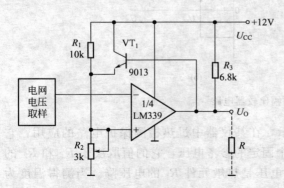

图 9-30　迟滞比较器的应用电路

网电压要降到237V时$U_{IN-}<U_{IN+}$，电磁炉又可以正常地工作，这就是限压保护。

（4）双限幅比较器电路

双限幅比较器电路如图9-31所示。由两个LM339组成一个窗口比较器。当比较器的信号电压U_{in}位于门限电压之间时（$U_{R1}<U_{in}<U_{R2}$），输出为高电平。当U_{in}不在门限电压范围之间时，输出为低电平，窗口电压$\Delta U = U_{R2}-U_{R1}$。它可用来判断输入信号电平是否位于指定门限电压之间。

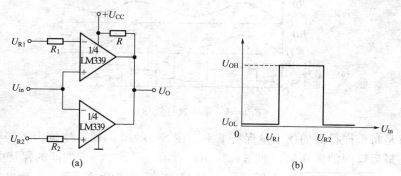

图9-31 双限幅比较器电路及传输特性

（5）用LM339组成振荡器电路

用LM339组成的音频方波振荡器电路，如图9-32所示。改变C_1可改变输出方波的频率。电路中，当$C_1 = 0.1\mu F$时，$f = 53Hz$；当$C_1 = 0.01\mu F$时，$f = 530Hz$；当$C_1 = 0.001\mu F$时，$f = 5300Hz$。

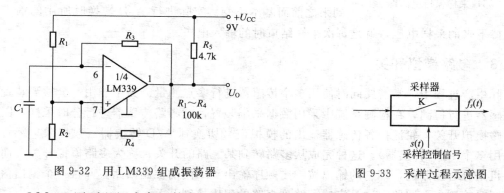

图9-32 用LM339组成振荡器   图9-33 采样过程示意图

LM339还可以组成高压数字逻辑门电路，并可直接与TTL、CMOS电路接口。

9.4.2 采样保持器

在计算机采集信息装置中，由于模拟量需要进行转换成数字量，就是A/D转换。在转换过程中需要一定的时间，保证采样值在A/D转换过程中保持不变，才能保持转换的精度。最有效的措施是在A/D转换器前级设置采样保持环节。在D/A转换器中，也是分时工作的，对每一路输出信号，也需要有保持电路。因此，采样保持环节是数据采集及输出装置中必不可少的组成部分。

数据采集，就是将连续的模拟量转换为断续变化的模拟量。断续变化的模拟量转换为一个串脉冲，脉冲的幅值取决于输入模拟量，时间上通常采用等时间间隔采样，采样过程如图9-33所示。

采样器相当于一个受控的理想开关。当 $S(t)=1$ 时开关闭合，$f_s(t)=f(t)$；当 $S(t)=0$ 时开关断开，$f_s(t)=0$。上述关系也可用波形图表示，如图 9-34(a)、(b)、(c) 所示。从波形图可以看出，在 $S(t)=1$ 期间，输出跟踪输入变化，相当于输出把输入的信号采集下来。因此把采样电路称为跟踪电路。

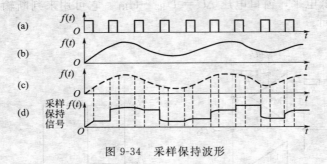

图 9-34　采样保持波形

保持，就是将采样得到的模拟量保持下来，在 $S(t)=0$ 期间，使输出不等于 0，使采样控制脉冲存在最后瞬间的采样值，如图 9-34(d) 所示。在 $S(t)=0$ 期间的保持电路如图 9-35

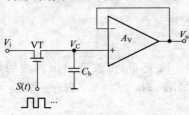

图 9-35　采样保持电路图

所示。它由 MOS 管采样开关 VT、保持电容 C_b 和运放器组成的跟随器三个部分组成。当 $S(t)=1$ 时 VT 导通，V_i 向 C_b 充电，V_C 和 V_o 跟踪 V_i，采样。当 $S(t)=0$ 时，VT 截止，V_o 将保持前一瞬间采样的数值。只要 C_b 的漏电流、跟随器的输入电阻和 MOS 管的截止电阻足够大，可以忽略 C_b 的放电电流，V_o 就能保持到下次采样脉冲到来之前而基本不变。实际进行 A/D 转换时所用的输入电压，保持下来的采样电压，就是每次采样结束时的输入电压。

9.4.3　多路模拟开关

在实际生产过程中，常需要同时使用多个传感器进行多点测量。为了能用一套检测装置对多个传感器进行检测，在检测系统中采用数据采集装置，对各路传感器进行分时采样，因此需要多路模拟开关，轮流把各传感器输出的模拟信号切换到 A/D 转换器（数据采集装置一般只采用多个 A/D 转换器）。这种完成从多路转到某一路的开关，称为多路模拟开关。而微型计算机是分时控制的，即它的输出按一定顺序输出到不同的控制回路，并且一个输出信号常需要同时控制多个回路，这是完成一路到多路的程序控制开关。

多路模拟开关的技术指标如下。

① 导通电阻小，断开电阻大。多路模拟开关是与模拟信号源相串联的部件，它的质量对模拟信号的传输有很大影响，故在理想情况下，要求开关"导通"状态的电阻为零，一般应小于 100Ω。而在"断开"状态时，要求电阻为无穷大，一般应大于 $10^9\Omega$。

② 通道数目。通道数即模拟输入的路数，它对传输精度、切换速度有直接影响，标准有 4 路、8 路、16 路和 32 路。

③ 最大输入电压。即保证多路模拟开关能正常工作的情况下，加在输入端与地之间的最大输入电压，标准值为 $\pm15V$、$\pm10V$ 和 $\pm5V$。

④ 通道串扰。指的是在多路模拟开关通道导通，输出信号包含有其他断开通道的泄漏信号，主要原因是各通道间的断路绝缘电阻不够大，以及开关的极间电容、分布电容等的影响。

⑤ 切换速度。各种多路模拟开关，都具有规定的切换速度，一般其导通或关断时间为 $1\mu s$ 左右。它要与被传输信号的变化率相适应，变化率越高，要求其切换速度越高。

9.4.4　电压/电流变换器

（1）负载浮动的 $U\text{-}I$ 变换器

一个简单的 $U\text{-}I$ 变换器电路如图 9-36 所示。它类似于一个同相放大器，R_L 的两端都不接地。利用运算放大器的分析概念，可得输出电流与输入电压的关系为

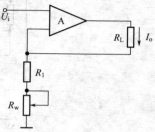

$$I_o = \frac{U_L}{R_1 + R_L + R_w} \quad (9\text{-}15)$$

调节 R_w 就可以改变输入电压与输出电流之间的变换系数。通常所用的运算放大器其输出最大电流约为 20mA。为了降低运算放大器功耗，扩大输出电流，在运算放大器的输出端可加一个三极管驱动电路，如图 9-37 所示。该电路的输入为 $0\sim 1V$，输出为 $0\sim 10mA$。

图 9-36　负载浮动的 $U\text{-}I$ 变换电路

（2）负载接地的 $U\text{-}I$ 变换器

一种负载接地的 $U\text{-}I$ 变换器电路如图 9-38 所示。该变换器的工作原理与浮动负载 $U\text{-}I$ 变换器的类似。所不同的是，电流采样电阻 R_7 是浮动的，而负载 R_L 则有一端接地，所以需要两个反馈电阻 R_3 和 R_4。当 $R_L = R_2$，$R_3 = R_4 + R_7$ 时，输出电流为

$$I_o = \frac{R_3}{R_1 + R_7} U_i \quad (9\text{-}16)$$

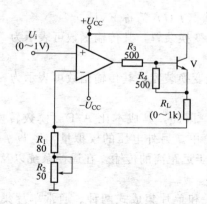

图 9-37　一种改进的 $U\text{-}I$ 变换电路

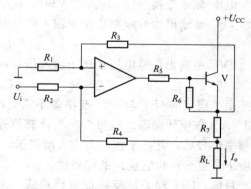

图 9-38　负载接地的 $U\text{-}I$ 变换电路

对于来自传感器的微弱电压信号，实现远距离传输是比较难的。此时，将电压信号变换为电流信号后再进行长线传输，就可得到满意的效果。如图 9-39 所示，就是一个精度较高的电压-电流变换器电路。如图中所示，运算放大器 A_1、A_2 以及有关组件一起组成差动放大器，其共模或差模输入的阻抗高达 $10^8\Omega$。A_1 和 A_2 经过选配，可获得很低的温度漂移和很强的共模抑制能力。放大倍数在 $34\sim 200$ 之间连续可调。

运算放大器 A_3 以及周围元件组成一个高精度的电压控制双向电流源。当 $U_i = 0$ 时，A_3 的输入也为零，达到平衡，其静态电流在 R_b 上产生压降，给四只晶体管提供一定的偏置。当 A_3 的输入端有差动信号时，其正、负电源线上的两个电流就不相等，二者朝相反的方向变化，从而使复合管 V_1、V_2 和 V_3、V_4 的电流也朝相反的方向变化，这两个电流的差值就

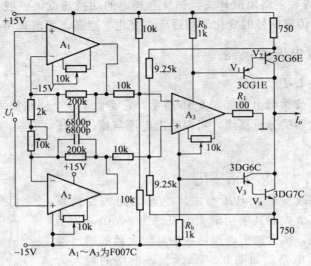

图 9-39   高精度 U-I 变换器电路

是输出电流 I_o。

从复合管的发射极取出负反馈信号给 A_3，不仅提高了输出电流 I_o 的稳定性，而且抑制了共模信号对输出的影响。采用复合管可提供很大的负载电流，负载既可直接接地，也可浮动，并且能带动多个负载同时工作。

9.4.5　电压-频率变换

电压-频率变换（U-f）简称 VFC，频率-电压变换（f-U）简称 FVC。

VFC 是输出信号频率正比于输入信号电压的线性变换装置，其传输函数可表示为

$$f_o = KU_i \tag{9-17}$$

FVC 是输出信号电压正比于输入信号频率的线性变换装置，其传输函数可表示为

$$U_o = Qf_i \tag{9-18}$$

由于集成的 U-f 与 f-U 变换器不需要同步时钟，因此，其成本比 A/D（模数转换器）和 D/A（数模转换器）低得多，与计算机连接特别简单。另外电压的模拟量，经 U-f 变换成频率信号后，其抗干扰能力大大增强了，非常适用于远距离的传输，在遥控系统以及噪声环境下，更显示出它应用的优越性。

目前，U-f 和 f-U 变换器有模块式（混合工艺）和单片集成式两种。通常单片集成式是可逆的，即兼有 U-f 和 f-U 功能，而模块式是不可逆的。

对于理想的 VFC 和 FVC，K、Q 应该为常数，其特性应该通过原点的直线，但实际上会出现非线性的误差。

模块式 VFC 常采用恒流恢复型，FVC 采用精密电荷分配器和积分平均电路。

单片集成式 VFC 大致分为超宽扫描多谐振荡式和电荷平衡振荡器式，FVC 基本分为脉冲积分式和锁相环式。

VFC 和 FVC 电路都可以用运算放大器加上一些元件组成。然而由于目前单片集成式 VFC、FVC 和模块式 VFC、FVC 元件已大量商品化，它们只要外接极少元件就可构成一个高精密的 VFC 或 FVC 电路。如国产 5GVFC32、BG382 等及国外产 AD6508、LM131/231/331 等。下面介绍一下 LM331。

LM331 是一种简单、廉价的 VFC 单片集成式电路，它的特点如下。

① 保证的最大线性度为 0.01％误差。

② 双电源或单电源工作。

③ 脉冲输出与所有逻辑形式兼容。

④ 低功率消耗，5V 下的典型值为 15mW。

⑤ 宽的满量程频率范围：1Hz～100kHz。

LM331 的封装及引脚排列如图 9-40 所示。

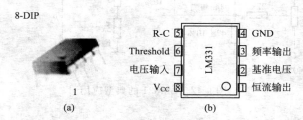

图 9-40　LM331 的封装及引脚排列

LM331 的电路原理图如图 9-41 所示，它包括一个开关电流源、输入比较器和单脉冲定时器。

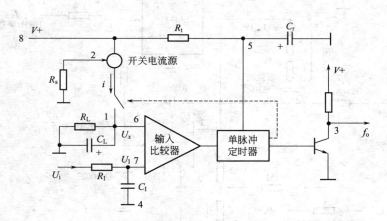

图 9-41　LM331 的电路原理图

电压比较器将正输入电压 U_I（7 脚）与电压 U_i 比较，若 U_I 大，则比较器启动单脉冲定时器的输出，将同时打开频率输出的晶体管和开关电流源，周期为 $\tau = 1.1R_tC_r$。在这个周期中，电流 i 通过开关电流源向电容 C_L 充电，电荷为 $Q = i_x t$。当充电电压使 U_x 大于 U_I 时，电流 i 被关断，定时器自行复位。

此时，1 脚无电流流过，电容 C_r 上的电荷逐渐通过 R_L 放掉。直到 U_x 等于 U_I 以后，比较器将重新启动定时器，开始另一个循环。

输入电压 U_I 越大，定时器工作周期越短，输出频率 f_o 越高，且 f_o 正比于 U_I。

LM331 的典型应用如图 9-42 所示。

LM331 构成的精密 VFC 电路如图 9-43 所示。A_1 应选用低失调电压和低失调电流的运算放大器。

LM331 也可方便地用于频率-电压变换器（FVC），如图 9-44 所示。在图示的电路中，

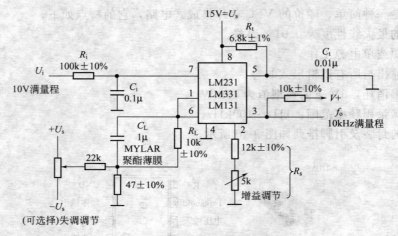

图 9-42　LM331 的典型应用

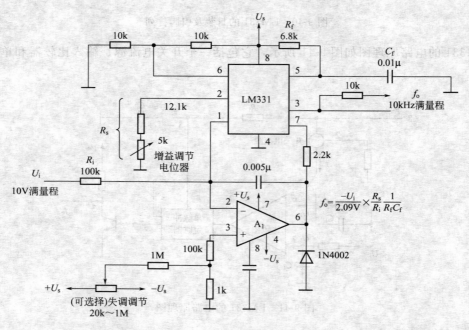

$$f_o = \frac{-U_i}{2.09V} \times \frac{R_s}{R_i} \frac{1}{R_f C_f}$$

图 9-43　精密 VFC 电路

f_i 的输入脉冲经 C-R 网络微分，其 6 脚上的负沿脉冲引起输入比较器输出，触发定时电路动作，使输出 U_o 为一脉动直流电压，该电压的大小正比于输入信号的频率 f_i。

9.4.6　A/D 模数转换电路

实现 A/D 转换的方法有很多种，最常用的有双积分、逐次逼近法及电压频率转换法等。

（1）逐次逼近法 A/D 转换器

逐次逼近法 A/D 转换是一个具有负反馈回路系统。A/D 转换器可分为三个部分：比较环节、控制环节、比较标准。如图 9-45 所示，这是一个原理图，其工作原理：将一需要转换的模拟量的输入信号 V_{in} 与一个"推测"信号 V_i 相比较，根据推测信号与输入信号的比

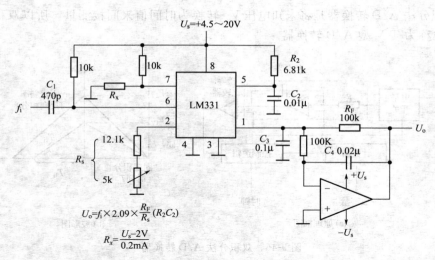

$$U_o = f_i \times 2.09 \times \frac{R_F}{R_s}(R_2 C_2)$$

$$R_x = \frac{U_s - 2V}{0.2mA}$$

图 9-44　精密 FVC 电路

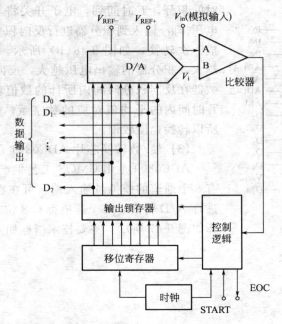

图 9-45　逐次逼近法 A/D 转换器

较，当"推测"信号逼近模拟信号，推测信号由 A/D 转换器的输出获得，当"推测"信号与模拟输入信号"相等"时，D/A 的数字即为对应的模拟输入的数字。

推测算法是在二进制中每一位都是从最高位起依次置"1"。每位都要进行测试。如模拟输入信号 V_{in} 大于推测信号 V_i 时，则比较器的输出为 1，并使该位置 1；否则比较器的输出为零，并使该位置零。无论哪种情况，都按顺序进行比较下一位，直到最末位为止。此时在 D/A 转换器的数字输入即为对应于模拟输入信号的数字量，将此数字输出，完成 A/D 转换过程。

（2）双积分法 A/D 转换器

双积分法 A/D 转换器由电子开关、积分器、比较器和控制逻辑部件组成，如图 9-46（a）

所示。双积分法 A/D 转换器是将未知电压 V_x 转换为时间值来间接测量，所以双积分法 A/D 转换器也称为 T-V 型 A/D 转换器。

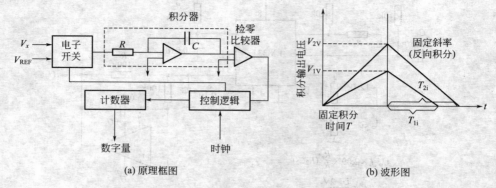

(a) 原理框图　　　　　　　　　　(b) 波形图

图 9-46　双积分法 A/D 转换器

在进行一次 A/D 转换时，先将 V_x 通过电子开关到积分器，积分器从零开始用固定的 T 时间积分，T 时间到，电子开关将与 V_x 极性相反的基准电压 V_{REF} 输入到积分器进行反向积分，直到输出为零，完成一次转换，如图 9-46（b）所示。从图中可以看出，V_x 越大，积分器的输出电压越大，反向积分时间就越长。计数器在反向积分时间内所计的数值就是与输入电压 V_x 在 T 时间内的平均值对应的数字量。由于要经过两次积分，所以转换速度较慢。

（3）模/数转换芯片 ADC0809 介绍

ADC0809 是用 CMOS 工艺生产的 A/D 转换器。它具有 8 个通道的模拟量输入端，可在程序控制下对任意通道进行 A/D 转换，每个通道都有 8 位二进制的数字量，其引脚如图 9-47 所示。主要技术指标如下。

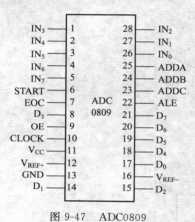

图 9-47　ADC0809

电源电压：6.5V。

分辨率：8 位。

时钟频率：640kHz。

转换时间：100μs。

误差：$\frac{1}{2}$LSB 和 1LSB

模拟量输入电压范围：0～5V。

功耗：15mW。

ADC0809 内部结构如图 9-48 所示。片内有 8 路模拟开关、选择模拟开关的地址锁存与译码电路、256R 电阻 T 形网络、树状电子开关、逐次逼近寄存器 SAR、三态输出锁存缓冲存储器、控制与时序电路等。

ADC0809 的引脚 IN_0～IN_7 是 8 个输入通道端，每个端口都可以输入模拟量。选择 8 个端口的 3 位地址线 ADDA、ADDB、ADDC 及锁存端 ALE。其工作原理是，由地址线选中通道端，由 ALE 锁存译码，将选中的通道端的模拟量进行 A/D 转换。通道选择与地址译码对应的关系如表 9-2 所示。

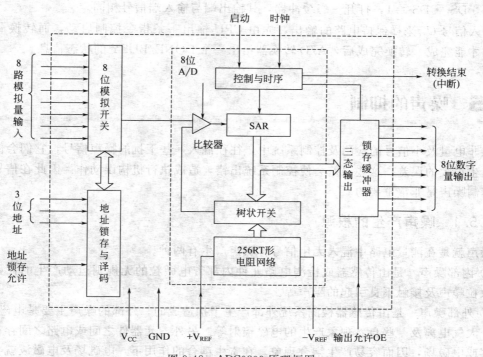

图 9-48　ADC0809 原理框图

表 9-2　**ADC0809 地址译码与通道关系**

地址 ABC	选中的通道端口	地址 ABC	选中的通道端口
0 0 0	通道端口 0	1 0 0	通道端口 4
0 0 1	通道端口 1	1 0 1	通道端口 5
0 1 0	通道端口 2	1 1 0	通道端口 6
0 1 1	通道端口 3	1 1 1	通道端口 7

(4) 模/数转换过程

　　CPU 对 A/D 转换控制的过程：当模拟信号加到输入端后，CPU 对 A/D 转换器发出启动信号，A/D 开始工作；转换结束后，发出信号给 CPU 读取转换结果。为实现转换过程，A/D 芯片必须有：启动转换引脚、转换结束标志引脚、数据输出引脚。A/D 转换器和 CPU 的接口电路就是处理这三种引脚和 CPU 的连接方法。

　　输入输出接口电路采用 Intel8212 芯片，它是典型的通用 I/O 接口，如图 9-49 所示。在计算机与 A/D 转换器之间用 8212 I/O 接口电路就实现硬件的连接。I/O 接口电路作为门缓冲器。数据锁存器是一个直通门，输出三态缓冲器由片选端 $\overline{DS_1}$ 和 DS_2 来控制，当给 $\overline{DS_1}$ 为低电平时，给 DS_2 为

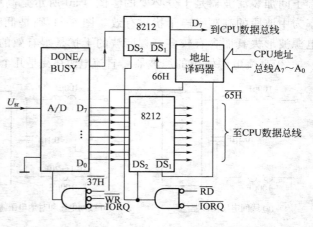

图 9-49　8 位 ADC 与 CPU 接口电路

高电平，$\overline{DS_1} \cdot DS_2 = 1$，打开三态缓冲器，其输出端与输入端信号相同。

输入信号 U_{sr} 采样保持电路的输出，先由 CPU 输出一条指令控制启动，而转换需要一定时间才能完成，转换完成后，A/D 转换器给出一个 DONE/BUSY 的状态信息。

9.5 噪声的抑制

在非电量及小信号的检测及控制系统中，往往混入一些干扰的噪声信号，它们会使测量结果产生很大的误差，这些误差会使控制系统出错，造成执行机构误动作。因此在信号处理中，抑制噪声是非常重要的。

9.5.1 噪声产生的根源

噪声就是在测量电路中混入无用信号，噪声产生有两种。

① 内部噪声　是由传感器或检测电路元件内部带电微粒的无规则运动产生的，如热噪声、散粒噪声及接触不良引起的噪声等。

② 外部噪声　是由传感器检测系统外部产生干扰造成的。外部的噪声主要是电磁辐射，雷电、大气电离及一些自然现象产生的电磁辐射等。另外，元器件之间或电路之间存在着分布电容或电磁场，因而容易产生耦合现象。在寄生耦合的作用下，电磁场及电磁波就会侵入到检测系统，干扰控制系统。

9.5.2 噪声抑制方法

噪声抑制的方法有以下几种。

(1) 滤波

用电容与电感组成的滤波电路，对电路信号进行过滤，将噪声除掉。

使用滤波器是抑制噪声干扰的最有效手段之一，特别是对抑制导线传导耦合到电路中的噪声干扰，它是一种被广泛采用的技术手段。

① 交流电源进线的对称滤波器　任何使用交流电源的电子测量仪表，噪声经电源线传导耦合到测量电路中去，必然对其工作造成干扰。为了抑制这种噪声干扰，在交流电源进入端子间加装滤波器是十分必要的。图 9-50 所示是高频干扰电压对称滤波器，它对于抑制频率为中波段的高频噪声干扰很有效。图 9-51 则是低频干扰电压滤波电路，此电路对抑制因电源波形失真而含有较多高频谐波的干扰是很有效的。

② 直流电源输出的滤波器　直流电源往往是几个电路公用的。为了削弱公用电源在电路间

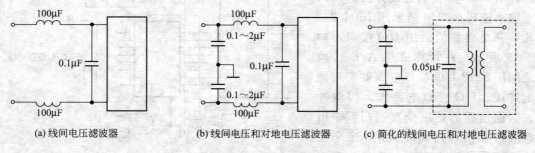

(a) 线间电压滤波器　　(b) 线间电压和对地电压滤波器　　(c) 简化的线间电压和对地电压滤波器

图 9-50　高频干扰电压对称滤波器

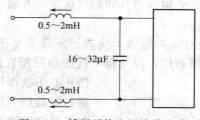

图 9-51　低频干扰电压滤波电路

形成的噪声耦合，对直流电源输出需加对高频及低频进行滤波的滤波器，如图 9-52 所示。

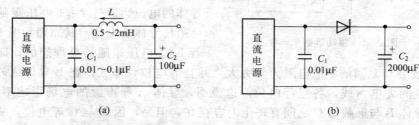

图 9-52　高、低频干扰电压滤波器

③ 去耦滤波器　当一个直流电源对几个电路同时供电时，为了避免通过电源内阻造成几个电路之间互相干扰，应在每个电路的直流电源进线与地之间加装去耦滤波器。如图 9-53 所示。

（2）屏蔽

磁场屏蔽采用低阻材料或磁性材料，把元件、传输导线、电路及组件包围起来，以隔离内、外电磁或电场的相互干扰。屏蔽可分为下几种。

① 静电屏蔽　由静电学知道，处于静电平衡状态下的导体内部，各点等电位，即导体内部无

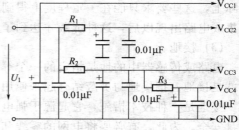

图 9-53　每个直流电源加装电压滤波器

电力线。利用金属导体的这一性质，并加上接地措施，则静电场的电力线就在接地的金属导体处中断，起到隔离电场的作用。

静电屏蔽能防止静电场的影响，用它可消除或削弱两电路之间由于寄生分布电容耦合而产生的干扰。在电源变压器的原边与副边之间绕组之间插入一个梳齿形导体，并将它接地，以此来防止两绕组间的静电耦合，就是静电屏蔽的范例。在传感器有关电路布线时，如果在两导线之间敷设一条接地导线，则两导线之间的静电耦合将明显减弱。若将具有静电耦合的两个导体，在间隔保持不变的条件下靠近大地，其耦合也将减弱。

② 电磁屏蔽　所谓电磁屏蔽，是指采用导电良好的金属材料做成屏蔽层，利用高频电磁场对屏蔽金属的作用，在屏蔽金属内产生涡流，由涡流产生的磁场抵消或减弱干扰磁场的影响，从而达到屏蔽的效果。一般所谓的屏蔽，多数是指电磁屏蔽。电磁屏蔽主要用来防止高频电磁场的影响，其对低频磁场干扰的屏蔽效果是非常小的。

基于涡流反磁场作用的电磁屏蔽，在原理上与屏蔽体是否接地无关，但在一般应用时，屏蔽体都是接地的，这样又同时起到静电屏蔽作用。

电磁屏蔽依靠涡流产生作用，因此必须用良导体，如铜、铝等做屏蔽。考虑到高频效应，高频涡流仅流过屏蔽层的表面一层，因此屏蔽层的厚度只需考虑机械强度就可以了。当

需要在屏蔽层上开孔或开槽时，必须注意孔和槽的位置与方向应不影响或尽量少影响涡流的途径，以免影响屏蔽效果。

③ 低频磁屏蔽　电磁屏蔽对低频磁通干扰的屏蔽效果是很差的，因此当存在低频磁通干扰时，要采用高导磁材料做屏蔽层，以便将干扰磁通限制在磁阻很小的磁屏蔽体的内部，防止其干扰作用。为了有效地进行低频磁屏蔽，屏蔽层的材料要选用诸如坡莫合金之类对低磁通密度有高磁导率的铁磁材料，同时要有一定的厚度，以减小磁阻。

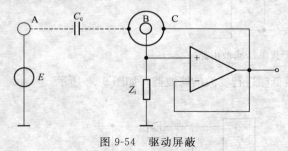

图 9-54　驱动屏蔽

④ 驱动屏蔽　驱动屏蔽就是用被屏蔽导体的电位，通过 1∶1 电压跟随器来驱动屏蔽层导体的电位，其原理如图 9-54 所示。若 1∶1 电压跟随器是理想的，即在工作中导体 B 与屏蔽层 C 之间的绝缘电阻为无穷大，并且等电位，那么，在 B 导体之外与屏蔽层内侧之间的空间无电力线，各点等电位。这说明，导体 A 噪声源的电场影响不到导体 B，这时，尽管导体 B 与屏蔽层 C 之间有寄生电容存在，但是，因 B 与 C 等电位，故此寄生电容也不起作用。因此，驱动屏蔽能有效地抑制通过寄生电容的耦合干扰。应指出的是，在驱动屏蔽中所采用的 1∶1 电压跟随器，不仅要求输出电压与输入电压的幅值相同，另一方面，此电压跟随器的输入阻抗与 Z_i 相并联，为减小并联作用，则要求跟随器的输入阻抗无穷大。实际上，这些要求只能在一定程度上得到满足。驱动屏蔽属于有源屏蔽，只有当高质量的线性集成电路出现以后，这种屏蔽才达到了真正实用阶段。

（3）接地

电路或传感器中的地是指定的一个等电位点，这是一个公共基准电位点。和基准点相连接就是接地。把接地与屏蔽结合起来使用，就可抑制大部分的噪声。

接地是一种技术措施，它起源于强电技术。对于强电，由于电压高，功率大，容易危及人身安全，为此，有必要将电网的零线和各种电气设备的外壳通过接地导线与大地相连，使之与地等电位，以保证人身和设备的安全。传感器外壳或导线屏蔽层等接大地是着眼于静电屏蔽的需要，即通过接大地给高频干扰电压形成低阻通路，以防止其对传感器的干扰。由于习惯的原因，在电子技术中把电信号的基准电位点也称之为"地"，因此，在传感器测量系统中的接地，有如下几种接地线。

① 保护接地线　出于安全防护的目的将电子测量装置的外壳屏蔽层接地用的地线叫作保护接地线。

② 信号地线　电子装置中的地线，除特别说明接大地的以外，一般都是指作为电信号的基准电位的信号地线。电子装置的接地是涉及抑制干扰、保证电路工作性能稳定、可靠的关键问题。信号地线既是各级电路中静、动态电流的通道，又是各级电路通过某些共同的接地阻抗而相互耦合，从而引起内部干扰的薄弱环节。

信号地线又可分为两种：一种是模拟信号地线（AGND），它是模拟信号的零信号电位公共线；另一种是数字信号地线（DGND），它是数字信号的零电平公共线。数字信号处于脉冲工作状态，动态脉冲电流在杂散的接地阻抗上产生的干扰电压，即使尚未达到足以影响数字电路正常工作的程度，但对于微弱的模拟信号来说，往往已成为严重的干扰源，为了避免模拟信号地线与数字信号地线之间的相互干扰，二者一定要分开设置。

③ 信号源地线　传感器可看作是测量装置的信号源。通常传感器安装在生产现场，而

显示、记录等测量装置则安装在离现场有一定距离的控制室内。在接地要求上二者不同，有差别。信号源地线乃是传感器本身的零信号电位基准公共线。

④ 负载地线　负载的电流一般较前级信号电流大得多，负载地线上的电流在地线中产生的干扰作用也大，因此对负载地线和测量放大器的信号地线也有不同的要求。有时，二者在电气上是相互绝缘的，它们之间可通过磁耦合或光耦合传输信号。

在传感器测量系统中，上述四种地线一般应分别设置。在电位需要连通时，可选择合适的位置作一点相连，以消除各地线之间的相互干扰。

（4）浮置

浮置又称为浮空、浮接，它指的是测量仪表的输入信号放大器公共地（即模拟信号地）不接机壳或大地。对于被浮置的测量系统，测量电路与机壳或大地之间无直流联系。屏蔽接地的目的，是将干扰电流从信号电路引开，即不让干扰电流流经信号线，而是让干扰电流流经屏蔽层到大地。浮置与屏蔽接地的作用相反，是阻断干扰电流的通路。测量系统被浮置后，明显地加大了系统的信号放大器公共线与大地（或外壳）之间的阻抗，因此浮置就能大大减小共模干扰电流。图 9-55 所示为浮置的桥式传感器测量系统。

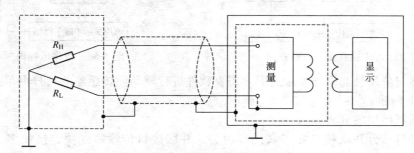

图 9-55　浮置的桥式传感器测量系统

图中的测量电路有两层屏蔽，因测量电路与内层屏蔽罩不相连，因此是浮置输入。其内层屏蔽罩通过信号线的屏蔽层在信号源处接地，外层屏蔽（外壳）接大地。

（5）光电耦合

使用光电耦合器切断地环路电流干扰是十分有效的，其原理如图 9-56 所示。由于两个电路之间采用光束来耦合，因此能把两个电路的地电位完全隔离开。这样两个电路的地电位即使不同也不会造成干扰。

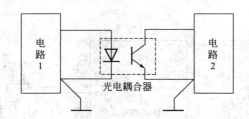

图 9-56　用于断开地环路的光电耦合器

实训23　传感器典型接口电路

（1）传感器接口的应用

传感器是将测量到的信号传送到的计算机、单片机或 PLC 进行处理。传感器测出的信号有模拟量也有数字量。数字量可以直接与单片机进行连接处理，如单总线的测温传感器

DS18B20 是输出串行数字量，需要驱动软件，对串行数字量进行规定，数字位、奇偶校验位等，对读写数据由最低位开始进行的，就不需其他的电路支持了。

传感器输出都是微小的信号，需要对微小的信号进行放大，有的信号需要转换成电信号，将模拟的电信号转换成数字信号（A/D）送到计算机（单片机等）进行处理，如图 9-57 所示。

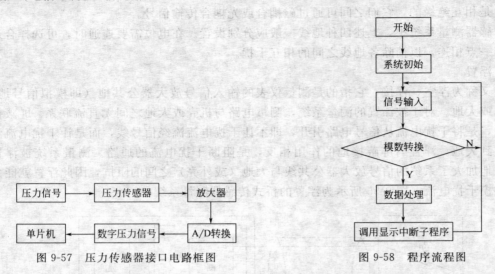

图 9-57　压力传感器接口电路框图　　　　图 9-58　程序流程图

在传感器与单片机在硬件上接通后，需要软件进行驱动使传感器的信号由单片机可以识别，如图 9-58 所示。

（2）传感器接口的分类

传感器接口可分并联接口和串联接口两类。并联接口传输速度快、接线多、传输距离近；串联接口传输速度慢、传输距离远、接线少等。

① 并联接口如图 9-59 所示。单片机与 DAC0832 的连接，将数据线对应连接。单片机将数字信号传送给数模转换器，输入/输出是数字量。DAC0832 将数字信号转换成模拟信号进行放大，输出驱动执行机构。

② 串联接口，就是将数字量按最高位和最低位的输入/输出进行排列，如 422、485 接口都是串联接口，打印机用得最多的也是串联接口。串联接口只需要三根线就可以实现。

（3）传感器接口实训

1）实训原理图　实训原理图如图 9-59 所示。

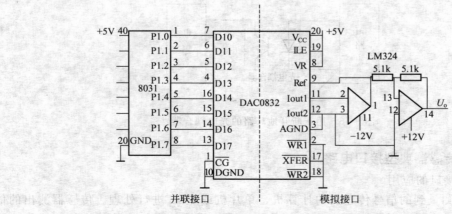

图 9-59　D/A 接口电路

2）实训目的

① 了解 D/A 转换器 DAC0832 的工作原理及使用方法。

② 掌握单片机和 D/A 转换器输出规定的波形（锯齿波、三角波、矩形波）的接口电路设计及 D/A 转换程序设计方法。

③ 掌握改变输出波形的周期数或幅值的计算方法。

3）实训要求　用 8031 与 DAC0832 组成波形发生器，使其产生锯齿波（或三角波、矩形波等）。

① 根据要求输出的波形、输出电压幅值及周期计算出计算机对应的数字量和每一步输出所需要的延时时间来设计程序。

② 用示波器观察输出波形，应符合要求（电压输出在 0～4V，周期为 4～20s）。

4）数/模转换程序

```
              ORG      0000H
ST1:          MOV      R2，#5          ; 设锯齿波重复 5 次
LP0:          MOV      A，#00H         ; 取 0 值送 A
LP1:          MOV      P1，A           ; A 送 P1 口输出
              ACALL    DELAY           ; 延时
              INC      A               ; 原值加 1
              CJNE     A，#200，LP1     ; 当前值与最大值比较，不等返回
              DJNZ     R2，LP0         ; 查重复次数
ST2:          MOV      R2，#5          ; 设矩形波重复 5 次
LP2:          MOV      A，#200         ; 矩形波高电平值送 A
              MOV      P1，A           ; A 送 P1 口输出
              ACALL    DELAY           ; 高电平延时
              MOV      A，#20          ; 矩形波低电平值送 A
              MOV      P1，A           ; A 送 P1 口输出
              ACALL    DELAY           ; 低电平延时
              DJNZ     R2，LP2         ; 查重复次数
              AJMP     ST1             ; 返回开始
DELAY:        MOV      R7，#100        ; 100ms 延时子程序
   DE2:       MOV      R6，#250
     DE1:     NOP
              NOP
              DJNZ  R6，DE1
              DJNZ  R7，DE2
              RET
              END   ; 本程序结果可用示波器观察
```

实训24　相敏检波器特性测量实训

（1）实训目的

分析施密特开关电路及运放电路组成的相敏检波电路原理。

（2）实训设备

相敏检波器、移相器、音频振荡器、直流稳压电源、低通滤波器、电压表、示波器、万用表等。

（3）电路原理

相敏检波电路如图 9-60 所示。图中，①为输入信号端；②为交流参考电压输入端；③为输出端；④为直流参考电压输入。

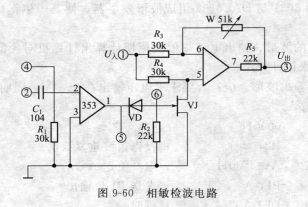

图 9-60　相敏检波电路

当②、④端输入控制电压信号时，通过差分放大器的作用使 VD 和 VJ 处于开关状态，从而把①端输入的正弦信号转换成半波整流信号。

（4）实训内容

① 分析相敏检波器工作原理；

② 分析相敏检波器中整形电路的作用；

③ 用示波器观察相敏检波器输出波形；

④ 记录输入电压与输出电压变化，测量相敏检波器的输入 U_{P-P} 值与输出直流电压的关系。

（5）专业基本知识

1）相敏检波的作用　包络检波问题：一是解调的主要过程是对调幅信号进行半波或全波整流，无法从检波器的输出鉴别调制信号的相位。二是包络检波电路本身不具有区分不同载波频率信号的能力。对于不同载波频率的信号它都以同样方式对它们整流，以恢复调制信号，为了提高载波频率抗干扰能力，需采用相敏检波电路。相敏检波电路是具有鉴别调制信号相位和选择频率的检波电路。

2）相敏检波电路与包络检波电路在功能与电路结构的主要区别　相敏检波电路与包络检波电路在功能上的区别是相敏检波电路能够鉴别调制信号相位，能判别被测量变化的方向，同时相敏检波电路还有选频的能力，这样就提高了测控系统的抗干扰能力。从电路的结构上，相敏检波电路的主要特点是，除了所需要进行解调的调幅信号外，还要输入一个参考信号。有了参考信号就可以用它来鉴别输入信号的相位与频率。

3）相敏检波电路与调幅电路在信号上的区别　将调制信号 u_x 乘以幅值为 1 的载波信号，就可以得到双边带调幅信号 u_s，将双边带调幅信号 u_s 再乘以载波信号，经低通滤波器后就得到调制信号 u_x。这就是相敏检波电路在信号上与调制电路相似的原因。

二者主要区别是调幅电路实现低频调制信号与高频载波信号相乘，输出为高频调幅信号；而相敏检波器实现高频调幅信号与高频载波信号相乘，经滤波器后输出低频解调信号。这使输入、输出耦合回路与滤波器的结构和参数不同。

4）相敏检波电路的选频与鉴相特性

① 相敏检波电路的选频特性：相敏检波电路的选频特性是指它对不同频率的输入信号有不同的传递特性。以参考信号为基波，所有偶次谐波在载波信号的一个周期内平均输出为零，即它有抑制偶次谐波的功能。对于 $n=1,3,5$ 等各奇次谐波，输出信号的幅值相应衰减为基波的 $1/n$，即信号的传递系数随谐波次数增高而衰减，对高次谐波有一定抑制作用。

② 相敏检波电路的鉴相特性：如果输入信号 u_s 为与参考信号 u_C 同频信号，但有一定相位差，这时输出电压 $u_o = U_{sm}/2 = \cos\varphi$，输出信号随相位差 φ 的余弦而变化。由于在输入信号与参考信号同频但有一定相位差时，输出信号的大小与相位差有确定的函数关系，可以根据输出信号的大小确定相位差的值，相敏检波电路的这一特性称为鉴相特性。

（6）实训步骤

① 将音频振荡器频率、幅度旋钮居中，输出信号（0°或 180°均可）接相敏检波器输入端。

② 将直流稳压电源 2V 挡输出电压（正或负）接相敏检波器④端。

③ 示波器两通道分别接至相敏输入、输出端，观察输入、输出波形的相位关系和幅值关系。

④ 改变④端参考电压的极性，观察输入、输出波形的相位和幅值关系。由此可以得出结论。当参考电压为正时，输入与输出同相；当参考电压为负时，输入与输出反相。

⑤ 将音频振荡 0°端输出信号送入移相器输入端，移相器的输出端与相敏检波器的参考输入端②连接，相敏检波器的信号输入端接音频 0°输出。

⑥ 用示波器两通道观察附加观察插口⑤、⑥的波形。

可以看出，相敏检波器中整形电路的作用是将输入的正弦波转换成方波，使相敏检波器中的电子开关能正常工作。

⑦ 将相敏检波器的输出端与低通滤波器的输入端连接，低通滤波器输出端接数字电压表 20V 挡。

⑧ 示波器两通道分别接相敏检波器输入、输出端。

⑨ 适当调节音频振荡器幅值旋钮和移相器"移相"旋钮，观察示波器中波形变化和电压表电压值变化，然后将相敏检波器的输入端改接至音频振荡器 180°输出端口，观察示波器和电压表的变化。

由上可以看出，当相敏检波器的输入信号与开关信号同相时，输出为正极性的全波整流信号，电压表指示正极性方向最大值，反之，则输出负极性的全波整流波形，电压表指示负极性的最大值。

⑩ 调节移相器"移相"旋钮，利用示波器和电压表，测出相敏检波器的输入 $U_{P\text{-}P}$ 值与输出直流电压的关系。

⑪ 使输入信号与参考信号的相位改变 180°，测出上述关系填于表 9-3 中。

表 9-3 实验记录表

输入 $U_{P\text{-}P}$/V						
输出 U_o/V						

（7）注意事项

相敏检波器的最大输入电压 $U_{P\text{-}P}$ 的电压值为 20V。

实训25 **数模转换电路与单片机的接口电路**

（1）实训目的

数模转换电路是将数字量转换为模拟量的专用电路，将数模转换电路与单片机连接并掌握硬件、软件设计电路原理与实现。

（2）实训设备

数模转换电路、单片机仿真器、微型计算机、电压表、示波器、万用表等。

（3）电路原理

图 9-61 所示为串行数模转换电路。

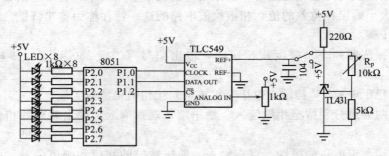

图 9-61　串行数模转换电路

（4）实训内容

熟悉 D/A 电路使用方法，掌握硬件连接，会设计编程软件。

参考源程序：

```
            CS   BIT  P1.2            ; 定义 P1.2 控制 TLC549 的片选端
            DAT  BIT  P1.1            ; 定义 P1.1 控制 TLC549 的数据输出端
            CLK  BIT  P1.0            ; 定义 P1.0 控制 TLC549 的时钟输入端
            AD_DATA  DATA  30H        ; 定义 A/D 转换数据存入内部 RAM 地址 30H 中
            ORG  0000H                ; 上电复位开始运行地址
ACALL TLC549_ADC                      ; 调用 A/D 转换、读取子程序，这里主要是转换
LOOP：MOV  R7，#0                      ; 短暂延时
            DJNZ  R7，$
            ACALL  TLC549_ADC         ; 这里调用子程序后转换、读取同时进行
            MOV  P2，AD_DATA           ; 将转换后的数据送 P2 口来取得 LED 灯
            SJMP  LOOP                ; 跳 LOOP 无限循环读取、输出
TLC549_ADC：
            CLR  A                    ; 将累加器 A 的内容清零
            CLR  CLK                  ; 将时钟置为低电平
            CLR  CS                   ; 选中 TLC549 芯片开始工作
            MOV  R6，#8                ; 需要读取 8 位数据
TLCAD_LP：
            SETB  CLK                 ; 使时钟产生上升沿
            NOP                       ; 空操作进行短暂延时
            NOP
```

```
MOV   C, DAT              ; 读取 TLC549 输出的一位数据到 C，顺序为 D7～D0
RLC   A                   ; 将输入的数据移入累加器 A 中
CLR   CLK                 ; 将时钟置为低电平
NOP                       ; 短暂延时
DJNZ  R6, TLCAD_LP        ; 判断 8 个位是否读完
SETB  CS                  ; 取消片选
SETB  CLK                 ; 使时钟为高电平
MOV   AD_DATA, A          ; 将读取的 8 位数据送 A/D 数据寄存器中
RET                       ; 子程序返回
END                       ; 程序结束
```

（5）整体联调

思考与练习题

1. 在控制系统中的传感器有几种类型？需要何种变换？

2. 如何正确选择传感器的输出信号？传输信号需要何种措施？

3. A/D 转换使用时应注意哪些问题？

4. 信号使用中如何进行变换？有几种转换方法？

5. 控制系统中最容易受干扰的是哪部分？如何消除？有几种方法？

第 **10** 章

检测技术应用案例分析

10.1 谷物水分检测仪

水分检测仪采用电容筒式水分传感器，当传感器筒测量谷物时，谷物的介电常数会随谷物水分含量的不同而变化。谷物水分检测仪的电路框图如图 10-1 所示。

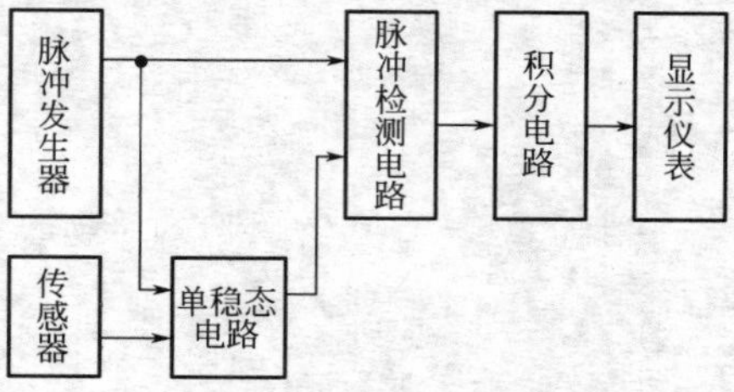

谷物水分检测仪的电路图如图 10-2 所示。工作原理：脉冲发生器和单稳态电路由一块时基电路 556 组成，IC_{1a} 组成占空比为 50％、频率为 8kHz 的方波发生器，输出的方波经 C_3、R_2 组成的微分电路输出尖脉冲（如图 10-3 中的 A、B 波形）。尖脉冲经 VD_1 去掉正向脉冲，由负向脉冲触发 IC_{1b} 使单稳态电路

图 10-1 谷物水分检测仪电路框图

翻转，单稳态电路恢复时间由 R_3 和电容式水分传感器 CH 的容量决定。从 IC_{1b} 的 9 脚输出频率不变、脉冲宽度随传感器电容值变化的矩形波，如图中的 C 波。从 IC_{1b} 的 9 脚输出的方波和 IC_{1a} 的 5 脚输出的方波，输入到由 R_4、VD_2、VD_3 组成的与门，与门将两个波形中脉宽不同的部分检出，如图中的 D 波。经 $VD4$ 隔离加到由 R_5、RP_2、C_5 等组成的积分电路，从 E 点输出与谷物水分对应的平均的直流电压。其灵敏度为 10mV/1％。RP_1 用来调整

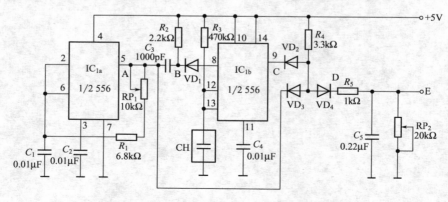

图 10-2 谷物水分检测仪电路原理图

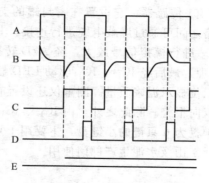

图 10-3　电路波形图

水分低端覆盖，RP_2 用来调整高端覆盖。

　　从 E 端输出的电压表示测量谷物水分的含量，它可以使用数字电压表显示水分，也可以使用 $100\mu A$ 电流表指示水分。当使用电流表指示时，应串接一个电阻，把电流表换成电压表进行显示。

10.2　测重仪

　　测重仪，在石油开采过程中，常使用水泥浆、拌土浆、重晶石粉浆等材料实施固井作业。这些泥浆材料放在几个很大的密封罐内，在施工作业时，需要随时监测罐内材料的质量。泥浆材料测重仪能够测量并显示密封罐内泥浆材料的质量，测量范围为 $1\times10^3\sim1.2\times10^5\,kg$，可同时对 4 个密封罐进行监测。泥浆材料测重仪电路如图 10-4 所示。其中传感器选

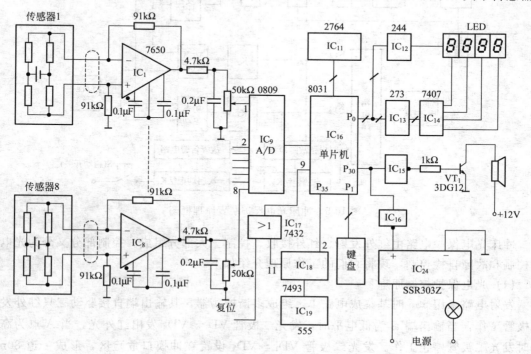

图 10-4　泥浆材料测重仪电路

用 BHR-4 型压力电阻应变式 30t 传感器，它设置在密封罐的支腿中间，每个密封罐装用两只传感器。传感器与主机电路之间可通过屏蔽电缆进行连接，其距离可达数十米。传感器产生的压力信号传输给 $IC_1 \sim IC_8$ 进行模拟信号放大，经 A/D 转换器进行模/数转换，然后输出给单片机 8031 进行数据处理，最后经 IC_{13}、IC_{14} 驱动 LED 显示器进行显示。显示器共四位，第一位显示罐号，其余三位显示泥浆质量。测重仪还设置有声光报警电路，可对罐内泥浆材料存量的上、下限进行双向报警。除此之外，由 IC_{17}、IC_{18} 和 IC_{19} 组成监控电路，对程序运行加以监控。电路中的键盘为 6 只键的小键盘，主要用于复位和不同罐号的选择。

本仪器也适用于建筑业、矿山及水泥生产部门使用。

10.3　冲床光电保护装置

在冲床工作时，工人稍不留神就有发生事故的可能，冲床光电保护装置就是为保护工人安全的一种装置，它采用光电传感器作为探测工人的手及身体其他部位是否离开危险区的敏感元件。若检测到手及其他部位未离开危险区时，光电保护装置立即动作，使冲床制动停车。除此之外，该装置还有电路故障自动检测的功能，在保护电路一旦出现故障时，不仅能及时发出故障警告信号，而且还能自动闭锁机床，工人则无法再启动冲床，这可以从根本上解决保护电路失灵带来的不安全问题。图 10-5 所示是冲床光电保护装置的工作原理框图。图 10-6 所示是该装置的电路原理图。

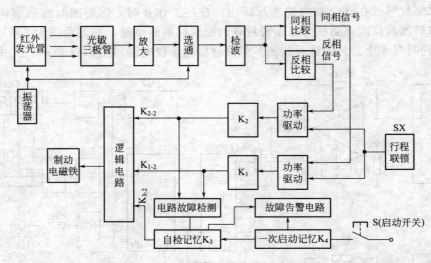

图 10-5　冲床光电保护装置原理框图

冲床光电保护电路由红外发射、红外接收、控制三大部分组成。控制部分又分为光电保护控制和故障自检控制，现将它们的工作原理介绍如下。

（1）光电保护控制原理

发射电路采用 555 时基集成电路 IC_1 组成多谐振荡器，其输出端直接驱动三只红外发光二极管工作，当输出端 A 为低电平时，发光二极管 $VD_1 \sim VD_3$ 发出红外光，当 A 点为高电平时发光二极管停止工作。发光二极管 $VD_1 \sim VD_3$ 设置在冲模口危险区，形成一道 80mm 高看不见的防线。

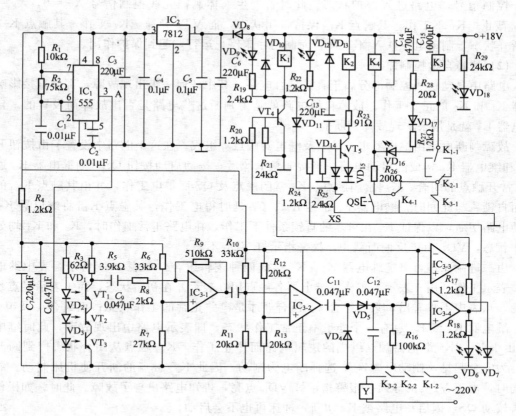

图 10-6 冲床光电保护装置电路原理图

接收电路由三只光敏三极管 $VT_1 \sim VT_3$ 及四运放 IC_3 等组成。为了提高红外光接收灵敏度，在每一个光敏三极管前还设置了透镜。光电信号经 IC_{3-1} 放大后输入到 IC_{3-2} 进行选通比较，比较的目的是为提高接收电路的抗干扰能力。选通信号取自 IC_1 的 A 输出端，当 A 点为高电平时，发光二极管截止 IC_{3-2} 的反相输入端为高电平，其输出端被钳制在低电平，这时即使 IC_{3-2} 同相输入端有干扰信号也无法通过。当 A 点为低电平时，发光二极管导通工作，IC_{3-2} 的反相输入端就可建立正常的比较电压，只有光信号幅值大于比较电压时，IC_{3-2} 才输出高电平，从而达到抑制杂散信号的目的。

当红外光没有遮挡的情况下，IC_{3-2} 比较器输出一系列正脉冲信号，经 VD_4、VD_5 倍压检波在 C 点建立起高电平。此时同相比较器 IC_{3-3} 输出同相控制信号，$X_T = 1$，反相比较器 IC_{3-4} 输出反相控制信号，$X_F = 0$。当红外光受到遮挡时，光电信号消失，C 点变为低电平，两比较器输出控制信号反相，即 $X_T = 0$，$X_F = 1$。

在控制信号 X_T 和 X_F 的作用下，半导体管 VT_4 和 VT_5 分别驱动继电器 K_1 和 K_2 工作。由于继电器 K_3 在电路开始工作时已处于工作状态，因此通过 K_1 和 K_2 的触点 K_{1-2} 和 K_{2-2} 便可控制制动电磁铁 Y。

为保证冲头上行期间的取料、送料工序操作在遮挡光线时保护电路不工作，电路中设置的 VD_{11}、VD_{14} 和行程开关 XS 构成行程联锁回路。在冲头上行时，XS 处于闭合状态，VD_{11} 和 VD_{14} 通过 XS 接地导通，继电器 K_1 保持通电工作，K_2 保持不工作，不受控制信号 X_T 和 X_F 的控制。而当冲头下行处于保护行程时，XS 断开，VD_{11} 和 VD_{14} 截止，继电器受控于控制信号，电路进入保护状态。此时若发生人体遮挡光线控制信号 $X_T = 0$，$X_F = 1$，VT_4 截止，K_1 不工作，其触点 K_{1-2} 保持常闭状态，而 VT_5 导通，K_2 工作，其触点 K_{2-2} 处于断开状态，制动电磁铁 Y 不工作，而制动冲床停止运行，起到保护作用。

（2）故障自检控制原理

电路中自动检测控制部分属于直接耦合电路，其中任何一级出现故障，都会直接影响继电器 K_1 和 K_2 的正常工作。故障自检电路就是为判断这些电路是否出故障而设置的。自检继电器 K_3 就是用来实现故障判断的。

故障判断电路由继电器 K_3、K_4 及继电器触点等组成。在这个电路中设置了由按钮开关 QS 和继电器 K_4 构成的启动电路。当接通总电源后，按动启动按钮 QS，则继电器 K_3 通过 K_{1-1} 常开触点的闭合、K_{2-2} 常闭触点、K_4 常闭触点及 QS 而得电工作，并由其触点 K_{3-1} 的闭合而自锁。与此同时，继电器 K_4 也经 R_{26}、C_{14} 延时得电工作，其触点 K_{4-1} 将继电器 K_3 的启动电路切断，以保证 K_3 在可靠的自锁条件下工作。在电路正常工作时，K_3 和 K_4 均处于工作状态，VD_{14} 由于反偏而截止，报警指示灯 VD_{16} 不亮。

由二进制原理，可把继电器 K_1、K_2 排成四种逻辑组合，如表 10-1 所示。表中继电器用 1 表示工作，用 0 表示不工作。继电器各触点用 0 表示处在初始状态，而 1 表示触点状态改变。从表中不难看出，只有组合 2、组合 3 才是电路正常的工作状态；而组合 1 及组合 4 中，继电器 K_1 或 K_2 总有一个处于不正常工作状态，即表示电路中出现故障，此时继电器 K_3 由于 K_1、K_2 继电器触点组成的逻辑电路而停止工作，K_{3-2} 触点从闭合状态回到断开状态。为安全起见，制动电磁铁 Y 选择断电为制动，因此 K_{3-2} 触点的断开使机床制动。制动的同时，由于 VD_{14} 的导通，报警指示灯 VD_{16} 点亮，告知电路出现了故障。此时，如操作工人再按动 QS，因启动电路被 K_4 切断，冲床再也不会启动。

表 10-1　继电器 K_1、K_2 的四种逻辑组合

组合	控制继电器工作状态		继电器各触点状态						K_3	电路工作状态
	K_1	K_2	K_{1-1}	K_{1-2}	K_{2-1}	K_{2-2}	K_{3-1}	K_{3-2}		
1	0	0	0	0	0	0	0	0	0	有故障
2	1	0	1	1	0	0	1	1	1	无遮挡正常工作
3	0	1	0	0	1	1	1	1	1	有遮挡保护制动
4	1	1	1	1	1	1	0	0	0	有故障

实训26　数字式温度传感器应用

（1）实训目的

① 掌握单总线数字式温度传感器 DS18B20 的检测原理，组成温度检测系统的软件、硬件的设计。

② 掌握温度测量系统的开发、调试、应用程序的基本方法。

（2）实训设备

DS18B20 芯片、温度检测板、单片机集成开发系统。

（3）实训原理

数字式温度传感器 DS18B20 是美国 DALLAS 公司生产的单线数字温度传感器，可把温度信号直接转换成串行数字信号由微机进行处理。由于每片 DS18B20 只有唯一 silicon serial number，所以在一条总线上可以挂接任意多个 DS18B20 芯片。从 DS18B20 读出信息和写入信息，只需要一根线的接口，称为单总线温度传感器。DS18B20 提供 9 位温度读数，构成

多点温度检测系统而无需任何外围硬件。DS18B20 外形及引脚如图 10-7 所示。

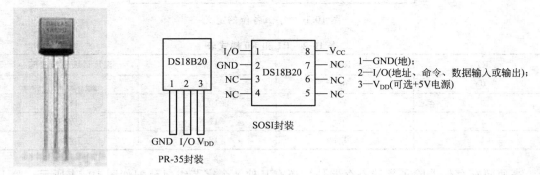

图 10-7　DS18B20 外形及引脚

DS18B20 的温度测量范围：$-55 \sim +125℃$，分辨率是 0.5℃。可以读内部的计数器，在 1s（典型值）内把温度值变为数字。用户可以定义非易失性的温度报警设置。可用数据线供电，不用备份电源。

1）DS18B20 内部结构　DS18B20 内部结构如图 10-8 所示。

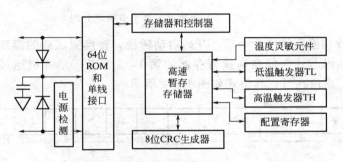

图 10-8　DS18B20 内部结构

① 64 位 ROM 的结构　开始 8 位是产品类型的编号，接着是每个器件的唯一序号，共有 48 位，最后 8 位是前 56 位的 CRC 校验码，这也使多个 DS18B20 可以采用一线进行通信，如图 10-9 所示。

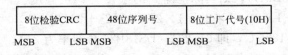

图 10-9　64 位 ROM 的结构

② 非易失性的温度报警触发器 TH 和 TL　可通过软件写入用户报警上下限。

③ 高速暂存存储器　DS18B20 温度传感器的内部存储器包括一个高速暂存 RAM 和一个非易失性的电可擦除的 E^2 PROM。而配置寄存器为高速暂存器的第 5 个字节，其内容用于确定温度值的数字转换分辨率，DS18B20 工作时按此寄存器中的分辨率将温度转换为相应精度的数值。该字节各位的定义如图 10-10 所示。

TM 是测试模式位，用于设置 DS18B20 在测试模式还是工作模式。在 DS18B20 出厂时该位被设置为 0，用户不要改动。R1 和 R0 决定温度转换的精度位数，即用来设置分辨率，如表 10-2 所示（DS18B20 出厂时被设置为 12 位）。

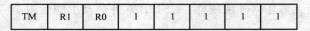

| TM | R1 | R0 | 1 | 1 | 1 | 1 | 1 |

图 10-10　字节各位的定义

表 10-2　R1 和 R0 模式表

R1	R0	分辨率	温度最大转换时间/s
0	0	9 位	93.75
0	1	10 位	187.5
1	0	11 位	275.00
1	1	12 位	750.00

高速暂存存储器除了配置寄存器外，还有其他 8 个字节组成分配如图 10-11 所示。第 1，2 字节为温度信息，第 3，4 字节为 TH 和 TL 值，第 6~8 字节未用，表现为全逻辑 1；第 9 字节读出的是前面所有 8 个字节的 CRC 码，可用来保证通信正确。

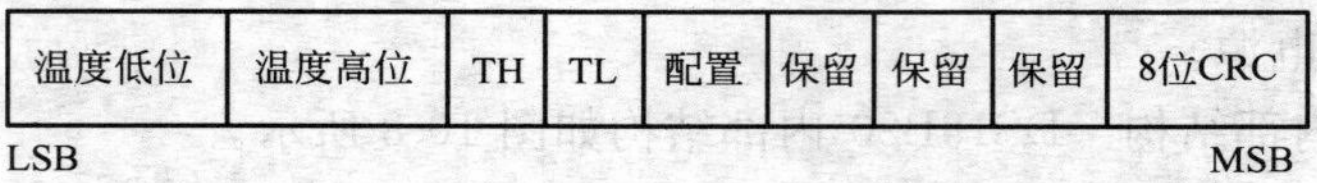

温度低位	温度高位	TH	TL	配置	保留	保留	保留	8位CRC
LSB								MSB

图 10-11　高速暂存 8 个字节组成分配

DS18B20 接收到温度转换命令后，开始启动转换。转换完成后的温度值就以 16 位带符号扩展的二进制补码形式存储在高速暂存器的第 1，2 字节。单片机通过接口读到该数据，读取时低位在前，高位在后，其格式如图 10-12 所示。

| S | S | S | S | S | 2^6 | 2^5 | 2^4 | 2^3 | 2^2 | 2^1 | 2^0 | 2^{-1} | 2^{-2} | 2^{-3} | 2^{-4} |

符号位　　　　　检测温度整数　　　　　检测温度小数

高8位数据　　　　　　　低8位数据

图 10-12　16 位带符号扩展位定义

当检测到正温度时 S 为 0，当检测到负温度时 S 为 1。如果读取 DS18B20 数据为 0000001111010011（03D3H），则实际检测到的温度为：正温度（因符号位为 0），数值 = 01111010011 = $0×2^6 + 1×2^5 + 1×2^4 + 1×2^3 + 1×2^2 + 0×2^1 + 1×2^0 + 0×2^{-1} + 0×2^{-2} + 1×2^{-3} + 1×2^{-4} = 61.1875℃$，即 61.2℃。DS18B20 分辨率为 2^{-4}。

如果读取 DS18B20 数据为 1111110010010000（FC90H）则实际检测到的温度为：负温度（因符号位为 1），数值 = 10010010000 取反后加 1（取补）= 01101101111 + 1 = 01101110000 = $0×2^6 + 1×2^5 + 1×2^4 + 0×2^3 + 1×2^2 + 1×2^1 + 1×2^0 + 0×2^{-1} + 0×2^{-2} + 0×2^{-3} + 0×2^{-4} = 55℃$，即 −55℃。表 10-3 为温度对应的二进制、十六进制的对照值。

在 DS18B20 完成温度转换后，就把测得的温度值与 TH、TL 作比较，如 $T > TH$ 或 $T < TL$，则将该器件内的警告标志置位，并对主机发出警告搜索命令作出响应。

④ CRC 的产生

在 64 位 ROM 的最高有效字节中存储有循环冗余校验码（CRC）。主机根据 ROM 的前 56 位来计算 CRC 值，并和存入 DS18B20 中的 CRC 值作比较，以判断主机收到的 ROM 数据是否正确。

表 10-3　温度与二进制和十六进制对照表

温度/℃	二进制表示	十六进制表示
+125	00000111 11010000	07D0H
+25.0625	00000001 10010001	0191H
+0.5	00000000 00001000	0008H
0	00000000 00000000	0000H
−0.5	11111111 111111000	FFF8H
−10.125	11111111 01011110	FF5EH
−25.0625	11111110 01101111	FF6FH
−55	11111100 10010000	FC90H

2）DS18B20 的测温原理　DS18B20 测温原理如图 10-13 所示，图中低温度系数晶振的振动频率受温度的影响很小，用于产生固定频率的脉冲信号送给减法计数器 1，高温度系数晶振频率随温度变化明显改变，所产生的信号作为减法计数器 2 的脉冲输入，图中还隐含着计数门，当计数门打开时，DS18B20 就对低温度系数振荡器产生的时钟脉冲进行计数，进而完成温度测量。计数门的开启时间由高温度系数振荡器来决定，每次测量前，首先将 −55℃ 对应的基数分别置入减法计数器 1 和

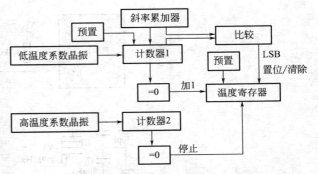

图 10-13　DS18B20 的内部测温电路框图

温度寄存器中，减法计数器 1 和温度寄存器被预置在 −55℃ 所对应的一个基数值。减法计数器 1 对低温度系数晶振产生的脉冲进行减法计数，当减法计数器 1 的预置值减到 0 时温度寄存器的值将加 1，减法计数器 1 的预置将重新被装入，减法计数器 1 重新开始对低温度系数晶振产生的脉冲信号进行计数，如此循环直到减法计数器 2 计数到 0 时，停止温度寄存器值的累加，此时温度寄存器中的数值即为所测温度。图 10-13 中的斜率累加器用于补偿和修正测温过程中的非线性，其输出用于修正减法计数器的预置值，只要计数门仍未关闭就重复上述过程，直至温度寄存器达到被测温度值，这就是 DS18B20 的测温原理。

另外，由于 DS18B20 单线通信功能是分时完成的，有严格的时隙概念，因此读写时序很重要。系统对 DS18B20 的操作必须按协议进行。操作协议为：初始化 DS18B20（发出复位脉冲)→发 ROM 功能命令→发存储操作命令→处理数据。

3）DS18B20 与单片机的典型接口设计　MCS51 单片机与 DS18B20 的典型接口电路如图 10-14 所示，单片机的 P1.1 口接单总线（2 端）。当 DS18B20 处于写存储器操作和温度 A/D 变换操作时，为保证在有效的 DS18B20 时钟周期内提供足够的电流，需要在数据线上加一个 4.7kΩ 的上拉电阻，另外 2 个脚分别接电源和地。主机控制 DS18B20 完成温度转换必须经过以下步骤：初始化，单总线上的所有处理均从初始化开始，ROM 操作命令，总线主机检测到 DS18B20 的存在便可以发出 ROM 操作命令，存储器操作命令。设定单片机系统所用晶振频率为 12kHz，根据 DS18B20 的初始化时序、写时序和读时序，分别编写 3 个子程序：INIT 为初始化子程序，WRITE 为写子程序，READ 为读数据子程序，所有的数

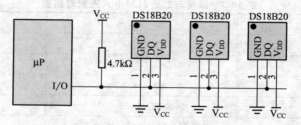

图 10-14　DS18B20 与单片机的典型连接

据读写均由最低位开始。

（4）实训步骤

用 MCS51 单片机设计一个温度采集系统，要求具有对环境温度进行实时测量的功能。

① 硬件设计　原理图如图 10-15 所示。

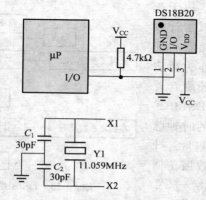

图 10-15　温度采集系统原理图

② 软件设计框图　如图 10-16 所示。

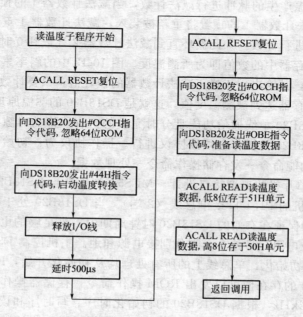

图 10-16　软件设计框图

参考程序：

```
        HIG _ TMP       EQU     32H             ;设定的最高温度值
        LOW _ TMP       EQU     33H             ;设定的最低温度值
        TEMPER _ L      EQU     51H             ;采集到温度值的低位
        TEMPER _ H      EQU     50H             ;采集到温度值的高位
        FLAG1           BIT     OOH             ;18B20 初始化完成标志
        DQ              BIT     P1.1
                        ORG     0000H
START：                 ACALL   INIT _ 1820
                        JNB     FLAG1，START
                        ACALL   RE _ CONFIG
MAIN：                  ACALL   GET _ TEMPER    ;采集温度值
                        AJMP    MAIN
```

-----------------------读出转换后的温度值-----------------------

```
GET _ TEMPER：
                        SETB    DQ              ;定时入口
GET _ TMP1：
                        LCALL   INIT _ 1820     ;第一步完成 DS18B20 初始化
                        JB      FLAG1，GET _ TMP2
                        LJMP    GET _ MP1       ;若 DS18B20 不存在则继续初始化
GET _ TMP2：
                        LCALL   DELAY1
                        MOV     A，#0CCH         ;第二步 ROM 命令跳过 ROM 匹配
                        LCALL   WRITE _ 1820
                        MOV     A，#44H          ;第三步功能命令发出温度转换命令
                        LCALL   WRITE _ 1820
                        NOP
                        LCALL   DELAY
                        LCALL   DELAY
GET _ TMP3：
                        LCALL   INIT _ 1820     ;第一步对 DS18B20 初始化
                        JB      FLAG1，GET _ TMP4
                        LJMP    GET _ MP3
GET _ TMP4：
                        LCALL   DELAY1
                        MOV     A，#0CCH         ;第二步 ROM 命令跳过 ROM 匹配
                        LCALL   WRITE _ 1820
                        MOV     A，#0BEH         ;第三步功能命令发出读温度命令
                        LCALL   WRITE _ 1820
                        LCALL   READ _ 1820     ; READ _ 1820
                        RET
```

----------------------------------写 DS18B20 的程序----------------------------

WRITE _ 1820：

```
                    MOV     R2，#8
                    CLR     C
WRITE1：

                    CLR     DQ
                    MOV     R3，#5          ；延时 14μs
                    DJNZ    R3，$
                    RRC
                    MOV     R3，#21         ；延时 45μs
                    DJNZ    R3，$
                    SETB    DQ
                    NOP
                    DJNZ    R2，WRITE1
                    RET
```

--------------------读 DS18B20 的程序，从 DS18B20 中读出两个字节的温度数据

READ _ 1820：

```
                    ORL     P1，#02H        ；P1.1 作为输入脚
                    MOV     R4，#2          ；将温度值的高位和低位从 DS18B20 读出
                    MOV     R1，#51H        ；低位存入 51H（TEMPER _ L），高
                                            位存入 50H（TEMPER _ H）
READ0：

                    MOV     R2，#8
READ1：

                    CLR     C
                    SETB    DQ
                    NOP
                    NOP
                    CLR     DQ
                    NOP
                    NOP
                    SETB    DQ             ；释放数据线
                    MOV     R3，#4          ；延时 14μs
                    DJNZ    R3，$
                    MOV     C，DQ
                    MOV     R3，#21         ；延时 45μs
                    DJNZ    R3，$
                    RRC     A
                    DJNZ    R2，READ1
                    MOV     @R1，A
                    DEC     R1
```

```
                    DJNZ      R4，READ0
                    SETB      DQ                    ；用 RESET 来终止数据读取
                    NOP
                    NOP
                    CLR       DQ
                    ACALL     DELAY1                ；延时 80μs
                    SETB      DQ
                    RET
```

----------------------------DS18B20 初始化程序----------------------------

```
INIT _ 1820
                    SETB      DQ
                    NOP
                    NOP
                    CLR       DQ                    ；将数据线下拉 500μs
                    ACALL     YS500                 ；500μs 延时子程序
                    SETB      DQ                    ；释放数据线
                    ORL       P1.＃02H              ；转为输入
                    ACALL     DELAY1                ；80μs 延时子程序
                    JNB       DQ，TSR3              ；判断 DS18B20 是否存在
                    AJMP      TSR4                  ；不存在，转 TSR4
TSR3：
                    SETB      FLAG1                 ；置标志位，表示 DS18B20 存在
                    AJMP      TSR5
TSR4：
                    CLR       FLAG1                 ；清标志位，表示 DS18B20 不存在
                    AJMP      TSR7
TSR5：
                    MOV       R0，＃6BH             ；200μs
TSR6：
                    DJNZ      R0，TSR6              ；延时
TSR7：
                    SETB      DQ
                    RET
```

----------------------------重新写 DS18B20 暂存存储器设定值----------------------------

```
RE _ CONFIG：
                    MOV       A，＃0CCH            ；发 SKIP ROM 命令
                    LCALL     WRITE _ 1820
                    MOV       A，＃4EH             ；发写暂存存储器命令
                    LCALL     WRITE _ 1820
                    MOV       A，HIG _ TMP         ；TH（报警上限）中写入指定值
                    LCALL     WRITE _ 1820
```

```
                MOV      A，LOW＿TMP   ；TL（报警下限）中写入指定值
                LCALL    WRITE＿1820
                MOV      A，＃7FH          ；选择 12 位温度分辨率
                LCALL    WRITE＿1820
                REN
─────────────────延时子程序─────────────────
DELAY：
                MOV      R6，＃0FFH        ；延时 130ms
DEL1：
                MOV      R7，＃0FFH
DEL2：          DJNZ     R7，DEL2
                DJNZ     R6，DEL1
                RET
DELAY1：        MOV      R7，＃27H         ；延时 80μs
                DJNZ     R7，$
                RET
YS500：         MOV      R7，＃F9H         ；延时 500μs
YS500＿1：      DJNZ     R7，YS500＿1
                RET
                END
```

③ 系统联调

④ 将测量的温度值记录下来，进行比较，分析测量的精度。

（5）写出实训报告

10.4 高精度热电偶数字温度仪

该测温仪采用 0.75 级 K 型热电偶作为传感器，并且该电路采用近几年生产的先进器件，其特点是所用元件少、性能优良、精度高、测温范围广（0～1200℃），目前在国内应用比较广泛。

10.4.1 基准接点补偿和放大电路

由于热电偶的输出电压很小，因此每度只有数十微伏的输出。实验室测温可将热电偶的高温端置于被测温度处，低温端置于 0℃，但这给许多应用带来不便，需要将低温端进行基准接点补偿，再将微小的热电动势进行放大。用于 K 型热电偶零点补偿和放大的电路已研制成为集成电路，如 AD595。AD595 中又分为几种类型，其中有校准误差为 ±1℃（max）的高精度 IC，如 AD595C 就是其中一种。

AD595 是美国模拟器件公司的产品，它的两个输入端子＋IN、－IN 通过插座 CN 接入 K 型热电偶，对热电动势进行零点温度补偿和放大。AD595 还具有热电偶断线报警的功能，当热电偶断线时，晶体管 VT 导通，发光二极管点亮。基准接点补偿和放大电路如图 10-17 左侧所示。

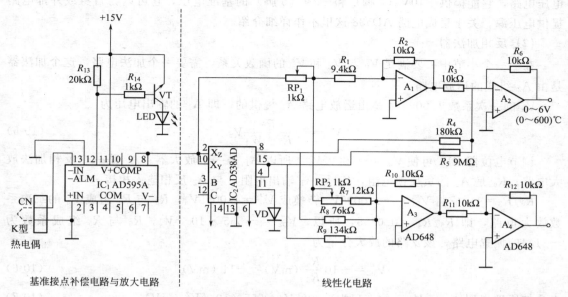

图 10-17 用于 K 型热电偶零点补偿和放大的线性校正电路

10.4.2 非线性校正电路

热电偶的热电动势和温度不成线性关系，一般可用下式表示：

$$E = a_0 + a_2 t + a_2 t^2 + \cdots + a_n t^n \tag{10-1}$$

式中，t 为温度；E 为热电动势；a_0、a_1、$\cdots$、a_n 为系数，根据热电偶的热电动势分度表可由最小二乘法或计算机程序计算出 a_0、a_1、$\cdots$、a_n。

K 型热电偶热电动势经 AD595 放大后其输出电压如下。

当温度为 0～600℃时

$$V_0 = (-11.4 + 1.009534 V_a - 5.506 \times 10^{-6} V_a^2)\ \text{mV} \tag{10-2}$$

当温度为 600～1200℃时

$$V_0 = (745.2 + 0.772808 V_a + 13.134656 \times 10^{-6} V_a^2)\ \text{mV} \tag{10-3}$$

式中，$V_a = 249.952 V_{in}$

由于线性化电路只取 V_a 的最高幂次为 2，上述 V_0 还是比较近似的。尽管这样，在 0～1000℃范围内，仍可以将原来的较大误差校正为 1～2℃的误差，相当于 0.1%～0.2% 相对精度。从 V_0 的表达式可知，还需要一个平方电路和加法电路。

10.4.3 平方电路和加法电路

(1) 平方电路

平方电路使用专用集成电路 AD538，该集成电路有三个输入端子 V_X、V_Y、V_Z，而且有下面的函数关系：

$$V_{OUT} = V_Y \left[\frac{V_Z}{V_X}\right]^m \tag{10-4}$$

式中，$m = 0.2 \sim 5$。

它作为平方电路不需要再加任何元件，最适合用于线性校正电路。AD538 内部有基准电压电路，它能提供＋10V（4脚）和＋2V（5脚）的基准电压，它可以为自身或外部电路提供电压源。关于集成电路 AD538 这里不作详细介绍。

（2）反相加法器

在上一个小节中，要满足 V_0 与 V_a 和 V_a^2 的函数关系，需要一个加法电路，这个加法器是由 A_2 组成的运放电路。

V_a 的一次系数 1.009534 是由运放电路 A_1 提供的，即 A_1 的输出电压为

$$V_{01} = -\frac{R_2}{R_1 + W_1} V_a \tag{10-5}$$

调节电位器 RP_1 可使 $V_{01} \approx -1.0095 V_a$。所以 A_1 是一个放大器；A_2 是一个反相加法放大电路；R_6 是 A_2 的负反馈电阻，R_3 是 A_1 输出电阻，与 A_2 反相输入相接。

$R_6/R_3 = 1$，它将 $V_{01} = -1.0095 V_a$ 转换成 $V_{02}' = 1.0095 V_a$，R_6 与 R_4 组成 V_a 的二次系数放大电路，即 $R_6/R_4 = 0.0555$，所以，$V_{02}'' = -555 \times 10^{-6} V_a^2$，$R_6$ 与 R_5 组成系数为 -11.4 的偏置电路，该支路的放大分量为

$$V_{02}'' = -10 \frac{R_6}{R_5} \, (\text{mV}) = -11 \, (\text{mV}) \tag{10-6}$$

由叠加原理得到 $\qquad V_{\text{OUT}} = -11 + 1.0095 V_a - 555 \times 10^{-6} V_a^2 \, (\text{mV}) \tag{10-7}$

V_{OUT} 能满足 V_0 的表达式，该测量温度由电路器件的参数得到保证。该测量电路能满足 1200℃ 以下的温度，都具有 10mV/℃ 的灵敏度，其输出电压和温度具有良好的线性关系。

10.4.4 调试

由电路图 10-17 可知，需要调试的是 $A_1 \sim A_4$，主要是闭环放大倍数的调整，及电阻 R_1、R_7、R_8、R_9 均为非标称电阻，它们可由两个标称电阻串联组成。

RP_1 的调整要满足

$$R_2/(R_1 + RP_1) = 1.0095 \tag{10-8}$$

同样，RP_2 的调整要满足

$$R_{10}/(R_7 + RP_2) = 0.7728 \tag{10-9}$$

最后将模拟量转为数字量进行显示。将 0～6V 和 6～12V 的输出电压通过转换开关输入到 A/D 转换器进行数字显示。比较简单的方法是，将模拟电路按图 10-17 组装完后，将输出电压输入到数字电压表读取温度值。

10.5 中央空调节能系统应用

中央空调是现代建筑中耗能最大的设备之一，在建筑能耗中超过 60％ 以上，当外界的温度发生变化时，中央空调在传统的运行模式下，不能实现使室温随室外的温度变化而变化，能源浪费很大。中央空调节能控制系统可以节能达 20％～40％，其中主机节能 10％～30％，风机、水泵节能达到 60％～80％。

10.5.1 系统组成和工作原理

（1）系统组成

中央空调系统组成如图 10-18 所示。有三个部分组成：制冷主机，有压缩机、蒸发器、

冷冻源、风机盘管系统等；冷冻水循环系统，包括温度传感器、冷冻水循环泵等；冷却水循环系统，包括温度传感器、冷却水泵、冷却塔、冷却风机等。

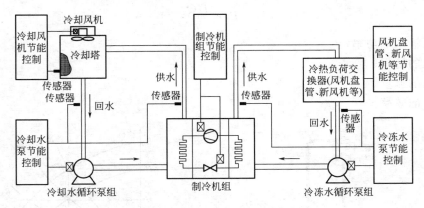

图 10-18　中央空调系统组成框图

（2）中央空调系统工作原理

中央空调系统三个部分工作原理如下。

① 制冷主机　主要有压缩机、冷凝器、蒸发器、调节阀、截流膨胀装置等。主要功能就是制冷剂的循环，将水箱中水制冷。

② 冷冻水循环系统　在蒸发器水箱内，汽化后的制冷剂，吸收了水箱水的热量后，使水箱中的水温度下降而成为冷冻水，而冷冻水通过管道送入分水缸，再通过管道输送到各空调器的盘管内，使空调器的风机吹入室内的风被冷却，结果使室内温度降低。

③ 冷却水循环系统　在冷凝器内吸收了高压、高温的制冷气体的热量后的冷却水，通过管道直接输送到冷却塔，并经过冷却塔的风扇进行降温，随后从冷却塔下端过滤后，又通过管道、冷却水泵并返回冷凝器内，完成冷却水的循环。

10.5.2　节能控制设计

中央空调系统是一个庞大的设备群体，大量的统计结果表明，空调系统所消耗的电能，约占楼宇电耗的 $40\%\sim60\%$。就任何建筑物来说，选用空调系统都是按当地最热天气时所需的最大制冷量来选择机型的，且留有 $10\%\sim15\%$ 的余量，各配套系统按最大负载量配置，这种选择不是最合理的。在组成空调系统的各种设备中，水泵所消耗的电能约占整个空调系统的 1/4 左右。早期空调的水泵普遍采用定流量工作，能源浪费非常严重。而实际运行时，中央空调的冷负荷总是在不断变化，冷负荷变化时所需的冷冻水、冷却水的流量也不同，冷负荷大时所需的冷冻水、冷却水的流量也大，反之亦然。根据一项对中央空调机组运行状态进行分析的权威调查，中央空调机组 90% 的运行时间处于非满负荷运行状态。而冷冻水泵、冷却水泵以及风机在此 90% 的时间内仍处于 100% 的满负荷运行状态。这样就导致了"大流量小温差"的现象，使大量的电能白白浪费。这就是节能控制的依据。图 10-19 为冷却水循环示意图。

（1）中央空调系统节能原理

在中央空调系统中增加温度传感器、变频器、PLC 组成的控制系统，对冷冻水泵及冷却水泵进行控制。其控制原理如图 10-20 所示，R 是管网特性曲线；n 是转速特性曲线。当用调速控制，如采用恒压（H_2）、变速供水，水泵的转速曲线由 n_1 变成 n_2，管阻特性曲线

为由 R_3 上移为 R_2，这时工作点由 A 移到 C 点。这时水泵输出功率用图形表示为 0、Q_2、C、H_2 围成的面积。水泵输入的功率公式：

$$P_z = \frac{HQ}{\eta} \tag{10-10}$$

P_z——水泵输入的功率；

H——水泵的扬程；

Q——水泵的流量；

η——水泵的效率。

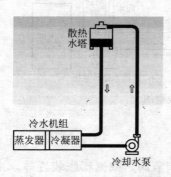

图 10-19　冷却水循环示意图

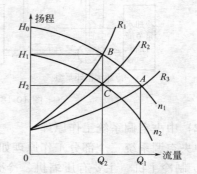

图 10-20　管网及水泵的运行特性曲线

节能的效果，转速特性曲线由 n_1 变成 n_2，由

$$(H_1、B、Q_2、0) - (H_2、C、Q_2、0) = (H_1、B、C、H_2)$$

根据水泵变速运行的相似定理，变速前后流量 Q、扬程 H、功率 P、转速 n 之间的关系为

$$\frac{Q_2}{Q_1} = \frac{n_2}{n_1}; \frac{H_2}{H_1} = \left(\frac{n_2}{n_1}\right)^2; \frac{P_2}{P_1} = \left(\frac{n_2}{n_1}\right)^3 \tag{10-11}$$

式中，Q_1、H_1、P_1、n_1 是变速前的流量、扬程、功率、转速；Q_2、H_2、P_2、n_2 是变速后的流量、扬程、功率、转速。

通过公式（10-11）可知，流量与转速成正比，压力与转速的平方成正比，消耗的功率与转速的三次方成正比，对于变频调速来讲，转速与电源的频率是正比的关系，当电源的频率降低时，电动机转速也降低，所需的功率就随转速的三次方迅速下降，可见节能效果十分明显。以风机为例，如所需的风量为额定风量的 80%，则转速也下降为额定转速的 80%，而轴的功率下降 51.2%。实践证明，风机泵类的变频控制节能达到 40%～50%。

(2) 中央空调节能系统的控制方法

中央空调节能控制主要是：制冷主机控制；冷却水温差控制；房间温度由冷冻水泵变频控制。

① 冷却水循环系统控制。根据进出口水温进行检测设定一定的差值，并根据实际的温差值控制变频器调整冷却泵的工作状态（主要是转速）和风扇的转速，保证冷却水温差值。如图 10-21 所示。将制冷系统冷却用的水用水泵抽到散热的水塔，用散热水塔和风扇进行降温，冷却水泵的工作频率与温差成比例，在控制方法用 PID 算法可以提高控制精度。

② 冷冻水泵系统控制。人在房间内设定为 26℃，随外界环境温度的变化，使系统冷媒流量跟随负荷的变化而同步变化，在确保中央空调系统能够满足人体对舒适度要求的前提下，保证空调系统的能效率（COP 值）总是处在最优化的节能运行状态下，降低系统能源

消耗。如图 10-22 所示，温度传感器测量室内的温度传递给 PLC，PLC 将测到的温度与设定的温度进行比较；当超过设定的温度，PLC 将提高频率的信号送给变频器，变频器给冷冻泵送提高转速的指令，达到房间内设定温度；当低于设定的温度，PLC 降低频率的信号送给变频器，变频器给冷冻水泵送降低转速的指令，达到房间内设定温度，达到节能的目的。

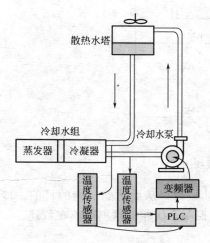

图 10-21　冷却水循环系统

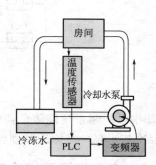

图 10-22　冷冻水循环系统

③ 压缩机是中央空调的核心，是制冷的主体。现在有按压缩机的负载进行分段运行、压缩机的变频控制两种。变频压缩机的控制原理，是通过调节压缩机转速而调节压缩机单位时间内的排气量，达到节能制冷的目的。制冷量和压缩机频率的数学关系式如下：

$$Q = \overline{\text{EER}} \cdot \frac{1-s}{p} \cdot \lambda p_s V_h \frac{n_i}{n_i-1} \{ [\varepsilon_i (1+\delta_0)]^{\frac{n_i-1}{n_i}} - 1 \} \frac{Z_s + Z_d}{2Z_s} \cdot f = g(f) \qquad (10\text{-}12)$$

式中，f 为电机的频率；p 为电机的极对数；s 为电机的转差率；λ 为泄漏系数；p_s 为吸气压力；V_h 为吸气容积；n_i 为多变指数；ε_i 为压比（吸气/排气）；δ_0 为相对压力损失系数；Z_s、Z_d 为实际气体压缩性系数，$\overline{\text{EER}}$ 为平均能效比。

由公式（10-12）可知，制冷量与频率成正比关系，采用变频调节可实现对制冷量的控制，达到节能的效果。

一般在节能控制中，对压缩机进行控制很少，这里就不详述。

(3) 中央空调系统节能设计

中央空调节能控制，采用分工控制、集中管理，有冷却水泵控制系统、冷冻水泵控制系统、制冷主机控制（压缩机变频控制）。现在最基本的系统采用 PLC、变频器控制；最直观的，在最基本的系统上加上触摸屏；远程控制，加无线通信模块与电脑组态软件等。

① 冷冻水泵控制系统能随负荷的变化而自动变速运行，从而达到节能的目的，其节电效率可达 40% 左右。由于冷冻水泵采用变频器软启动、软制动，大大降低了启动电流，避免了对电机和电网的冲击，使用电环境得到改善。由于冷冻水泵大多数时间运行在额定转速以下，电机运行噪声减小，温升降低，振动减少，负载运行顺滑平衡，电气故障比原来降低，电机的使用寿命也相应延长。利用 PLC、变频器实现各种逻辑控制，变频器启动控制及手动/自动、工频/变频转换和故障自动切换等功能，使系统控制灵活方便，功能更加完善。冷冻水系统有三台冷冻水泵，采用两运一备，其接线如图 10-23 所示。

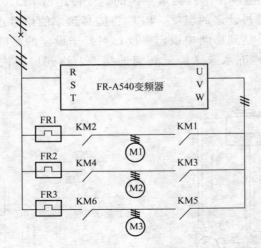

图 10-23　冷却水泵接线图

② 冷却水泵控制系统能随负荷的变化而自动变速运行，从而达到节能的目的。冷却水系统有 3 台冷却水泵，其原理及硬件组成与冷冻水泵控制系统相似这里就不在叙述。

10.5.3　中央空调系统冷冻水节能控制

(1) 输入/输出端子分配

最基本的节能系统采用三菱公司的产品，由 PLC、变频器、FX_{2N}-4AD-PT、FX_{2N}-2DA 和温度传感器组成，设计输入/输出接线端子如图 10-24 所示。I/O 接线表如表 10-4 所示。

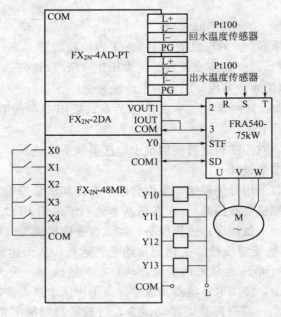

图 10-24　输入/输出接口端子分配图

(2) 变频器参数的设置

如表 10-5 所示。

表 10-4 I/O 接线表

表 10-4 I/O 接线表

项　目	端　子	功　能
输 入	X0	手动/自动
	X1	启动
	X2	停止
	X3	手动上升
	X4	手动下降
输 出	Y0	STF
	COM1	SD
	Y10	冷冻泵控制
	Y11	冷却泵控制
	Y13	主机控制

表 10-5 变频器参数设定值

Pr0＝3％	转矩提升功能	Pr9＝132A	电子过流保护
Pr1＝50Hz	上限频率	Pr13＝5Hz	启动频率
Pr2＝30Hz	下限频率	Pr14＝1	适应风机水泵负荷
Pr3＝50Hz	基底频率	Pr19＝380V	额定工作电压
Pr7＝15s	加速时间	Pr20＝50Hz	加减速基准频率
Pr8＝8s	减速时间	Pr79＝2	外部操作

（3）冷冻水循环控制系统

如图 10-22 所示。冷冻泵进水与出水和变频器输出的频率及对应的 D/A 转换数字量如表 10-6 所示。PLC 程序设计如图 10-25 所示（为参考梯形图）。

表 10-6 冷冻泵进水与出水和 D/A 转换数字量及变频器输出频率表

冷冻泵进水与出水温度差	D/A 转换数字量	变频器输出频率
0～1℃	2400	30Hz
1～1.5℃	2600	32.5Hz
1.5～2℃	2800	35Hz
2～2.5℃	3000	37.5Hz
2.5～3℃	3200	40Hz
3～3.5℃	3400	42.5Hz
3.5～4℃	3600	45Hz
4～4.5℃	3800	47.5Hz
>4.5℃	4000	50Hz

10.5.4　中央空调系统冷却水节能控制

（1）输出/输入端子分配表和输出/输入端子接线图（见表 10-7 和图 10-26）

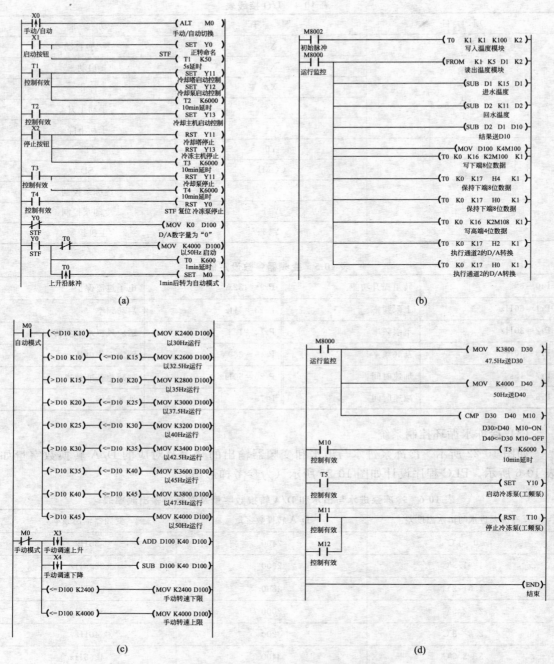

图 10-25　冷冻泵进水与出水梯形图

(2) 冷却水泵节能循环运行控制

某中央空调有三台冷却水泵，如图 10-23 冷却水泵接线图所示，采用一台变频器的方案进行节能控制，控制要求如下。

① 先合 KM1 启动 1 号泵，单台变频运行。

② 当 1 号泵的工作频率上升到 48Hz 上限切换频率时，1 号泵将切换到 KM2 工频运行，然后再合 KM3 将变频器与 2 号泵相接，并进行软启动，此时 1 号泵工频运行，2 号泵变频运行。

表 10-7 输出/输入端子分配表

输入端子	功 能	输出端子	功 能
X0	启动	Y0	热保护报警灯
X1	FU 信号,48Hz	Y1	KM1
X2	SU 信号,15Hz	Y2	KM2
X3	停止	Y3	KM3
X5	FR1	Y4	KM4
X6	FR2	Y5	KM5
X7	FR3	Y6	KM6
X10	KM1 常开辅助触点	Y10	STF
X11	KM3 常开辅助触点	Y11	MRS 信号
X12	KM5 常开辅助触点	COM3	SD

③ 当 2 号泵的工作频率下降到设定的下限切换频率 15Hz 时，则将 KM2 断开，1 号泵停机，此时由 2 号泵单台变频运行。

④ 当 2 号泵的工作频率上升到 48Hz 上限切换频率时，2 号泵将切换到 KM4 工频运行，然后再合 KM5 将变频器与 3 号泵相接，并进行软启动，此时 2 号泵工频运行，3 号泵变频运行。

⑤ 当 3 号泵的工作频率下降到设定的下限切换频率 15Hz 时，则将 KM4 断开，2 号泵停机，此时由 3 号泵单台变频运行。

⑥ 当 3 号泵的工作频率上升到 48Hz 上限切换频率时，3 号泵将切换到 KM6 工频运行，然后再合 KM1 将变频器与 1 号泵相接，并进行软启动，此时 3 号泵工频运行，1 号泵变频运行。

⑦ 当 1 号泵的工作频率下降到设定的下限切换频率 15Hz 时，则将 KM6 断开，3 号泵停机，此时由 1 号泵单台变频运行，如此循环运行。

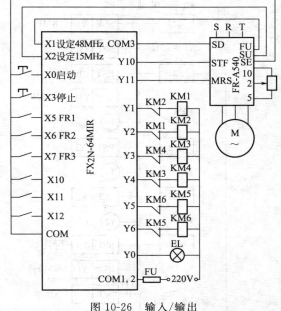

图 10-26 输入/输出
接口端子接线图

⑧ 水泵投入工频运行时，电动机的过载由热继电器保护，能停止工频电动机运行并有报警信号指示。

⑨ 每台泵的变频接触器和工频接触器外部电气互锁及机械联锁。

⑩ 切换过程：首先 MRS 接通（变频器输出停止）延时 0.2s 后，断开变频接触器延时 0.5s 后，合工频接触器，再延时合下一台变频接触器并断开 MRS 接点，实现从变频与工频的切换。

⑪ 变频与工频的切换，是由冷却水的温度上限、下限控制，或变频器的上限切换频率（FU）和下限切换频率（SU）控制，可以用外部电位器调速方式模拟以上频率进行自动切换；

⑫ 变频器的其余参数自行设定。

⑬ 试验时 KM1、KM3、KM5 可并联接变频器与电动机，KM2、KM4、KM6 不接，用指示灯代替。

(3) 冷却水泵节能循环运行控制梯形图（见图 10-27）

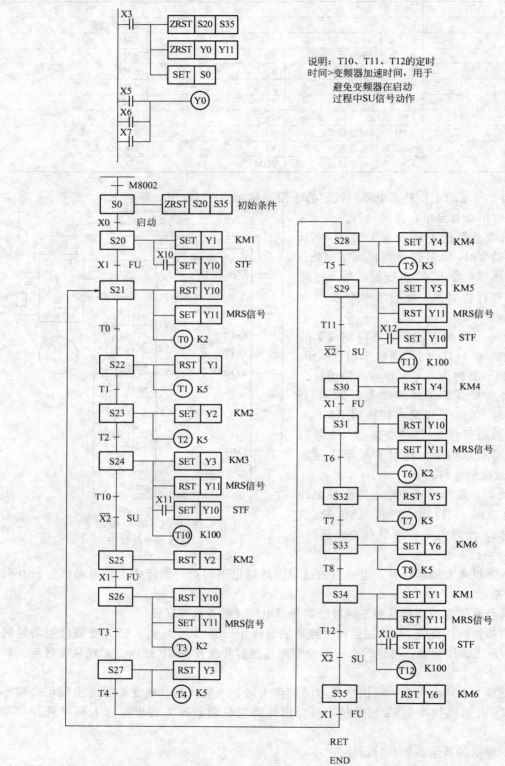

说明：T10、T11、T12的定时
时间>变频器加速时间，用于
避免变频器在启动
过程中SU信号动作

图 10-27　冷却水泵节能循环运行控制梯形图

第 **11** 章

传感器实训平台

CSY 系列传感器系统实训仪，是用于检测仪表类课程教学实验的多功能教学仪器。其特点是集被测体、各种传感器、信号激励源、处理电路和显示器于一体，可以组成一个完整的测试系统。通过实验指导书所提供的数十种实验举例，能完成包含光、磁、电、温度、位移、振动、转速等内容的测试实验。通过这些实验，实验者可对各种不同的传感器及测量电路原理和组成有直观的感性认识，并可在本仪器上举一反三开发出新的实验内容。

实训仪主要由实训工作台、处理电路、信号与显示电路三部分组成。实训仪的传感器配置及布局如图 11-1 所示。实训平台各部分简介如下。

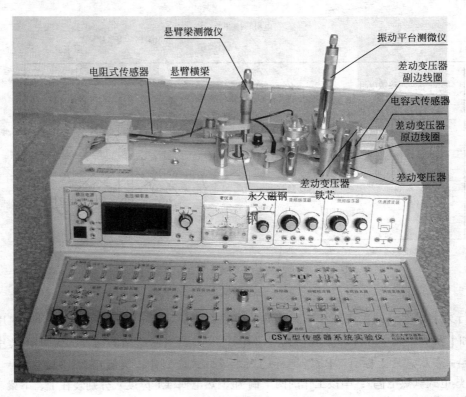

图 11-1　CSY 系列传感器实训平台

（1）传感器配置

位于仪器顶部的是各种传感器实物区，左边是一副平行式悬臂梁，梁上装有应变式、热敏式、PN结温度式、热电式和压电加速度五种传感器。右边有差动、电容、光纤等传感器，如图11-2所示。图11-3所示为传感器实训工作台布局。

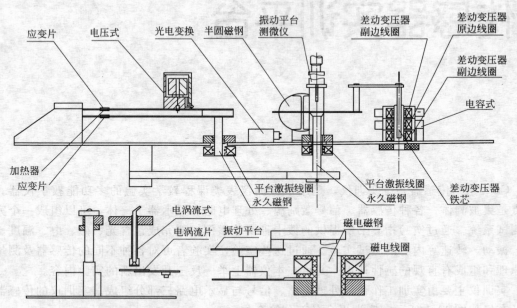

图 11-2　CSY 系列传感器实训台的配置

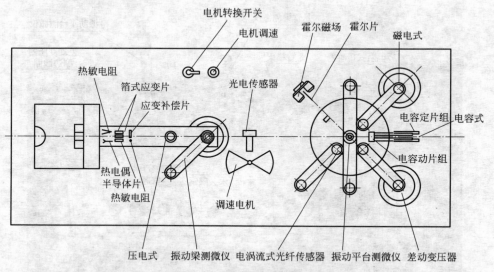

图 11-3　传感器实训工作台布局

平行梁上梁部分的上表面和下梁部分的下表面对应贴有8片应变片，受力工作片分别用符号┆和┆表示。其中6片为金属箔式片（BHF-350）。横向所贴的两片为温度补偿片，用符号——和--表示。片上标有"BY"字样的为半导体式应变片，灵敏系数130。

①　**热电式（热电偶）**：串接工作的两个铜-康铜热电偶（T分度）分别装在上、下梁表面，冷端温度为环境温度。分度表见实验指导书（CSY10B型上梁表面安装一支K分度标准热电偶）。

② 热敏式：上梁表面装有玻璃珠状的半导体热敏电阻 MF-51，负温度系数，25℃时阻值为 8～10kΩ。

③ PN 结温度式：根据半导体 PN 结温度特性所制成的具有良好线性范围的集成温度传感器。

④ 压电加速度式：位于悬臂梁自由端部，由 PZT-5 双压电晶片、铜质量块和压簧组成，装在透明外壳中。

实训工作台左边是由装于机内的另一副平行梁带动的圆盘式工作台。圆盘周围一圈安装有（依逆时针方向）电感式（差动变压器）、电容式、磁电式、霍尔式、电涡流式、压阻式等传感器。

⑤ 电感式（差动变压器）：由初级线圈和两个次级线圈。绕制而成的空心线圈，圆柱形铁氧体铁芯置于线圈中间，测量范围 >10mm。

⑥ 电容式：由装于圆盘上的一组动片和装于支架上的两组定片组成平行变面积式差动电容，线性范围 ≥3mm。

⑦ 磁电式：由一组线圈和动铁（永久磁钢）组成，灵敏度为 0.4V/(m·s)。

⑧ 霍尔式：半导体霍尔片置于两个半环形永久磁钢形成的梯度磁场中，线性范围 ≥3mm。

⑨ 电涡流式：多股漆包线绕制的扁平线圈与金属涡流片组成的传感器，线性范围 >1mm。

⑩ 湿敏传感器：高分子湿敏电阻，测量范围为 0～99%RH。

⑪ 气敏传感器：MQ3 型，对酒精气敏感，测量范围 (10～2000)×10^6，灵敏度 R_O/R>5。

⑫ 光敏传感器：半导体光导管，光电阻与暗电阻从 kΩ 级到 MΩ 级。

⑬ 双孔悬臂梁称重传感器：称重范围 0～500g，精度 1%。

⑭ 光电式传感器：装于电动机侧旁。

两副平行式悬臂梁顶端均装有置于激振线圈内的永久磁钢，右边圆盘式工作台由"激振Ⅰ"带动，左边平行式悬臂梁由"激振Ⅱ"带动。

为进行温度实训，左边悬臂梁之间装有电加热器一组，加热电源取自 15V 直流电源，打开加热开关即能加热，工作时能获得高于 30℃左右的升温。

以上传感器以及加热器、激振线圈的引线端是在仪器下部面板最上端一排。

实训工作台上还装有一组测速电机及控制、调速开关。

两个测微头分别装在左、右两边的支架上（CSY10B 只有右边一个）。

(2) 信号及仪表显示部分

本部分位于仪器上部面板，各自特性如下。

低频振荡器：1～30Hz 输出连续可调，V_{p-p} 值为 20V，最大输出电流 1.5A，U_i 端插口可提供用作电流放大器。

音频振荡器：0.4～10kHz 输出连续可调，V_{p-p} 值为 20V，180°和 0°为反相输出，I_0 端最大功率输出 1.5A。

直流稳压电源：±15V，提供仪器电路工作电源和温度实验时的加热电源，最大输出 1.5A。±2～±10V，挡距 2V，分五挡输出，提供直流信号源，最大输出电流 1.5A。

数字式电压/频率表：$3\frac{1}{2}$ 位显示，分 2V、20V、2kHz、20kHz 四挡，灵敏度 ≥50mV，频率显示 5Hz～20kHz。

指针式直流毫伏表：测量范围500mV、50mV、5mV三挡，精度2.5%。

数字式温度计：K分度热电偶测温，精度±1℃（CSY10B型）。

（3）处理电路

处理电路位于仪器下部面板。

电桥：用于组成应变电桥，面板上虚线所示电阻为虚设，仅为组桥提供插座。R_1、R_2、R_3为350Ω标准电阻，W_D为直流调节电位器，W_A为交流调节电位器。

差动放大器：增益可调直流放大器，可接成同相、反相、差动结构，增益1～100倍。

光电变换器：提供光纤传感器红外发射、接收、稳幅、变换，输出模拟信号电压与频率变换方波信号。四芯航空插座上装有光电转换装置和两根多模光纤（一根接收，一根发射）组成的光强型光纤传感器。

电容变换器：由高频振荡、放大和双T电桥组成。

移相器：允许输入电压20V(p-p)，移相范围±40°（随频率不同有所变化）。

相敏检波器：集成运放极性反转电路构成，所需最小参考电压0.5V(p-p)，允许最大输入电压≤20V(p-p)。

电荷放大器：电容反馈式放大器，用于放大压电加速度传感器输出的电荷信号。

电压放大器：增益5倍的高阻放大器。

涡流变换器：变频式调幅变换电路，传感器线圈是三点式振荡电路中的一个元件。

温度变换器（信号变换器）：根据输入端热敏电阻值、光敏电阻及PN结温度传感器信号变化输出电压信号相应变化的变换电路。

低通滤波器：由50Hz陷波器和RC滤波器组成，转折频率35Hz左右。

使用仪器时打开电源开关，检查交、直流信号源及显示仪表是否正常。仪器下部面板左下角处的开关控制处理电路的工作电源，进行实验时请勿关掉。

指针式毫伏表工作前需输入端对地短路调零，取掉短路线后指针有所偏转是正常现象，不影响测试。

本仪器是实验性仪器，各电路完成的实验主要目的是对各传感器测试电路作定性的验证，而非工程应用型的传感器定量测试。

（4）CSY10A传感器实训平台的使用

1）使用检查　CSY10A传感器实训平台在使用前，对各部分电路和传感器性能通过以下实训检查是否正常。

① 应变片及差动放大器，进行单臂、半桥和全桥实训，各应变片是否正常可用万用表电阻挡在应变片两端测量其阻值。各接线图两个节点间即为实训接插线，接插线可多根叠插，并保证接触良好。

② 半导体应变片，进行半导体应变片直流半桥实训。

③ 热电偶，加热器打开即可，观察随温度升高热电势的变化。

④ 热敏式，进行"热敏传感器实训"，电热器加热升温，观察随温度升高"V_o"端输出电压变化情况，注意热敏电阻是负温度系数。

⑤ PN结温度式，进行PN结集成温度传感器测温实训，注意电压表2V挡显示值为热力学温度T（开氏温度）。

⑥ 进行"移相器实训"，用双踪示波器观察两通道波形。

⑦ 进行"光纤传感器——位移测量"，光纤探头可安装在原电涡流线圈的横支架上固定，端面垂直于镀铬反射片，旋动测微头带动反射片位置变化，从"V_o"端读出电压变化

值。光电变换器"F_o"端输出频率变化方波信号。测频率变化时可参照"光纤传感器——转速测试"步骤进行。

⑧ 进行光电式传感器测速实训，V_F 端输出的是频率信号。

⑨ 进行光敏电阻测光实训，信号变换器输出电压变化范围 $>1V$。

⑩ 进行气敏传感器特性实训，特别注意加热电压一定不能大于 $\pm 2V$。

⑪ 进行湿敏传感器特性演示实训，注意控制激励信号的频率及幅值。

⑫ 进行扩散硅压力传感器实训，试验传感器差压信号输出情况。

⑬ 将低频振荡器输出信号送入低通滤波器输入端、输出端用示波器观察，注意根据低通输出幅值调节输入信号大小。

⑭ 进行"差动变压器性能"实训，检查电感式传感器性能，实训前要找出次级线圈同名端，次级所接示波器为悬浮工作状态。

⑮ 进行"霍尔式传感器直流激励特性"实训，直流激励信号绝对不能大于 2V，否则一定会造成霍尔元件烧坏。

⑯ 进行"磁电式传感器"实训，磁电传感器两端接差动放大器输入端，差动放大器增益适当控制，用示波器观察输出波形。

⑰ 进行"电涡流传感器的静态标定"实训，示波器观察波形端口应在涡流变换器的左上方，即接电涡流线圈处，右上端端口为振荡信号经整流后的直流电压。

⑱ 仪器后部的 RS232 接口接计算机串行口工作。所接串口需与实训软件设置一致，否则计算机将收不到信号。

⑲ 仪器工作时需有良好的接地，以减小干扰信号，并尽量远离电磁干扰源。

通过上述实训能够完成检查整台仪器各部分是否正常。

2）实训注意事项

① 实训时特别注意实训项目中实训内容后的"注意事项"，要在确认接线无误的情况下开启电源，尽量避免电源短路情况的发生，如在加热时"15V"电源不能直接接应变片、热敏电阻和热电偶。

② 实训工作台上各传感器部分如果相对位置不太正确，可松动调节螺钉稍作调整，原则上以按下振动梁松手，周边各部分能随梁上下振动而无碰擦为宜。

③ 附件中的称重平台是将位于实训工作台左边悬臂梁旁的测微头移开，装于顶端的永久磁钢上方，铜质砝码是作称重实训用。

④ 实训平台要注意防尘，以保证实训接触良好，仪器正常工作温度为 $-10 \sim 40℃$。

附录 标准热电偶分度表

附表1 铂铑30-铂铑6 热电偶 (分度号为B) 分度表

温度/℃	0	10	20	30	40	50	60	70	80	90
	热电动势/mV									
0	−0.000	−0.002	−0.003	0.002	0.000	0.002	0.006	0.11	0.017	0.025
100	0.033	0.043	0.053	0.065	0.078	0.092	0.107	0.123	0.140	0.159
200	0.178	0.199	0.220	0.243	0.266	0.291	0.317	0.344	0.372	0.401
300	0.431	0.462	0.494	0.527	0.516	0.596	0.632	0.669	0.707	0.746
400	0.786	0.827	0.870	0.913	0.957	1.002	1.048	1.095	1.143	1.192
500	1.241	1.292	1.344	1.397	1.450	1.505	1.560	1.617	1.674	1.732
600	1.791	1.851	1.912	1.974	2.036	2.100	2.164	2.230	2.296	2.363
700	2.430	2.499	2.569	2.639	2.710	2.782	2.855	2.928	3.003	3.078
800	3.154	3.231	3.308	3.387	3.466	3.546	2.626	3.708	3.790	3.873
900	3.957	4.041	4.126	4.212	4.298	4.386	4.474	4.562	4.652	4.742
1000	4.833	4.924	5.016	5.109	5.202	5.2997	5.391	5.487	5.583	5.680
1100	5.777	5.875	5.973	6.073	6.172	6.273	6.374	6.475	6.577	6.680
1200	6.783	6.887	6.991	7.096	7.202	7.038	7.414	7.521	7.628	7.736
1300	7.845	7.953	8.063	8.172	8.283	8.393	8.504	8.616	8.727	8.839
1400	8.952	9.065	9.178	9.291	9.405	9.519	9.634	9.748	9.863	9.979
1500	10.094	10.210	10.325	10.441	10.588	10.674	10.790	10.907	11.024	11.141
1600	11.257	11.374	11.491	11.608	11.725	11.842	11.959	12.076	12.193	12.310
1700	12.426	12.543	12.659	12.776	12.892	13.008	13.124	13.239	13.354	13.470
1800	13.585	13.699	13.814	—	—	—	—	—	—	—

附表2 铂铑10-铂热电偶 (分度号为S) 分度表

温度/℃	0	10	20	30	40	50	60	70	80	90
	热电动势/mV									
0	0.000	0.055	0.113	0.173	0.235	0.299	0.365	0.432	0.502	0.573
100	0.645	0.719	0.795	0.872	0.950	1.029	1.109	1.190	1.273	1.356
200	1.440	1.525	1.611	1.698	1.785	1.873	1.962	2.051	2.141	2.232
300	2.323	2.414	2.506	2.599	2.692	2.786	2.880	2.974	3.069	3.164
400	3.260	3.356	3.452	3.549	3.645	3.743	3.840	3.938	4.036	4.135
500	4.234	4.333	4.432	4.532	4.632	4.732	4.832	4.933	5.034	5.136
600	5.237	5.339	5.442	5.544	5.648	5.751	5.855	5.960	6.065	6.169
700	6.274	6.380	6.486	6.592	6.699	6.805	6.913	7.020	7.128	7.236
800	7.345	7.454	7.563	7.672	7.782	7.892	8.003	8.114	8.255	8.336
900	8.448	8.560	8.673	8.786	8.899	9.012	9.126	9.240	9.355	9.470
1000	9.585	9.700	9.816	9.932	10.048	10.165	10.282	10.400	10.517	10.635
1100	10.754	10.872	10.991	11.110	11.229	11.348	11.467	11.587	11.707	11.827
1200	11.947	12.067	12.188	12.308	12.429	12.550	12.671	12.792	12.912	13.034
1300	13.155	13.397	13.397	13.519	13.640	13.761	13.883	14.004	14.125	14.247
1400	14.368	14.610	14.610	14.731	14.852	14.973	15.094	15.215	15.336	15.456
1500	15.576	15.697	15.817	15.937	16.057	16.176	16.296	16.415	16.534	16.653
1600	16.771	16.890	17.008	17.125	17.243	17.360	17.477	17.594	17.711	17.826
1700	17.942	18.056	18.170	18.282	18.394	18.504	18.612	—	—	—

附表 3　镍铬-镍硅热电偶（分度号为 K）分度表

温度/℃	0	10	20	30	40	50	60	70	80	90
	热电动势/mV									
0	0.000	0.397	0.798	1.203	1.611	2.022	2.436	2.850	3.266	3.681
100	4.095	4.508	4.919	5.327	5.733	6.137	6.539	6.939	7.338	7.737
200	8.137	8.537	8.938	9.341	9.745	10.151	10.560	10.969	11.381	11.793
300	12.207	12.623	13.039	13.456	13.874	14.292	14.712	15.132	15.552	15.974
400	16.395	16.818	17.241	17.664	18.088	18.513	18.938	19.363	19.788	20.214
500	20.640	21.066	21.493	21.919	22.346	22.772	23.198	23.624	24.050	24.476
600	24.902	25.327	25.751	26.176	26.599	27.022	27.445	27.867	28.288	28.709
700	29.128	29.547	29.965	30.383	30.799	31.214	31.214	32.042	32.455	32.866
800	33.277	33.686	34.095	34.502	34.909	35.314	35.718	36.121	36.524	36.925
900	37.325	37.724	38.122	38.915	38.915	39.310	39.703	40.096	40.488	40.879
1000	41.269	41.657	42.045	42.432	42.817	43.202	43.585	43.968	44.349	44.729
1100	45.108	45.486	45.863	46.238	46.612	46.985	47.356	47.726	48.095	48.462
1200	48.828	49.192	49.555	49.916	50.276	50.633	50.990	51.344	51.697	52.049
1300	52.398	52.747	53.093	53.439	53.782	54.125	54.466	54.807	—	—

附表 4　镍铬硅-镍硅热电偶（分度号为 N）分度表

参考温度/℃	0	10	20	30	40	50	60	70	80	90
温度/℃	热电动势/mV									
−300				−4.345	−4.336	−4.313	−4.277	−4.226	−4.162	−4.083
−200	−3.99	−3.884	−3.766	−3.634	−3.491	−3.336	−3.171	−2.994	−2.808	−2.612
−100	−2.407	−2.193	−1.972	−1.744	−1.509	−1.269	−1.023	−0.772	−0.518	−0.26
0	0	0.261	0.525	0.793	1.065	1.34	1.619	1.902	2.189	2.48
100	2.774	3.072	3.374	3.68	3.989	4.302	4.618	4.937	5.259	5.585
200	5.913	6.245	6.579	6.916	7.255	7.597	7.941	8.288	8.637	8.988
300	9.341	9.696	10.054	10.413	10.774	11.136	11.501	11.867	12.234	12.603
400	12.974	13.346	13.719	14.094	14.469	14.846	15.225	15.604	15.984	16.336
500	16.748	17.131	17.515	17.9	18.286	18.672	19.059	19.447	19.835	20.224
600	20.613	21.003	21.393	21.784	22.175	22.566	22.958	23.35	23.742	24.134
700	24.527	24.919	25.312	25.705	26.098	26.491	26.883	27.276	27.669	28.062
800	28.455	28.847	29.239	29.632	30.024	30.416	30.807	31.199	31.59	31.981
900	32.371	32.761	33.151	33.541	33.93	34.319	34.707	35.095	35.482	35.869
1000	36.256	36.641	37.027	37.411	37.795	38.179	38.562	38.944	39.326	39.706
1100	40.087	40.466	40.845	41.223	41.6	41.976	42.352	42.727	43.101	43.474
1200	43.846	44.218	44.588	44.958	45.326	45.694	46.06	46.425	46.789	47.152
1300	47.513									

附表5 镍铬-铜镍（康铜）热电偶（分度号为 E）分度表

温度/℃	0	10	20	30	40	50	60	70	80	90
	热电动势/mV									
0	0.000	0.591	1.192	1.801	2.419	3.047	3.683	4.329	4.983	5.646
100	6.317	6.996	7.683	8.377	9.078	9.787	10.501	11.222	11.949	12.681
200	13.419	14.161	14.909	15.661	16.417	17.178	17.942	18.710	19.481	20.256
300	21.033	21.814	22.597	23.383	24.171	24.961	25.754	26.549	27.345	28.143
400	28.943	29.744	30.546	31.350	32.155	32.960	33.767	34.574	35.382	36.190
500	36.999	37.808	38.617	39.426	40.236	41.045	41.853	42.662	43.470	44.278
600	45.085	45.891	46.697	47.502	48.306	49.109	49.911	50.713	51.513	52.312
700	53.110	53.907	54.703	55.498	56.291	57.083	57.873	58.663	59.451	60.237
800	61.022	61.806	62.588	63.368	64.147	64.924	65.700	66.473	67.245	68.015
900	68.783	69.549	70.313	71.075	71.835	72.593	73.350	74.104	74.857	75.608
1000	76.358	—								

附表6 铁-铜镍（康铜）热电偶（分度号为 J）分度表

温度/℃	0	10	20	30	40	50	60	70	80	90
	热电动势/mV									
0	0.000	0.507	1.019	1.536	2.058	2.585	3.115	3.649	4.186	4.725
100	5.268	5.812	6.359	6.907	7.457	8.008	8.560	9.113	9667	10.222
200	10.777	11.332	11.887	12.442	12.998	13.553	14.108	14.663	15.217	15.771
300	16.325	16.879	17.432	17.984	18.537	19.089	19.640	20.192	20.743	21.295
400	21.846	22.397	22.949	23.501	24.054	24.607	25.161	25.716	26.272	26.829
500	27.388	27.949	28.511	29.075	29.642	30.210	30.782	31.356	31.933	32.513
600	33.096	33.683	34.273	34.867	35.464	36.066	36.671	37.280	37.893	38.510
700	39.130	39.754	40.382	41.013	41.647	42.288	42.922	43.563	44.207	44.852
800	45.498	46.144	46.790	47.434	48.076	48.716	49.354	49.989	50.621	51.249
900	51.875	52.496	53.115	53.729	54.341	54.948	55.553	56.155	56.753	57.349
1000	57.942	58.533	59.121	59.708	60.293	60.876	61.459	62.039	62.619	63.199
1100	63.777	64.355	64.933	65.510	66.087	66.664	67.240	67.815	68.390	68.964
1200	69.536	—								

附表7 铜-铜镍（康铜）热电偶（分度号为 T）分度表

温度/℃	0	10	20	30	40	50	60	70	80	90
	热电动势/mV									
−200	−5.603	—	—	—	—	—	—	—	—	—
−100	−3.378	−3.378	−3.923	−4.177	−4.419	−4.648	−4.865	−5.069	−5.261	−5.439
0	0.000	0.383	−0.757	−1.121	−1.475	−1.819	−2.152	−2.475	−2.788	−3.089
0	0.000	0.391	0.789	1.196	1.611	2.035	2.467	2.980	3.357	3.813
100	4.277	4.749	5.227	5.712	6.204	6.702	7.207	7.718	8.235	8.757
200	9.268	9.820	10.360	10.905	11.456	12.011	12.572	13.137	13.707	14.281
300	14.860	15.443	16.030	16.621	17.217	17.816	18.420	19.027	19.638	20.252
400	20.869	—							—	—

附表 8 铂铑₁₃-铂热电偶(分度号为 R)分度表

热电动势/mV

温度/°C	参考温度/°C 0	5	10	15	20	25	30	35	40	45	50	55	60	65	70	75	80	85	90	95
−100											−0.2265	−0.2075	−0.1877	−0.167	−0.1455	−0.1232	−0.1	−0.0761	−0.0515	−0.0261
0	0	0.0268	0.0543	0.0824	0.1112	0.1406	0.1706	0.2012	0.2324	0.2642	0.2965	0.3294	0.3627	0.3967	0.4311	0.466	0.5013	0.5372	0.5735	0.6102
100	0.6474	0.685	0.723	0.7614	0.8003	0.8395	0.8791	0.919	0.9593	1	1.041	1.0824	1.1241	1.1661	1.2084	1.251	1.294	1.3372	1.3807	1.4245
200	1.4686	1.5129	1.5576	1.6024	1.6476	1.6929	1.7386	1.7844	1.8305	1.8769	1.9234	1.9702	2.0172	2.0644	2.1118	2.1595	2.2073	2.2553	2.3035	2.352
300	2.4006	2.4493	2.4983	2.5474	2.5968	2.6463	2.6959	2.7457	2.7957	2.8459	2.8962	2.9467	2.9973	3.0481	3.099	3.1501	3.2013	3.2527	3.3042	3.3559
400	3.4077	3.4596	3.5117	3.5639	3.6163	3.6687	3.7214	3.7741	3.827	3.88	3.9331	3.9864	4.0397	4.0933	4.1469	4.2006	4.2545	4.3085	4.3626	4.4169
500	4.4713	4.5257	4.5804	4.6351	4.6899	4.7449	4.8	4.8552	4.9105	4.9659	5.0215	5.0771	5.1329	5.1888	5.2449	5.301	5.3573	5.4136	5.4701	5.5267
600	5.5835	5.6403	5.6973	5.7543	5.8115	5.8688	5.9263	5.9838	6.0415	6.0993	6.1572	6.2152	6.2733	6.3316	6.39	6.4485	6.5071	6.5658	6.6247	6.6836
700	6.7427	6.8019	6.8613	6.9207	6.9803	7.04	7.0998	7.1597	7.2198	7.28	7.3403	7.4007	7.4612	7.5219	7.5826	7.6435	7.7046	7.7657	7.827	7.8883
800	7.9498	8.0115	8.0732	8.1351	8.197	8.2591	8.3214	8.3837	8.4462	8.5087	8.5714	8.6342	8.6972	8.7602	8.8234	8.8867	8.9501	9.0136	9.0772	9.141
900	9.2049	9.2688	9.3329	9.3972	9.4615	9.5259	9.5905	9.6552	9.7199	9.7848	9.8498	9.915	9.9802	10.0455	10.111	10.1765	10.2422	10.308	10.3739	10.4399
1000	10.506	10.5722	10.6385	10.7049	10.7714	10.8381	10.9048	10.9716	11.0386	11.1056	11.1728	11.24	11.3074	11.3748	11.4424	11.51	11.5778	11.6456	11.7135	11.7815
1100	11.8496	11.9178	11.9861	12.0545	12.1229	12.1915	12.2601	12.3287	12.3975	12.4663	12.5352	12.6042	12.6733	12.7424	12.8116	12.8808	12.9501	13.0195	13.0889	13.1584
1200	13.228	13.2976	13.3672	13.4369	13.5067	13.5765	13.6464	13.7163	13.7862	13.8562	13.9263	13.9964	14.0665	14.1367	14.2068	14.2771	14.3473	14.4176	14.488	14.5583
1300	14.6287	14.6991	14.7696	14.84	14.9105	14.981	15.0515	15.1221	15.1926	15.2632	15.3338	15.4044	15.475	15.5456	15.6162	15.6869	15.7575	15.8282	15.8988	15.9695
1400	16.0401	16.1107	16.1814	16.252	16.3226	16.3933	16.4639	16.5345	16.6051	16.6756	16.7462	16.8167	16.8873	16.9578	17.0282	17.0987	17.1692	17.2396	17.31	17.3803
1500	17.4507	17.521	17.5912	17.6615	17.7317	17.8018	17.872	17.942	18.0121	18.0821	18.1521	18.222	18.2918	18.3617	18.4314	18.5012	18.5708	18.6404	18.71	18.7795
1600	18.8489	18.9183	18.9876	19.0569	19.1261	19.1952	19.2643	19.3333	19.4022	19.471	19.5398	19.6085	19.6771	19.7457	19.8141	19.8825	19.9507	20.0188	20.0866	20.1543
1700	20.2217	20.2888	20.3557	20.4223	20.4885	20.5543	20.6197	20.6848	20.7493	20.8134	20.877	20.9401	21.0026	21.0646						

参 考 文 献

[1] 余成波，胡新于等．传感器与自动检测技术．北京：高等教育出版社，2004.

[2] 宋文绪，杨帆．传感器与检测传感器原理及应用．北京：高等教育出版社，2004.

[3] 吴旗．传感器与自动检测技术．北京：高等教育出版社，2004.

[4] 王雪文，张志勇．传感器原理与应用．北京：北京航空航天大学出版社，2004.

[5] 余瑞芬．传感器原理．北京：航空工业出版社，1995.

[6] 王化祥，张淑英．传感器原理及应用．天津：天津大学出版社，2002.

[7] 深韦农．传感器及应用技术．北京：化学工业出版社，2001.

[8] 马西秦．自动检测技术．北京：机械工业出版社，1999.

[9] 张福学．现代传感器电路．北京：中国计量出版社，1997.

[10] 张林娜，刘武发．传感检测技术及应用．北京：中国计量出版社，2000.

[11] 柳桂国．检测技术及应用．北京：电子工业出版社，2003.

[12] 孙传友，孙晓斌．感测技术基础．北京：电子工业出版社，2001.

[13] 黄继昌．传感器工业原理．北京：人民邮电出版社，1998.

[14] 张佳薇．传感器原理与应用．哈尔滨：东北林业大学出版社．2003.

[15] 刘新明．中央空调冷冻水泵节能控制．技师论文．2004.

[16] 孙传友，翁惠辉．现代检测技术及仪表．北京：高等教育出版社，2006.

[17] 颜全生．自动检测与传感器应用．北京：中国劳动社会保障出版社，2006.

[18] 韦抒，蒙飚．自动检测技术．北京：北京理工大学出版社，2009.

[19] 英国尼绍公司 ML10 激光干涉仪使用说明书．2001.